普通高等教育“十三五”规划教材

高等学校计算机规划教材

数据库原理与应用

于　啸　陆丽娜　张　宇　主编

白晨生　毕春光　张喜海　林　楠　副主编

丁宝峰　孙　建　姜　微　参编

苏中滨　主审

電子工業出版社

Publishing House of Electronics Industry

北京 · BEIJING

内 容 简 介

本书系统地介绍了数据库原理、SQL Server 2008 数据库管理系统及应用实例，概述了数据库前沿技术。全书共分 9 章，主要内容包括：绪论；关系数据库；SQL 语言；关系数据理论；数据库设计；数据库保护；数据库系统的访问；数据库技术的发展；SQL Server 2008 及应用实例，包括 SQL Server 2008 概述、SQL Server 2008 管理工具简介、Transact-SQL 语言基础、数据库管理、表的管理、视图的管理、存储过程、用户和安全性管理、数据转换服务、数据库应用开发实例等。

本书内容丰富、全面、系统，深度和广度兼顾，可作为高等院校和科研院所计算机专业和相关专业数据库课程的教材，也可作为有关人员学习和研究数据库原理与应用或开发数据库应用系统的技术参考书。

未经许可，不得以任何方式复制或抄袭本书之部分或全部内容。
版权所有，侵权必究。

图书在版编目（CIP）数据

数据库原理与应用 / 于啸，陆丽娜，张宇主编. —北京：电子工业出版社，2017.8
ISBN 978-7-121-31465-0

I. ①数… II. ①于… ②陆… ③张… III. ①数据库系统－高等学校－教材 IV. ①TP311.13

中国版本图书馆 CIP 数据核字(2017)第 096004 号

策划编辑：戴晨辰
责任编辑：张　京
印　　刷：北京盛通数码印刷有限公司
装　　订：北京盛通数码印刷有限公司
出版发行：电子工业出版社
　　　　　北京市海淀区万寿路 173 信箱　　邮编：100036
开　　本：787×1092　1/16　印张：17.5　字数：482 千字
版　　次：2017 年 8 月第 1 版
印　　次：2024 年 1 月第 7 次印刷
定　　价：39.80 元

凡所购买电子工业出版社图书有缺损问题，请向购买书店调换。若书店售缺，请与本社发行部联系，联系及邮购电话：(010)88254888，88258888。

质量投诉请发邮件至 zlts@phei.com.cn，盗版侵权举报请发邮件至 dbqq@phei.com.cn。

本书咨询联系方式：dcc@phei.com.cn。

前　　言

数据库技术产生于 20 世纪 60 年代，经历了格式化数据库(以层次和网状数据库为代表)、经典数据库(以关系数据库和后关系数据库为代表)和新型数据库(以对象数据库和 XML 数据库等为代表)的三代发展演变。40 多年来，数据库技术的重要性和意义已经被人们所认识与理解。首先，数据库技术已经形成相对完整和成熟的科学理论体系，成为现代计算机信息处理系统的重要基础与技术核心，造就了 C. W. Bachman、E. F. Codd 和 J. Gray 三位图灵大奖得主；其次，数据库带动和形成了一个巨大的软件产业——数据库管理系统产品和相关技术工具与解决方案，对经济发展起着极大的推动作用，表现出非凡的生产力效应；最后，数据库研究和开发领域的各项成就推动了其他众多计算机理论与应用领域的进步，对这些领域的发展起到了巨大的支撑作用，成为各种计算机信息系统的核心内容与技术基础。

本书对数据库技术进行了全面的阐述和研究。在结合大量的实例和作者教学体会的基础上，对数据库技术的各个领域进行了深入浅出的剖析，对数据库技术的重点和难点进行了详细的描述，力求做到思路清晰、概念准确、结构合理、内容生动活泼。本书重点介绍了数据库的基本概念及 ER 图、关系模型等数据库建模技术，数据库应用部分主要介绍了 SQL Server 2008 的基本管理与操作。

每一章的开始都对该章将要涉及的内容及其作用进行了分析，然后指出了学完本章读者应该掌握的重要内容。另外，章末所附的练习题，旨在加深读者对本章涉及概念的理解，培养学生应用本章学到的知识来解决实际问题的能力。

本书内容全面、实例丰富，并配备了课后习题参考答案，方便教学。本书可作为高等院校计算机专业及信息管理等相关专业本科生数据库课程的教材，也可作为相关人员学习数据库知识的参考书。

东北农业大学于啸、陆丽娜、张宇任本书主编；沈阳工业大学白晨生，吉林农业大学毕春光、林楠，东北农业大学张喜海任本书副主编；东北农业大学丁宝峰、孙建，哈尔滨金融学院姜微参编；全书由东北农业大学苏中滨教授主审。

本书的配套教学资源可在华信教育资源网(www.hxedu.com.cn)注册后免费下载。

由于作者水平有限，加之创作时间仓促，书中不足之处在所难免，欢迎广大读者批评指正。

编　者

2017 年 5 月

目　录

第1章 绪 论

20 世纪 60 年代末，数据库技术初露头角，随即得到迅速发展，成为数据处理的公用支撑技术，是计算机科学的重要分支，也是信息系统的核心和基础。它的出现极大地促进了计算机应用向教育、科研、金融、医疗等行业的渗透。同时，数据库的建设规模、数据库信息量的大小和使用频度已成为衡量一个国家信息化程度的重要标志。

1.1 数据库系统概述

1.1.1 数据库的几个基本概念

1. 数据(Data)

数据是数据库中存储的基本对象，是描述事物的符号记录。数据有多种表现形式，包括数字、文字、图像、声音、学生的档案记录、货物的运输情况等。为了方便计算机存储和处理日常生活中的事物，通常抽象出事物的特征并将其组成一个记录来描述。例如，在教师档案中，用姓名、性别、出生年份、所在系别、工作时间描述一个教师的基本情况，用记录形式表示为：(宋国，男，1998，信息管理系，2016)。这里的教师记录就是数据。结合其含义就能得到该教师的个人情况：宋国是一个教师，性别男，1998 年出生，2016 年进入信息管理系。如果不了解其语义，则无法理解该记录含义。可见，数据的形式还不能完全表达其内容，需要对数据进行解释。所以数据和关于数据的解释是不可分的，数据的解释是指对数据含义的说明，数据的含义称为数据的语义，数据与其语义是不可分的。

2. 数据库(DataBase，DB)

数据库是长期存储在计算机存储设备上的、有组织的、可共享的数据集合。数据库中的数据按一定的数据模型组织、描述和储存，具有较小的冗余度、较高的数据独立性和易扩充性，并可共享。

3. 数据库管理系统(DataBase Management System，DBMS)

数据库管理系统是位于用户与操作系统之间的一层数据管理软件，研究如何科学地组织和存储数据、如何高效地获取和维护数据。它是数据库系统的一个重要组成部分，主要功能如下。

1) 数据定义功能

DBMS 提供数据定义语言(Data Definition Language，DDL)，用户通过它可以方便地对数据库中的数据对象进行定义。

2) 数据操纵功能

DBMS 提供数据操纵定义语言(Data Manipulation Language，DML)，用户通过它实现对数据的基本操作，如查询、插入、删除和修改等。

3)数据库的运行管理

数据库在建立、运行和维护时由数据库管理系统统一管理、统一控制，以保证数据的安全性、完整性、多用户对数据的并发使用及发生故障后的系统恢复。

4)数据库的建立和维护功能

数据库的建立和维护功能包括数据库初始数据的输入、转换功能，数据库的转储、恢复功能，数据库的重组织、重构造功能和性能监视、分析功能等。

4．数据库系统(DataBase System，DBS)

数据库系统是指在计算机系统中引入数据库后的系统，一般由数据库、数据库管理系统(及其开发工具)、应用系统、数据库管理员(DataBase Administrator，DBA)和用户构成。数据库系统如图 1-1 所示。数据库在计算机系统中的位置如图 1-2 所示。

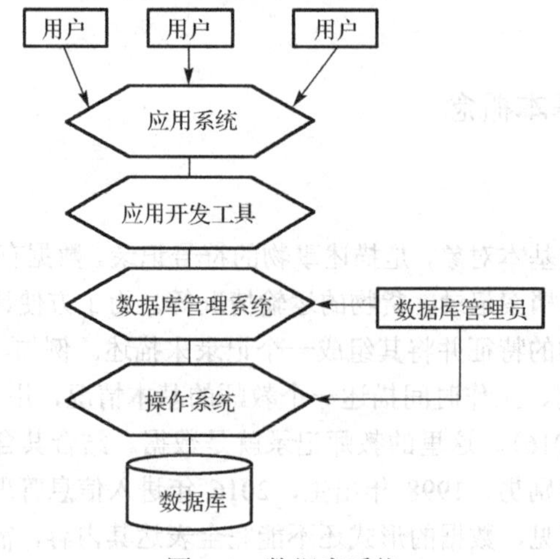

图 1-1 数据库系统

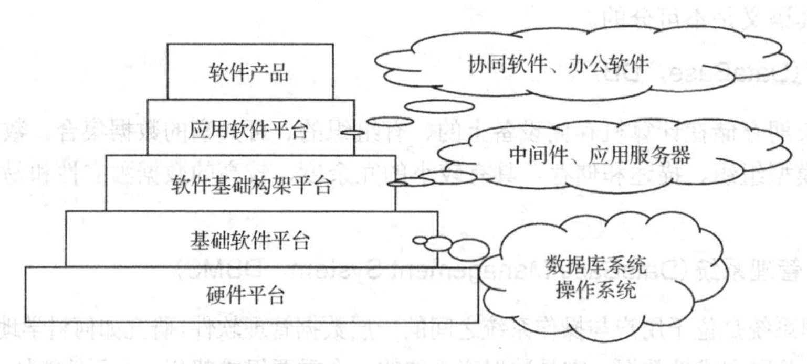

图 1-2 数据库在计算机系统中的位置

1.1.2 数据管理技术的发展历史

数据库技术是应数据管理任务的需要而产生的。数据处理是指对各种数据进行收集、存储、加工和传播的一系列活动的总和。数据管理则是指对数据进行分类、组织、编码、存储、检索和维护，它是数据处理的中心问题。数据管理技术经历了人工管理(20 世纪 40 年代中—50 年代中)、文件系统(20 世纪 50 年代末—60 年代中)、数据库系统(20 世纪 60 年代末—现在)三个阶段。这三个阶段的特点及其比较如表 1-1 所示。

表 1-1　数据管理三个阶段比较表

		人工管理阶段	文件系统阶段	数据库系统阶段
背景	应用背景	科学计算	科学计算、管理	大规模管理
	硬件背景	无直接存取存储设备	磁盘的、磁鼓	大容量磁盘
	软件背景	没有操作系统	有文件系统	有数据库管理系统
	处理方式	批处理	联机实时处理、批处理	联机实时处理、分布处理、批处理
特点	数据的管理者	用户(程序员)	文件系统	数据库管理系统
	数据面向的对象	某一应用程序	某一应用	现实世界
	数据的共享程度	无共享，冗余度极大	共享性差，冗余度大	共享性高，冗余度小
	数据的独立性	不独立，完全来自于程序	独立性差	具有高度的物理独立性和一定的逻辑独立性
	数据的结构化	无结构	记录内有结构、整体无结构	整体结构化，用数据模型描述
	数据控制能力	应用程序自己控制	应用程序自己控制	由数据库管理系统提供数据安全性、完整性、并发控制和恢复能力

1.2 数据模型

数据库技术是计算机领域中发展最快的技术之一。数据库技术的发展是沿着数据模型的主线推进的。模型，特别是具体模型对人们来说并不陌生。一张地图、一组建筑设计沙盘、一架精致的航模飞机都是具体的模型，都是一眼望去就会使人联想到真实生活的事物。模型是对现实世界中某个对象特征的模拟和抽象。

数据模型也是一种模型，它是对现实世界数据特征的抽象。通俗地讲数据模型就是现实世界的模拟。

由于计算机不可能直接处理现实世界中的具体事物，所以人们必须事先把具体事物转换成计算机能处理的数据，也就是首先要数字化，把现实世界中的具体的人、物、活动、概念用数据模型这个工具来抽象、表示和处理。

数据模型是数据库系统的核心和基础。现有的数据库系统均是基于某种模型的。根据模型应用的不同目的，可分为两类：第一类是概念模型，也称信息模型，按用户的观点来对数据和信息进行建模，主要用于数据库设计；另一类模型是数据模型，包括网状模型、层次模型、关系模型等，它按计算机系统的观点对数据建模，主要用于数据库系统的实现。

1.2.1　信息的三个领域

在现实世界中，信息处于三个领域：现实世界、信息世界和机器世界。①现实世界是存在于人们头脑之外的客观世界，事物及其相互联系就处于这个世界中。②信息世界是现实世界在人们头脑中的反映。客观事物在信息世界中被称为实体，反映事物联系的是实体模型。③机器世界是信息世界中信息的数据化。现实世界中的事物及联系在这里用数据模型描述。信息所处三个领域的联系如图 1-3 所示。

可见，客观事物是信息之源，是设计数据库的出发点，也是使用数据库的最终归宿。实体模型与数据模型是对客观事物及其联系的两级抽象描述，数据库的核心问题是数据模型，数据模型由实体模型导出。

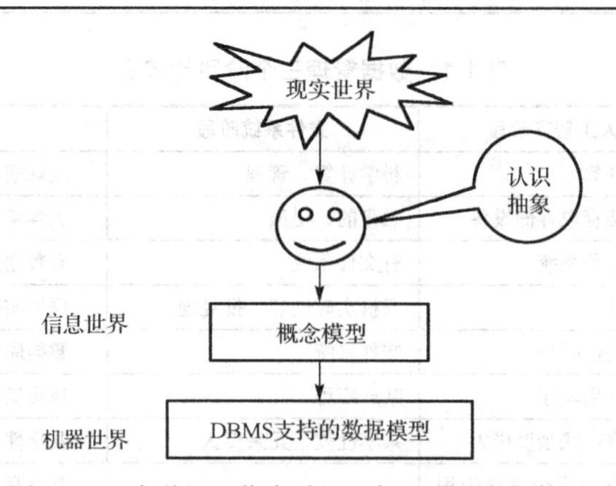

图 1-3 现实世界、信息世界和机器世界之间的联系

1.2.2 概念模型

由图 1-3 可以看出，概念模型实际上是现实世界到机器世界的一个中间层次。概念模型也称信息模型，它是按用户的观点来对数据和信息建模，用于数据库设计。它是现实世界到机器世界的一个中间层次，是数据库设计的有力工具，是数据库设计人员和用户之间进行交流的语言。

在信息世界主要涉及以下一些概念。

1．实体(Entity)

实体是客观世界中存在的且可相互区分的事物，实体可以是人、事、物，也可以是抽象概念或联系。例如，一个职工、一个老师、一个学生、一门课、学生的一次选课、老师与院系的工作关系等都是实体，在 E-R 图中用矩形框表示。

2．属性(Attribute)

实体所具有的某一特性称为属性。一个实体可以由若干个属性来刻画。例如，学生实体可以由学号、姓名、性别、年龄、系别等属性组成。

3．码(Key)

唯一标识实体的属性集称为码。例如，学号是学生实体码。

4．域(Domain)

属性的取值范围称为该属性的域。例如，学号的域为 8 位整数，姓名为字符串集合。

5．实体型(Entity Type)

用实体名及其属性名集合来抽象和刻画同类实体称为实体型。例如，学生(学号、姓名、性别、年龄、系别)就是一个实体型。

6．实体集(Entity Set)

同一类型实体的集合称为实体集。例如，全体学生就是一个实体集。

7．联系(Relationship)

现实世界中事物内部及事物之间的联系在信息世界中反映为实体内部的联系和实体之间的

联系。实体内部的联系通常是指组成实体的各属性之间的联系。实体之间的联系通常是指不同实体集之间的联系。

两个实体型之间的联系可以分为三类。

1) 一对一联系 (1:1)

如果对于实体集 A 中的每一个实体，实体集 B 中至多有一个(也可以没有)实体与之联系，反之亦然，则称实体集 A 与实体集 B 具有一对一联系，记为 1:1。例如乘客与车票、病人与床位之间的联系。

2) 一对多联系 (1:n)

如果对于实体集 A 中的每一个实体，实体集 B 中有 n 个实体($n \geq 0$)与之联系，反之，对于实体集 B 中的每一个实体，实体集 A 中至多只有一个实体与之联系，则称实体集 A 与实体集 B 有一对多联系，记为 1:n。例如，班级与学生之间具有一对多联系。

3) 多对多联系 (m:n)

如果对于实体集 A 中的每一个实体，实体集 B 中有 n 个实体($n \geq 0$)与之联系，反之，对于实体集 B 中的每一个实体，实体集 A 中也有 m 个实体($m \geq 0$)与之联系，则称实体集 A 与实体 B 具有多对多联系，记为 m:n。例如，学生与课程之间具有多对多联系。

可以用图形来表示两个实体型之间的这三类关系，如图 1-4 所示。

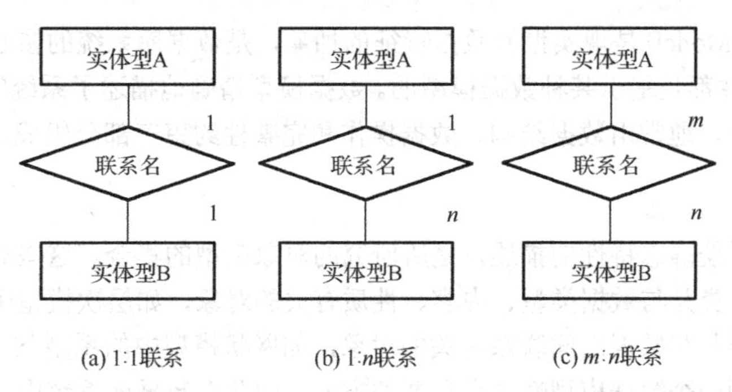

图 1-4　两个实体型之间的三类关系

1.2.3　概念模型的表示方法

概念模型是对信息世界建模，所以概念模型能够方便、准确地表示信息世界中的常用概念。概念模型的表示方法很多，其中最为著名、最为常用的是 P.P.S.Chen 于 1976 年提出的实体-联系方法(Entity-Relationship Approach)。该方法用 E-R 图来描述现实世界的概念模型，E-R 方法也称为 E-R 模型。

E-R 图提供了表示实体型、属性和联系的方法。

① 实体型：用矩形表示，矩形框内写明实体名。

② 属性：用椭圆形表示，并用无向边将其与相应的实体连接起来。

③ 联系：联系本身用菱形表示，菱形框内写明联系名，并用无向边分别与有关实体连接起来，同时在无向边旁标上联系的类型(1:1、1:n 或 m:n)。

需要注意的是，如果一个联系具有属性，则这些属性也要用无向边与该联系连接起来。

现以某校教学管理为例建立实体模型，E-R 图如图 1-5 所示。

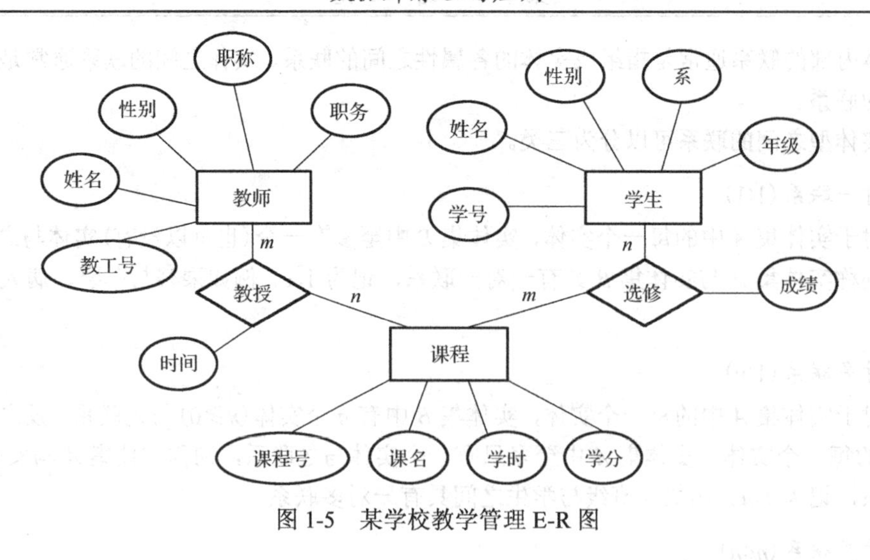

图 1-5 某学校教学管理 E-R 图

1.3 数据模型

1.3.1 数据模型的组成要素

数据模型(Data Model)是现实世界数据特征的抽象，是数据库系统的核心和基础。各种机器上实现的 DBMS 软件都是基于某种数据模型的。数据模型精确地描述了系统的静态特性、动态特性和完整性约束条件，通常由数据结构、数据操作和完整性约束三部分组成。

1. 数据结构

数据结构是对系统静态特性的描述，是所研究的对象类型的集合。这些对象是数据库的组成部分，包括两类：一类是与数据类型、内容、性质有关的对象，如层次模型中的数据项、关系模型中的关系；另一类是与数据之间联系有关的对象，如网状模型中的系型(Set Type)。

数据结构是刻画一个数据模型性质最重要的方面。因此在数据库系统中，通常按照数据结构的类型来命名数据模型。例如，层次结构的数据模型命名为层次模型，关系结构的数据模型命名为关系模型。

2. 数据操作

数据操作是对系统动态特性的描述，是对数据库中各种对象(型)的实例(值)允许执行的操作的集合，包括操作及有关的操作规则。数据操作主要有检索和更新(包括插入、删除、修改)两大类操作。数据模型必须定义这些操作的确切含义、操作符号、操作规则及实现操作的语言。

3. 数据的约束条件

数据的约束条件是一组完整性规则的集合。完整性规则是给定的数据模型中数据及其联系所具有的制约和储存规则，用以限定符合数据模型的数据库状态及状态的变化，以保证数据正确、有效、相容。

数据模型应该反映和规定本数据模型必须遵守的、基本的、通用的完整性约束条件。例如，在关系模型中，任何关系必须满足实体完整性和参照完整性两个条件。此外，数据模型还应该提供定义完整性约束条件的机制，以反映具体应用所涉及的数据必须遵守的特定的语义约束条件。

1.3.2　最常用的数据模型

目前，数据库领域中最常用的数据模型有五种，它们是：

- 层次模型(Hierarchical Model)；
- 网状模型(Network Model)；
- 关系模型(Relational Model)；
- 面向对象模型(Object Oriented Model)；
- 对象关系模型(Object Relational Model)。

其中层次模型和网状模型统称为非关系模型。

非关系模型的数据库系统盛行于 20 世纪 70 年代至 80 年代初。在非关系模型中，实体用记录表示，实体的属性对应记录的数据项(或字段)。实体之间的联系在非关系模型中转换成记录之间的两两联系。非关系模型中数据结构的单位是基本层次联系(见图 1-6)。基本层次联系：两个记录及它们之间的一对多(包括一对一)的联系。

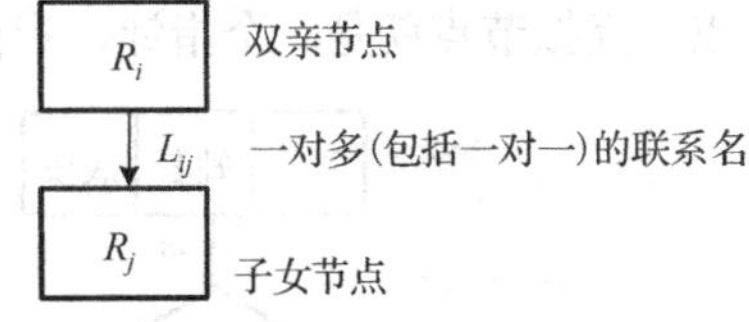

图 1-6　基本层次联系

20 世纪 80 年代以来，面向对象的方法和技术对计算机各个领域都产生了深远的影响，促进了数据库中面向对象数据模型的研究和发展。

下面简要介绍层次模型、网状模型和关系模型。

1. 层次模型

层次模型是数据库系统中最早出现的数据模型，层次模型用树形结构来表示各类实体及实体间的联系。层次数据库系统的典型代表是 IBM 公司的 IMS(Information Management System)数据库管理系统。

1) 层次数据模型的数据结构

在数据库中定义满足下面两个条件的基本层次联系的集合为层次模型。

① 有且只有一个结点没有双亲结点，这个结点称为根结点；

② 根以外的其他结点有且只有一个双亲结点。

在层次模型中，每个节点表示一个记录类型，记录之间的联系用节点之间的连线(有向边)表示，这种联系是父子之间的一对多的联系。这就使得层次数据库系统只能处理一对多的实体联系。

每个记录型可以包含若干个字段，这里记录类型描述的是实体，字段描述的是实体的属性。各个记录类型可以定义一个排序字段，也称为码字段，如果定义该排序字段的值是唯一的，则它能唯一地表示一个记录值。在层次模型中，同一双亲的子女结点称为兄弟结点(Twin 或 Sibling)，没有子女结点的结点称为叶结点。图 1-7 是一个教员学生层次数据库模型。该层次数据库有四个记录型。记录型“系”是根结点，由“系编号”、“系名”、“办公地点”三个字段组成。它有两个子女“教研室”和“学生”。记录型“教研室”是“系”的子女结点，同时又是“教员”的双亲结点，它由“教研室编号”、“教研室名”两个字段组成。记录类型“学生”由“学号”、“姓名”、“成绩”三个字段组成。记录“教员”由“职工号”、“姓名”、“研究方向”三个字段组成。“学生”与“教员”是叶结点，它们没有子女结点。由“系”到“教研室”、由“教研室”到“教员”、由“系”到“学生”均是一对多关系。

2) 多对多联系在层次模型中的表示

因为层次数据模型只能表示一对多(包括一对一)的联系，现实世界中大部分是多对多联系，在层次模型中采用分解法表示多对多联系，分解法有两种：冗余结点法和虚拟结点法。

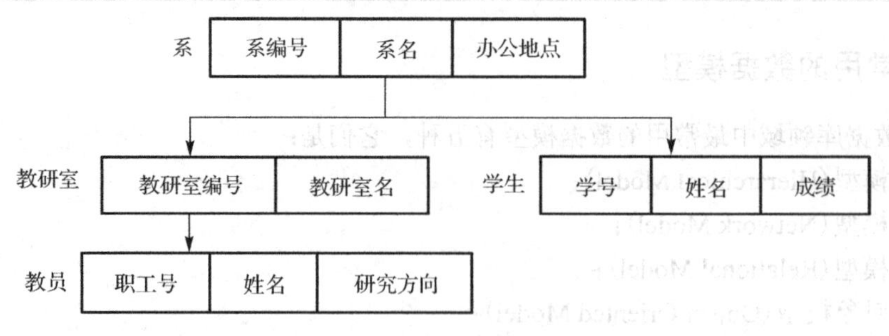

图 1-7　教员学生层次数据库模型

图 1-8(a)是一个简单的多对多联系：一个学生可以选修多门课程，一门课程可由多个学生选修。“学生”字段由“学号”、“姓名”、“成绩”三个字段组成，“课程”由“课程号”和“课程名”两个字段组成。图 1-8(b)采用冗余节点法，即通过增设两个冗余节点将图 1-8(a)的多对多联系转换成两个一对多联系，图 1-8(c)采用虚拟节点分解方法，即将图 1-8(b)中的冗余节点转换为虚拟节点。虚拟节点就是一个指针，指向所替代的节点。

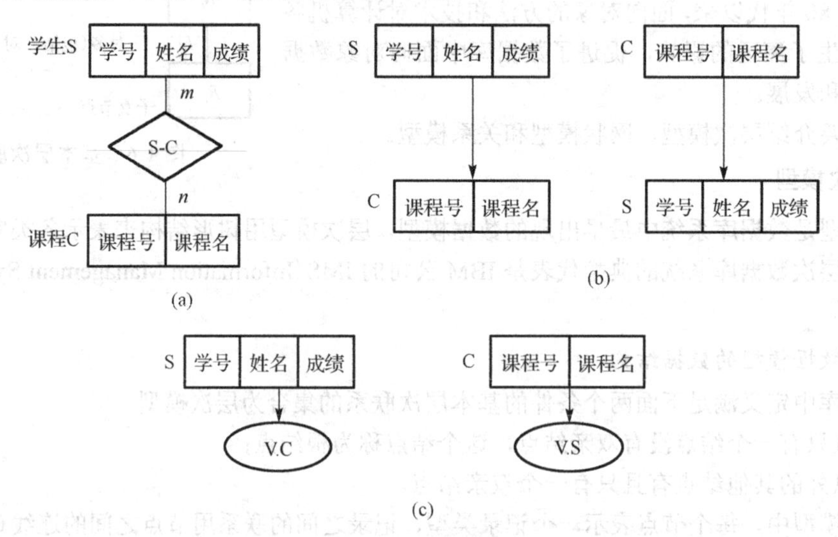

图 1-8　用层次模型表示多对多联系

3) 层次模型的数据操纵与完整性约束

层次模型的数据操纵主要有查询、插入、删除和修改。层次模型的完整性约束条件如下：

(1) 无相应的双亲结点值就不能插入子女结点值；

(2) 如果删除双亲结点值，则相应的子女结点值也被同时删除；

(3) 更新操作时，应更新所有的相应记录，以保证数据的一致性。

4) 层次数据模型的存储结构

层次数据库中不仅要存储数据本身，还要存储数据之间的层次联系。常用的实现方法有以下两种。

(1) 邻接法

按照层次树前序穿越的顺序把所有记录值依次邻接存放，即通过物理空间的位置相邻来实现(或隐含)层次顺序。例如，对于图 1-9(a)的数据库，按邻接法存放图 1-9(b)中以根记录 A1 为首的层次记录实例集，应按图 1-10 所示的方法存放。

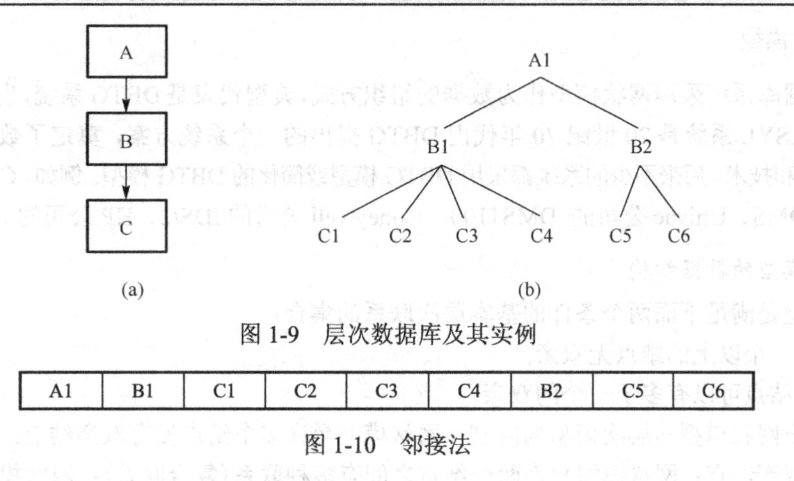

图 1-9 层次数据库及其实例

A1	B1	C1	C2	C3	C4	B2	C5	C6

图 1-10 邻接法

(2) 链接法

链接法用指引元来反映数据之间的层次联系。如图 1-11 所示，图 1-11(a) 中的每个记录设两类指引元，分别指向最左边的子女和最近的兄弟，这种连接方法称为子女-兄弟链接法；图 1-11(b) 按树的前序穿越顺序链接各记录值，这种链接方法称为层次序列链接法。

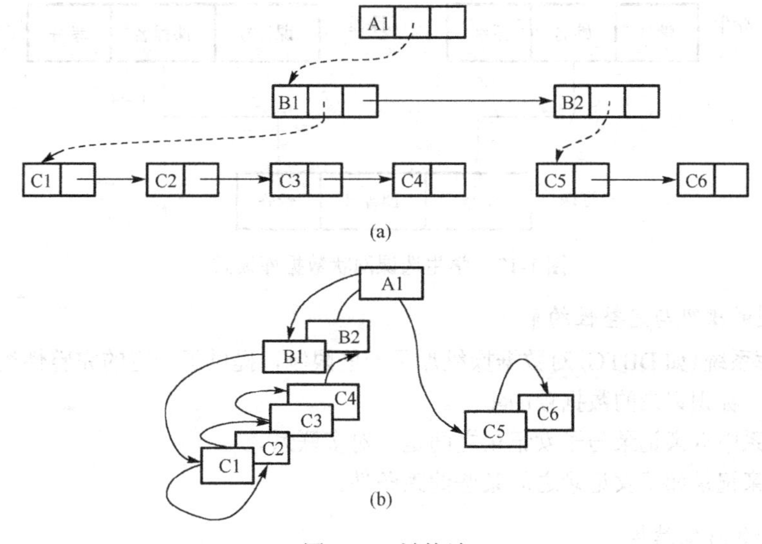

图 1-11 链接法

5) 层次模型的优缺点

层次模型的优点主要有：

(1) 层次模型的数据结构简单清晰；

(2) 查询效率高，性能优于关系模型，不低于网状模型；

(3) 层次数据模型提供了良好的完整性支持。

层次模型的缺点主要有：

(1) 多对多联系表示不自然；

(2) 对插入和删除操作的限制多，应用程序的编写比较复杂；

(3) 查询子女结点时必须通过双亲结点；

(4) 由于结构严密，层次命令趋于程序化。

2. 网状模型

网状数据库系统采用网状模型作为数据的组织方式，典型代表是DBTG系统，也称CODASYL系统。CODASYL系统是20世纪70年代由DBTG提出的一个系统方案，奠定了数据库系统的基本概念、方法和技术。后来不少的系统都采用DBTG模型或简化的DBTG模型。例如，Cullinet Software Inc.公司的IDMS、Univac公司的 DMS1100、Honeywell公司的IDS/2、HP公司的IMAGE等。

1) 网状模型的数据结构

网状模型是满足下面两个条件的基本层次联系的集合：

(1) 允许一个以上的结点无双亲；

(2) 一个结点可以有多于一个的双亲。

可以看出网状模型与层次模型的区别：网状模型允许多个结点没有双亲结点；网状模型允许结点有多个双亲结点；网状模型允许两个结点之间有多种联系(复合联系)；网状模型可以更直接地去描述现实世界；层次模型实际上是网状模型的一个特例。

与层次模型一样，网状模型中每个结点表示一个记录类型(实体)，每个记录类型可包含若干个字段(实体的属性)，结点间的连线表示记录类型(实体)之间一对多的父子关系。

图1-12是用网状模型表示的学生选课数据库。

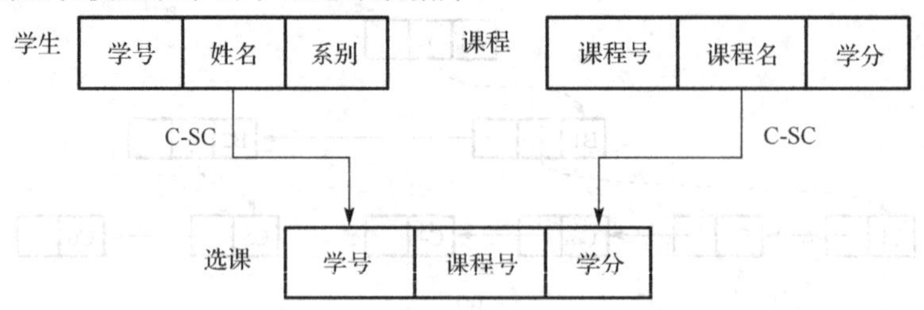

图1-12 学生选课网状数据库模式

2) 网状模型的操纵与完整性约束

网状数据库系统(如DBTG)对数据操纵加了一些限制，提供了一定的完整性约束：

(1) 码：唯一标识记录的数据项的集合。

(2) 一个联系中双亲记录与子女记录之间是一对多联系。

(3) 支持双亲记录和子女记录之间某些约束条件。

3) 网状模型的存储结构

网状模型的存储结构中，关键是如何实现记录之间的联系。常用的方法是链接法，包括单向连接、双向链接、环状链接和向首链接等。

图1-13为学生选课网状数据库的一个存储示意图。图中实线链表示S-SC联系，虚线链表示C-SC联系。

4) 网状数据模型的优缺点

网状数据模型的优点主要有：

(1) 能够更直接地描述现实世界，如一个结点可以有多个双亲；

(2) 具有良好的性能，存取效率较高。

网状模型的缺点主要有：

(1) 结构比较复杂，而且随着应用环境的扩大，数据库的结构变得越来越复杂，不利于最终用户掌握；

(2) DDL、DML 语言复杂，用户不容易使用。

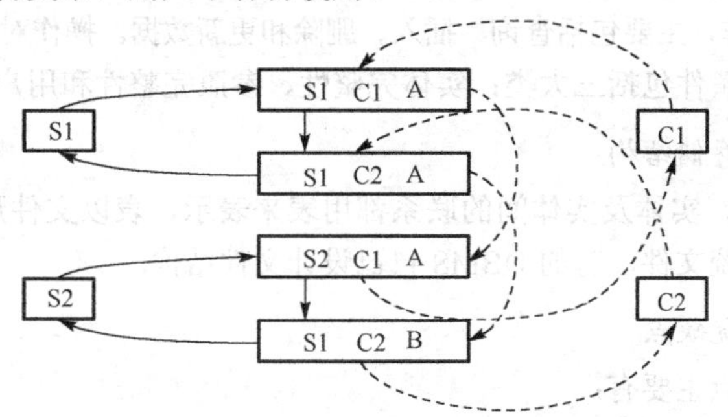

图 1-13　学生选课网状数据库实例

3. 关系模型

关系数据库系统采用关系模型作为数据的组织方式。1970 年美国 IBM 公司 San Jose 研究室的研究员 E. F. Codd 首次提出了数据库系统的关系模型。目前，计算机厂商新推出的数据库管理系统几乎都支持关系模型。

1) 关系模型的数据结构

关系模型是建立在严格的数学概念的基础上的。在用户观点下，关系模型中数据的逻辑结构是一张二维表，它由行和列组成。现在以教师登记表为例（见表 1-2）介绍关系模型中的一些术语。

表 1-2　教师登记表

教师号	姓　名	年　龄	系　别
09001	赵谦	26	历史系
09002	孙立	27	中文系
…	…	…	…

(1) 关系 (Relation)

一个关系对应通常所说的一张表。

(2) 元组 (Tuple)

表中的一行即为一个元组。

(3) 属性 (Attribute)

表中的一列即为一个属性，给每一个属性所起的一个名称即属性名。

(4) 主码 (Key)

主码是表中的某个属性组，它可以唯一确定一个元组。

(5) 域 (Domain)

属性的取值范围即为域。

(6) 分量

分量是元组中的一个属性值。

(7) 关系模式

关系模式是对关系的描述。一般表示为：关系名（属性 1，属性 2，…，属性 n）

例如，上面的关系可以描述为：教师（教师号，姓名，年龄，系别）。

关系必须是规范化的，满足一定的规范条件。最基本的规范条件：关系的每一个分量必须是一个不可分的数据项，不允许表中还有表。

2)关系数据模型的操纵与完整性约束

数据操作是集合操作，主要包括查询、插入、删除和更新数据。操作对象和操作结果都是关系。关系的完整性约束条件包括三大类：实体完整性、参照完整性和用户定义的完整性。

3)关系数据模型的存储结构

在关系数据模型中，实体及实体间的联系都用表来表示，表以文件形式存储。有的 DBMS 一个表对应一个操作系统文件，有的 DBMS 自己设计文件结构。

4)关系数据模型的优缺点

关系数据模型的优点主要有：

(1)建立在严格的数学概念的基础上；

(2)概念单一，实体和各类联系都用关系来表示，数据的检索结果也是关系；

(3)关系模型的存取路径对用户透明，具有更高的数据独立性，更好的安全保密性，简化了程序员的工作和数据库开发建立的工作。

关系数据模型的缺点主要有：

(1)存取路径对用户透明导致查询效率往往不如非关系数据模型；

(2)为提高性能，必须对用户的查询请求进行优化，增加了开发 DBMS 的难度。

1.4 数据库的体系结构

1.4.1 数据库的分级结构

数据库分为三级：外模式、模式和内模式，如图 1-14 所示，掌握数据库的三级结构及其联系与转换是深入学习数据库的必由之路。

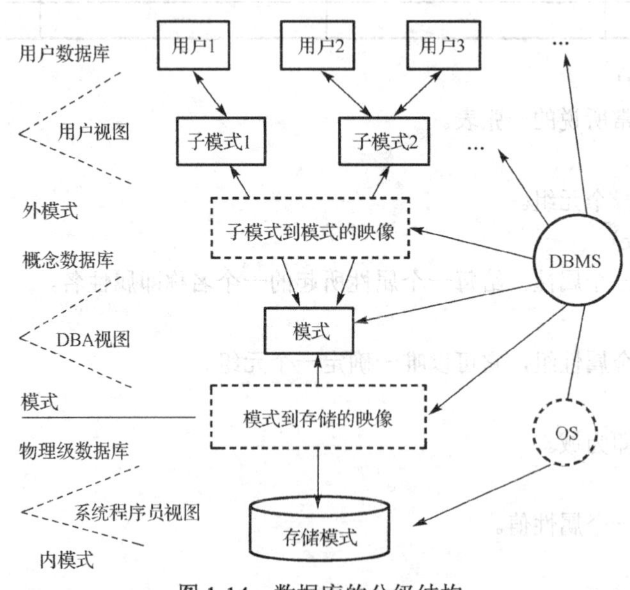

图 1-14 数据库的分级结构

用户级数据库也称为用户视图(View)或子模式，对应于外模式，它是单个用户看到并获准使用的那部分数据的逻辑结构(称为局部逻辑结构)，用户根据系统给出的子模型，用询问语言或应用程序去操作数据库中的数据。

概念级数据库对应于概念模式，简称模式，是对数据库所有用户数据的整体逻辑描述(故称为数据库的整体逻辑结构)，又称为 DBA 视图，即数据库管理员看到的数据库，它是所有用户视图的一个最小并集。设立概念级的目的是把用户视图有机地结合成一个逻辑整体，统一地考虑所有用户要求，它涉及的仍是数据库中所有对象的逻辑关系，而不是它们的物理情况。

物理级数据库对应于内模式，又称为存储模式。它包含数据库的全部存储数据，这些被存储在内外存介质上的数据也称为原始数据，是用户操作(加工)的对象。从机器的角度看，它们是指令操作处理的位串、字符和字；从系统程序员的角度看，这些数据是用一定的文件组织方法组织起来的一个个物理文件(或存储文件)，系统程序员编制专门的访问程序，实现对文件中数据的访问，所以物理级数据库也称为系统程序员视图。

对一个数据库系统来说，实际上存在的只是物理级数据库，它是数据访问的基础。概念级数据库只不过是物理级数据库的一种抽象(逻辑)描述，用户级数据库是用户与数据库的接口。用户根据子模式进行操作，数据库管理系统通过子模式到模式的映像将操作与概念级联系起来，又通过模式到存储模式的映像与物理级联系起来。这样一来，用户可以在较高的抽象级别上处理数据，而把数据组织的物理细节留给系统。事实上，DBMS 的中心工作之一就是完成三级数据库之间的转换，把用户对数据库的操作转化到物理级去执行。

1.4.2　模式及映像

1．模式(Schema)

模式也称逻辑模式，是数据库中全体数据的逻辑结构和特征的描述，是所有用户的公共数据视图。一个数据库只有一个模式，模式主体是数据模型，此外，一般还包括允许的操作、数据完整性和安全保密等方面的控制。DBMS 提供模式描述语言(模式 DDL)来严格定义模式。

用语言书写的模式称为源模式，机器不能直接使用，必须将此模式用机器代码表示，变为机器书写的模式，称为目标模式。目标模式通常设计成表格形式、树结构或网络结构。

2．外模式(External Schema)

外模式也称子模式(Subschema)或用户模式，它是数据库用户(包括应用程序员和最终用户)能够看见和使用的局部数据的逻辑结构和特征描述，是数据库用户的数据视图，是与某一应用有关的数据的逻辑表示。从逻辑关系上看，外模式是模式的一部分，从模式用某种规则(如关系方法中的关系运算)可以导出外模式，但外模式也可以做出不同外子模式的改变，如在外模式中略去模式的某些记录类型、数据项，改变模式中某些数据项的数据库特征，改变模式中的安全、完整约束条件等。子模式与模式之间的对应关系称为子模式到模式的映像，描述子模式的语言称为子模式 DDL，外模式也有相应的源形式与目标形式。

3．内模式(Internal Schema)

内模式也称存储模式(Storage Schema)，是数据在物理存储结构方面的描述，是数据库内部的表示方式，一个数据库只有一个内模式，它除了定义所有的内部记录类型外，还定义一些索引、存储分配及恢复等方面的细节。例如，记录的存储方式是堆存储，还是按照某个属性值的升(降)序存储，还是按照属性值聚簇存储；索引按照什么方式组织，是 B＋ 树索引还是 Hash 索引等，但更具体的物理存储细节，如从磁盘读写某些数据块等，存储模式一般不予考虑，而是交给操作系统去完成。

所以，三级模式是对数据的三个抽象级别，它把数据的具体组织留给 DBMS 管理，使用户能逻辑地、抽象地处理数据，而不必关心数据在计算机中的具体表示方式与存储方式。为了能够在系统内部实现这3个抽象层次的联系和转换，数据库管理系统在这三级模式之间提供了两层映像，即外模式/模式映像和模式/内模式映像，正是这两层映像保证了数据库系统中的数据能够具有较高的逻辑独立性和物理独立性。

4. 外模式/模式映像

外模式到模式的映像主要给出外部级与概念级的对应关系。这两级的数据结构及数据量纲可能不一致，外模式中某些数据项甚至是由若干数据导出的，在数据库中并不真实存在。因此在映像中需要说明外模式中的记录类型和数据项如何对应模式中的记录和数据项及导出的规则步骤(若为导出项)。在外部级与概念级之间存在这样一个映像，就能保证当模式发生变化时，只要修改记录级数据项的对应关系或导出规则，可能不必修改外模式，用户根据外模式设计的应用程序就可继续沿用，达到所谓的逻辑数据独立性。通常情况下，外模式到模式的映像在模式中描述。

5. 模式/内模式映像

模式到内模式的映像主要给出概念级数据与物理级数据之间的对应关系。表现在两个方面：一方面是数据结构的变换，另一方面是逻辑数据如何在物理设备上定位。在概念级与内部级之间存在这样一个映像，就能保证当存储模式发生变化时(如存储设备、文件组织方法、存储位置等发生变化)，只要修改此映像即可，而模式尽量不受影响，从而使得对内模式和应用程序的影响更小，达到所谓的物理数据独立性。通常情况下，模式到内模式的映像在内模式中描述。

数据与程序之间的独立性，使得数据的定义和描述可以从应用程序中分离出去。另外，由于数据的存取由DBMS管理，用户不必考虑存取路径等细节，从而简化了应用程序的编制，大大减少了应用程序的维护和修改。

1.5 数据库管理系统

数据库管理系统(DBMS)是一个非常复杂的软件系统，是数据库系统具有数据共享、并发访问、数据独立等特性的根本保证，对数据库系统的所有操作和各种运行控制最终都是通过DBMS实现的。

1.5.1 DBMS的功能

DBMS的主要职责就是有效地实现数据库三级之间的转换，即把用户(或应用程序)对数据库的一次访问，从用户级带到概念级，再导向物理级，转换为存储数据的操作。因此其功能应包括下面几类。

1. 数据库的定义

DBMS总是提供数据定义语言DDL用于描述模式、外模式和内模式及各模式之间的映像，描述的内容包括数据的结构、数据的完整性约束条件和访问控制条件等，并负责将这些模式的源形式转换成目标形式，存在系统的数据字典中，供以后操作或控制数据时查用。

2. 数据库的操作及查询优化

DBMS总是提供数据操作语言DML实现对数据库的操作，基本操作包括检索、插入、删除和修改。用户只需根据外模式给出操作要求，其处理过程的确定和优化则由DBMS完成。查询处理和优化机制的好坏直接反映了DBMS的性能。

3. 数据库的控制运行

数据库方法的最大优势在于允许多个用户并发地访问数据库，充分实现共享，DBMS必须提供并发控制机制、访问控制机制和数据完整性约束机制，从而避免多个读写操作并发执行可能引起的冲突、数据失密或安全性、完整性被破坏等一系列问题。

4. 数据库的恢复和维护

这些维护信息可将数据库恢复到一致状态。此外，当数据库性能下降或系统软/硬件设备变化时，也能重新组织或更新数据库。

5. 数据库的数据管理

数据库中物理存在的数据包括两部分：一部分是元数据，即描述数据的数据，主要是前述的三类模式，它们构成了数据字典(DD)的主体，DD由DBMS管理、使用；另一部分是原始数据，它们构成物理存在的数据。DBMS一般提供多种文件组织方法，供数据库设计人员选用。数据一旦按某种组织方法装入数据库，其后对它的检索和更新都由DBMS的专门程序完成。

6. 数据库的多种接口

数据库一旦设计完成，可能供多类用户使用，包括常规用户、应用程序的开发者、DBA等。为适应不同用户的需求，DBMS常提供各种接口，近年来还普遍增加了图形接口，用户使用起来更直观、方便。

1.5.2 DBMS的程序组成

从程序的角度看，DBMS是完成上述各项功能的许多程序模块组成的一个集合，其中一个或几个程序一起完成DBMS的一项工作，或一个程序完成几项工作，以设计方便和系统性能良好为原则，所以各个DBMS的功能不完全一样，包含的程序也不同。其主要程序如下。

1. 语言处理方面

(1)模式DDL翻译程序：把模式DDL源形式翻译成机器可读的目标形式。

(2)外模式DDL翻译程序：把外模式DDL源形式翻译成目标形式。

(3)DML处理程序：把应用程序的DML语句转化成主语言的一个过程调用语句。

(4)终端选文解释程序：解释终端询问的意义，决定操作的执行过程。

(5)数据库控制命令解释程序：解释每个控制命令的含义，决定怎样执行。

2. 系统运行控制方面

(1)系统总控程序：DBMS的神经中枢，它控制、协调DBMS各个程序的活动，使其有条不紊地运行。

(2)访问控制程序：内容包括核对用户标识、口令，核对授权表，检验访问的合法性等，它决定一个访问是否能够进入系统。

(3)并发控制程序：在许多用户同时访问数据库时协调各个用户的访问。

(4)保密控制程序：在执行操作之前，核对保密规定。

(5)数据完整性控制程序：在执行操作前或后，核对数据库完整约束条件，从而决定是否允许操作执行，或清除已执行操作的影响。

(6)数据访问程序：根据用户访问请求，实施对数据的访问。

(7)通信控制程序：实现用户程序与DBMS之间的通信。

3. 系统建立、维护方面

(1)数据装入程序：把大批原始数据按某种文件组织方法(顺序、索引、Hash等)存储到内外存介质上，完成数据库的装入。

(2) 工作日志程序：负责记载进入数据库的所有访问。

(3) 性能监督程序：监督操作执行时间与存储空间占用情况，做出系统性能估算，以决定数据库是否需要重新组织。

(4) 重新组织程序：当数据库系统性能变坏时需要对数据重新进行物理组织，或者按原组织方法重新装入，或者改变原组织方法、采用新的结构。

(5) 系统恢复程序：当软/硬件设备遭到破坏时，该程序把数据库恢复到可用状态。

4. 用户接口方面

目前不少 DBMS 的接口软件的规模往往超过 DBMS 的核心软件。

1.5.3 数据语言

数据语言包括数据描述语言 (DDL) 和数据操作语言 (DML) 两大部分，前者负责描述和定义数据的各种特性，后者说明对数据进行的操作。

1. 数据描述语言

数据描述语言用于描述数据库中各种对象的特征，其功能包括以下四个方面。

(1) 描述数据的逻辑结构。因为数据库的逻辑描述限于概念级和用户级，所以在数据库中又分模式数据描述语言和子模式数据描述语言。前者描述模式，它必须具备定义数据模型的功能和容易阅读的优点，是一种与现行普通程序语言不同的格式化的陈述性语言，在采用 SQL 标准关系数据库系统中，模式 DDL 都是统一的。后者描述子模式，它可以是用户使用的程序语言（如 C、Fortran 等）的扩充。不论怎样设计模式与子模式 DDL，描述数据的逻辑组织一般要包括如下内容。

① 描述数据模型各个部分（称为数据逻辑单位）的特征，通常是：给出数据各个逻辑单位的无二义性命名，如数据模型名、记录类型名、数据项名等；说明各个最小逻辑单位的数据特征，如数据类型是字母、数字还是字符，数据长度及取值范围等；说明数据单位的自然含义，如数据项是表示姓名还是城市、表示年龄还是分数等。

② 描述各数据逻辑单位之间的联系，以及数据表示的对象之间和对象内部的联系，通常说明：数据的一个逻辑单位按照什么规则包含哪些更小的逻辑单位，如一个记录类型一次包含哪些数据项；哪个或哪些数据项组合成关键字使用；数据项之间的完整性约束条件；各逻辑单位按什么规则形成一个整体的数据结构，如记录类型怎样构成树或网络。

(2) 描述数据的物理特征。数据库设计称之为存储结构描述语言，描述的内容包括：①系统中建立了哪些物理文件，它用文件目录说明，文件目录是系统的一个特殊文件；②说明每个物理文件数据的文件组织方法，如顺序、索引、Hash、树结构、倒排结构等；③说明每个物理文件的文件名称、文件的存储设备、开始地址、允许占用的空间等。

(3) 描述存储映像即逻辑数据到物理数据的映像。它说明：①每个逻辑单位的数据存放在哪个文件中，如哪个记录类型对应于哪个文件，存放在哪个区域；②逻辑数据到物理数据的转换，如十进制变二进制，数据的存储紧缩过程等。

(4) 描述访问规则。它包括：①用户与子模式的对应关系；②用户身份检验，如用户口令、声音、指纹的核对；③对用户的授权；④数据的加密锁与密码。

上述内容只是数据描述的一些基本内容，并不是详尽无遗的，各个数据库系统都根据自己的情况决定包括哪些内容。

2. 数据操作语言

数据操作语言是用户与数据库系统的接口之一，是用户操作数据库中数据的工具。在设计数据操作语言时，一般要做到：描述操作准确，无二义性；功能齐全，操作能力强，用户希望使用的操作应尽量满足：语言自然、直观，容易掌握，使用方便。

一般来说，数据操作是一些操作语句组成的集合。DML 有两类，一类嵌入在宿主语言中使用，称为宿主型DML，如嵌入在COBOL、Fortran、C、Ada等高级语言中；另一类可以独立交互使用，称为自主型或自含型DML，如SQL(SQL也可以嵌在主语言中使用)、QBE等。当前各种数据库系统的数据语言虽然在形式上差别较大，但其功能基本相似，通常包括如下几方面的操作：

(1) 从数据库中检索数据；

(2) 向数据库中添加数据；

(3) 删除数据库中某些已过时的、没有保留价值的原有数据；

(4) 修改某些属性发生变化的数据项的值，使其能确切反映变化后的情况；

(5) 用于并发访问控制的操作。

1.5.4　数据字典

数据字典(Data Dictionary)的主要任务是描述(或定义)数据库系统中各类对象的性质和属性(包括其自然语言含义)、对象之间的交叉联系和它们的使用规则。数据字典描述时给每个对象一个唯一的标识(称为内码)，以示区别。数据字典是复杂的，也要用数据模型描述，又把它称为关于数据的“数据”或“元数据”，它也有源形式与目标形式的问题。它的目标形式是包括模式、子模式表、用户表、物理文件或区域表、内码与自然语言对照表等在内的一组字典表格。

一个数据库系统所涉及的对象大致可分为如下几类：

(1) 与数据组织结构有关的对象，包括数据库(一个系统可能容纳多个数据库)、模式、子模式、记录类型(或类)、数据项、物理文件及索引等。

(2) 与系统运行、配置有关的对象，包括存储过程、事务、终端、客户机等。

(3) 与询问优化有关的对象，包括访问例程、代价估算所用各类信息。

(4) 与完整、安全控制有关的对象，包括用户、角色、用户标识、访问授权、密钥及各类完整约束条件等。

(5) 与系统监控有关的对象，包括触发子、审计项目及数据字典本身的变化情况等。

(6) 数据字典的用处在于：满足DBMS快速查找有关对象的要求。供数据库管理员掌握整个系统运行的下列情况：①系统现有的数据库、用户；②当前具有的模式数目及其名称，每个模式包含的子模式与记录类型；③每个子模式包含的记录类型与用户；④某个记录类型(或数据项)所属的子模式和对应的处理文件或区域等。

1.6　小　　结

本章对数据库系统进行了概述，介绍了数据库的基本概念和数据管理的发展过程。数据库中的数据是按照一定的结构和模型进行组织的，重点要掌握E-R模型的基本概念。层次模型、网状模型和关系模型是三种主要的数据库模型，本章详细介绍了这几种模型的优缺点和相关概念。

从数据库管理系统的角度看，数据库系统通常采用三级模式结构，这是数据库系统内部的体系结构。数据库系统的三级模式和二级映像保证了数据库系统的逻辑独立性和物理独立性。

第 2 章　关系数据库

2.1　从格式化模型到关系模型

从 20 世纪 60 年代到 90 年代的短短几十年中，数据库理论经历了从格式化模型(即层次模型和网状模型)到关系模型的过程。1968 年 IBM 研制出了层次数据模型系统 IMS。1969 年，CODASYL 的下属组织 DBTG 提出了关于网状模型的 DBTG 系统报告。CODASYL 关于数据库的工作和报告澄清了许多概念，建立了若干权威性观点，为数据库走向成熟奠定了基础。随着 CODASYL 工作的进展，商用网状数据库系统开始走向市场。

1970 年 6 月，IBM 的 E.F.Codd 提出了以关系的数学理论为基础的关系数据模型概念。由他开创的数据库的关系方法和规范化理论研究获得了 1981 年 ACM 图灵奖。从此，一些专用的或研究性的关系数据库系统陆续出现，如 IBM 的 System R 系统。1975 年以后，开始出现商用的关系数据库系统，如 SQL/DS、INGRES、ORACLE、SYBASE 等。

关系方法给数据库技术带来了巨大的变革，并把它推向更高级的阶段。从 20 世纪 90 年代开始，关系数据库系统已成为商用主流数据库系统，广泛应用于各个领域。

2.2　关系的数学定义

2.2.1　域

定义 2.1　域是一组具有相同数据类型的值的集合，又称值域。

[例 2-1] 整数、长度小于 20 的字符串的集合、[0，1]、实数等都可以是域。在关系中用域来表示属性的取值范围。域中所包含的值的个数称为域的基数(用 m 表示)。

例如：D_1 ={ 张清远，刘逸 }　　　m_1=2

D_2={计算机专业，信息专业}　　m_2=2

D_3={李勇，刘晨，王晓}　　　m_3=3

其中，D_1，D_2，D_3 是域名，“张清远，刘逸”，“计算机专业，信息专业”和“李勇，刘晨，王晓”分别是 D_1，D_2，D_3 各域的值。

2.2.2　笛卡儿积

定义 2.2　给定一组域 $D_1, D_2, \cdots, D_n$，这些域中可以有相同的，$D_1, D_2, \cdots, D_n$ 的笛卡儿积为：

$$D_1 \times D_2 \times \cdots \times D_n = \{(d_1, d_2, \cdots, d_n) \mid d_i \in D_i,\ i = 1, 2, \cdots, n\}。$$

笛卡儿积也是一个集合。其中：D_i 称为域；每一个元素 $(d_1, d_2, \cdots, d_n)$ 叫作一个 n 元组(简称元组)；元组中的每一个值 d_i 叫作一个分量，它来自相应的域 $(d_i \in D_i)$。

如果 $D_i(i = 1, 2, \cdots, n)$ 为有限集，D_i 中的集合元素个数称为 D_i 的基数，用 $m_i(i = 1, 2, \cdots, n)$ 表示，则笛卡儿积 $D_1 \times D_2 \times \cdots \times D_n$ 的基数为所有域的基数的累乘乘积 $m = \prod_{i=1}^{n} m_i$。注意：元组不是

d_i 的集合，元组的每个分量(d_i)是按序排列的，而集合中的元素是没有排列次序的。例如元组$(a, b, c) \neq (b, a, c) \neq (c, b, a)$，而集合$(a, b, c) = (b, a, c) = (c, b, a)$。

笛卡儿积也可以用二维表的形式表示。

[例 2-2] 设有两个域，$D_1=\{0, 1\}$和$D_2=\{a, b, c\}$，$D_1 \times D_2=\{(0, a), (0, b), (0, c), (1, a), (1, b), (1, c)\}$，如图 2-1 所示(用二维表示)。

从图 2-1 中可以看出，笛卡儿积实际上是一个二维表，表的框架由域构成。表的任意一行就是一个元组。每一列数据来自同一个域，它的第一个分量来自 D_1，第二个分量来自 D_2。笛卡儿积就是所有这样的元组组成的集合。它的基数为 2×3=6。

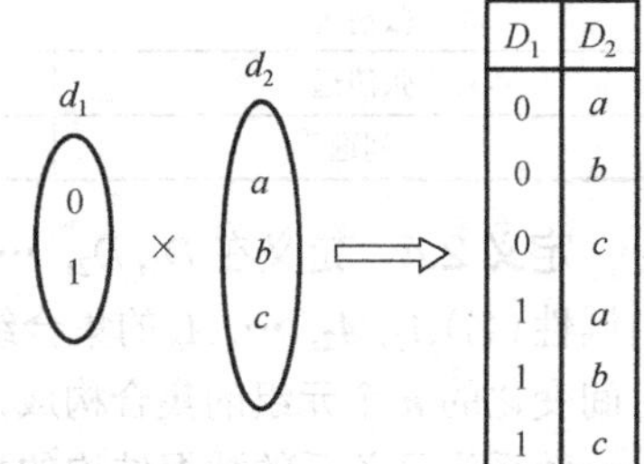

图 2-1　笛卡儿积的二维表示

2.2.3　关系的数学定义

定义 2.3　笛卡儿积 $D_1 \times D_2 \times \cdots \times D_n$ 的子集称为定义在 $D_1, D_2, \cdots, D_n$ 域上的 n 元关系，用 $R(D_1, D_2, \cdots, D_n)$ 表示。

其中 R 为关系名，n 称为关系的目或度。该子集元素是关系中的元组，通常用 r 表示。关系中的元组个数是关系的基数。当 $n = 1$ 时，称为单元关系；当 $n = 2$ 时，称为二元关系；当 $n = n$ 时，称为 n 元关系。

同样可把关系看作一个二维表，表的框架由 $D_i(i = 1, 2, \cdots, n)$ 构成，每一行对应一个元组，表的每一列对应一个域。由于域可以相同，为了加以区别，每个列起一个名字，称为属性。N 目关系必须有 n 个属性。属性的名字是唯一的，属性的取值范围 $D_i(i = 1, 2, \cdots, n)$ 称为值域。

例如，在图 2-1 中给出的笛卡儿积中任取两个子集，分别称为关系 R_1 和 R_2 关系，如图 2-2 所示，R_1 是 D_1，D_2 上的一个二元关系，R_2 是 D_1，D_2 上的一个二元关系。R_1 和 R_2 有相同的关系框架，来自同一笛卡儿积。我们把具有相同关系框架的关系称为同类关系。因此，R_1 和 R_2 是同类关系。

R_1

D_1	D_2
0	a
1	b
1	c

R_2

D_1	D_2
0	b
0	c
1	a

图 2-2　$D_1 \times D_2$ 上的两个子集

注意：当 D_i 包含无穷多值时，笛卡儿积是一个无穷集合。其子集可以是无穷集合，也可以是有穷集合。从笛卡儿积中所取的有穷集合称为有限关系；所取的无穷集合称为无限关系。由于机器硬件的限制，在数据库系统中只考虑有限关系。以下例来说明怎样从笛卡儿积中构造出一个关系。

[例 2-3] 设 D_1 = 导师集合(SUPERCISOR) = {张清远，刘逸}

D_2 = 专业集合(SPECIALITY) = {计算机专业，信息专业}

D_3 = 研究生集合(POSTGRADUATE) = {李勇，刘晨，王晓}

笛卡儿积 $D = D_1 \times D_2 \times D_3$ ={(张清玫，计算机专业，李勇)，(张清玫，计算机专业，刘晨)，(张清玫，计算机专业，王晓)，(张清玫，信息专业，李勇)，(张清玫，信息专业，刘晨)，(张清玫，信息专业，王晓)，(刘逸，计算机专业，李勇)，(刘逸，计算机专业，刘晨)，(刘逸，计算机专业，王晓)，(刘逸，信息专业，李勇)，(刘逸，信息专业，刘晨)，(刘逸，信息专业，王晓)}。

D 共有 12 个集合元素，即基数 $m = \prod_{i=1}^{3} m_i$ =2×2×3。这 12 个集合的元素的总体可列成一个二维表。

从笛卡儿积中取子集来构造关系。由于一个研究生只师从一个导师，学习某一个专业，所以笛卡儿积中的许多关系是无实际意义的。从中取出有意义的元组来构造关系 SAP，属性名取域名即 SUPERVISOR、SPECIALITY、POSTGRADUATE，则这个关系可以表示为 SAP(SUPERVISOR,

SPECIALITY，POSTGRADUATE)。假设导师与专业是一对一的，导师与研究生是一对多的，这样 SAP 关系可以包含 3 个元组，见表 2-1。

表 2-1 SAP 关系

SUPERVISO	SPECIALITY	POSTGRADUATE
张清远	计算机专业	李勇
张清远	计算机专业	刘晨
刘逸	计算机专业	王晓

定义 2.4 定义在 $D_1, D_2, \cdots, D_n$(不要求完全相同)上的关系由关系头和关系体组成。关系头由属性(名)$A_1, A_2, \cdots, A_n$的集合组成，每个属性正好对应一个域 $D_i(i = 1, 2, \cdots, n)$；关系体由随时间变化的 n 个元组的集合构成，每个元组由一组属性值的集合构成。

关系头是关系的数据结构的描述，也称关系框架。关系头相对固定。关系体是指关系结构中的内容或数据(值)，其随时间变化(随元组的建立、修改或删除而变化)。

2.3 关系的性质

关系是用集合代数的笛卡儿积定义的，是元组的集合。因此，关系具有如下特性。

(1)关系中没有重复元组，任意一个元组在关系中都是唯一的。因为关系体是元组的集合，而集合是没有重复元素的，所以作为集合元素的元组是不重复的。

(2)元组是非排序的，即元组的次序可以任意交换。因为集合的元素是非排序的，作为集合元素的元组当然是非排序的。因此改变元组次序之间的关系仍然是同一关系。

(3)属性是非排序的。应为关系头被定义为属性的集合，而集合元素不存在排序问题。所以属性是非排序的。属性是用它的名字来标识的，而不是用它的位置来标识的。

(4)属性必须有唯一的属性名，不同的属性可来自同一个域。属性名和相应域名可以同名，也可不同名，但对于出自相同域的不同属性必须起不同的名字，即一个关系的各属性必须有不同的名称，以唯一标识元组的分量。

(5)同一属性名下的值是同类型数据，且必须来自同一个域。

(6)所有的属性值都是原子的，每个元组中的每个属性都是不再可分的数据项(允许是空值)。用通俗的话说就是不允许“表中有表”。

满足上述条件的关系称为规范化关系(简称范式)，否则称为非规范化关系。在关系方法中只能用规范化的关系，因为一个规范化关系比一个非规范化关系有更简单的数据结构，这将导致一系列其他问题的简化(特别是导致 DML 操作的简化)。

2.4 码 的 概 念

2.4.1 码的定义

在给定的关系中，存在一个或一组属性，它在不同的元组中的对应属性值或组合属性值是不同的，即具有唯一标识特性，这样的属性称为该关系的码。例如，学生关系中的属性“学号”，它的每个值能唯一地把每个学生元组区分开，所以属性“学号”是学生关系的码。在学生选课关系中组合属性“学号+课程号”能够唯一地把学生选课关系中的每个元组区别开。所以，组合属性“学号”和“课程号”是它的码。下面给出码的定义。

定义 2.5 设关系 R 有属性 $A_1, A_2, \cdots, A_n$，其属性集 $K=(A_1, A_2, \cdots, A_k)$，当且仅当满足下列条件时，$K$ 被称为码。

(1)唯一性：在任一给定时间，关系 R 的任意两个不同元组，其属性集 K 的值是不同的；

(2)最小性：组成码的属性集$(A_1, A_2, \cdots, A_k)$中，任意一个属性都不能从属性集 K 中删除，否则将破坏唯一性。

2.4.2 候选码和主码

在某些关系中存在的码特性的属性或属性组有多个，这些属性组都称为该关系的候选码。当在一个关系中有多个候选码时，从候选码中选择一个作为主码。主码在关系中用来作为插入、删除、检索元组的操作变量。

主码在数据库设计中是一个很重要的概念，每个关系都必须选择一个候选码作为主码。对于任一关系，主码一经选定，通常是不能随意改变的。每个关系中都必有且只有一个主码。也就是说，标识元组唯一存在的主码必定是唯一存在的。

2.4.3 外部关系码

定义 2.6 设 F 是基本关系 R 的一个或一组属性，但不是关系 R 的码。如果 F 与基本关系 S 的主码 K_s 相对应，则称 F 是基本关系 R 的外码。

在学习选课关系中，“学号”是外码，因为它不是学习成绩关系中的码，而是学生关系中的主码。同样，“课程号”也是外码。

2.4.4 关系模型的完整性

1. 实体完整性(Entity Integrity)

元组是描述现实世界的实体个体。一个元组代表一个实体个体，关系体代表一个实体集。主码则实际上唯一标识了这些实体个体。

规则 2.1 实体完整性规则 若属性(一个或一组属性)A 是基本关系 R 的主属性，则属性 A 不能取空值。空值(null value)就是“不知道”或“不存在”的值。

学生关系中各元组代表着许多不同的学生实体，而主码“学号”的属性值不仅标识代表学生实体的元组，还标识着学生实体本身。如果一个主码的属性值为空或部分为空，则违反了码的定义条件，失去标识元组乃至标识实体的作用，而这与现实世界中实体可以区分的事实相矛盾。

实体完整性规则的说明。

(1)实体完整性规则是针对基本关系而言的。一个基本表通常对应现实世界的一个实体集。

(2)现实世界中的实体是可区分的，即它们具有某种唯一性标识。

(3)相应地，关系模型中以主码作为唯一性标识。

(4)主码中的属性即主属性不能取空值。

主属性取空值，就说明存在某个不可标识的实体，即存在不可区分的实体，这与第(2)点相矛盾，因此这个规则称为实体完整性。

2. 参照完整性(Referential Integrity)

在关系模型中，实体及实体间的联系都是用关系来描述的，因此可能存在着关系与关系间的引用。

[例 2-4] 学生实体、专业实体及专业与学生间的一对多联系：

学生(学号，姓名，性别，专业号，年龄)

专业(专业号，专业名)

两个关系之间存在着属性的引用，即学生关系引用了专业关系的主码“专业号”。

学生关系中的“专业号”值必须是确实存在的专业的专业号，即专业关系中有该专业的记录。

[例 2-5] 学生、课程、学生与课程之间的多对多联系：

学生(学号，姓名，性别，专业号，年龄)

课程(课程号，课程名，学分)

选修(学号，课程号，成绩)

选修关系引用了学生关系的主码“学号”和课程关系的主码“课程号”。

选修关系中的“学号”值必须是确实存在的学生的学号，即学生关系中有该学生的记录。

选修关系中的“课程号”值也必须是确实存在的课程的课程号，即课程关系中有该课程的记录。

外码：设 F 是基本关系 R 的一个或一组属性，但不是关系 R 的码。如果 F 与基本关系 S 的主码 K_s 相对应，则称 F 是基本关系 R 的外码。基本关系 R 称为参照关系(Referencing Relation)。基本关系 S 称为被参照关系(Referenced Relation)或目标关系(Target Relation)。

外码与主码的对应提供了一种实现两个关系联系的方法。在某些情况下，关系之间的联系也可以用同名属性(属性名、类型、宽度等相同)进行联系。

规则 2.2 参照完整性规则 若属性(或属性组)F 是基本关系 R 的外码，它与基本关系 S 的主码 K_s 相对应(基本关系 R 和 S 不一定是不同的关系)，则 R 中每个元组在 F 上的值必须为：

- 或者取空值(F 的每个属性值均为空值)；
- 或者等于 S 中某个元组的主码值。

例如，在图 2-3 中，部门表的“部门编号”是主关系键，职工表中的“部门编号”是外码，如果在职工表中某职工(9801)的“部门编号”为 01，则必须在参照的部门表中的主码“部门编号”之中找到这个值，否则表示把职工分配到一个不存在的部门中，显然这是不符语义的。如果某职工(9803)的“部门编号”取为空，则表示该职工尚未分配到任何一个部门。

职工表

职工编号	部门编号	姓名	性别	…
9801	01	张山	男	
9802	02	万名	男	
9803		李娟	女	
9804	01	张海燕	女	

部门表

部门编号	部门名
01	办公室
02	人事部
03	公关部

图 2-3 职工表和部门表

3. 用户定义完整性(User-defined Integrity)

实体完整性和参照完整性是关系模型必须满足的完整性约束条件，被称作关系的两个不变性，应该由关系系统自动支持。

用户定义完整性是针对某一具体的实际数据库的约束条件，它由应用环境所决定。它反映某一具体应用所涉及的数据必须满足的语义要求，如属性的取值范围、数据的输入格式等。关系数据库管理系统应提供定义和检验这类完整性的机制。

例如：在关系课程(课程号，课程名，学分)中，要求：“课程号”属性必须取唯一值；非主属性“课程名”也不能取空值；“学分”属性只能取值{1，2，3，4}。

2.5　关系数据库模式

2.5.1　关系模式

关系模式实际上是关系模型的语言描述(即程序化)，而关系数据库模式是关系模式的集合。为此，先介绍关系模式，再介绍关系数据库模式。

定义 2.7　关系模式是对关系的描述。关系模式可以形式化地表示为：$R(U, D, \mathrm{dom}, F)$。其中，R 为关系名，U 为组成该关系的属性名集合，D 为属性 U 中属性所来自的域，dom 为属性向域的映像集合，F 为属性间的数据依赖关系集合。

关系模式通常可以简记为 $R(U)$ 或 $R(A_1, A_2, \cdots, A_n)$，其中，R 为关系名，$A_1, A_2, \cdots, A_n$ 为属性名。

注：域名及属性向域的映像常常直接说明为属性的类型、长度。

关系模式就是关系的框架，也称表框架，相当于记录格式。它是对关系结构的描述。

定义 2.8　一组关系模式的集合构成关系数据库模式，它是对关系数据库结构的描述。对应于关系数据库模式的当前值(即关系数据库的内容)，也称关系数据库的实例。

2.5.2　关系数据库

在用户看来，关系数据库是“一组随时间变化的，具有各种度的规范化关系的集合”。关系数据库是由一组关系头的集合及其关系体的集合组成的。关系头的集合是对关系数据库数据结构的描述，或者说是对关系数据库框架的描述，即称为关系数据库模式；关系体的集合代表关系数据库的内容。由此可见，关系数据库有型和值的概念，其型就是关系数据库模式，其值就是关系数据库内容(或称为实例)。其型是相对固定的，其值是随着时间而变化的。

2.6　关 系 运 算

关系数据语言的核心是查询操作，而查询往往表示成一个关系运算表达式。因此，关系运算是设计关系数据语言的基础。关系运算可分为关系代数和关系演算两大类。它构成了早期建立和发展各类关系数据语言的原理和方法。

2.6.1　关系代数

基于关系代数的操作语言称为关系代数语言，简称关系代数。关系代数语言是由 IBM 在一个实验性的系统上实现的，称为 ISBL(Information System Base Language)。ISBL 的每个语句都类似于一个关系代数表达式。

关系代数是一组运算符作用于一个或多个关系上，并得到一个新的关系的运算。其包含两类运算：①传统的集合运算，把关系看成元组的集合，对关系进行并、差、交和笛卡儿积等运算；②专门的关系运算，选择、投影、连接和除法等具有关系代数特征的运算，是关系代数能够表达各种查询方式的基础。

关系代数用到的运算符有以下四类。

- 集合运算符：∪(并)，−(差)，∩(交)，×(广义笛卡儿积)。
- 专门的关系运算符：σ(选择)；Π(投影)；⋈(连接)；*(自然连接)，÷(除)。

- 算数比较符<，=，>，≤，≥，≠。
- 逻辑运算符：∧(AND 与)，∨(OR 或)，¬(NOT 非)。

1. 传统的集合运算

传统的集合运算是二目运算，是两个关系的集合运算。除笛卡儿积外，要求参加运算的两个关系必须是同类关系，即两关系必须有相同的度(属性个数相同)，且相对应的属性值必须取自同一个域(不要求两关系对应属性名相同)。图 2-4(a)、(b)所示的关系 *R* 和 *S* 是同类关系，可定义关系的集合运算如下。

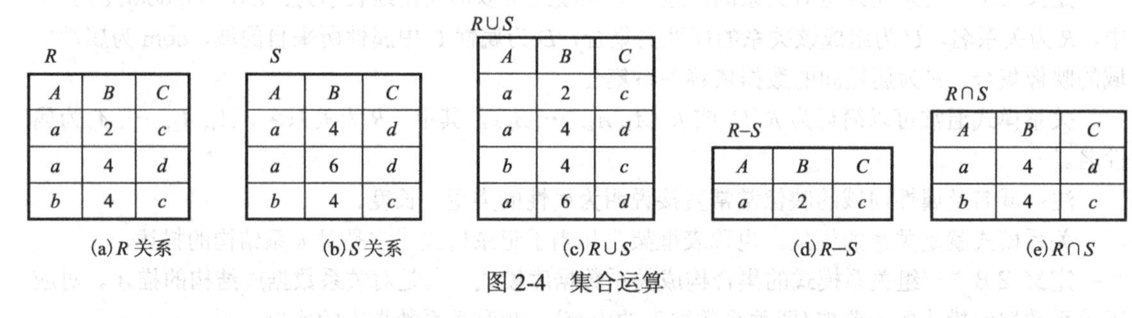

R

A	B	C
a	2	c
a	4	d
b	4	c

(a) *R* 关系

S

A	B	C
a	4	d
a	6	d
b	4	c

(b) *S* 关系

R∪*S*

A	B	C
a	2	c
a	4	d
b	4	c
a	6	d

(c) *R*∪*S*

R−*S*

A	B	C
a	2	c

(d) *R*−*S*

R∩*S*

A	B	C
a	4	d
b	4	c

(e) *R*∩*S*

图 2-4 集合运算

1) 关系并运算

关系 *R* 和关系 *S* 的所有元组合并，再删去重复的元组组成一个新的关系，称为 *R* 与 *S* 的并，记为 *R*∪*S*。*R* 与 *S* 的并运算如图 2-4(c)所示，并运算的结果关系与 *R* 和 *S* 是同类关系。它们的属性及其排序完全一样。

2) 关系差运算

关系 *R* 和关系 *S* 的差是由属于 *R* 而不属于 *S* 的所有元组组成的集合，即在 *R* 的关系中删去与 *S* 关系中相同的元组组成的一个新的关系，记为 *R*−*S*。*R* 与 *S* 的差运算如图 2-4(d)所示。差运算的结果与 *R* 和 *S* 是同类关系。

3) 关系交运算

关系 *R* 和关系 *S* 的交是由既属于 *R* 又属于 *S* 的元组组成的集合，即在两个关系中取相同的元组组成一个新的关系，记为 *R*∩*S*。两个关系的交由它们含有的相同的元组组成。如果它们没有相同的元组，则结果为空。*R* 和 *S* 的交运算如图 2-4(e)所示。交运算的结果关系与 *R* 和 *S* 是同类关系。

4) 广义笛卡儿积

关系的笛卡儿积称为广义的笛卡儿积，以区别一般的集合笛卡儿积。笛卡儿积也属于二目运算，但参加运算的两个关系不要求是同类关系。

设关系 *R* 的度为 *n*，关系 *S* 的度为 *m*，则关系 *R* 和关系 *S* 的笛卡儿积记为：

$$R\times S=\{\widehat{rs}\,|\,r\in R, s\in S\}$$

其中：r(元组) = $(r_1, r_2, \cdots, r_n)$ (r_i 是 r 元组分量)；

s(元组) = $(s_1, s_2, \cdots, s_m)$ (s_i 是 s 元组分量)；

$\widehat{rs} = (r_1, r_2, \cdots, r_n, s_1, s_2, \cdots, s_m)$，称为元组的连串。这是一个 $(n+m)$ 的元组，前 n 个分量为 R 中的一个 n 元组，后 m 个分量为 S 中的一个 m 元组。R 与 S 的笛卡儿积如图 2-5 所示。

A	B	C	D	E	F
a	2	c	a	4	d
a	2	c	a	6	d
a	2	c	b	4	c
a	4	d	a	4	d
a	4	d	a	6	d
a	4	d	b	4	c
b	4	c	a	4	d
b	4	c	a	6	d
b	4	c	b	4	c

图 2-5 *R*×*S*

传统的集合运算能实现关系数据库的许多基本操作。关系的并运算可实现数据记录的添加和插入；差运算可实现数据记录的删除；而数据记录的修改操作则是通过先删除后插入这样两步操作完成的，可先后使用并和差两次运算。关系的笛卡儿积可用于两关系的连接操作。

2. 专门的关系运算

1)选择

选择运算是对一个关系进行的单目运算，是在指定的关系中，按给定的条件选择其中的若干个元组，组成一个新的关系的运算。

设关系 $R(A_1, A_2, \cdots, A_n)$。P 是定义在集合 $D_1 \times D_2 \times \cdots \times D_n$ 上的逻辑条件，其中 D_i 是属性 $A_i(i=1, 2, \cdots, n)$ 的域。对关系 R 进行有关条件 P 的选择运算是在 R 中选取满足条件 P 的所有元组，并组成一个新关系。这个新关系是 R 的一个子集(或者说从 R 中删除了不满足条件 P 之后的那些元组)。选择结果记为 $\delta_P(R)$。那么有：$\delta_P(R)=\{r|r\in R \wedge P(r)\text{为真}\}$。其中：$r$ 为关系 R 的元组；

P 为布尔函数：可由运算对象(属性名、常数、简单函数)、算术比较符和逻辑运算符组合起来的表达式组成。

选择运算是从关系 R 中选取是布尔函数为真的那些元组，是从关系的水平方向(行的角度)进行运算(取子集)的。

设有学生-课程数据库，包含学生关系 S、课程关系 C 和学生选课关系 SC，分别如图 2-6(a)、(b)、(c)所示，下面的例子将对这三个关系进行关系运算。

S

S#	SN	AGE	SEX	DEP
S1	A	20	M	CS
S2	B	21	F	CS
S3	C	19	M	MA
S4	D	19	F	CI
S5	E	20	F	MA
S6	F	22	M	CS

(a)

C

C#	CN	PC#
C1	G	—
C2	H	C1
C3	I	C1
C4	J	C2
C5	K	C4

(b)

SC

S#	C#	GRADE	S#	C#	GRADE
S1	C1	A	S3	C4	B
S1	C2	A	S4	C3	B
S1	C3	A	S4	C5	D
S1	C5	B	S5	C2	C
S2	C1	B	S5	C3	B
S2	C2	C	S5	C5	B
S2	C4	C	S6	C4	A
S3	C2	B	S6	C5	A
S3	C3	C			

(c)

图 2-6　学生关系 S、课程关系 C 和学生选课关系 SC

[例 2-6] 求计算机系的学生基本情况。

δ_{DEP}= ‘cs’ (S)或 δ_5 = ‘cs’(S)(5 为 DEP 的属性序号)选择运算结果如图 2-7 所示。

2)投影

关系代数的投影运算是单目运算，是指对给定关系在垂直方向上进行的选取。

设关系 $R(X, Y)$，X, Y 均为属性集合。关系 R 在属性 X 上的投影是在关系 R 中选取 X 属性的相应列并删去重复行组成的一个新关系。投影结果关系记作：$\Pi x(R)$ 或 $R[x]$。那么有：

$$\Pi x(R) = \{r[X] \| r \in R\}。$$

式中：r 是关系 R 的元组；$r[X]$ 表示元组 r 在属性 X 上的各分量。投影运算是在指定的关系 R 中，根据从左到右的次序，按照指定的若干属性及它们的顺序取出各列，再删去结果中重复元组所得到的子集。这是从关系的垂直方向上(列的角度)取子集。

S

S#	SN	AGE	SEX	DEP
S1	A	20	M	CS
S2	B	21	F	CS
S6	F	22	M	CS

图 2-7 关系 S

SN	DEP
A	CS
B	CS
C	MA
D	CI
E	MA
F	CS

(a)

S#	GRADE
S1	A
S1	B
S2	B
S2	C
S3	B
S3	C
S4	B
S4	D
S5	C
S5	B
S6	A

(b)

图 2-8 Π 运算结果

[例 2-7] 在关系 S 中对学生姓名和所在系属性取投影。

$\Pi_{SN,DEP}(S)$ 或 $\Pi_{2,5}(S)$ 其投影结果如图 2-8(a)所示。

[例 2-8] 在关系 SC 中对 S#，GRADE 属性取投影。

$\Pi_{S\#,grade}(SC)$ 其投影结果如图 2-8(b)所示。

注意：

(1)投影之后属性减少了，元组也可能减少，所以要给予不同的关系名，且原关系和新关系不是同类关系；

(2)投影运算提供了在关系中置换(重新安排)属性次序的方法；

(3)选择运算和投影运算是两种不同的运算。投影和选择运算是在垂直方向和水平方向分割关系的有力工具。选择是在水平方向对元组进行的运算，投影则是在垂直方向对属性进行的运算。

3)连接

连接运算是二目运算，是从两个关系的笛卡儿积中选取那些符合连接条件的元组。

设关系 $R(A_1, A_2, \cdots, A_n)$ 及 $S(B_1, B_2, \cdots, B_m)$，连接属性集 $X\{A_1, A_2, \cdots, A_n\}$ 及 $Y\{B_1, B_2, \cdots, B_m\}$，$X$ 与 Y 包含相等数量的列，且相对应的属性均有共同的域。如果指定 $Z=\{A_1, A_2, \cdots, A_n\}/X$ ($/X$ 表示去掉 X 之外的属性)及 $W=\{B_1, B_2, \cdots, B_m\}/Y$，则 R 及 S 可表示为 $R(Z, X)$ 和 $S(W, Y)$。关系 R 与 S 在连接属性 X 和 Y 上的连接是从 $R \times S$ 笛卡儿积中选取在 X 属性列上的分量与 Y 属性列上的分量满足给定 θ 比较条件的那些元组构成的新关系。记为：$R \bowtie S=\{\hat{t}_r\hat{t}_s \mid t_r \in R \wedge t_s \in S \wedge t_r[A] = t_s[B]\}$

其中：⋈是连接运算符：θ 是算数运算比较符，也称为 θ 连接，当 θ 为“=”时，称为等值连接；θ 为“<”时，称为小于连接；θ 为“>”时，称为大于连接；连接结果是一个 $(n+m)$ 元关系。

[例 2-9] 设关系 S 和关系 R 如图 2-9(a)和(b)所示。R 与 S 的连接结果如图 2-9(c)所示。

R

A	B	C
$a1$	2	c
$a2$	4	d
$a3$	4	C

(a)

S

D	E
D	4
e	10

(b)

$R\underset{B<C}{\bowtie}S$

A	B	C	D	E
$a1$	2	c	d	4
$a1$	2	c	e	10
$a2$	4	d	e	10
$a3$	4	c	e	10

(c)

图 2-9　关系 R、S 及 R 与 S 的连接结果

4) 自然连接

在等值(θ 取“=”)连接情况下，当连接属性 X 和 Y 具有相同属性时，则关系 R 和 S 的连接称为自然连接($R\bowtie S$)。在自然连接构成的结果关系中，相同的属性名不必重复。所以说，自然连接在广义笛卡儿积 $R\times S$ 中选出在同名属性上符合 θ 相等条件的元组连串集，然后投影一次(去掉重复的同名属性)而构成新的关系。记为 $R\bowtie S=\{(Z,X,W)\mid(Z,X)\in R\wedge(W,X)\in S\wedge r[X]=s[X]\}$。

[例 2-10] 关系 R 和 S 分别如图 2-10(a)和(b)所示，结果如图 2-10(c)所示。

R

A	B	C
$a1$	$b1$	$c2$
$a2$	$b2$	$c1$
$a3$	$b1$	$c3$
$a4$	$b2$	$c2$
$a5$	$b3$	$c1$

(a)

S

D	E	B	C
$d1$	$e1$	$b1$	$c2$
$d2$	$e2$	$b3$	$c1$
$d3$	$e3$	$b1$	$c3$
$d4$	$e4$	$b1$	$c2$
$d5$	$e5$	$b3$	$c1$

(b)

$R\bowtie S$

A	B	C	D	E
$a1$	$b1$	$c2$	$d1$	$e1$
$a1$	$b1$	$c2$	$d4$	$e4$
$a3$	$b1$	$c3$	$d3$	$e3$
$a5$	$b3$	$c1$	$d2$	$e2$
$a5$	$b3$	$c1$	$d5$	$e5$

(c)

图 2-10　关系 R、S 及 $R\bowtie S$ 结果

自然连接是组装关系的有效方法。利用选择、投影和自然连接等运算可任意分割和组装关系。这是关系数据语言(主要指数据操作功能)具有各种优点的根本原因。

需要指出，自然连接和等值连接是不一样的。

(1) 等值连接不要求相等属性值的属性名相同，而自然连接则要求相等属性值的属性名必须相同，即两关系只有在同名属性上才能进行自然连接。

(2) 等值连接不将重复属性去掉，而自然连接要将重复属性去掉。也可以说，自然连接是去掉重复列的等值连接。

5) 除法

除法运算是二目运算，是用除数关系在被除数关系中取商关系。

给定关系 $R(X, Y)$ 和 $S(Y, Z)$，其中 X, Y, Z 为属性组。R 中的 Y 与 S 中的 Y 可以有不同的属性名，但必须出自相同的域集。R 与 S 的除运算得到一个新的关系 $P(X)$，P 是 R 中满足下列条件的元组在 X 属性列上的投影：元组在 X 上分量值 x 的像集 Y_x 包含 S 在 Y 上投影的集合，记作：$R\div S=\{t_r[X]\mid t_r\in R\wedge\pi_Y(S)\subseteq Y_x\}$ Y_x：x 在 R 中的像集，$x=t_r[X]$。

[例 2-11] 已知关系 R 和 S，如图 2-11(a)和(b)所示，$R\div S$ 如图 2-11(c)所示。

R

A	B	C	D
$a1$	2	3	5
$a1$	2	4	6
$a3$	8	2	3
$a4$	7	7	8

(a)

S

C	D
3	5
4	6

(b)

$R\div S$

A	B
$a1$	2

(c)

图 2-11 除法运算

下面结合图 2-8 中的关系，给出运用关系代数进行查询的例子。

[例 2-12] 求选修 c2 课程的学生学号。

$$\Pi_{S\#}(\delta_{C\#}=\text{'c2'}(SC))=\{S_1, S_2, S_3, S_5\}$$

[例 2-13] 求至少选修直接先行课为 C2 的课程的学生姓名。

$$\Pi_{SN}(\delta_{PC\#}=\text{'C2'}(C) \bowtie \Pi_{S\#,C\#}(SC) \bowtie \Pi_{S\#,SN}(S))$$

[例 2-14] 求选修了全部课程的学生学号和姓名。

$$\Pi_{S\#,C\#}(SC)\div\Pi_{C\#}(C)\bowtie\Pi_{S\#,SN}(S)$$

2.6.2 关系演算

基于关系演算的操作语言称为关系运算语言。用演算表达式来表达对关系操作的要求和条件，因此也把它称为谓词演算语言，简称关系演算。关系演算语言按谓词变量的基本对象是元组变量还是域变量又分为元组演算语言和域演算语言。

元组演算语言用元组演算表达式来表达查询结果应满足的要求或条件，其典型代表是美加州大学研制的 QUEL(Query Language)查询语言。域演算语言用域演算表达式来表达查询结果应满足的要求或条件，其最典型的代表是 QBE(Query By Example)。

目前的 RDBMS 提供给用户的关系语言是对上述两种语言增加了许多附加功能的实际语言，如 SQL 语言和 XBASE 语言。关系代数语言是设计各种高级关系数据语言的基础和指导思想，尤其是其常被用来作为衡量 DML 语言关系完备性的标尺。如果某 DML 语言对关系代数语言的各种运算符都有等价的成分，这种语言就被称为关系上的完备。

2.7 小 结

关系数据库系统是目前使用最广泛的数据库系统，本书的重点也是围绕关系数据库系统展开讨论的。本章在介绍了域和笛卡儿积概念的基础上，给出了关系和关系模式的定义，指出了关系和二维表之间的联系，在此基础上介绍了关系数据库的基本概念，详细讲解了关系代数和关系演算的相关内容，这些知识是数据库基础理论的数学基础。

第3章 SQL语言

3.1 SQL语言概述

3.1.1 SQL语言的发展

SQL(Structured Query Language，结构化查询语言)是关系数据库的标准语言，是在1974年由Boyce和Chamberlin提出的，当时称为SEQUEL语言。IBM公司在其关系数据库系统System R中实现了这种语言。1981年又在此基础上推出了商品化的关系数据库SQL/DS，并改名为SQL。由于SQL语言结构简洁、功能丰富、易学易用的特点，很快就得到了广泛的应用并成为关系数据库的国际标准。

目前，几乎所有的关系数据库管理系统及相关产品都实现了SQL语言。大型的RDBMS如Oracle，Informix，Sybase，Ingres，DB2，SQL Server；桌面的RDBMS如Foxpro，DBASE，Access等；Internet上的HTML中也提供了嵌入式SQL语句等。

随着关系数据库和SQL语言应用的广泛发展，其标准化工作一直没有停滞。从1982年开始，ANSI(美国国家标准化协会)着手制定SQL标准。1986年10月正式把SQL语言作为关系数据库的标准语言，并公布了第一个SQL语言标准SQL86。1987年ISO(国际标准化组织)也通过了这个标准。1989年在SQL86的基础上经过增补和修订，ISO公布了SQL89标准。1992年ISO对SQL89进行了扩充和修改，公布了SQL92标准(也称SQL2)。1995年ANSI和ISO在SQL2的基础上进一步扩充了面向对象功能，形成了新的关系数据库语言标准——SQL3。1999年，SQL3正式公布。2003年12月，SQL2003正式公布。

从SQL86到SQL2003的标准化过程反映了数据库理论和技术的发展和自我完善的历程。SQL把整个数据库世界连接为一体，因此有人把SQL的产生和发展称为“一场革命”。

自从2000年微软发布SQL Server 2000以后，5年来一直没有对SQL Server进行大的版本升级。

2005年SQL Server 2005的发布可谓是微软在数据库市场投放的重磅炸弹，SQL Server 2005不愧为微软“十年磨一剑”的精品之作。其高效的数据处理、强大的功能、简易而统一的界面操作，以及诱人的价格立即受到众多软件厂商和企业的青睐。SQL Server的市场占有率不断增大，微软和Oracle、IBM又站在了同一起跑线上。

2008年SQL Server 2008在原有SQL Server 2005的架构上做了进一步的更改。除了继承了SQL Server 2005的优点以外，还提供了更多的新特性、新功能，使得SQL Server上升到新的高度。

2012年SQL Server 2012在原有的SQL Server 2008基础上又做了更大的改进。除了保留SQL Server 2008的风格外，还在管理、安全及多维数据分析、报表分析等方面有了进一步的提升。

3.1.2 SQL的基本概念

SQL语言支持的关系数据库的三级模式结构如图3-1所示。

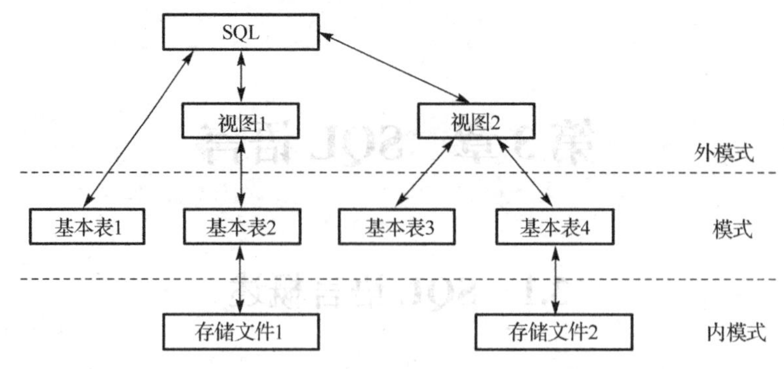

图 3-1 关系数据库的三级模式结构

(1)模式：对应于模式概念中的基本表。基本表是指其本身实际存在的表，一个或多个表在存储中对应一个存储文件，一个表可以带若干索引，索引也放在存储文件中。

(2)外模式：用户可以用 SQL 语言对视图和基本表进行操作。视图是由一个或若干个基本表导出的虚拟表，不直接对应于存储文件。

(3)内模式：是对应于基本表的存储文件(一组类型相同的存储记录值)和对应的若干个索引。

3.1.3 SQL 语言的主要特点

SQL 语言能够成为当前关系数据库的标准是由于其具有如下特点。

(1)语言简洁、易学易用。SQL 完成其核心功能的动词只有 9 个。同时，SQL 语言与英语(自然语言)相似，初学者经过短期的培训就可以使用。

(2)高度非过程化。用户只要提出“做什么”就可以得到预期的结果。至于“怎么做”则由 RDBMS 来完成，并且其处理过程对用户是隐藏的。

(3)面向集合的语言。每一个 SQL 命令的操作对象都是一个或多个关系，操作的结果也是一个新的关系。

(4)两种使用方式和统一的语法结构。SQL 具有两种使用方式：联机交互和嵌入高级语言的使用方式，又称为自含型和宿主型。前者适用于数据库的所有用户类型，如 DBA、终端用户、应用程序员等，后者主要被程序员用来开发数据库应用程序。

(5)一体化的特点。SQL 语言具有集数据定义语言(DDL)、数据操纵语言(DML)、数据控制语言(DCL)功能于一体的特点。另外，实体、实体与实体之间的联系都表示关系，数据操作符统一。

3.2 数据定义

SQL 语言的数据定义功能即指 SQL DDL 语句。它包括对基本表、索引和视图的定义和撤销。SQL 的数据定义语句见表 3-1。

表 3-1 SQL 的数据定义语句

操作对象	操作方式		
	创建	删除	修改
表	CREATE TABLE	DROP TABLE	ALTER TABLE
视图	CREATE VIEW	DROP VIEW	
索引	CREATE INDEX	DROP INDEX	

3.2.1 基本表的定义、删除与修改

1. 定义基本表

语言格式：

```
CREATE TABLE <表名>(<列名> <数据类型>[ <列级完整性约束条件> ]
                    [，<列名> <数据类型>[ <列级完整性约束条件>] ] …
                    [，<表级完整性约束条件> ] );
```

其中，<表名>：所要定义的基本表的名字。<列名>：组成该表的各个属性(列)。<列级完整性约束条件>：涉及相应属性列的完整性约束条件。<表级完整性约束条件>：涉及一个或多个属性列的完整性约束条件 。

注意：如果完整性约束条件涉及该表的多个属性列，则必须定义在表级上，否则既可以定义在列级也可以定义在表级。

[例 3-1] 建立一个“学生”表 Student，它由学号 Sno、姓名 Sname、性别 Ssex、年龄 Sage、所在系 Sdept 五个属性组成。其中学号是主码，并且姓名取值唯一。

```
CREATE TABLE Student (Sno CHAR(9) PRIMARY KEY,
                Sname CHAR(20) UNIQUE,
                    Ssex CHAR(2),
                    Sage SMALLINT,
                    Sdept CHAR(20) );
```

系统执行此语句后，则在数据库中建立一个新的 Student 空表，同时将表的定义及相关约束条件存放在数据字典中。

[例 3-2] 建立一个“课程”表 Course，它由课号 Cno、课名 Cname、先修课号 Cpno 和学分 Ccredit 四个属性组成。其中课号是主码，Cpno 是外码。

```
CREATE TABLE Course
(Cno CHAR(4) PRIMARY KEY,
Cname CHAR(40),
Cpno CHAR(4),
Ccredit SMALLINT,
FOREIGN KEY (Cpno) REFERENCES Course(Cno));
```

[例 3-3] 建立一个学生选课表 SC。

```
CREATE TABLE SC
(Sno CHAR(9),
Cno CHAR(4),
Grade SMALLINT,
PRIMARY KEY (Sno,Cno),
/* 主码由两个属性构成，必须作为表级完整性进行定义*/
FOREIGN KEY (Sno) REFERENCES Student(Sno),
/* 表级完整性约束条件，Sno 是外码，被参照表是 Student*/
FOREIGN KEY (Cno)REFERENCES Course(Cno)
/* 表级完整性约束条件，Cno 是外码，被参照表是 Course*/
);
```

2. 修改基本表

当环境和需求变化时，需要对已经有的基本表进行修改，如增加列、增加完整性约束条件、修改原有的列定义或删除已有的完整性约束条件等。

语言格式：

```
ALTER TABLE <表名>  [ ADD[COLUMN] <新列名> <数据类型> [ 完整性约束 ] ]
                    [ ADD <表级完整性约束>]
                    [ DROP [ COLUMN ] <列名> [CASCADE| RESTRICT] ]
                    [ DROP CONSTRAINT<完整性约束名>[ RESTRICT | CASCADE ] ]
                    [ALTER COLUMN <列名><数据类型> ] ;
```

其中：<表名>为要修改的基本表。ADD 子句用于增加新列、新的列级完整性约束条件和新的表级完整性约束条件。DROP COLUMN 子句用于删除表中的列。如果指定了 CASCADE 短语，则自动删除引用了该列的其他对象。如果指定了 RESTRICT 短语，则如果该列被其他对象引用，关系数据库管理系统将拒绝删除该列。DROP CONSTRAINT 子句用于删除指定的完整性约束条件。ALTER COLUMN 子句用于修改原有的列定义，包括修改列名和数据类型。

[例 3-4] 向 Student 表增加入学时间列，其数据类型为日期型。

```
ALTER TABLE Student ADD Scome DATE;
```

注：无论基本表中原来是否已有数据，新增的列一律为空值。

[例 3-5] 将学生年龄(假设学生年龄原来是字符型)的数据类型改为半字长的整数。

```
ALTER TABLE Student ALTER COLUMN Sage SMALLINT;
```

注：修改原有的列的定义有可能破坏已有的数据。

[例 3-6] 删除关于课名必须取唯一值的约束。

```
ALTER TABLE Course DROP UNIQUE(Cname);
```

3. 删除基本表

删除基本表的语言格式：

```
DROP TABLE <表名> RESTRICT | CASCADE]
```

其中：RESTRICT 表示删除表是有限制的。欲删除的基本表不能被其他表的约束所引用(如 CHECK，FOREIGN KEY 等约束)，不能有视图，不能有触发器，不能有存储过程或函数等。如果存在这些依赖该表的对象，则此表不能被删除。CASCADE 表示删除该表没有限制。在删除基本表的同时，相关的依赖对象一起被删除。

[例 3-7] 删除 Student 表。

```
DROP TABLE Student CASCADE;
```

执行该命令后，基本表 Student 的定义被删除，数据和表定义被删除，表上建立的索引、视图、触发器等一般也将被删除。

3.2.2 索引的建立与删除

建立索引是加快查询速度的有效手段。SQL 语句支持用户根据应用环境的需要在基本表上建立一个或多个索引来加快查找速度。建立与删除索引由数据库管理员(DBA)或表的属主负责。

1. 建立索引

建立索引的语言格式：

```
CREATE [UNIQUE] [CLUSTER] INDEX <索引名> ON <表名>(<列名>[<次序>]
                                          [,<列名>[<次序>] ]…);
```

其中，<表名>：要建索引的基本表名字。索引可以建立在该表的一列或多列上，各列名之间用逗号分隔。<次序>：指定索引值的排列次序，升序为 ASC，降序为 DESC，默认值为 ASC。UNIQUE：表示此索引的每一个索引值只对应唯一的数据记录。CLUSTER：表示要建立的索引是聚簇索引，索引项的顺序与表中记录的物理顺序一致。

[例 3-8] 为学生-课程数据库中的 Student，Course，SC 三个表建立索引。Student 表按学号升序建立唯一索引，Course 表按课程号升序建立唯一索引，SC 表按学号升序和课程号降序建立唯一索引。

```
CREATE UNIQUE INDEX Stusno ON Student(Sno);
CREATE UNIQUE INDEX Coucno ON Course(Cno);
CREATE UNIQUE INDEX SCno ON SC(Sno ASC,Cno DESC);
```

2. 修改索引

修改索引的语言格式：

```
ALTER INDEX <旧索引名> RENAME TO <新索引名>
```

[例 3-9] 将 SC 表的 SCno 索引名改为 SCSno。

```
ALTER INDEX SCno RENAME TO SCSno;
```

3. 删除索引

索引建立后由系统使用和维护，不需要用户干预。当数据增删改频繁时会增加系统负担，这时可以删除一些不必要的索引。索引删除时，系统会同时从数据字典中删去有关该索引的描述。

语言格式：

```
DROP INDEX <索引名>;
```

[例 3-10] 删除 Student 表的 Stusno 索引。

```
DROP INDEX Stusno;
```

3.3 数据查询

查询又称检索，是对已存在的基本表及视图进行数据检索，不改变数据本身，是数据库的核心操作。

其一般格式为：

```
SELECT [ALL|DISTINCT] <目标列表达式> [,<目标列表达式>] …
FROM <表名或视图名>[, <表名或视图名> ] …
[ WHERE <条件表达式> ]
[ GROUP BY <列名 1> [ HAVING <条件表达式> ] ]
[ ORDER BY <列名 2> [ ASC|DESC ] ];
```

其中，SELECT 子句：指定要显示的属性列。

FROM 子句：指定查询对象(基本表或视图)。

WHERE 子句：指定查询条件。

GROUP BY 子句：对查询结果按指定列的值分组，该属性列值相等的元组为一个组。通常会在每组中作用集函数。

HAVING 短语：筛选出只有满足指定条件的组。

ORDER BY 子句：对查询结果表按指定列值的升序或降序排序。

SELECT 语句既可以完成简单的表查询，也可以完成复杂的连接查询和嵌套查询。

下面以“学生-课程”数据库为例说明其用法。

“学生-课程”数据库包含三个表：Student，Course，SC，见表 3-2～表 3-4。

(1)学生表 Student 由学号(Sno)，姓名(Sname)，性别(Ssex)，年龄(Sage)，所在系(Sdept)5 个属性组成，可记为 Student(Sno，Sname，Ssex，Sage，Sdept)，其中 Sno 为主码。

(2)课程表 Course 由课程号(Cno)，课程名(Cname)，先修课号(Cpno)，学分(Ccredit)4 个属性列组成，记为 Course(Cno，Cname，Cpno，Ccredit)，其中 Cno 为主码。

(3)学生选课表 SC 由学号(Sno)，课程号(Cno)，成绩(Grade)3 个属性列组成，记为 SC(Sno，Cno，Grade)，其中(Sno，Cno)为主码。

表 3-2　Student

Sno	Sname	Ssex	Sage	Sdept	Sno	Sname	Ssex	Sage	Sdept
201619001	李勇	男	20	CS	201619003	王丽	女	18	MA
201619002	刘晨	女	19	IS	201619004	张军	男	20	IS

表 3-3　Course

Cno	Cname	Cpno	Ccredit	Cno	Cname	Cpno	Ccredit
1	数据库	5	4	5	数据结构	7	4
2	数学		4	6	数据处理		2
3	信息系统	1	4	7	C 语言	6	4
4	操作系统	6	3				

表 3-4　SC

Sno	Cno	Grade	Sno	Cno	Grade
201619001	1	90	201619002	2	90
201619001	2	85	201619002	3	80
201619001	3	95			

3.3.1　单表查询

单表查询指仅在一个数据库表中查询数据(如选择一个表中的某些列值，选择一个表中的某些特定行等)，是一种最简单的操作。

1．选择表中的若干列

选择表中的全部列或部分列，即投影，其变化方式主要表现在 SELECT 子句的<目标表达式>上。

(1)查询指定列

当用户只想了解表中的一部分属性列的内容时，可以在 SELECT 子句的<目标列表达式>中指定感兴趣的属性列来实现查询。

[例 3-11] 查询全体学生的学号和姓名。

```
SELECT Sno, Sname FROM Student;
```

查询结果：

Sno	Sname
201619001	李勇
201619002	刘晨
201619003	王丽
201619004	张军

[例 3-12] 查询全体学生的姓名、学号和所在系。

```
SELECT Sname, Sno, Sdept FROM Student;
```

查询结果：

Sname	Sno	Sdept
李勇	201619001	CS
刘晨	201619002	IS
王丽	201619003	MA
张军	201619004	IS

可以看出，<目标列表达式>中各个列的先后顺序可以与表中的顺序不一致。

(2) 查询全部列

有两种方法将表中的所有属性列都选出：①在 SELECT 关键字后列出所有列名；②将<目标列表达式>指定为“*”。

[例 3-13] 查询全体学生的详细记录。

```
SELECT Sno, Sname, Ssex, Sage, Sdept FROM Student;
```

或

```
SELECT * FROM Student;
```

(3) 查询经过计算的值

SELECT 子句的<目标列表达式>可以是属性列，也可以是由属性列组成的表达式、字符串常量、函数。其查询后的结果是经过计算后的结果。

[例 3-14] 查询全体学生的姓名及出生年份。

```
SELECT Sname, 2016-Sage FROM Student;
```

注：<目标列表达式>中第二项是一个计算表达式。用当前的年份(假设当前年份为 2016)减去学生的年龄，即用 2016–Sage 表示学生出生年份。

查询结果：

Sname	2016–Sage
李勇	1996
刘晨	1997
王丽	1998
张军	1996

查询全体学生的姓名、出生年份和所在的院系，要求用小写字母表示系名。

```
SELECT Sname,'Year of Birth: ',2016-Sage,LOWER(Sdept)
FROM Student;
```

输出结果：

Sname	'Year of Birth:'	2016-Sage	LOWER(Sdept)
李勇	Year of Birth:	1996	cs
刘晨	Year of Birth:	1997	is
王丽	Year of Birth:	1998	ma
张军	Year of Birth:	1996	is

使用列别名改变查询结果的列标题:

```
SELECT Sname  NAME,'Year of Birth:'  BIRTH,
2016-Sage  BIRTHDAY,LOWER(Sdept)  DEPARTMENT
FROM Student;
```

输出结果：

NAME	BIRTH	BIRTHDAY	DEPARTMENT
李勇	Year of Birth:	1996	cs
刘晨	Year of Birth:	1997	is
王丽	Year of Birth:	1997	ma
张军	Year of Birth:	1996	is

2. 选择表中的若干元组(记录)

使用 DISTINCT 短语或指定 WHERE 子句，可以选择部分元组的全部或部分列。

(1)消除取值重复的行

两个取值不完全相同的元组，投影到指定的某些列后则可能变成完全相同的行。如果想去掉，必须指定 DISTINCT 短语。如果没有 DISTINCT 短语则认为是默认状态 ALL。

[例 3-15] 查询所有选修过课的学生的学号。

```
SELECT Sno FROM SC;
```

等价于：

```
SELECT ALL Sno FROM SC;
```

执行上面的 SELECT 语句后，结果为：

Sno
201619001
201619001
201619001
201619002
201619002

指定 DISTINCT 关键词，去掉表中重复的行。

```
SELECT DISTINCT Sno FROM SC;
```

查询结果：

Sno
201619001
201619002

(2) 查询满足条件的元组

查询满足条件的元组可以通过 WHERE 子句实现，常用的查询条件见表 3-5。

表 3-5　常用的查询条件

查 询 条 件	谓　词
比较	=，>，<，>=，<=，!=，<>，!>，!<，NOT+上述比较运算符
确定范围	BETWEEN AND，NOT BETWEEN AND
确定集合	IN，NOT IN
字符匹配	LIKE，NOT LIKE
空值	IS NULL，IX NOT NULL
多重条件	AND，OR

① 比较大小：

[例 3-16] 查询计算机系全体学生名单。

```
SELECT Sname FROM student WHERE Sdept = 'CS';
```

② 确定范围：

BETWEEN…AND 和 NOT BETWEEN…AND…可以用来查找属性值在或不在指定范围内的元组，其中 BETWEEN 后是范围的下限，AND 后是范围的上限。

[例 3-17] 查询年龄在 20～23 岁的学生的姓名、系别和年龄。

```
SELECT Sname, Sdept, Sage FROM Student WHERE Sage BETWEEN 20 AND 23;
```

③ 确定集合：

谓词 IN 可以用来查找属性值属于指定集合的元组。

[例 3-18] 查询信息系和计算机系的学生的姓名和性别。

```
SELECT Sname, Ssex FROM Student WHERE Sdept IN ('IS', 'CS');
```

④ 字符匹配：

谓词 LIKE 可以用来查找与字符串匹配的指定集合的元组。

语言格式：

```
[NOT] LIKE '<匹配串>' [ESCAPE '<换码字符>']
```

<匹配串>可以是一个完整的字符串，也可以含有通配符“%”和“_”。%(百分号)代表任意长度的字符串，如 a%b 表示以 a 开头的、以 b 结尾的任意长度的字符串；_(下画线)代表任意单个字符，如 a_b 表示以 a 开头、以 b 结尾的长度为 3 的任意字符串。

[例 3-19] 查询学号为 201619001 的学生的详细情况。

```
SELECT * FROM Student WHERE Sno LIKE '201619001';
```

等价于：

```
SELECT * FROM Student  WHERE Sno = '201619001';
```

[例 3-20] 查询所有姓刘的学生的姓名、学号和性别。

```
SELECT Sname, Sno, Ssex FROM Student WHERE Sname LIKE '刘%';
```

查询姓“欧阳”且全名为三个汉字的学生的姓名。

```
      SELECT Sname
```

```
FROM   Student
WHERE  Sname LIKE '欧阳_ _';
```

查询名字中第2个字为“阳”字的学生的姓名和学号。

```
SELECT Sname, Sno
FROM Student
WHERE Sname LIKE '_ _阳%';
```

查询所有不姓刘的学生姓名。

```
SELECT Sname, Sno, Ssex
FROM Student
WHERE Sname NOT LIKE '刘%';
```

[例 3-21] 查询DB_Design课程的课程号和学分。

```
SELECT Cno, Ccredit FROM Course WHERE Cname LIKE 'DB\_Design' ESCAPE '\';
```

使用换码字符将通配符转义为普通字符的例子如下。

[例 3-22] 查询DB_Design课程的课程号和学分。

```
SELECT Cno, Ccredit
FROM Course
WHERE Cname LIKE 'DB\_Design' ESCAPE '\'
```

[例 3-23] 查询以“DB_”开头且倒数第3个字符为 i 的课程的详细情况。

```
SELECT  *
FROM   Course
WHERE  Cname LIKE  'DB\_%i_ _' ESCAPE ' \ ';
ESCAPE '\' 表示' \' 为换码字符
```

注意：ESCAPE'\'短语表示\为换码符，这样匹配串中紧跟在\后面的字符“_”不再具有通配符的含义，被转换为普通的_字符。

⑤ 涉及空值的查询：

谓词IS NULL和IS NOT NULL可用来查询空值和非空值。

[例 3-24] 查询没有考试成绩的学生的学号和相应的课号。

```
SELECT Sno, Cno FROM SC WHERE Grade IS NULL;
```

⑥ 多重条件查询：

逻辑运算符AND和OR用来连接多个查询条件。如果这两个运算符同时出现在一个WHERE子句中，则AND优先级高于OR，用括号可以改变优先级。

[例 3-25] 查询计算机系的年龄在20岁以下的学生的姓名。

```
SELECT Sname FROM Student WHERE Sdept = 'CS' AND Sage<20;
```

3．对查询结果排序

使用ORDER BY子句，查询结果将按照一个或多个属性列的升序（ASC）或降序（DESC）排列，其中ASC为默认值。

[例 3-26] 查询全体学生情况，查询结果按照所在系升序排列，对同一系的学生按照年龄降序排列。

```
SELECT * FROM Student ORDER BY Sdept, Sage DESC;
```

查询全体学生情况，查询结果按所在系的系号升序排列，同一系中的学生按年龄降序排列。

```
SELECT  *
FROM  Student
ORDER BY Sdept, Sage DESC
```

4．使用聚集函数

为了增强检索的功能，SQL 提供了许多聚集函数，主要有：

```
COUNT([DISTINCT|ALL] *)              统计元组的个数
COUNT([DISTINCT|ALL] <列名>)         统计一列中值的个数
SUM([DISTINCT ALL] <列名>)           计算一列值的总和(数值型)
AVG([DISTINCT|ALL] <列名>)           计算一列值的平均值
MAX([DISTINCT|ALL] <列名>)           求一列中的最大值
MIN([DISTINCT|ALL] <列名>)           求一列中的最小值
```

如果指定 DISTINCT 短语，则表示在计算时要取消指定列中的重复值。

[例 3-27] 查询选修了课程的学生人数。

```
SELECT COUNT (DISTINCT Sno) FROM SC;
```

[例 3-28] 计算 3 号课程的学生的平均成绩。

```
SELECT AVG(Grade) FROM SC WHERE Cno = '3';
```

[例 3-29] 查询 3 号课程的学生的最高分。

```
SELECT MAX(Grade) FROM SC WHERE Cno = '3';
```

5．对查询结果分组

GROUP BY 子句可以将查询结果中的各行按照一列或多列取值相等的原则进行分组，并对每组产生一个结果。使用 HAVING 短语，分组后还可以按照一定的条件对这些组进行筛选，以便得到满足指定条件的组。WHERE 与 HAVING 的区别在于 WHERE 子句作用于基本表或视图，HAVING 作用于组。

[例 3-30] 求各个课程号及相应的选课人数。

```
SELECT Cno, COUNT(Sno)
FROM    SC
GROUP BY Cno;
```

查询结果：

Cno	COUNT(Sno)
1	22
2	34
3	44
4	33
5	48

[例 3-31] 查询选修了两门以上课程的学生学号。

```
SELECT Sno
```

```
FROM  SC
GROUP BY Sno
HAVING  COUNT(*) >2;
```

3.3.2 连接查询

同时查询两个以上的表称为连接查询，包括等值连接查询、非等值连接查询、自身连接查询、外连接查询和复合条件连接查询。

1. 等值与非等值连接查询

在连接查询中用来连接两个表的条件称为连接条件或连接谓词。

语言格式：

[<表名 1>.]<列名 1> <比较运算符> [<表名 2>.]<列名 2>

其中比较运算符主要有：=、>、<、>=、<=、!=。此外，连接谓词还可以使用下面的形式：

[<表名 1>.]<列名 1> BETWEEN [<表名 2>.]<列名 2> AND [<表名 3>.]<列名 3>

当连接运算符为=时称为等值连接，使用其他运算符时称为非等值连接。连接谓词中的列名称为连接字段。连接条件中的各连接字段类型不必是相同的，但是必须是可比的。

DBMS 执行连接操作的过程是：首先在表 1 中找到第一个元组，然后从头开始顺序扫描或按索引扫描表 2，查找满足连接条件的元组，每找到一个元组，就将表 1 中的第一个元组与该元组拼接起来，形成结果表中的一个元组。表 2 全部扫描完毕后，再到表 1 中找第二个元组，然后从头开始顺序扫描或按索引扫描表 2，查找满足连接条件的元组。每找到一个元组，就将表 1 中的第二个元组与该元组拼接起来，形成结果表中的一个元组。重复上述操作，直到表 1 全部元组都处理完毕为止。

[例 3-32] 查询每个学生及其选修课程的情况。

```
SELECT Student.*, SC.* FROM Student, SC WHERE Student.Sno = SC.Sno;
```

查询结果：

Student.Sno	Sname	Ssex	Sage	Sdept	SC.Sno	Cno	Grade
201619001	李勇	男	20	CS	201619001	1	90
201619001	李勇	男	20	CS	201619001	2	85
201619001	李勇	男	20	CS	201619001	3	95
201619002	刘晨	女	20	IS	201619002	2	90
201619002	刘晨	女	20	IS	201619002	3	80

注意：进行连接查询时，SELE CT 子句与 WHERE 子句中的属性名前加上表名前缀是为了避免混淆。如果属性名在参加连接的各表中是唯一的，则可以省略表名前缀。

2. 自身连接查询

一个表与其自身进行连接，称为表自身连接。

[例 3-33] 查询每一门课的间接先修课(即先修课的先修课)。

分析：在 Course 关系中，只有每门课的直接先修课信息，而没有先修课的先修课信息。必须先对一门课找到其先修课，再按此先修课的课程号，查找它的先修课程。这相当于将 Course 表与其自身连接后，取第一个副本的课程号与第二个副本的先修课号作为目标列中的属性。在写 SQL 语句时，为了区别，可以为 Course 表取两个别名(FIRST 和 SECOND)，也可以把 Course 表想成两个完全一样的表 FIRST 和 SECOND。

```
SELECT FIRST.Cno, SECOND.Cpno
FROM Course FIRST, Course SECOND
WHERE FIRST.Cpno = SECOND.Cno;
```

3. 外连接查询

外连接与普通连接的区别：普通连接操作只输出满足连接条件的元组，外连接操作以指定表为连接主体，将主体表中不满足连接条件的元组一并输出。将[例3-32]改写为有外连接的形式如下：

```
SELECT Student.Sno,Sname,Ssex,Sage,Sdept,Cno,Grade
    FROM Student LEFT OUT JOIN SC ON (Student.Sno=SC.Sno);
```

执行结果：

Student.Sno	Sname	Ssex	Sage	Sdept	Cno	Grade
201619001	李勇	男	20	CS	1	90
201619001	李勇	男	20	CS	2	85
201619001	李勇	男	20	CS	3	95
201619002	刘晨	女	19	IS	2	90
201619002	刘晨	女	19	IS	3	80
201619003	王丽	女	18	MA	NULL	NULL
201619004	张军	男	20	IS	NULL	NULL

4. 多表连接查询

[例3-34] 查询每个学生的学号、姓名、选修的课程名及成绩。

```
SELECT Student.Sno, Sname, Cname, Grade
 FROM    Student, SC, Course      /*多表连接*/
 WHERE Student.Sno = SC.Sno
              AND SC.Cno = Course.Cno;
```

5. 复合条件连接

WHERE子句中有多个条件的连接操作，称为复合条件连接。
[例3-35] 查询选修2号课程且成绩在80分以上的所有学生。

```
SELECT  Student.Sno, Sname
FROM Student, SC
WHERE   Student.Sno = SC.Sno AND
        SC.Cno = '2' AND SC.Grade > 80;
```

3.3.3 嵌套查询

在SQL语言中，一个SELECT-FROM-WHERE语句称为一个查询块。将一个查询块嵌套在另一个查询块的WHERE子句或HAVING短语的条件中的查询称为嵌套查询或子查询。

例如：

```
SELECT Sname FROM Student WHERE Sno IN (SELECT Sno
                                        FROM SC WHERE Cno= '2');
```

其下层查询块是嵌套在上层查询块的WHERE条件中的。上层查询块又称为外层查询或父查询或主查询，下层查询块又称为内层查询或子查询。SQL 语言允许多层嵌套查询，即子查询中还可以嵌套其他子查询。需要特别指出的是，子查询的 SELECT 语句中不能使用 ORDER BY 子句，ORDER BY 子句永远只能对最终查询结果排序。

嵌套查询的求解方法是由里向外处理。即每个子查询在其上一级查询处理之前求解，子查询的结果用于建立其父查询的查找条件。嵌套查询使得可以用一系列简单查询构成复杂的查询，从而明显地增强了 SQL 的查询能力。以层层嵌套的方式构造程序正是 SQL 中“结构化”的含义所在。

1. 带 IN 谓词的子查询

带有 IN 谓词的子查询是指父查询与子查询之间用 IN 进行连接，判断某个属性列值是否在子查询的结果中。

[例 3-36] 查询与“刘晨”在同一个系学习的学生。

```
SELECT Sno, Sname, Sdept
FROM Student
WHERE Sdept IN ( SELECT Sdept
                 FROM Student
                 WHERE Sname = '刘晨');
```

[例 3-37] 查询选修了课程名为“信息系统”的学生学号和姓名。

```
SELECT Sno, Sname
FROM Student
WHERE Sno IN (SELECT Sno
              FROM SC
             WHERE Cno IN (SELECT Cno
                           FROM Course
              WHERE Cname = '信息系统' ) );
```

该例分三步进行：① 首先在 Course 关系中找出“信息系统”的课程号，为 3 号；② 然后在 SC 关系中找出选修了 3 号课程的学生学号；③ 最后在 Student 关系中取出 Sno 和 Sname。

可以看出，当查询涉及多个关系时，用嵌套查询逐步求解，层次清楚，易于理解，具备结构化程序设计的优点。

2. 带有比较运算符的子查询

带有比较运算符的子查询是指父查询与子查询之间用比较运算符进行连接。当用户能确切知道内层查询返回的是单值时，可以用>，<，=，>=，<=，!=或<>等比较运算符。

对于[例 3-36]，由于一个学生只可能在一个系学习，也就是说内查询刘晨所在系的结果是一个唯一值，因此该例可以用比较运算符来实现。

```
SELECT Sno, Sname, Sdept
FROM Student
WHERE Sdept =( SELECT Sdept
               FROM Student
               WHERE Sname= '刘晨');
```

需要注意的是，子查询一定要跟在比较符之后，下列写法是错误的：

```
SELECT Sno, Sname, Sdept
FROM Student
```

```
        WHERE ( SELECT Sdept
                FROM Student
                WHERE Sname= '刘晨') = Sdept;
```

3. 带有 ANY 或 ALL 谓词的子查询

子查询返回单值时可以用比较运算符，而使用 ANY 或 ALL 谓词时则必须同时使用比较运算符。其语义为：

> ANY	大于子查询结果中的某个值
> ALL	大于子查询结果中的所有值
< ANY	小于子查询结果中的某个值
< ALL	小于子查询结果中的所有值
>= ANY	大于或等于子查询结果中的某个值
>= ALL	大于或等于子查询结果中的所有值
<= ANY	小于或等于子查询结果中的某个值
<= ALL	小于或等于子查询结果中的所有值
= ANY	等于子查询结果中的某个值
=ALL	等于子查询结果中的所有值(通常没有实际意义)
!=(或<>) ANY	不等于子查询结果中的某个值
!=(或<>) ALL	不等于子查询结果中的任何一个值

[例 3-38] 查询其他系中比信息系任一学生年龄小的学生名单。

```
SELECT Sname, Sage
FROM Student
WHERE Sage < ANY (SELECT Sage
                  FROM Student
                  WHERE Sdept= 'IS')
        AND Sdept <> 'IS' ;
```

注意：Sdept<> 'IS'条件是父查询块中的条件，不是子查询块中的条件。

还可以用聚集函数实现：

```
SELECT Sname,Sage
FROM  Student
WHERE Sage < (SELECT MAX(Sage)
              FROM Student
                WHERE Sdept= 'IS')
          AND Sdept <> 'IS';
```

[例 3-39] 查询其他系中比信息系所有学生年龄都小的学生名单。

```
SELECT Sname, Sage
FROM Student
WHERE Sage < ALL ( SELECT Sage
                   FROM Student
                   WHERE Sdept= 'IS')
        AND Sdept <> 'IS';
```

还可以用聚集函数实现：

```
SELECT Sname,Sage
FROM Student
WHERE Sage < (SELECT MIN(Sage)
              FROM Student
              WHERE Sdept= 'IS')
        AND Sdept <>'IS';
```

ANY(或 SOME)，ALL 谓词与聚集函数、IN 谓词的等价转换关系见表 3-6。

表 3-6　ANY(或 SOME)，ALL 谓词与聚集函数、IN 谓词的等价转换关系

	=	<>或!=	<	<=	>	>=
ANY	IN	—	<MAX	<=MAX	>MIN	>= MIN
ALL	—	NOT IN	<MIN	<= MIN	>MAX	>=MAX

4．带有 EXISTS 谓词的子查询

带有 EXISTS 谓词的子查询不返回任何数据，只产生逻辑真值“true”或逻辑假值“false”。

若内层查询结果非空，则外层的 WHERE 子句返回真值；

若内层查询结果为空，则外层的 WHERE 子句返回假值。

由 EXISTS 引出的子查询，其目标列表达式通常都用 * ，因为带 EXISTS 的子查询只返回真值或假值，给出列名无实际意义。与 EXISTS 谓词相对应的是 NOT EXISTS 谓词。

[例 3-40] 查询所有选修了 1 号课程的学生姓名。

思路分析：本查询涉及 Student 和 SC 的关系，在 Student 中依次取每个元组的 Sno 值，用此值去检查 SC 表，若 SC 中存在这样的元组，其 Sno 值等于此 Student.Sno 值，并且其 Cno= '1'，则取此 Student.Sname 送入结果表。

```
SELECT Sname
FROM Student
WHERE EXISTS
          (SELECT *
           FROM SC
           WHERE Sno=Student.Sno AND Cno= '1');
```

[例 3-41] 查询所有未修 1 号课程的学生姓名。

```
SELECT Sname
FROM Student
WHERE NOT EXISTS ( SELECT *
                   FROM SC
                   WHERE Sno = Student.Sno AND Cno = '1');
```

不同形式的查询间的替换，一些带 EXISTS 或 NOT EXISTS 谓词的子查询不能被其他形式的子查询等价替换，所有带 IN 谓词、比较运算符、ANY 和 ALL 谓词的子查询都能用带 EXISTS 谓词的子查询等价替换。

[例 3-42] 查询与“刘晨”在同一个系学习的学生。

可以用带 EXISTS 谓词的子查询替换：

```
SELECT Sno,Sname,Sdept
FROM Student S1
WHERE EXISTS
```

```
                (SELECT *
                 FROM Student S2
                 WHERE S2.Sdept=S1.Sdept  AND S2.Sname = '刘晨');
```

[例 3-43] 查询选修了全部课程的学生姓名。

```
SELECT Sname
FROM Student
WHERE NOT EXISTS
        (SELECT *
         FROM Course
         WHERE NOT EXISTS
                  (SELECT *
                   FROM SC
                   WHERE Sno= Student.Sno
                        ANDCno= Course.Cno ) );
```

3.3.4 集合查询

每一个 SELECT 语句都能获得一个或多个记录。若要把多个 SELECT 语句的结果合并为一个结果，则可以用集合操作来完成。集合操作主要包括并操作 UNION、交操作 INTERSECT、差操作 EXCEPT。

使用 UNION 将多个查询结果合并起来，形成一个完整的查询结果时，系统会自动去掉重复的记录。需要注意的是，参加 UNION 操作的各查询结果的列数必须相同，对应项的数据类型也必须相同。

[例 3-44] 查询计算机系的学生及年龄不大于 23 岁的学生。

```
SELECT *
FROM Student
WHERE Sdept = 'CS'
UNION
SELECT *
FROM Student
WHERE Sage <= 23;
```

[例 3-45] 查询计算机系的学生与年龄不大于 19 岁的学生的交集。

```
SELECT *
FROM Student
WHERE Sdept='CS'
INTERSECT
SELECT *
FROM Student
WHERE Sage<=19
```

[例 3-46] 查询既选修了 1 号课程又选修了 2 号课程的学生。

```
SELECT Sno
FROM SC
WHERE Cno='1'
INTERSECT
```

```
SELECT Sno
FROM SC
WHERE Cno='2';
```

也可以表示为：

```
SELECT Sno
FROM  SC
WHERE Cno='1' AND Sno IN (SELECT Sno
                      FROM SC
                      WHERE Cno='2');
```

[例 3-47] 查询计算机系的学生与年龄不大于 19 岁的学生的差集。

```
SELECT *
FROM Student
WHERE Sdept='CS'
EXCEPT
SELECT  *
FROM Student
WHERE Sage <=19;
```

3.4 数据操作

SQL 语言的数据操作也称数据存储操作，由 SQL DML 语句实现，主要包括数据插入、数据修改和数据删除三条语句。

3.4.1 数据插入

插入数据是把新的记录行或记录行集插入到已经建立的表中。通常有插入一条记录行和插入记录行集两种形式。

1. 插入一行记录(元组)

语言格式：

```
INSERT
INTO <表名>  [(<属性列 1>[, <属性列 2 >…)]
VALUES (<常量 1> [, <常量 2>] … )
```

其中，<表名>指需要添加记录的表。

VALUES 子句指定要添加的数据。

<属性列>是可选项，指明向哪些列中添加数据。属性列的顺序可以和该表的列定义顺序不一致。在指明属性列名时，VALUES 子句值的排列必须与属性列名排列顺序一致、个数相等、类型对应。

[例 3-48] 将一个新学生记录(学号：201619006；姓名：程丽；性别：女；所在系：CS；年龄：18 岁)插入到 Student 表中。

```
INSERT
INTO Student (Sno, Sname, Ssex, Sdept, Sage)
VALUES ('201619006', '程丽', '女',  'CS', 18);
```

[例 3-49] 插入一条选课记录（'201619006','1 '）。

```
INSERT
INTO SC(Sno,Cno)
VALUES ('201619006 ','1');
```

关系数据库管理系统将在新插入记录的 Grade 列上自动地赋空值。
或者：

```
INSERT
INTO SC
VALUES (' 201619006 ',' 1 ',NULL);
```

2. 插入记录集（子查询结果）

批量插入指一次将子查询的结果全部插入指定表中。子查询可以嵌套在 SELECT 语句中构造父查询的条件，也可以嵌套在 INSERT 语句中以生成要查询的数据。
语言格式：

```
INSERT
INTO <表名>  [(<属性列 1> [, <属性列 2>…  )]
子查询;
```

[例 3-50] 求每一个系学生的平均年龄，并把结果存入数据库。
首先要在数据库中建立一个有两个属性列的新表，其中一列存放系名，另一列存放相应系的学生平均年龄。然后对数据库的 Student 表按系分组求平均年龄，再把系名和平均年龄存入新表中。

```
CREATE TABLE Deptage (Sdept CHAR(15), Avg_age SMALLINT);
INSERT
INTO Dept_age (Sdept, Avg_age)
   SELECT Sdept, AVG(Sage)
   FROM Student
   GROUP BY Sdept;
```

3.4.2 数据修改

修改数据（更新数据）是对表中一行或多行中的某些列值进行修改。
语言格式：

```
UPDATE <表名>
SET <列名>=<表达式>[, <列名>=<表达式>]…
[WHERE <条件>];
```

其中 SET 子句用于指明如何修改。如 WHERE 子句省略则对表中所存储的所有记录进行修改。

1. 修改一条记录

[例 3-51] 将学生“201619006”的年龄改为 22 岁。

```
UPDATE Student
SET  Sage = 22
WHERE   Sno= '201619006';
```

2．修改多条记录

[例 3-52] 将所有学生的年龄减少 1 岁。

```
UPDATE Student
SET Sage = Sage-1;
```

3．带子查询的修改

子查询可以嵌套在 UPDATE 语句中来构造执行修改操作的条件。

[例 3-53] 将计算机科学系全体学生的成绩置零。

```
UPDATE SC
SET Grade = 0
WHERE 'CS' = (SELETE Sdept
              FROM Student
              WHERE Student.Sno = SC.Sno);
```

关系数据库管理系统在执行修改语句时会检查修改操作是否破坏表上已定义的完整性规则：

(1) 实体完整性；

(2) 主码不允许修改；

(3) 用户定义的完整性；

(4) NOT NULL 约束；

(5) UNIQUE 约束；

(6) 值域约束。

3.4.3 数据删除

数据删除的语言格式：

```
DELETE
FROM  <表名>
[WHERE <条件>];
```

WHERE 子句省略则删除全部数据。

1．删除一条记录

[例 3-54] 删除学号为“201619006”的学生记录。

```
DELETE
FROM Student
WHERE Sno = '201619006';
```

2．带子查询的删除

[例 3-55] 删除计算机科学系所有学生的选课记录。

```
DELETE
FROM SC
WHERE 'CS' = ( SELETE Sdept
               FROM Student
               WHERE Student.Sno = SC.Sno);
```

3.5 视 图

视图是 DBMS 提供给用户以多种角度观察数据的重要机制，是从一个或几个基本表(视图)导出的虚拟表。数据库中只存放视图的定义而不存放视图的数据。从视图中查询到的数据随着基本表中数据的变化而变化。视图一经定义，就可以和基本表一样被查询和删除，也可以在它的基础上定义新的视图，但对视图的更新(增、删、改)操作有一定的限制。

视图的特点：

(1)虚表，是从一个或几个基本表(或视图)导出的表；

(2)只存放视图的定义，不存放视图对应的数据；

(3)基本表中的数据发生变化，从视图中查询出的数据也随之改变。

3.5.1 定义视图

1. 建立视图

SQL 语言用 CREATE VIEW 命令建立视图。语言格式：

```
CREATE VIEW <视图名> [(<列名> [,<列名>]…)]
AS <子查询>
[WITH CHECK OPTION];
```

其中：子查询可以是任意复杂的SELECT语句，但是通常不允许含有ORDER BY子句和DISTINCT短语。WITH CHECK OPTION 表示对视图进行更新、插入和删除操作时，要保证操作的行满足视图定义中的子查询的条件表达式。

如果 CREATE VIEW 语句仅指定了视图名，省略了视图的各个属性列名，则隐含该视图由子查询中 SELECT 子句目标列中的各字段组成。但以下三种情况必须明确指定组成视图的所有列名：

(1)其中的某个列不是单纯的属性名，而是集函数或列表达式。

(2)多表连接时选出了几个同名列作为视图的字段。

(3)需要在视图中为某个列启用新的更合适的名字。

[例 3-56] 建立信息系学生的视图。

```
CREATE VIEW IS_Student
AS
    SELECT Sno, Sname, Sage
    FROM Student
    WHERE Sdept = 'IS';
```

若一个视图是从单个基本表导出的，并且只是去掉了基本表的某些行和某些列，但保留了主码，则称这类视图为行列子集视图。IS_Student 视图就是一个行列子集视图。

[例 3-57] 建立信息系学生的视图，并要求进行修改和插入操作时仍需保证该视图只有信息系的学生。

```
CREATE VIEW IS_Student
AS
    SELECT Sno, Sname, Sage
    FROM Student
    WHERE Sdept = 'IS'
    WITH CHECK OPTION;
```

下例为基于多个基本表的视图。

[例 3-58] 建立信息系选修了 1 号课程的学生的视图(包括学号、姓名、成绩)。

```
CREATE VIEW IS_S1(Sno,Sname,Grade)
AS
SELECT Student.Sno,Sname,Grade
FROM  Student,SC
WHERE  Sdept= 'IS' AND
           Student.Sno=SC.Sno AND
           SC.Cno= '1';
```

下例为基于视图的视图。

[例 3-59] 建立信息系选修了 1 号课程且成绩在 90 分以上的学生的视图。

```
CREATE VIEW IS_S2
AS
SELECT Sno,Sname,Grade
FROM  IS_S1
WHERE  Grade>=90;
```

下例为带表达式的视图。

[例 3-60] 定义一个反映学生出生年份的视图。

```
CREATE  VIEW BT_S(Sno,Sname,Sbirth)
AS
SELECT Sno,Sname,2016-Sage
FROM  Student;
```

下例为分组视图。

[例 3-61] 将学生的学号及平均成绩定义为一个视图。

```
CREAT  VIEW  S_G(Sno,Gavg)
    AS
    SELECT Sno,AVG(Grade)
    FROM  SC
    GROUP BY Sno;
```

2. 删除视图

删除视图需要显式地使用 DROP VIEW 语句进行。一个视图被删除后，由该输入导出的其他视图也将失效。

语言格式:

```
DROP VIEW <视图名>;
```

[例 3-62] 删除视图 CS_S1。

```
DROP VIEW CS_S1;
```

3.5.2 查询视图

视图定义后，用户就可以像对基本表进行查询一样对视图进行查询了。DBMS 执行对视图的查询时，首先进行有效性检查，检查查询涉及的表、视图等是否在数据库中存在，如果存在，则从数据字典中取出查询涉及的视图的定义，把定义中的子查询和用户对视图的查询结合起来，转换成对基本表的查询，然后执行这个经过修正的查询。将对视图的查询转换为对基本表的查询的过程称为视图的消解。

[例 3-63] 在信息系学生的视图中找出年龄小于20岁的学生。

```
SELECT Sno, Sage
FROM IS_Student
WHERE Sage < 20;
```

视图消解转换后的查询语句为：

```
SELECT  Sno,Sage
FROM  Student
WHERE  Sdept= 'IS'  AND  Sage<20;
```

[例 3-64] 查询选修了1号课程的信息系学生。

```
SELECT  IS_Student.Sno,Sname
FROM    IS_Student,SC
WHERE  IS_Student.Sno =SC.Sno AND SC.Cno= '1';
```

3.5.3 更新视图

更新视图包括插入、删除和修改三类操作。由于视图是不实际存储数据的虚表，因此对视图的更新最终要转换为对基本表的更新。为防止用户通过视图对数据进行增、删、改时操作不属于数据视图范围内的基本表数据，可在定义视图时加上 WITH CHECK OPTION 子句。

[例 3-65] 将信息系学生视图 IS_Student 中学号为“201619006”的学生姓名改为“李芳”。

```
UPDATE IS_Student
SET Sname = '李芳'
WHERE Sno = '201619006';
```

转换后的语句：

```
UPDATE  Student
SET Sname= '李芳'
WHERE Sno= ' 201619006 ' AND Sdept= 'IS';
```

[例 3-66] 向信息系学生视图 IS_Student 中插入一个新的学生记录：其中学号为“201619007”，姓名为“林立”，年龄为19岁。

```
INSERT
INTO IS_Student
VALUES ( '201619007', '林立', 19);
```

转换为对基本表的更新：

```
INSERT
INTO   Student(Sno,Sname,Sage,Sdept)
VALUES( ‘201619007 ','林立',19,'IS' );
```

[例 3-67] 删除信息系学生视图 IS_Student 中学号为“201619007”的记录。

```
DELETE
```

```
FROM IS_Student
WHERE Sno = '201619007';
```

转换为对基本表的更新：

```
DELETE
FROM Student
WHERE Sno= ' 201619007 ' AND Sdept= 'IS';
```

更新视图的限制：一些视图是不可更新的，因为对这些视图的更新不能唯一地有意义地转换成对相应基本表的更新。

视图的作用：

- 允许对行列子集视图进行更新，对其他类型视图的更新不同系统有不同的限制；
- 视图能够简化用户的操作；
- 视图使用户能以多种角度看待同一数据；
- 视图对重构数据库提供了一定程度的逻辑独立性；
- 视图能够对机密数据提供安全保护；
- 适当地利用视图可以更清晰地表达查询。

3.6 数据控制

数据控制也称数据保护，包括数据的安全控制、完整性控制、并发控制和恢复。SQL 数据控制是由 SQL DCL 语句实现的，是为了保护数据库的安全性，防止不合法的使用所造成的数据泄露和破坏。主要措施是进行存取控制，即规定用户对不同的数据对象的存取权限。这个权限是由 DBA 决定的，而 DBMS 的功能是保证这些决定的执行。

3.6.1 授权

SQL 语句用 GRANT 语句向用户授予操作权限。

语言格式：

```
GRANT <权限> [, <权限>]…
[ON <对象类型> <对象名>]
TO <用户> [, <用户>]…
[WITH GRANT OPTION];
```

不同类型的操作对象有不同的操作权限，常见的操作权限见表 3-7。

表 3-7 关系数据库系统中的存取权限

对　象	对象类型	操作权限
属性列	TABLE	SELECT，INSERT，UPDATE，DELETE，ALL PRIVILEGES
视　图	TABLE	SELECT，INSERT，UPDATE，DELETE，ALL PRIVILEGES
基本表	TABLE	SELECT，INSERT，UPDATE，DELETE，ALTER，INDEX，ALL PRIVILEGES
数据库	DATABASE	CREATETAB

对属性列和视图的操作权限有五类：查询(SELECT)、插入(INSERT)、修改(UPDATE)、删除(DELETE)及这四种权限的总和(ALL PRIVILEGES)。

对基本表的操作权限有七类：查询(SELECT)、插入(INSERT)、修改(UPDATE)、删除(DELETE)、修改表(ALTER)、建立索引(INDEX)及前四种权限的总和(ALL PRIVILEGES)。

对数据库的建立权限属于 DBA，但可由 DBA 授予普通用户。当普通用户拥有权限后，可以建立基本表。基本表的属主拥有对该表的一切操作权限。接受权限的用户可以是一个或多个具体用户，也可以是 PUBLIC(全体用户)。

如果指定了 WITH GRANT OPTION 子句，则获得某种权限的用户还可以把这种权限再授予别的用户。如果没有指定 WITH GRANT OPTION 子句，则获得某种权限的用户只能得到该权限，但不能传播该权限。

[例 3-68] 把查询 Student 表权限授于 user1 用户。

```
GRANT SELECT ON  Student TO user1;
```

[例 3-69] 把对 Student 表和 Course 表的全部权限授予用户 user2 和 user3。

```
GRANT ALL PRIVILIGES ON Student, Course TO user2, user3;
```

[例 3-70] 把对表 SC 的查询权限授予所有用户。

```
GRANT SELECT ON SC TO PUBLIC;
```

[例 3-71] 把查询 Student 表和修改学生学号的权限授给用户 teacher。

```
GRANT UPDATE(Sno), SELECT ON Student TO teacher;
```

[例 3-72] 把对表 SC 的 INSERT 权限授予 user5 用户，并允许他再将此权限授予其他用户。

```
GRANT INSERT ON SC TO user5 WITH GRANT OPTION;
```

注意：执行此语句后，user5 不仅具有了对表 SC 的插入权限，还可以传播此权限。如果 user5 执行下列语句则 user6 将获得插入权限，并且可以继续传播。

```
GRANT INSERT ON SC TO user6 WITH GRANT OPTION;
```

[例 3-73] DBA 把在数据库 S_C 中建立表的权限授予用户 teacher。

```
GRANT CREATETAB ON DATABASE S_C TO teacher;
```

3.6.2 收回权限

授予的权限可以由 DBA 或其他授权人用 REVOKE 语句回收。

语言格式：

```
REVOKE <权限> [, <权限>]…
[ON <对象类型> <对象名>]
FROM <用户> [, <用户>]…;
```

[例 3-74] 把用户 teacher 修改学生学号的权限收回。

```
REVOKE UPDATE(Sno) ON Student FROM teacher;
```

[例 3-75] 收回所有用户对表 SC 的查询权限。

```
REVOKE SELECT ON SC FROM PUBLIC;
```

[例 3-76] 把用户 user5 对 SC 表的 INSERT 权限收回。

```
REVOKE INSERT ON SC FROM user5 CASCADE;
```

注意：同时也回收了 user6 的权限。系统只收回那些直接或间接从 user5 处获得的权限，如果他们从别处获得了相同的权限，则仍然具有此权限。

可见，SQL 提供了非常灵活的授权机制。用户对自己建立的基本表和视图拥有全部的操作权限，并且可以用 GRANT 语句把其中某些权限授予其他用户。被授权的用户如果有“继续授权”的许可，还可以把获得的权限再授予其他用户。DBA 拥有对数据库中所有对象的所有权限，并可以根据应用的需要将不同的权限授予不同的用户。所有授予出去的权利在必要时又都可以用 REVOKE 语句收回。

3.7 小　　结

本章详细介绍了 SQL 语句的使用方法。SQL 具有数据定义、数据查询、数据操纵和数据控制等功能，其中使用最为频繁的是数据查询功能，建议初学者结合书中实例反复练习，并结合第 9 章的内容进行上机操作。

第4章 关系数据理论

数据库设计的一个最基本的问题是怎样建立一个合理的数据库模式，使数据库系统无论是在数据存储方面，还是在数据操作方面都具有较好的性能。什么样的模型是合理的模型，什么样的模型是不合理的模型，应该通过什么标准去鉴别和采取什么方法来改进，这是在进行数据库设计之前必须明确的问题。

为使数据库设计合理可靠、简单实用，长期以来，形成了关系数据库设计理论，即规范化理论。它是根据现实世界存在的数据依赖而进行的关系模式的规范化处理，从而得到一个合理的数据库设计效果。

这一章讨论关系数据理论，主要内容包括数据依赖、范式及规范化方法这三部分内容。关系模式中数据依赖问题的存在可能会导致数据库中数据冗余、插入异常、删除异常、修改复杂等问题，规范化模式设计方法使用范式这一概念来定义关系模式所要符合的不同等级。较低级别范式的关系模式，经模式分解可转换为若干符合较高级别范式要求的关系模式。

本章的重点是函数依赖相关概念和基于函数依赖的范式及其判定。

4.1 关系规范化的作用

前面我们已经讲述了关系数据库、关系模型的基本概念及关系数据库的标准语言SQL。这一章讨论关系数据库设计理论，即如何采用关系模型设计关系数据库，也就是面对一个现实问题，如何选择一个比较好的关系模式的集合，其中每个关系模式又由哪些属性组成。这就是数据库逻辑设计主要关心的问题。

4.1.1 规范化理论概述

关系数据库的规范化理论最早是由关系数据库的创始人E.F.Codd提出的，后经许多专家学者对关系数据库设计理论作了深入的研究和发展，形成了一整套有关关系数据库设计的理论。在该理论出现以前，层次和网状数据库的设计只是遵循其模型本身固有的原则，而无具体的理论依据可言，因而带有盲目性，可能在以后的运行和使用中会发生许多预想不到的问题。

那么如何设计一个合适的关系数据库系统？关键是关系数据库模式的设计，即应该构造几个关系模式，每个关系模式由哪些属性组成，又如何将这些相互关联的关系模式组建成一个适合的关系模型，这些都决定了整个系统的运行效率，也是关系到应用系统开发设计成败的因素之一。实际上，关系数据库的设计必须在关系数据库规范化理论的指导下进行。

关系数据库设计理论主要包括3个方面的内容：函数依赖、范式(Normal Form)和模式设计。其中函数依赖起着核心作用，是模式分解和模式设计的基础，范式是模式分解的标准。

4.1.2 不合理的关系模式存在的问题

设计关系数据库时要遵循一定的规范化理论，只有这样才可能设计出一个较好的数据库。前面已经讲过关系数据库设计的关键所在是关系数据库模式的设计，也就是关系模式的设计。那么到底什么是好的关系模式呢？某些不好的关系模式可能导致哪些问题？下面通过例子对这些问题进行分析。

[例 4-1] 要求设计学生-课程数据库，其关系模式 Student 如下：

```
Student (Sno , Sdept , Mname , Cno , Grade)
```

其中 Sno 表示学生学号，Sdept 表示学生所在的系别，Mname 表示系主任姓名，Cno 表示课程号，Grade 表示成绩。

根据实际情况，这些数据有如下语义规定：

(1)一个系有若干个学生，但一个学生只属于一个系；

(2)一个系只有一名系主任；

(3)一个学生可以选修多门功课，每门课程可被若干个学生选修；

(4)每个学生学习每门课程有一个成绩。

属性组 U 上的一组函数依赖 F(见图 4-1)：

```
F = { Sno → Sdept, Sdept → Mname, (Sno, Cno) → Grade }
```

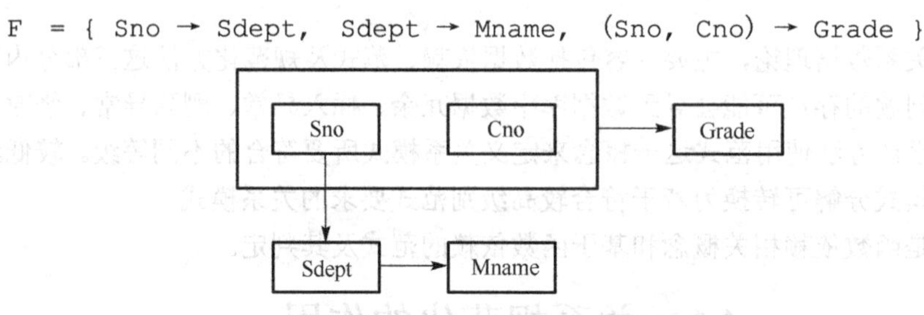

图 4-1　Student 上的一组函数依赖

如果只考虑函数依赖这一种数据依赖，就得到了一个描述学生的关系模式：Student<U, F> 。表 4-1 是某一时刻关系模式 Student 的一个实例，即数据表。

表 4-1　Student 表

Sno	Sdept	Mname	Cno	Grade
201619001	CS	李明	1	90
201619001	CS	李明	2	85
201619001	CS	李明	3	95
201619002	IS	张亮	2	90
201619002	IS	张亮	3	80
…	…	…	…	…

在此关系模式中填入一部分具体的数据，则可得到 Student 关系模式的实例，即一个学生-课程数据库，如表 4-1 所示。根据上述语义规定并分析以上关系中的数据，可以看出，(Sno,Cno)唯一标识一个元组(每行中 Sno 与 Cno 的组合均是不同的)，所以(Sno,Cno)是该关系模式的主关系键(即主键，又名主码等)。但在进行数据库的操作时，会出现以下几方面的问题。

(1)数据冗余。每个系名和系主任的名字存储的次数等于该系的所有学生每人选修课程门数的累加和，数据的冗余度很大，浪费了存储空间。

(2)插入异常。如果某个新系没有招生，尚无学生时，则系名和系主任的信息无法插入到数据库中。因为在这个关系模式中，(Sno,Cno)是主键。根据关系的实体完整性约束，主键的值不能为空，而这时没有学生，Sno 和 Cno 均无值，因此不能进行插入操作。另外，当某个学生尚未选课，即 Cno 未知时，实体完整性约束还规定，主键的值不能部分为空，同样也不能进行插入操作(假设他原来只选修一门 1 号课程)。

(3)删除异常。当某系学生全部毕业而还没有招生时，要删除全部学生的记录，这时系名、系主任也随之删除，而现实中这个系依然存在，但在数据库中无法存在该系信息。另外，如果某个学生不再选修 1 号课程，本应该只删去 1 号课程的选修关系，但 1 号课程是主键的一部分，为保证实体完整性，必须将整个元组一起删掉，这样，有关该学生的其他信息也随之丢失。

(4)修改异常。如果某系更换系主任，则属于该系的学生-课程记录都要修改 Mname 的内容，稍有不慎，就有可能漏改某些记录，这就会造成数据的不一致性，破坏了数据的完整性。

由于存在以上问题，所以说：Student 不是一个好的关系模式。产生上述问题的原因，直观地说，是因为关系中"包罗万象"，内容太杂了。一个好的关系模式不应该产生如此多的问题。一个"好"的关系模式不会发生插入异常、删除异常、更新异常，数据冗余应尽可能少。

原因：由存在于模式中的某些数据依赖引起。

解决方法：通过分解关系模式来消除其中不合适的数据依赖。

把这个单一模式分成 3 个关系模式：

```
S(Sno，Sdept，Sno → Sdept);
SC(Sno，Cno，Grade，(Sno，Cno) → Grade);
DEPT(Sdept，Mname，Sdept→ Mname)
```

在这 3 个关系中，实现了信息的某种程度的分离，S 中存储学生基本信息，与所选课程及系主任无关；DEPT 中存储系的有关信息，与学生及课程信息无关；SC 中存储学生选课信息，而与学生及系的有关信息无关。与 Student 相比，分解为 3 个关系模式后，数据的冗余度明显降低。当新插入一个系时，只要在关系 DEPT 中添加一条记录即可。当某个学生尚未选课时，只要在关系 S 中添加一条学生记录即可，而与选课关系无关，这就避免了插入异常。当一个系的学生全部毕业时，只需在 S 中删除该系的全部学生记录，而不会影响到系的信息，数据冗余很低，也不会引起修改异常。经过上述分析，我们说分解后的关系模式集是一个好的关系数据库模式。这三个关系模式都不会发生插入异常、删除异常的毛病，数据冗余也得到了尽可能的控制。

但要注意，一个好的关系模式并不是在任何情况下都是最优的，如查询某个学生选修课程名及所在系的系主任时，要通过连接操作来完成，而连接所需要的系统开销非常大，因此要以实际应用系统功能需要为目标进行设计。

要设计的关系模式中各属性是相互依赖、相互制约的，关系的内容实际上是这些依赖与制约作用的结果。关系模式的好坏也是由这些依赖与制约作用产生的。为此，在关系模式设计时，必须从实际出发，从语义上分析这些属性间的依赖关系，由此来做关系的规范化工作。

一般而言，规范化设计关系模式是将结构复杂(即依赖与制约关系复杂)的关系分解成结构简单的关系，从而把不好的关系数据库模式转变为较好的关系数据库模式，这就是规范理论讨论的内容。

4.2　函 数 依 赖

函数依赖是数据依赖的一种，函数依赖反映了同一关系中属性间一一对应的约束。函数依赖是关系规范化的理论基础。

4.2.1　关系模式的简化表示

关系模式的完整表示是一个五元组：

```
R(U，D，Dom，F)
```

其中：R 为关系名；U 为关系的属性集合；D 为属性集 U 中属性的数据域；Dom 为属性到域的映射；F 为属性集 U 的数据依赖集。

由于 D 和 Dom 对设计关系模式的作用不大，在讨论关系规范化理论时可以把它们简化掉，从而关系模式可以用三元组来表示为：

R(U, F)

从上式可以看出，数据依赖是关系模式的重要因素。数据依赖(Data Dependency)是同一关系中属性间的相互依赖和相互制约。数据依赖包括函数依赖(Functional Dependency，FD)、多值依赖(Multivalued Dependency，MVD)和连接依赖(Join Dependency，JD)。

4.1 节关系模式 Student<U,F>中有 Sno→Sdept 成立。也就是说在任何时刻 Student 的关系实例中，不可能存在两个元组在 Sno 上的值相等而在 Sdept 上的值不等。因此，表 4-2 所示的 Student 表是错误的。因为表中有两个元组，Sno 都等于 201619001，而 Sdept 一个为计算机系，一个为电气化系。

表 4-2 一个错误的 Student 表

Sno	Sdept	Mname	Cno	Grade
201619001	计算机系	李明	1	90
201619001	电气化系	李明	1	90
201619003	计算机系	李明	1	88
201619004	IS	张亮	2	88
201619005	IS	张亮	2	70
…	…	…	…	…

4.2.2 函数依赖的基本概念

1. 函数依赖

定义 4.1 设 $R(U)$是一个关系模式，U 是 R 的属性集合，X 和 Y 是 U 的子集。对于 $R(U)$的任意一个可能的关系 r，如果 r 中不存在两个元组，它们在 X 上的属性值相同，而在 Y 上的属性值不同，则称“X 函数确定 Y”或“Y 函数依赖于 X”，记作 $X \to Y$。

函数依赖和其他数据依赖一样，是语义范畴的概念。我们只能根据数据的语义来确定函数依赖。例如，知道了学生的学号，可以唯一地查询到其对应的姓名、性别等，因而，可以说“学号函数确定了姓名或性别”，记作“学号→姓名”、“学号→性别”等。这里的唯一性并非只有一个元组，而是指任何元组，只要它在 X(学号)上相同，则在 Y(姓名或性别)上的值也相同。如果满足不了这个条件，就不能说它们是函数依赖了。例如，学生姓名与年龄的关系，当只有在没有同名人的情况下可以说函数依赖“姓名→年龄”成立，如果允许有相同的名字，则“年龄”就不再依赖于“姓名”了。

当 $X \to Y$ 成立时，称 X 为决定因素(Determinant)，称 Y 为依赖因素(Dependent)。当 Y 不函数依赖于 X 时，记为 $X \nrightarrow Y$。

如果 $X \to Y$，且 $Y \to X$，则记其为 $X \longleftrightarrow Y$。

特别需要注意的是，函数依赖不是指关系模式 R 中某个或某些关系满足的约束条件，而是指 R 的一切关系均要满足的约束条件。

函数依赖概念实际是候选码概念的推广，事实上，每个关系模式 R 都存在候选码，每个候选码 K 都是一个属性子集，由候选码定义，对于 R 的任何一个属性子集 Y，在 R 上都有函数依赖 K

$\to Y$ 成立。一般而言，给定 R 的一个属性子集 X，在 R 上另取一个属性子集 Y，不一定有 $X\to Y$ 成立，但是对于 R 中的候选码 K，R 的任何一个属性子集都与 K 有函数依赖关系，K 是 R 中任意属性子集的决定因素。

2. 函数依赖的三种基本形式

函数依赖可以分为以下三种基本情形。

(1) 平凡函数依赖与非平凡函数依赖

定义 4.2 在关系模式 $R(U)$ 中，对于 U 的子集 X 和 Y，如果 $X\to Y$，但 Y 不是 X 的子集，则称 $X\to Y$ 是非平凡函数依赖(Nontrivial Function Dependency)。若 Y 是 X 的子集，则称 $X\to Y$ 是平凡函数依赖(Trivial Function Dependency)。

对于任一关系模式，平凡函数依赖都是必然成立的。它不反映新的语义，因此，若不特别声明，本书总是讨论非平凡函数依赖。

(2) 完全函数依赖与部分函数依赖

定义 4.3 在关系模式 $R(U)$ 中，如果 $X\to Y$，并且对于 X 的任何一个真子集 X'，都有 $X' \not\to Y$，则称 Y 完全函数依赖(Full Functional Dependency)于 X，记作 $X \xrightarrow{F} Y$。

若 $X\to Y$，但 Y 不完全函数依赖于 X，则称 Y 部分函数依赖(Partial Functional Dependency)于 X，记作 $X \xrightarrow{P} Y$。

如果 Y 对 X 部分函数依赖，X 中的“部分”就可以确定对 Y 的关联，从数据依赖的观点来看，X 中存在“冗余”属性。

(3) 传递函数依赖

定义 4.4 在关系模式 $R(U)$ 中，如果 $X\to Y$，$Y\to Z$，且 $Y \not\to X$，则称 Z 传递函数依赖(Transitive Functional Dependency)于 X，记作 $Z \xrightarrow{T} X$。

传递函数依赖定义中之所以要加上条件 $Y \not\to X$，是因为如果 $Y\to X$，则 $X\longleftrightarrow Y$，这实际上是 Z 直接依赖于 X，而不是传递函数了。

按照函数依赖的定义可以知道，如果 Z 传递依赖于 X，则 Z 必然函数依赖于 X，如果 Z 传递依赖于 X，说明 Z“间接”依赖于 X，从而表明 X 和 Z 之间的关联较弱，表现出间接的弱数据依赖。因而亦是产生数据冗余的原因之一。

4.2.3 码的函数依赖表示

前面章节中给出了关系模式的码的非形式化定义，这里使用函数依赖的概念来严格定义关系模式的码。

定义 4.5 设 K 为关系模式 $R(U, F)$ 中的属性或属性集合。若 $K\to U$，则 K 称为 R 的一个超码(Super Key)。

定义 4.6 设 K 为关系模式 $R(U, F)$ 中的属性或属性集合。若 $K \xrightarrow{F} U$，则称 K 为 R 的一个候选码(Candidate Key)。候选码一定是超码，而且是“最小”的超码，即 K 的任意一个真子集都不再是 R 的超码。候选码有时也称为“候选键”或“码”。

若关系模式 R 有多个候选码，则选定其中一个作为主码(Primary Key)。

组成候选码的属性称为主属性(Prime Attribute)，不参加任何候选码的属性称为非主属性(Non-key Attribute)。

在关系模式中，最简单的情况，单个属性是码，称为单码(Single Key)；最极端的情况，整个属性组都是码，称为全码(All Key)。

定义 4.7 关系模式 R 中属性或属性组 X 并非 R 的码，但 X 是另一个关系模式的码，则称 X 是 R 的外部码(Foreign Key)，也称为外码。

码是关系模式中的一个重要概念。候选码能够唯一地标识关系的元组，是关系模式中一组最重要的属性。另外，主码又和外部码一起提供了一个表示关系间联系的手段。

4.2.4 函数依赖和码的唯一性

码是由一个或多个属性组成的可唯一标识元组的最小属性组。码在关系中总是唯一的，即码函数决定关系中的其他属性。因此，一个关系，码值总是唯一的(如果码的值重复，则整个元组都会重复)；否则，违反实体完整性规则。

与码的唯一性不同，在关系中，一个函数依赖的决定因素可能是唯一的，也可能不是唯一的。如果知道 A 决定 B，且 A 和 B 在同一关系中，但仍无法知道 A 是否能决定除 B 以外的其他所有属性，所以无法知道 A 在关系中是否是唯一的。

[例 4-2] 有关系模式：学生成绩(学号，课号，成绩，教师，教师办公室)。此关系中包含的四种函数依赖为：

(学号，课号)→成绩
课号→教师
课号→教师办公室
教师→教师办公室

其中，课程号是决定因素，但它不是唯一的。因为它能决定教师和教师办公室，但不能决定属性成绩。但决定因素(学生号，课程号)除了能决定成绩外，还能决定教师和教师办公室，所以它是唯一的。关系的码应取(学号，课号)。

函数依赖性是一个与数据有关的事物规则的概念。如果属性 B 函数依赖于属性 A，那么，若知道了 A 的值，则完全可以找到 B 的值，这并不是说可以导算出 B 的值，而是逻辑上只能存在一个 B 的值。

例如，在人这个实体中，如果知道某人的唯一标识符，如身份证号，则可以得到此人的性别、身高、职业等信息，所有这些信息都依赖于确认此人的唯一的标识符。通过非主属性(如年龄)，无法确定此人的身高，从关系数据库的角度来看，身高不依赖于年龄。事实上，这也就意味着码是实体实例的唯一标识符。因此，在以人为实体来讨论依赖性时，如果已经知道是哪个人，则身高、体重等就都知道了。码指示了实体中的某个具体实例。

4.3 规 范 化

关系数据库中的关系必须满足一定的规范化要求，规范化程度可用范式来衡量。范式是符合某一种级别的关系模式的集合，是衡量关系模式规范化程度的标准，达到的关系才是规范化的。目前主要有 6 种范式：第一范式、第二范式、第三范式、BC 范式、第四范式和第五范式。满足最低要求的叫第一范式，简称 1NF。在第一范式基础上进一步满足一些要求的为第二范式，简称 2NF，其余以此类推。显然各种范式之间存在联系：

$$1NF \supset 2NF \supset 3NF \supset BCNF \supset 4NF \supset 5NF$$

通常把某一关系模式 R 为第 n 范式简记为 $R \in n$NF。

范式的概念最早是由 E.F.Codd 提出的。在 1971 到 1972 年期间，他先后提出了 1NF、2NF、

3NF 的概念，1974 年他又和 Boyee 共同提出了 BCNF 的概念，1976 年 Fagin 提出了 4NF 的概念，后来又有人提出了 5NF 的概念。在这些范式中，最重要的是 3NF 和 BCNF，它们是进行规范化的主要目标。一个低一级范式的关系模式，通过模式分解可以转换为若干个高一级范式的关系模式的集合，这个过程称为规范化。

4.3.1 规范化的含义

关系模式的规范化主要解决的问题是关系中数据冗余及由此产生的操作异常。而从函数依赖的观点来看，即消除关系模式中产生数据冗余的函数依赖。

定义 4.8 当一个关系中的所有分量都是不可分的数据项时，就称该关系是规范化的。

下述例子(表 4-3、表 4-4)具有组合数据项或多值数据项，因此它们都不是规范化的关系。

表 4-3 具有组合数据项的非规范化关系

职工号	姓名	工资		
		基本工资	职务工资	工龄工资

表 4-4 具有多值数据项的非规范化关系

职工号	姓名	职称	系名	学历	毕业年份
05103	周斌	教授	计算机	大学 研究生	1983 1992
05306	陈长树	讲师	计算机	大学	1995

4.3.2 第一范式

定义 4.9 如果关系模式 R 中每个属性值都是一个不可分解的数据项，则称该关系模式满足第一范式(First Normal Form)，简称 1NF，记为 $R \in 1NF$。

第一范式规定了一个关系中的属性值必须是“原子”的，它排斥了属性值为元组、数组或某种复合数据的可能性，使得关系数据库中所有关系的属性值都是“最简形式”，这样要求的意义在于可能做到起始结构简单，为以后的复杂情形讨论带来方便。一般而言，每一个关系模式都必须满足第一范式，1NF 是对关系模式的起码要求。

非规范化关系转化为 1NF 的方法很简单，当然也不是唯一的，对表 4-3、表 4-4 分别进行横向和纵向展开，即可转化为如表 4-5、表 4-6 所示的符合 1NF 的关系。

表 4-5 具有组合数据项的规范化关系

职工号	姓名	基本工资	职务工资	工龄工资

表 4-6 具有多值数据项的规范化关系

职工号	姓名	职称	系名	学历	毕业年份
01103	周向前	教授	计算机	大学	1971
01103	周向前	教授	计算机	研究生	1974
03307	陈长根	讲师	计算机	大学	1993

但是满足第一范式的关系模式并不一定是一个好的关系模式，例如，关系模式：

SLC(SNO，DEPT，SLOC，CNO，GRADE)

其中SLOC为学生住处，假设每个学生住在同一地方，SLC的码为(SNO，CNO)，函数依赖包括：

(SNO，CNO) $\xrightarrow{F}$ GRADE

SNO→DEPT，(SNO，CNO) $\xrightarrow{P}$ DEPT

SNO→SLOC，(SNO，CNO) $\xrightarrow{P}$ SLOC

DEPT→SLOC(因为每个系只住一个地方)

显然，SLC满足第一范式。这里(SNO，CNO)两个属性一起函数决定GRADE。(SNO，CNO)也函数决定DEPT和SLOC。但实际上仅SNO就函数决定DEPT和SLOC。因此非主属性DEPT和SLOC部分函数依赖于码(SNO，CNO)。

SLC关系存在以下3个问题。

(1)插入异常

假若要插入一个SNO = '201619002'，DEPT = 'IS'，SLOC = 'N'，但还未选课的学生，即这个学生无CNO，这样的元组不能插入SLC中，因为插入时必须给定码值，而此时码值的一部分为空，因而该学生的信息无法插入。

(2)删除异常

假定某个学生只选修了一门课，如学号为“201619002”的学生只选修了3号课程，现在连3号课程他也选修不了，那么3号课程这个数据项就要删除。课程3是主属性，删除了课程号3，整个元组就不能存在了，也必须跟着删除，从而删除了学号为“201619002”学生的其他信息，产生了删除异常，即不应删除的信息也被删除了。

(3)数据冗余度大

如果一个学生选修了10门课程，那么他的DEPT和SLOC值就要重复存储10次。并且当某个学生从数学系转到信息系，这本来只是一件事，只需要修改此学生元组中的DEPT值。但因为关系模式SLC还含有系的住处SLOC属性，学生转系将同时改变住处，因而还必须修改元组中SLOC的值。另外，如果这个学生选修了10门课，由于DEPT，SLOC重复存储了10次，当数据更新时必须无遗漏地修改10个元组中全部的DEPT、SLOC信息，这就造成了修改的复杂化，存在破坏数据一致性的隐患。

因此，SLC不是一个好的关系模式。

4.3.3 第二范式

定义4.10 如果一个关系模式$R \in$1NF，且它的所有非主属性都完全函数依赖于R的任一候选码，则$R \in$2NF。

关系模式SLC出现上述问题的原因是DEPT和SLOC对码的部分函数依赖。为了消除这些部分函数依赖，可以采用投影分解法把SLC分解为两个关系模式：

```
SC(SNO，CNO，GRADE)
SL(SNO，DEPT，SLOC)
```

其中SC的码为(SNO，CNO)，SL的码为SNO。

显然，在分解后的关系模式中，非主属性都完全函数依赖于码了，从而使上述3个问题在一定程度上得到部分解决。

(1)在SL关系中可以插入尚未选课的学生。

(2)删除学生选课情况涉及的是SC关系，如果一个学生所有的选课记录全部删除了，只是SC关系中没有关于该学生的选课记录了，不会牵涉到SL关系中关于该学生的记录。

(3) 由于学生选修课程的情况与学生的基本情况是分开存储在两个关系中的，因此无论该学生选多少门课程，他的 DEPT 和 SLOC 值都只存储 1 次，这就大大降低了数据冗余度。

(4) 由于学生从数学系转到信息系，只需修改 SL 关系中该学生元组的 DEPT 值和 SLOC 值，由于 DEPT，DLOC 并未重复存储，因此简化了修改操作。

2NF 就是不允许关系模式的属性之间有这样的依赖 $X \rightarrow Y$，其中 X 是码的真子集，Y 是非主属性。显然，码只包含一个属性的关系模式，如果属于 1NF，那么它一定属于 2NF，因为它不可能存在非主属性对码的部分函数依赖。

上例中的 SC 关系和 SL 关系都属于 2NF。可见，采用投影分解法将一个 1NF 的关系分解为多个 2NF 的关系，可以在一定程度上减轻原 1NF 关系中存在的插入异常、删除异常、数据冗余度大等问题。

但是将一个 1NF 关系分解为多个 2NF 的关系，并不能完全消除关系模式中的各种异常情况和数据冗余。也就是说，属于 2NF 的关系模式并不一定是一个好的关系模式。

例如，2NF 关系模式 SL(SNO，DEPT，SLOC) 中有下列函数依赖。

```
SNO→DEPT
DEPT→SLOC
SNO→SLOC
```

由上可知，SLOC 传递函数依赖于 SNO，即 SL 中存在非主属性对码的传递函数依赖，SL 关系中仍然存在插入异常、删除异常和数据冗余度大的问题。

(1) 删除异常：如果某个系的学生全部毕业了，在删除该系学生信息的同时，把这个系的信息也丢掉了。

(2) 数据冗余度大：每一个系的学生都住在同一个地方，关于系的住处的信息却重复出现，重复次数与该系学生人数相同。

(3) 修改复杂：当学校调整学生住处时，如信息系的学生全部迁到另一地方住宿，由于关于每个系的住处信息是重复存储的，修改时必须同时更新该系所有学生的 SLOC 属性值。

所以 SL 仍然存在操作异常问题，仍然不是一个好的关系模式。

4.3.4 第三范式

定义 4.11 如果一个关系模式 $R \in$ 2NF，且所有非主属性都不传递函数依赖于任何候选码，则 $R \in$ 3NF。

关系模式 SL 出现上述问题的原因是 SLOC 传递函数依赖于 SNO。为了消除该传递函数依赖，可以采用投影分解法把 SL 分解为两个关系模式：

```
SD(SNO, DEPT)
DL(DEPT, SLOC)
```

其中 SD 的码为 SNO，DL 的码为 DEPT。

显然，在关系模式中既没有非主属性对码的部分函数依赖也没有非主属性对码的传递函数依赖，基本上解决了上述问题。

(1) DL 关系中可以插入无在校学生的信息。

(2) 某个系的学生全部毕业了，只是删除 SD 关系中的相应元组，DL 关系中关于该系的信息仍然存在。

(3) 关于系的住处的信息只在 DL 关系中存储一次。

(4)当学校调整某个系的学生住处时，只需修改DL关系中一个相应元组的SLOC属性值。

3NF就是不允许关系模式的属性之间有这样的非平凡函数依赖 $X \to Y$，其中 X 不包含码，Y 是非主属性。X 不包含码有两种情况：一种情况 X 是码的真子集，这也是2NF不允许的；另一种情况 X 含有非主属性，这是3NF进一步限制的。

上例中的SD关系和DL关系都属于3NF。可见，采用投影分解法将一个2NF的关系分解为多个3NF的关系，可以在一定程度上解决原2NF关系中存在的插入异常、删除异常、数据冗余度大、修改复杂等问题。

但是将一个2NF关系分解为多个3NF的关系后，并不能完全消除关系模式中的各种异常情况和数据冗余。也就是说，属于3NF的关系模式虽然基本上消除了大部分异常问题，但解决得并不彻底，仍然存在不足。

例如：模型SC(SNO，SNAME，CNO，GRADE)。

如果姓名是唯一的，模型存在两个候选码：(SNO，CNO)和(SNAME，CNO)。

模型SC只有一个非主属性GRADE，对两个候选码(SNO，CNO)和(SNAME，CNO)都是完全函数依赖，并且不存在对两个候选码的传递函数依赖。因此SC∈3NF。

但是如果学生退选了课程，元组被删除，也将失去学生学号与姓名的对应关系，因此仍然存在删除异常的问题；并且由于学生选课很多，姓名也将重复存储，造成数据冗余。因此3NF虽然已经是比较好的模型，但仍然存在改进的余地。

4.3.5 BCNF范式

定义4.12 关系模式 $R \in 1NF$，对任何非平凡的函数依赖 $X \to Y (Y \not\subseteq X)$，$X$ 均包含码，则 $R \in$ BCNF。

BCNF是从1NF直接定义而成的，可以证明，如果 $R \in$ BCNF，则 $R \in 3NF$。

由BCNF的定义可以看到，每个BCNF的关系模式都具有如下3个性质：

(1)所有非主属性都完全函数依赖于每个候选码；

(2)所有主属性都完全函数依赖于每个不包含它的候选码；

(3)没有任何属性完全函数依赖于非码的任何一组属性。

如果关系模式 $R \in$ BCNF，由定义可知，R 中不存在任何属性传递函数依赖于或部分依赖于任何候选码，所以必定有 $R \in 3NF$。但是，如果 $R \in 3NF$，R 未必属于BCNF。

3NF和BCNF是以函数依赖为基础的关系模式规范化程度的测度。

如果一个关系数据库中的所有关系模式都属于BCNF，那么在函数依赖范畴内，它已实现了模式的彻底分解，达到了最高的规范化程度，消除了插入异常和删除异常。

BCNF是对3NF的改进，但是在具体实现时有时是有问题的。例如，下面的模型STJ(U，F)中：

$$U = \text{STJ}，F = \{\text{SJ} \to T，\text{ST} \to J，T \to J\}$$

码是ST和SJ，没有非主属性，所以STJ∈3NF。

但是非平凡的函数依赖 $T \to J$ 中 T 不是码，因此SJT不属于BCNF。

而当用分解的方法提高规范化程度时，将破坏原来模式的函数依赖关系，这对于系统设计来说是有问题的。这个问题涉及模式分解的一系列理论问题，在这里不再做进一步的探讨。

在信息系统的设计中，普遍采用的是“基于3NF的系统设计”方法，就是因为3NF是无条件可以达到的，并且基本解决了“异常”的问题，因此这种方法目前在信息系统的设计中仍然被广泛地应用。

如果仅考虑函数依赖这一种数据依赖，属于BCNF的关系模式已经很完美了。但如果考虑其他数据依赖，如多值依赖，则属于 BCNF 的关系模式仍存在问题，不能算是一个完美的关系模式。

4.4　多值依赖与 4NF

在关系模式中，数据之间是存在一定联系的，而对这种联系处理的适当与否直接关系到模式中数据冗余的情况。函数依赖是一种基本的数据依赖，通过对数据函数依赖的讨论和分解，可以有效地消除模式中的冗余现象。函数依赖实质上反映的是“多对一”联系，在实际应用中还会有“一对多”形式的数据联系，诸如此类的不同于函数依赖的数据联系也会产生数据冗余，从而引发各种数据异常现象。本节讨论数据依赖中的“多对一”现象及其产生的问题。

4.4.1　问题的引入

让我们先看下述例子。

[例 4-3]　设有一个课程安排关系，如表 4-7 所示。

表 4-7　课程安排示意图

课 程 名 称	任 课 教 师	选用教材名称
高等数学	T11 T12 T13	B11 B12
数据结构	T21 T22 T23	B21 B22 B23

在这里的课程安排具有如下语义：

(1)“高等数学”这门课程可以由 3 个教师担任，同时有两本教材可以选用。

(2)“数据结构”这门课程可以由 3 个教师担任，同时有 3 本教材可以选用。

如果分别用 Cn、Tn 和 Bn 表示“课程名称”、“任课教师”和“教材名称”，上述情形可以表示为如表 4-8 所示的关系 CTB。

表 4-8　关系 CTB

Cn	Tn	Bn
高等数学	T11	B11
高等数学	T11	B12
高等数学	T12	B11
高等数学	T12	B12
高等数学	T13	B11
高等数学	T13	B12
数据结构	T21	B21
数据结构	T21	B22
数据结构	T21	B23
数据结构	T22	B21
数据结构	T22	B22
数据结构	T22	B23
数据结构	T23	B21
数据结构	T23	B22
数据结构	T23	B23

很明显，这个关系表是数据高度冗余的。

通过仔细分析关系 CTB，可以发现它有如下特点。

(1)属性集{Cn}与{Tn}之间存在着数据依赖关系，在属性集{Cn}与{Bn}之间也存在着数据依赖关系，而这两个数据依赖都不是“函数依赖”，当属性子集{Cn}的一个值确定之后，另一属性子集{Tn}就有一组值与之对应。例如，当课程名称 Cn 的一个值“高等数学”确定之后，就有一组任课教师 Tn 的值“T11、T12 和 T13”与之对应。对于 Cn 与 Bn 的数据依赖也是如此，显然，这是一种“一对多”的情形。

(2)属性集{Tn}和{Bn}也有关系，这种关系是通过{Cn}建立起来的间接关系，而且这种关系最值得注意的是，当{Cn}的一个值确定之后，其所对应的一组{Tn}值与 U–{Cn}–{Tn}无关，取定{Cn}的一个值为“高等数学”，则对应{Tn}一组值“T11、T12 和 T13”与此“高等数学”课程选用的教材即 U–{Cn}–{Tn}值无关。显然，这是“一对多”关系中的一种特殊情况。

如果属性 X 与 Y 之间的依赖关系具有上述特征，就不为函数依赖关系所包容，需要引入新的概念予以刻画与描述，这就是多值依赖的概念。

4.4.2 多值依赖基本概念

1. 多值依赖的概念

定义 4.13 设有关系模式 $R(U)$，X、Y 是属性集 U 中的两个子集，而 r 是 $R(U)$ 中任意给定的一个关系。如果有下述条件成立，则称 Y 多值依赖(Multivalued Dependency)于 X，记为 $X\rightarrow\rightarrow Y$：

(1)对于关系 r 在 X 上的一个确定的值(元组)，都有 r 在 Y 中的一组值与之对应。

(2)Y 的这组对应值与 r 在 $Z=U–X–Y$ 中的属性值无关。

此时，如果 $X\rightarrow\rightarrow Y$，但 $Z=U–X–Y\neq\Phi$，则称为非平凡多值依赖，否则称为平凡多值依赖。平凡多值依赖的一个常见情形是 $U=X\cup Y$，此时 $Z=\Phi$，多值依赖定义中关于 $X\rightarrow\rightarrow Y$ 的要求总是满足的。

2. 多值依赖概念分析

属性集 Y 多值依赖于属性值 X，即 $X\rightarrow\rightarrow Y$ 的定义实际上说明下面几个基本点。

“(1)”说明 X 与 Y 之间的对应关系是相当宽泛的，即 X 一个值所对应的 Y 值的个数没有作任何强制性规定，Y 值的个数可以是从零到任意多个自然数，是“一对多”的情形。

“(2)”说明这种“宽泛性”应当受必要的限制，即 X 所对应的 Y 的取值与 $U–X–Y$ 无关，是一种特定的“一对多”情形。确切地说，如果用形式化语言描述，则有：

在 $R(U)$ 中如果存在 $X\rightarrow\rightarrow Y$，则对 R 中任意一个关系 r，当元组 s 和 t 属于 r，并且在 X 上的投影相等：$s[X]=t[X]$，此时应有：

$$s=s[X]+s[Y]+s[U–X–Y] \text{和} t=t[X]+t[Y]+t[U–X–Y]$$

做出相应的两个新的元组：

$$u=s[X]+t[Y]+s[U–X–Y] \text{和} v=t[X]+s[Y]+t[U–X–Y]$$

则 u 和 v 还应当属于 r。

上述情形可以用表 4-9 予以解释。

在例 4-3 关系 CTB 中，按照上述分析，可以验证 Cn→→Tn, Cn→→Bn。

“(1)”和“(2)”说明考察关系模式 $R(U)$ 上多值依赖 $X\rightarrow\rightarrow Y$ 是与另一个属性子集 $Z=U–X–Y$ 密切相关的，而 X、Y 和 Z 构成了 U 的一个分割，即 $U=X\cup Y\cup Z$，这一观点对于多值依赖概念的推广十分重要。

表 4-9　多值依赖的示意

	X	$Z=U-X-Y$	Y
s	X	$Z1$	$Y1$
t	X	$Z2$	$Y2$
u	X	$Z1$	$Y2$
v	X	$Z2$	$Y1$

3．多值依赖的性质

由定义可以得到多值依赖具有下述基本性质。

(1) 在 $R(U)$ 中 $X\to\to Y$ 成立的充分必要条件是 $X\to\to U-X-Y$ 成立。

必要性可以从上述分析中得到证明。事实上，交换 s 和 t 的 Y 值所得到的元组和交换 s 和 t 中的 $Z=U-X-Y$ 值得到的两个元组是一样的。充分性类似可证。

(2) 在 $R(U)$ 中如果 $X\to Y$ 成立，则必有 $X\to\to Y$。

事实上，此时，如果 s、t 在 X 上的投影相等，则在 Y 上的投影也必然相等，该投影自然与 s 和 t 在 $Z=U-X-Y$ 上的投影有关。

“(1)”表明多值依赖具有某种“对称性质”：只要知道了 R 上的一个多值依赖 $X\to\to Y$，就可以得到另一个多值依赖 $X\to\to Z$，而且 X、Y 和 Z 是 U 的分割；“(2)”说明多值依赖是函数依赖的某种推广，函数依赖是多值依赖的特例。

4.4.3　第四范式

定义 4.14　关系模式 $R\in$1NF，对于 $R(U)$ 中的任意两个属性子集 X 和 Y，如果非平凡的多值依赖 $X\to\to Y(Y\not\subseteq X)$，则 X 含有码，则称 $R(U)$ 满足第四范式，记为 $R(U)\in$4NF。

关系模式 $R(U)$ 上的函数依赖 $X\to Y$ 可以看作多值依赖 $X\to\to Y$，如果 $R(U)$ 属于第四范式，此时 X 就是超键，所以 $X\to Y$ 满足 BCNF。因此，由 4NF 的定义可以得到下面两点基本结论：

(1) 4NF 中可能的多值依赖都是非平凡的多值依赖；

(2) 4NF 中所有的函数依赖都满足 BCNF。

因此，可以粗略地说，$R(U)$ 满足第四范式必满足 BC 范式。但是反之是不成立的，所以 BC 范式不一定就是第四范式。

在例 4-3 当中，关系模式 CTB(Cn, Tn, Bn)唯一的候选键是{Cn, Tn, Bn}，并且没有非主属性，当然就没有非主属性对候选键的部分函数依赖和传递函数依赖，所以 CTB 满足 BC 范式。但多值依赖 Cn→→Tn 和 Cn→→Bn 中的“Cn”不是键，所以 CTB 不属于 4NF。对 CTB 进行分解，得到 CTB1 和 CTB2，如表 4-10 和表 4-11 所示。

表 4-10　关系 CTB1

Cn	Tn
高等数学	T11
高等数学	T12
高等数学	T13
数据结构	T21
数据结构	T22
数据结构	T23

表 4-11　关系 CTB2

Cn	Bn
高等数学	B11
高等数学	B12
数据结构	B21
数据结构	B22
数据结构	B23

在 CTB1 中，有 Cn→→Tn，不存在非平凡多值依赖，所以 CTB1 属于 4NF；同理，CTB2 也属于 4NF。

4.5 函数依赖的公理系统

研究函数依赖是解决数据冗余的重要课题，其中首要的问题是在一个给定的关系模式中找出其上的各种函数依赖。对于一个关系模式来说，在理论上总有函数依赖存在，如平凡函数依赖和候选键确定的函数依赖。在实际应用中，人们通常也会制定一些语义明显的函数依赖。这样，一般总有一个作为问题展开的初始基础的函数依赖集 F。本节主要讨论如何通过已知的 F 得到其他大量的未知函数依赖。

4.5.1 函数依赖集的完备性

1. 问题的引入

我们先考察下面的例子。

考察关系模式 R 上已知的函数依赖 $X\rightarrow\{A, B\}$时，按照函数依赖概念，就有函数依赖 $X\rightarrow\{A\}$和 $X\rightarrow\{B\}$；而已知成立非平凡函数依赖 $X\rightarrow Y$ 和 $Y\rightarrow Z$，且有 $Y\rightarrow X$ 时，按照传递依赖概念，可以得到新的函数依赖 $X\rightarrow Z$。

若函数依赖 $X\rightarrow\{A\}$、$X\rightarrow\{B\}$和 $X\rightarrow Z$ 并不直接显现在问题当中，而是按照一定规则(函数依赖和传递函数依赖概念)由已知“推导”出来的。将这个问题一般化，就是如何由已知的函数依赖集合 F 推导出新的函数依赖。

为了表述简洁和推理方便，在本章的以下部分，对有关记号使用做如下约定。

(1)如果声明 X、Y 等是属性子集，则将 $X\cup Y$ 简记为 XY。

(2)如果声明 A、B 等是属性，则将集合$\{A, B\}$简记为 AB。

(3)如果 X 是属性集，A 是属性，则将 $X\cup\{A\}$简记为 XA 或 AX。

以上是两个对象的情形，对于多个对象也做类似约定。

(4)关系模式简讯为三元组 $R(U, F)$，其中 U 为模式的属性集合，F 为模式的函数依赖集合。

2. 函数依赖集 F 的逻辑蕴涵

我们先说明由函数依赖集 F“推导”出函数依赖的确切含义。

设有关系模式 $R(U,F)$，又设 X 和 Y 是属性集合 U 的两个子集，如果对于 R 中每个满足 F 的关系 r 也满足 $X\rightarrow Y$，则称 F 逻辑蕴涵 $X\rightarrow Y$，记为 $F=X\rightarrow Y$。

如果考虑到 F 所蕴涵(所推导)的所有函数依赖，就有函数依赖集合闭包的概念。

3. 函数依赖集合的闭包

设 F 是函数依赖集合，被 F 逻辑蕴涵的函数依赖的全体构成的集合称为函数依赖集 F 的闭包(Closure)，记为 F^+，即

$$F^+ = \{X\rightarrow Y \mid F \cdot X\rightarrow Y\}$$

由以上定义可知，由已知函数依赖集 F 求得新函数依赖可以归结为求 F 的闭包 F^+。为了用一套系统的方法求得 F^+，还必须遵守一组函数依赖的推理规则。

4.5.2　函数依赖的推理规则

为了从关系模式 R 上已知的函数依赖 F 得到其闭包 F^+，W. W. Armstrong 于 1974 年提出了一套推理规则。使用这套规则，可以由已有的函数依赖推导出新的函数依赖。后来又经过不断完善，形成了著名的“Armstrong 公理系统”，为计算 F^+ 提供了一个有效并且完备的理论基础。

1. Armstrong 公理系统

(1) Armstrong 公理系统有 3 条基本公理。

① A1(自反律，reflexivity)：如果 $Y \subseteq X \subseteq U$，则 $X \rightarrow Y$ 在 R 上成立。

② A2(增广律，augmentation)：如果 $X \rightarrow Y$ 在 R 上成立，且 $Z \subseteq U$，则 $XZ \rightarrow YZ$。

③ A3(传递律，transitivity)：如果 $X \rightarrow Y$ 和 $Y \rightarrow Z$ 在 R 上成立，则 $X \rightarrow Z$ 在 R 上也成立。

基于函数依赖集 F，由 Armstrong 公理系统推出的函数是否一定在 R 上成立呢？或者说，这个公理系统是否正确呢？这个问题并不明显，需要进行必要的讨论。

(2) 由于公理是不能证明的，其“正确性”只能按照某种途径进行间接说明。人们通常按照这样的思路考虑正确性问题：即如果 $X \rightarrow Y$ 是基于 F 而由 Armstrong 公理系统推出的，则 $X \rightarrow Y$ 一定属于 F^+，就可认为 Armstrong 公理系统是正确的。由此可知以下信息。

① 自反律是正确的：因为在一个关系中不可能存在两个元组在属性 X 上的值相等，而在 X 的某个子集 Y 上的值不等。

② 增广律是正确的：因为可以使用反证法，如果关系模式 $R(U)$ 中的某个具体关系 r 中存在两个元组 t 和 s 违反了 $XZ \rightarrow YZ$，即 $t[XZ] = s[XZ]$，而 $t[YZ] \neq s[YZ]$，则可以知道 $t[Y] \neq s[Y]$ 或 $t[Z] \neq s[Z]$。此时可以分为两种情形：

如果 $t[Y] \neq s[Y]$，就与 $X \rightarrow Y$ 成立矛盾。

如果 $t[Z] \neq s[Z]$，则与假设 $t[XZ] = s[XZ]$ 矛盾。

这样假设就不成立，所以增广性公理正确。

③ 传递律是正确的，还是使用反证法。假设 $R(U)$ 的某个具体关系 r 中存在两个元组 t 和 s 违反了 $X \rightarrow Z$，即 $t[X] = s[X]$，但 $t[Z] \neq s[Z]$。此时分为两种情形讨论：

如果 $t[Y] \neq s[Y]$，就与 $X \rightarrow Y$ 成立矛盾。

如果 $t[Y] = s[Y]$，而 $t[Z] \neq s[Z]$，就与 $Y \rightarrow Z$ 成立矛盾。

由此可以知道传递性公理是正确的。

(3) 由 Armstrong 基本公理 A1，A2 和 A3 为初始点，可以导出下面 3 条有用的推理规则。

① A4(合并性规则 union)：若 $X \rightarrow Y$，$X \rightarrow Z$，则 $X \rightarrow YZ$。

② A5(分解性规则 decomposition)：若 $X \rightarrow Y$，$Z \subseteq Y$，则 $X \rightarrow Z$。

③ A6(伪传递性规则 pseudotransivity)：若 $X \rightarrow Y$，$WY \rightarrow Z$，则 $WX \rightarrow Z$。

例：由合并性规则 A4 和分解性规则 A5，可以立即得到如下结论：

如果 A1,A2,⋯,An 是关系模式 R 的属性集，则 $X \rightarrow$ A1A2⋯An 的充分必要条件是 $X \rightarrow$ Ai (i=1,2, ⋯, n) 成立。

2. Armstrong 公理系统的完备性

如果由 F 出发根据 Armstrong 公理推导出的每一个函数依赖 $X \rightarrow Y$ 一定在 F^+ 当中，人们就称 Armstrong 公理系统是有效的。由 Armstrong 公理系统正确性和有效性的一致性，不难得知 Armstrong 公理系统是具有有效性质的。另外，如果 F^+ 中每个函数依赖都可以由 F 出发根据

Armstrong 公理系统导出，就称 Armstrong 公理系统是完备的。可以证明，Armstrong 公理系统即函数依赖推理规则系统(A1，A2，A3)具有完备性质。

由 Armstrong 公理系统的完备性可以得到重要结论：F^+是由 F 根据 Armstrong 公理系统导出的函数依赖的集合。从而在理论上解决了由 F 计算 F^+的问题。

另外，由 Armstrong 公理系统的完备性和有效性还可以知道，“推导出”与“蕴涵”是两个完全等价的概念，由此得到函数依赖集 F 的闭包的一个计算公式：

$$F^+ = \{X \rightarrow Y \mid X \rightarrow Y \text{ 由 } F \text{ 根据 Armstrong 公理系统导出}\}$$

[例 4-4] 设有关系模式 $R(U,F)$，其中 $U = ABC$，$F = \{A \rightarrow B,\ B \rightarrow C\}$，则根据上述关于函数依赖集闭包计算公式，可以得到 F^+ 由 43 个函数依赖组成。例如，由自反性公理 A1 可以知道，$A \rightarrow \Phi$，$B \rightarrow \Phi$，$C \rightarrow \Phi$，$A \rightarrow A$，$B \rightarrow B$，$C \rightarrow C$；由增广性公理 A2 可以推出 $AC \rightarrow BC$，$AB \rightarrow B$，$A \rightarrow AB$ 等；由传递性公理 A3 可以推出 $A \rightarrow C$，…。为了清楚起见，F 的闭包 F^+可以列举在表 4-12 中。

表 4-12 F 的闭包 F^+

$A \rightarrow \Phi$	$AB \rightarrow \Phi$	$AC \rightarrow \Phi$	$ABC \rightarrow \Phi$	$B \rightarrow \Phi$	$C \rightarrow \Phi$
$A \rightarrow A$	$AB \rightarrow A$	$AC \rightarrow A$	$ABC \rightarrow A$	$B \rightarrow B$	$C \rightarrow C$
$A \rightarrow B$	$AB \rightarrow B$	$AC \rightarrow B$	$ABC \rightarrow B$	$B \rightarrow C$	$\Phi \rightarrow \Phi$
$A \rightarrow C$	$AB \rightarrow C$	$AC \rightarrow C$	$ABC \rightarrow C$	$B \rightarrow BC$	
$A \rightarrow AB$	$AB \rightarrow AB$	$AC \rightarrow AB$	$ABC \rightarrow AB$	$BC \rightarrow \Phi$	
$A \rightarrow AC$	$AB \rightarrow AC$	$AC \rightarrow AC$	$ABC \rightarrow AC$	$BC \rightarrow B$	
$A \rightarrow BC$	$AB \rightarrow BC$	$AC \rightarrow BC$	$ABC \rightarrow BC$	$BC \rightarrow C$	
$A \rightarrow ABC$	$AB \rightarrow ABC$	$AC \rightarrow ABC$	$ABC \rightarrow ABC$	$BC \rightarrow BC$	

由此可见，一个小的具有两个元素函数依赖集 F 常常会有一个大的具有 43 个元素的闭包 F^+，当然 F^+中会有许多平凡函数依赖，如 $A \rightarrow \Phi$、$AB \rightarrow B$ 等，这些并非都是实际中所需要的。

4.5.3 属性的闭包与 F 逻辑蕴涵的充要条件

从理论上讲，对于给定的函数依赖集合 F，只要反复使用 Armstrong 公理系统给出的推理规则，直到不能再产生新的函数依赖为止，就可以算出 F 的闭包 F^+。但在实际应用中，这种方法不仅效率较低，还会产生大量“无意义”或意义不大的函数依赖。由于人们感兴趣的可能只是 F^+的某个子集，所以许多实际过程几乎没有必要计算 F 的闭包 F^+ 自身。正是为了解决这样的问题，引入了属性集闭包概念。

1. 属性集闭包

设 F 是属性集合 U 上的一个函数依赖集，$X \subseteq U$，称 $XF_+ = \{A \mid A \in U,\ X \rightarrow A$ 能由 F 按照 Armstrong 公理系统导出$\}$为属性集 X 关于 F 的闭包。

如果只涉及一个函数依赖集 F，即无须对函数依赖集进行区分，属性集 X 关于 F 的闭包就可简记为 X^+ 。需要注意的是，上述定义中的 A 是 U 中的单属性子集时，总有 $X \subseteq X^+ \subseteq U$。

[例 4-5] 设有关系模式 $R(U,F)$，其中 $U = ABC$，$F = \{A \rightarrow B,\ B \rightarrow C\}$，按照属性集闭包概念，则有：$A^+ = ABC$，$B^+ = BC$，$C^+ = C$。

2. 求属性集闭包算法

算法 4.1 求属性集 $X(X \subseteq U)$关于 U 上的函数依赖集 F 的闭包 X_F^+。

输入：X，F；输出：X_F^+。

步骤：

(1) 令$X^{(0)}=X$，$i=0$；

(2) 求B，这里$B=\{A\,|\,(\exists V)(\exists W)(V\rightarrow W\in F\wedge V\subseteq X^{(i)}\wedge A\in W)\}$；

(3) $X^{(i+1)}=B\cup X^{(i)}$；

(4) 判断$X^{(i+1)}=X^{(i)}$否；

(5) 若相等或$X^{(i)}=U$，则$X^{(i)}$就是X_F^+，算法终止；

(6) 若否，则 $i=i+1$，返回第(2)步。

对于算法4.1，令$a_i=|X^{(i)}|$，$\{a_i\}$形成一个步长大于1的严格递增的序列，序列的上界是$|U|$，因此该算法最多 $|U|-|X|$ 次循环就会终止。

[例4-6] 已知关系模式$R<U, F>$，其中：

$U=\{A, B, C, D, E\}$；

$F=\{AB\rightarrow C, B\rightarrow D, C\rightarrow E, EC\rightarrow B, AC\rightarrow B\}$。

求$(AB)_F^+$。

解 设$X^{(0)}=AB$；

(1) $X^{(1)}=AB\cup CD=ABCD$。

(2) $X^{(0)}\neq X^{(1)}$

$X^{(2)}=X^{(1)}\cup BE=ABCDE$。

(3) $X^{(2)}=U$，算法终止→$(AB)_F^+=ABCDE$。

3．F逻辑蕴涵的充要条件

一般而言，给定一个关系模式$R(U,F)$，其中函数依赖集F的闭包F^+只是U上所有函数依赖集的一个子集，那么对于U上的一个函数依赖$X\rightarrow Y$，如何判定它属于F^+呢，即如何判定是否F逻辑蕴涵$X\rightarrow Y$呢？一个自然的思路就是将F^+计算出来，然后看$X\rightarrow Y$是否在集合F^+之中，前面已经说过，由于种种原因，人们一般并不直接计算F^+。注意到计算一个属性集的闭包通常比计算一个函数依赖集的闭包来得简便，有必要讨论能否将“$X\rightarrow Y$属于F^+”判断问题归结为其中决定因素X的闭包X^+的计算问题。

设F是属性集U上的函数依赖集，X和Y是U的子集，则$X\rightarrow Y$能由F按照Armstrong公理系统推出，即$X\rightarrow Y\in F^+$的充分必要条件是$Y\subseteq X^+$。

事实上，如果$Y=A1A2\cdots An$并且$Y\subseteq X^+$，则由X关于F闭包F^+的定义，对于每个$Ai\in Y(i=1,2,\cdots,n)$能够关于F按照Armstrong公理推出，再由全并规则A4就可知道$X\rightarrow Y$能由F按照Armstrong公理得到，充分性得证。

如果$X\rightarrow Y$能由F按照Armstrong公理导出，并且$Y=A1A2\cdots An$，按照分解规则A5可以得知$X\rightarrow Ai(i=1,2,\cdots,n)$，这样由$X^+$的定义就得到$Ai\in X^+(i=1,2,\cdots,n)$，所以$Y\subseteq X^+$，必要性得证。

4.5.4 最小函数依赖集 F_{min}

设有函数依赖集F，F中可能有些函数依赖是平凡的，有些是“多余的”。如果有两个函数依赖集，它们在某种意义上“等价”，而其中一个“较大”些，另一个“较小”些，人们自然会选用“较小”的一个。这个问题的确切提法是：给定一个函数依赖集F，怎样求得一个与F“等价”的“最小”的函数依赖集F_{min}？显然，这是一个有意义的课题。

1．函数依赖集的覆盖与等价

设F和G是关系模式R上的两个函数依赖集，如果所有为F所蕴涵的函数依赖都为G所蕴涵，即 F^+ 是 G^+ 的子集：$F^+ \subseteq G^+$，则称 G 是 F 的覆盖。

当 G 是 F 的覆盖时，只要实现了 G 中的函数依赖，就自动实现了 F 中的函数依赖。

如果 G 是 F 的函数覆盖，同时 F 又是 G 的函数覆盖，即 $F^+ = G^+$，则称 F 和 G 是相互等价的函数依赖集。

当 F 和 G 等价时，只要实现了其中一个的函数依赖，就自动实现了另一个的函数依赖。

2. 最小函数依赖集

对于一个函数依赖集 F，称函数依赖集 F_{min} 为 F 的最小函数依赖集，是指 F_{min} 满足下述条件：

(1) F_{min} 与 F 等价：$F^+{}_{min} = F^+$。

(2) F_{min} 中每个函数依赖 $X \to Y$ 的依赖因素 Y 为单元素集，即 Y 只含有一个属性。

(3) F_{min} 中每个函数依赖 $X \to Y$ 的决定因素 X 没有冗余，即只要删除 X 中任何一个属性就会改变 F_{min} 的闭包 $F^+{}_{min}$。一个具有如此性质的函数依赖称为是左边不可约的。

(4) F_{min} 中每个函数依赖都不是冗余的，即删除 F_{min} 中任何一个函数依赖，F_{min} 就将变为另一个不等价于 F_{min} 的集合。

最小函数依赖集 F_{min} 实际上是函数依赖集 F 的一种没有“冗余”的标准或规范形式，定义中的“1”表明 F 和 F_{min} 具有相同的“功能”；“2”表明 F_{min} 中每一个函数依赖都是“标准”的，即其中依赖因素都是单属性子集；“3”表明 F_{min} 中每一个函数依赖的决定因素都没有冗余的属性；“4”表明 F_{min} 中没有可以从 F 的剩余函数依赖导出的冗余的函数依赖。

3. 最小函数依赖集的算法

任何一个函数依赖集 F 都存在着最小函数依赖集 F_{min}。

事实上，对于函数依赖集 F 来说，由 Armstrong 公理系统中的分解性规则 A5，如果其中的函数依赖中的依赖因素不是单属性集，就可以将其分解为单属性集，不失一般性，可以假定 F 中任意一个函数依赖的依赖因素 Y 都是单属性集合。对于任意函数依赖 $X \to Y$ 决定因素 X 中的每个属性 A，如果将 A 去掉而不改变 F 的闭包，就将 A 从 X 中删除，否则将 A 保留；按照同样的方法逐一考察 F 中的其余函数依赖。最后，对所有如此处理过的函数依赖，再逐一讨论如果将其删除函数依赖集是否改变，不改变就真正删除，否则保留，由此就得到函数依赖集 F 的最小函数依赖集 F_{min}。

需要注意的是，虽然任何一个函数依赖集的最小依赖集都是存在的，但并不唯一。

下面给出上述思路的实现算法。

(1) 由分解性规则 A5 得到一个与 F 等价的函数依赖集 G，G 中任意函数依赖的依赖因素都是单属性集合。

(2) 在 G 的每一个函数依赖中消除决定因素中的冗余属性。

(3) 在 G 中消除冗余的函数依赖。

[例 4-7] 设有关系模式 $R(U,F)$，其中 $U = ABC$，$F = \{A \to BC, B \to C, A \to B, AB \to C\}$，按照上述算法，可以求出 F_{min}。

(1) 将 F 中所有函数依赖的依赖因素写成单属性集形式：

$$G = \{A \to B, A \to C, B \to C, A \to B, AB \to C\}$$

这里多出一个 $A \to B$，可以删掉，得到：

$$G = \{A \to B, A \to C, B \to C, AB \to C\}$$

(2) G 中的 $A\to C$ 可以从 $A\to B$ 和 $B\to C$ 中推导出来，$A\to C$ 是冗余的，删掉 $A\to C$ 可得：

$$G=\{A\to B, B\to C, AB\to C\}$$

(3) G 中的 $AB\to C$ 可以从 $B\to C$ 中推导出来，是冗余的，删掉 $AB\to C$，最后得：

$$G=\{A\to B, B\to C\}$$

所以 F 的最小函数依赖集 $F_{\min}=\{A\to B, B\to C\}$。

4.6　关系模式分解

设有关系模式 $R(U)$，取定 U 的一个子集的集合{U1，U2，…，Un}，使得 $U=\mathrm{U1}\cup\mathrm{U2}\cup\cdots\cup\mathrm{U}n$，如果用一个关系模式的集合 $\rho=\{\mathrm{R1(U1)},\mathrm{R2(U2)},\cdots,\mathrm{R}n(\mathrm{U}n)\}$ 代替 $R(U)$，就称 ρ 是关系模式 $R(U)$ 的一个分解。

在 $R(U)$ 分解为 ρ 的过程中，需要考虑两个问题：

(1) 分解前的模式 R 和分解后的 ρ 是否表示同样的数据，即 R 和 ρ 是否等价的问题。

(2) 分解前的模式 R 和分解后的 ρ 是否保持相同的函数依赖，即在模式 R 上有函数依赖集 F，在其上的每一个模式 Ri 上有一个函数依赖集 F_i，则{F1，F2，…，Fn}是否与 F 等价。

如果这两个问题不解决，分解前后的模式不一致，就会失去模式分解的意义。

上述第一点考虑了分解后关系中的信息是否保持的问题，由此又引入了保持依赖的概念。

4.6.1　无损分解

1. 无损分解概念

设 R 是一个关系模式，F 是 R 上的一个依赖集，R 分解为关系模式的集合 $\rho=\{\mathrm{R1(U1)},\mathrm{R2(U2)},\cdots,\mathrm{R}n(\mathrm{U}n)\}$。如果对于 R 中满足 F 的每一个关系 r，都有：

$$\Pi r=\Pi \mathrm{R1}(r)\bowtie\Pi \mathrm{R2}(r)\bowtie\cdots\bowtie\Pi \mathrm{R}n(r)$$

则称分解相对于 F 是无损连接分解(lossingless join decomposition)，简称无损分解，否则就称为有损分解(lossy decomposition)。

[例 4-8] 设有关系模式 $R(U)$，其中 $U=\{A,B,C\}$，将其分解为关系模式集合 $\rho=\{\mathrm{R1}\{A,B\},\mathrm{R2}\{A,C\}\}$，如图 4-2 所示。

A	B	C
1	1	1
1	2	1

(a) 关系 r

A	B
1	1
1	2

(b) 关系 $r1$

A	C
1	1

(c) 关系 $r2$

图 4-2　无损分解

在图中，(a) 是 R 上的一个关系，(b) 和 (c) 是 r 在模式 R1({A,B}) 和 R2({A,C}) 上的投影 $r1$ 和 $r2$。此时不难得到 $r1\bowtie r2=r$，也就是说，在 r 投影、连接之后仍然能够恢复为 r，即没有丢失任何信息，这种模式分解就是无损分解。

下面是$R(U)$的有损分解，如图4-3所示。

在图4-3中，(a)是R上的一个关系r，(b)和(c)是r在关系模式R1({A,B})和R2({A,C})上的投影，(d)是$r1 \bowtie r2$，此时，r在投影和连接之后比原来r的元组还要多(增加了噪声)，同时将原有的信息丢失了。此时的分解就为有损分解。

A	B	C
1	1	4
1	2	3

(a) r

A	B
1	1
1	2

(b) $r1$

A	C
1	4
1	3

(c) $r2$

A	B	C
1	1	4
1	1	3
1	2	4
1	2	3

(d) $r1 \bowtie r2$

图4-3 有损分解

2. 无损分解测试算法

如果一个关系模式的分解不是无损分解，则分解后的关系通过自然连接运算就无法恢复到分解前的关系。如何保证关系模式分解具有无损分解性呢？这需要在对关系模式进行分解时必须利用属性间的依赖性质，并且通过适当的方法判定其分解是否为无损分解。为达到此目的，人们提出一种“追踪”过程。

输入：

(1)关系模式$R(U)$，其中$U=\{A1,A2,\cdots,An\}$；

(2)$R(U)$上成立的函数依赖集F；

(3)$R(U)$的一个分解$\rho=\{R1(U1),R2(U2),\cdots,Rk(Uk)\}$，而$U=U1\cup U2\cup\cdots\cup Uk$。

输出：

ρ相对于F的具有或不具有无损分解性的判断。

计算步骤：

(1)构造一个k行n列的表格，每列对应一个属性Aj(j=1,2, …,n)，每行对应一个模式Ri(Ui)(i=1,2, …,k)的属性集合。如果Aj在Ui中，那么在表格的第i行第j列处添上记号aj，否则添上记号bij。

(2)复查F的每一个函数依赖，并且修改表格中的元素，直到表格不能修改为止。

取F中函数依赖$X\rightarrow Y$，如果表格总有两行在X上分量相等，在Y分量上不相等，则修改Y分量的值，使这两行在Y分量上相等，实际修改分为两种情况：

① 如果Y分量中有一个是aj，另一个也修改成aj；

② 如果Y分量中没有aj，就用标号较小的那个bij替换另一个符号。

(3)修改结束后的表格中有一行全是a，即a1,a2, …,an，则ρ相对于F是无损分解，否则不是无损分解。

[例4-9] 设有关系模式$R(U,F)$，其中$U=\{A,B,C,D,E\}$，$F=\{A\rightarrow C,B\rightarrow C,C\rightarrow D,\{D,E\}\rightarrow C,\{C,E\}\rightarrow A\}$。$R(U,F)$的一个模式分解$\rho=\{R1(A,D),R2(A,B),R3(B,E),R4(C,D,E),R5(A,E)\}$。下面使用“追踪”法判断是否为无损分解。

(1)构造初始表格，如表 4-13 所示。

表 4-13　初始表格

	A	B	C	D	E
{A,D}	a1	b12	b13	a4	b15
{A,B}	a1	a2	b23	b24	b25
{B,E}	b31	a2	b33	b34	a5
{C,D,E}	b41	b42	a3	a4	a5
{A,E}	a1	b52	b53	b54	a5

(2)复查 F 中的函数依赖，修改表格元素。

① 根据 $A \rightarrow C$，对表 4-13 的行进行处理，由于第 1、2 和 5 行在 A 分量(列)上的值为 a1(相同)，在 C 分量上的值不相同，属性 C 列的第 1、2 和 5 行上的值 b13 、b23 和 b53 必为同一符号 b13，结果如表 4-14 示。

表 4-14　第①次修改结果

	A	B	C	D	E
{A,D}	a1	b12	b13	a4	b15
{A,B}	a1	a2	b13	b24	b25
{B,E}	b31	a2	b33	b34	a5
{C,D,E}	b41	b42	a3	a4	a5
{A,E}	a1	b52	b13	b54	a5

② 根据 $B \rightarrow C$，考察表 4-14，由于第 2 和第 3 行在 B 列上相等，在 C 列上不相等，将属性 C 列的第 2 行和第 3 行中的 b13 和 b33 改为同一符号 b13，结果如表 4-15 所示。

表 4-15　第②次修改结果

	A	B	C	D	E
{A,D}	a1	b12	b13	a4	b15
{A,B}	a1	a2	b13	b24	b25
{B,E}	b31	a2	b13	b34	a5
{C,D,E}	b41	b42	a3	a4	a5
{A,E}	a1	b52	b13	b54	a5

③ 根据 $C \rightarrow D$，考察表 4-15，由于第 1、2、3 和 5 行在 C 列上的值为 b13(相等)，在 D 列上的值不相等，将 D 列的第 1、2、3 和 5 行上的元素 a4，b24，b34，b54 都改为 a4，如表 4-16 所示。

表 4-16　第③次修改结果

	A	B	C	D	E
{A,D}	a1	b12	b13	a4	b15
{A,B}	a1	a2	b13	a4	b25
{B,E}	b31	a2	b13	a4	a5
{C,D,E}	b41	b42	a3	a4	a5
{A,E}	a1	b52	b13	a4	a5

④ 根据 $\{D,E\} \rightarrow C$，考察表 4-16，由于第 3、4 和 5 行在 D 和 E 列上的值为 a4 和 a5，即相等，在 C 列上的值不相等，将 C 列的第 3、4 和 5 行上的元素都改为 a3，结果如表 4-17 所示。

表 4-17 第④次修改结果

	A	B	C	D	E
{A,D}	a1	b12	b13	a4	b15
{A,B}	a1	a2	b13	a4	b25
{B,E}	b31	a2	a3	a4	a5
{C,D,E}	b41	b42	a3	a4	a5
{A,E}	a1	b52	a3	a4	a5

⑤ 根据{C,E}→A，考察表 4-17，将 A 列的第 3、4 和 5 行的元素都改成 a1，结果如表 4-18 所示。

表 4-18 第⑤次修改结果

	A	B	C	D	E
{A,D}	a1	b12	b13	a4	b15
{A,B}	a1	a2	b13	a4	b25
{B,E}	a1	a2	a3	a4	a5
{C,D,E}	a1	b42	a3	a4	a5
{A,E}	a1	b52	a3	a4	a5

由于 F 中的所有函数依赖都已经检查完毕，所以表 4-18 是全 a 行，所以关系模式 R(U)的分解 ρ 是无损分解。

4.6.2 保持函数依赖

1. 保持函数依赖概念

设 F 是属性集 U 上的函数依赖集，Z 是 U 的一个子集，F 在 Z 上的一个投影用 $\Pi_Z(F)$ 表示，定义为 $\Pi_Z(F)=\{X\to Y|(X\to Y)\in F^+$，并且 $XY\subseteq Z\}$。

设有关系模式 R(U)的一个分解 ρ = {R1(U1),R2(U2), …,Rn(Un)}，F 是 R(U)上的函数依赖集，如果 $F^+=(\cup\Pi_{Ui}(F))^+$，则称分解保持函数依赖集 F，简称 ρ 保持函数依赖。

[例 4-10] 设有关系模式 R(U,F)，其中 U = {C#，Cn，TEXTn}，C#表示课程号，Cn 表示课程名称，TEXTn 表示教科书名称；而 F = {C#→Cn，Cn →TEXTn}。在这里，我们规定，每一个 C#表示一门课程，但一门课程可以有多个课程号(表示开设了多个班级)，每门课程只允许采用一种教材。

将 R 分解为 ρ = {R1(U1,F1),R2(U2,F2)}，这里，U1 = {C#，Cn}，F1 = {C#→Cn}，U2 = {C#，TEXTn}，F2 = {C#→TEXTn}，不难证明，模式分解 ρ 是无损分解。但是，由 R1 上的函数依赖 C#→Cn 和 R2 上的函数依赖 C#→TEXTn 得不到在 R 上成立的函数依赖 Cn →TEXTn，因此，分解 ρ 丢失了 Cn →TEXTn，即 ρ 不保持函数依赖 F。分解结果如图 4-4 所示。

图 4-4(a)和(b)分别表示满足 F1 和 F2 的关系 r1 和 r2，图 4-4(c)表示 r1 ⊳⊲ r2，但 r1 ⊳⊲ r2 违反了 Cn →TEXTn。

2. 保持函数依赖测试算法

由保持函数依赖的概念可知，检验一个分解是否保持函数依赖，其实就是检验函数依赖集 $G=\cup\Pi_{Ui}(F)$ 与 F^+ 是否相等，也就是检验一个函数依赖 $X\to Y\in F^+$ 是否可以由 G 根据 Armstrong 公理导出，即是否有 $Y\subseteq X_G^+$。

C#	Cn
C2	数据库
C4	数据库
C6	数据结构

(a)

C#	TEXTn
C2	数据库原理
C4	高级数据库
C6	数据结构教程

(b)

C#	Cn	TEXTn
C2	数据库	数据库原理
C4	数据库	高级数据库
C6	数据结构	数据结构教程

(c) $r1 \bowtie r2$

图 4-4 不保持函数依赖的分解

按照上述分析，可以得到保持函数依赖的测试方法。

输入：

(1) 关系模式 $R(U)$；

(2) 关系模式集合 $\rho = \{R(U1), R(U2), \cdots, Rn(Un)\}$。

输出：

ρ 是否保持函数依赖。

计算步骤：

(1) 令 $G = \cup \Pi_{Ui}(F)$，$F = F-G$，Result = True。

(2) 对于 F 中的第一个函数依赖 $X \to Y$，计算 X_G^+，并令 $F = F-\{X \to Y\}$。

(3) 若 $Y \not\subset X_G^+$，则令 Result = False，转向“(4)”。

否则，若 $F \neq \Phi$，转向“2”，否则转向“(4)”。

(4) 若 Result = True，则 ρ 保持函数依赖，否则 ρ 不保持函数依赖。

[例 4-11] 设有关系模式 $R(U,F)$，其中 $U = ABCD$，$F = \{A \to B, B \to C, C \to D, D \to A\}$。$R(U,F)$ 的一个模式分解 $\rho = \{R1(U1,F1), R2(U2,F2), R3(U3,F3)\}$，其中 $U1 = \{A,B\}$，$U2 = \{B,C\}$，$U3 = \{C,D\}$，$F1 = \Pi_{U1} = \{A \to B, B \to A\}$，$F2 = \Pi_{U2} = \{B \to C, C \to B\}$，$F3 = \Pi_{U3} = \{C \to D, D \to C\}$。按照上述算法：

(1) $G = \{A \to B, B \to A, B \to C, C \to B, C \to D, D \to C\}$，$F = F-G = \{D \to A\}$，Result = True。

(2) 对于函数依赖 $D \to A$，即令 $X = \{D\}$，有 $X \to Y$，$F = \{X \to Y\} = F-\{D \to A\} = \Phi$。

经过计算可以得到 $X_G^+ = \{A,B,C,D\}$。

(3) 由于 $Y = \{A\} \subseteq X_G^+ = \{A,B,C,D\}$，转向“(4)”。

(4) 由于 Result = True，所以模式分解 ρ 保持函数依赖。

4.7 连接依赖与 5NF

前面的模式分解问题都是将原来模型无损分解为两个模型来代替它，以提高规范化程度，并且可以达到 4NF。然而，有些关系不能无损失分解为两个投影却能无损失分解为 3 个(或更多个)投影。由此产生了连接依赖的问题。

4.7.1 连接依赖

先看一个实际的例子。

设关系模式 SPJ(SNO，PNO，JNO)，它显然达到了 4NF。

图 4-5 是模式 SPJ 的一个实例。

SNO	PNO	JNO
S1	P1	J1
S1	P1	J2
S1	P2	J1
S2	P1	J1

图 4-5 SPJ 实例

图 4-6 是 SPJ 分别在 SP、PJ、SJ 上的投影。

SP

SNO	PNO
S1	P1
S1	P2
S2	P1

PJ

PNO	JNO
P1	J1
P1	J2
P2	J1

SJ

SNO	JNO
S1	J1
S1	J2
S2	J1

图 4-6 SPJ 在每两个属性上的投影

SPJ SP、PJ 连接

SNO	PNO	JNO
S1	P1	J1
S1	P1	J2
S1	P2	J1
S2	P1	J1
S2	P1	J2

(a)

SPJ PJ、SJ 连接

SNO	PNO	JNO
S1	P1	J1
S1	P1	J2
S1	P2	J1
S2	P1	J1
S2	P2	J1

(b)

SPJ SP、SJ 连接

SNO	PNO	JNO
S1	P1	J1
S1	P1	J2
S1	P2	J1
S1	P2	J2
S2	P2	J1

(c)

图 4-7 图 4-6 两两自然连接的结果

图 4-7(a)是 SP 与 PJ 自然连接的结果。

图 4-7(b)是 PJ 与 SJ 自然连接的结果。

图 4-7(c)是 SP 与 SJ 自然连接的结果。

从这个实例可以看出，图 4-5 的关系 SPJ 分解为其中两个属性的关系后，如图 4-6 所示，从图 4-7 就可以看到，无论哪两个投影自然连接后都不是原来的关系，因此不是无损失连接。但是我们发现，对于图 4-7 中的关系，如果再与第三个关系连接(如图 4-7(a)与 SJ 连接)，又能够得到原来的 SPJ，从而达到无损失连接。

在这个问题中 SPJ 依赖于 3 个投影 SP、PJ、SJ 的连接，这种依赖称为连接依赖。

定义 4.15 关系模式 $R(U)$中，U 是全体属性集，X，Y，…，Z 是 U 的子集，当且仅当 R 是由其在 X，Y，…，Z 上投影的自然连接组成时，称 R 满足对 X，Y，…，Z 的连接依赖。记为 JD(X，Y，…，Z)。

连接依赖是为实现关系模式无损失连接的一种语义约束。

例如，图 4-8 是模式 SPJ 的一个实例，图 4-9 是插入一个新元组(S2，P1，J1)。

图 4-10 是分别在 SP、PJ、SJ 上的投影。

保持无损失连接，必须插入元组＜S1，P1，J1＞，才得到图 4-11 所示的关系。

SPJ

SNO	PNO	JNO
S1	P1	J2
S1	P2	J1

图 4-8 SPJ 实例

SPJ

SNO	PNO	JNO
S1	P1	J2
S1	P2	J1
S2	P1	J1

图 4-9 插入一个新元组

SP

SNO	PNO
S1	P1
S1	P2
S2	P1

PJ

PNO	JNO
P1	J1
P1	J2
P2	J1

SJ

SNO	JNO
S1	J1
S1	J2
S2	J1

图 4-10 投影

同样，如果删除元组<S1，P1，J1>，为达到无损失连接，必须同时删除元组<S1，P1，J2>和<S1，P2，J1>。因此模型中存在插入、删除操作中的“异常”问题，所以虽然模型已经达到了 4NF，但还需要进一步分解，这就是 5NF 的问题。

从连接依赖的概念考虑，多值依赖是连接依赖的特例，连接依赖是多值依赖的推广。

SPJ

SNO	PNO	JNO
S1	P1	J1
S1	P1	J2
S1	P2	J1
S2	P1	J1

图 4-11 合理的关系

4.7.2 第五范式

首先确定一个概念：对于关系 *R*，在连接时其连接属性都是 *R* 的候选码，称“*R* 中每个连接依赖均为 *R* 的候选码蕴涵”。从这个概念出发，有下面关于 5NF 的定义。

定义 4.16 关于模式 *R* 中，当且仅当 *R* 中每个连接依赖均为 *R* 的候选码所蕴涵时，称 *R* 属于 5NF。

上面例子 SPJ 的候选码是(SNO，PNO，JNO)，显然不是它的投影 SP、PJ、SJ 自然连接的公共属性，因此 SPJ 不属于 5NF。而 SP、PJ、SJ 均属于 5NF。

因为多值依赖是连接依赖的特例，因此属于 5NF 的模式一定属于 4NF。

判断一个关系模式是否属于 5NF，若能够确定它的候选码和所有的连接依赖，就可以判断其是否属于 5NF。然而找出所有连接依赖是比较困难的，因此确定一个关系模式是否属于 5NF 的问题比判断其是否属于 4NF 的难度要大得多。

在关系模式的规范化理论研究中，涉及多值依赖、连接依赖的问题也有一系列的理论(如公理系统、推导规则、最小依赖集等)，因为将涉及更多的基础知识，在这里就不再深入探讨了。

4.8 关系模式规范化步骤

规范化程度过低的关系不一定能够很好地描述现实世界，可能会存在插入异常、删除异常、修改复杂、数据冗余等问题，解决方法就是对其进行规范化，转换成高级范式。

规范化的基本思想是逐步消除数据依赖中不合适的部分，使模式中的各关系模式达到某种程度的“分离”。即采用“一事一地”的模式设计原则，让一个关系描述一个概念、一个实体或实体间的一种联系。若多于一个概念就把它“分离”出去。因此所谓规范化实质上是概念的单一化。

关系模式规范化的基本步骤如图 4-12 所示。

(1)对 1NF 关系进行投影，消除原关系中非主属性对码的函数依赖，将 1NF 关系转换成为若干个 2NF 关系。

(2)对 2NF 关系进行投影，消除原关系中非主属性对码的传递函数依赖，从而产生一组 3NF。

(3)对 3NF 关系进行投影，消除原关系中主属性对码的部分函数依赖和传递函数依赖(也就是说，使决定属性都成为投影的候选码)，得到一组 BCNF 关系。

以上三步也可以合并为一步：对原关系进行投影，消除决定属性不是候选码任何函数依赖。

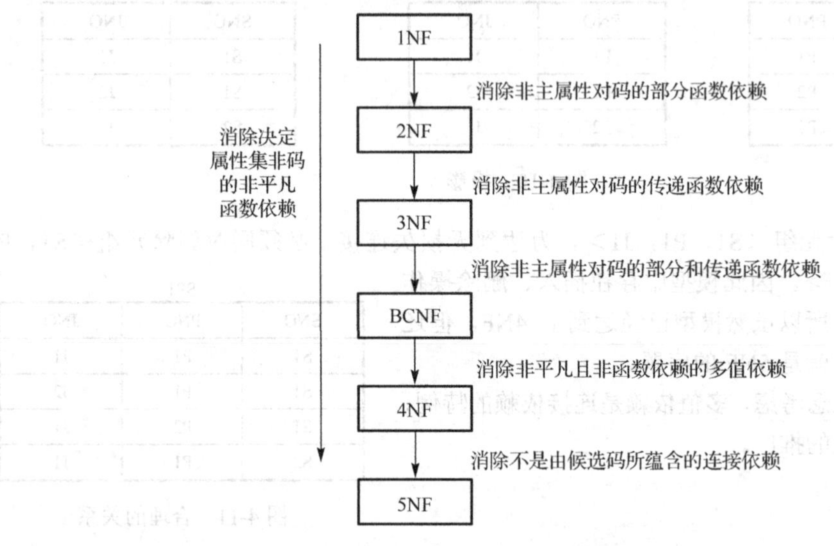

图 4-12　规范化步骤

(4)对 BCNF 关系进行投影，消除原关系中非平凡且非函数依赖的多值依赖，从而产生一组 4NF 关系。

(5)对 4NF 关系进行投影，消除原关系中不是由候选码所蕴涵的连接依赖，即可得到一组 5NF 关系。

5NF 是最终范式。

规范化程度过低的关系可能会存在插入异常、删除异常、修改复杂、数据冗余等问题，需要对其进行规范化，转换成高级范式。但这并不意味着规范化程度越高的关系模式就越好。在设计数据库模式结构时，必须以现实世界的实际情况和用户应用需求做进一步分析，确定一个合适的、能够反映现实世界的模式。即上面的规范化步骤可以在其中任何一步终止。

4.9　小　结

本章主要讨论关系模式的设计问题。关系模式设计得好坏对消除数据冗余和保持数据一致性等重要问题有直接影响。好的关系模式设计必须有相应理论作为基础，这就是关系设计中的规范化理论。

在数据库中，数据冗余的一个主要原因是数据之间的相互依赖关系的存在，而数据间的依赖关系表现为函数依赖、多值依赖和连接依赖等。需要注意的是，多值依赖是广义的函数依赖，连接依赖又是广义的多值依赖。函数依赖和多值依赖都是基于语义的，而连接依赖的本质特性只能在运算过程中显示。

消除冗余的基本做法是把不适合规范的关系模式分解成若干个比较小的关系模式。而这种分解的过程是逐步将数据依赖化解的过程，并使之达到一定的范式。

范式是衡量模式优劣的标准。范式表达了模式中数据依赖之间应当满足的联系。当关系模式 *R* 为 3NF 时，在 *R* 上成立的非平凡函数依赖都应该左边是超键或主属性；当关系模式是 BCNF 时，*R* 上成立的非平凡依赖都应该左边是超键。

对于函数依赖，考虑 2NF、3NF 和 BCNF；对于多值依赖，考虑 4NF；对于连接依赖，则考虑 5NF，一般而言，5NF 是终极范式。

关系模式的规范化过程就是模式分解过程，而模式分解实际上是将模式中的属性重新分组，它将逻辑上独立的信息放在独立的关系模式中。

第 5 章　数据库设计

本章主要介绍了数据库设计的任务和特点、设计方法和步骤、数据库设计使用的辅助工具。数据库设计的主要步骤有需求分析、概念结构设计、逻辑结构设计、物理结构设计、数据库的实施和维护五个阶段。本章以概念结构设计和逻辑结构设计为重点，介绍了每个阶段的方法、技术及注意事项。

通过本章的学习，要求按照数据库设计步骤，灵活运用数据库设计方法，使用一种数据库设计工具，能够完成数据库的设计和实现。

5.1　数据库设计概述

数据库设计是指对于一个给定的应用环境，构造最优的数据库模式，建立数据库，使之能够有效地存储数据，满足用户的应用需求。

5.1.1　数据库设计的任务

数据库设计有广义和狭义两种定义。广义的数据库设计，是指建立数据库及其应用系统，包括选择合适的计算机平台和数据库管理系统、设计数据库及开发数据库应用系统等。这种数据库设计实际是“数据库系统”的设计，其成果有二：一是数据库，二是以数据库为基础的应用系统。

狭义的数据库设计，是指根据一个组织的信息需求、处理需求和相应的数据库支撑环境(主要是数据库管理系统 DBMS)，设计出数据库，包括概念结构、逻辑结构和物理结构。其成果主要是数据库，不包括应用系统。本书采用狭义的定义，因为应用系统的开发设计在软件工程中介绍，超出了本书的范围。

按照狭义的数据库设计的定义，其结果不是唯一的，针对同一应用环境，不同的设计人员可能设计出不同的数据库。评判数据库设计结果好坏的主要准则如下。

1．完备性

数据库应能表示应用领域所需的所有信息，满足数据存储需求，满足信息需求和处理需求，同时数据是可用的、准确的、安全的。

2．一致性

数据库中的信息是一致的，没有语义冲突和值冲突。尽量减少数据的冗余，如果可能，同一数据只能保存一次，以保证数据的一致性。

3．优化

数据库应该规范化和高效率，易于各种操作，满足用户的性能需求。

4．易维护

好的数据库维护工作比较少；需要维护时，改动比较少而且方便，扩充性好，不影响数据库的完备性和一致性，也不影响数据库性能。

大型数据库的设计和开发是一项庞大的工程，是一门涉及多个学科的综合性技术，其开发周期长、耗资多、风险大。对于从事数据库设计的专业人员来讲，应该具备多方面的知识和技术。主要有：

(1)数据库的基本知识和数据库设计技术；

(2)软件工程的原理和方法；

(3)程序设计的方法和技术；

(4)应用领域的知识。

影响数据库设计的因素中，除了数据库设计者外，还有如下主要因素。

1)数据库的规模

小型或桌面型数据库的设计比较简单，一般在特定的应用环境中，无需专门的数据库设计人员，应用系统的开发者可以自行设计数据库。而大型或企业级数据库可能跨越地域，支持大量的并发用户，数据庞大，这类数据库的设计比较复杂，需要专业的数据库设计人员进行设计。

2)数据库类型

层次型和网状型数据库的设计与关系型数据库设计不同，对象数据库和关系对象数据库的设计不同，CAD/CAM/CIM 的工程数据库和统计数据库的设计不同，联机事务处理(OLTP)数据库和联机分析处理(OLAP)数据库的设计不同，不同数据库类型影响数据库的设计。

3)数据库支撑环境

数据库的支撑环境主要有主机环境、客户/服务环境、互联网计算环境及分布式环境。不同的支撑环境影响数据库的设计，特别是逻辑设计和物理设计。

5.1.2 数据库设计的特点

数据库设计是将应用需求转化为在相应硬件、软件环境中的实现。在整个过程中，良好的管理是数据库设计的基础。“三分技术、七分管理、十二分基础数据”是数据库设计的特点之一，所以在整个数据库的设计过程中，要加强管理和控制及基础数据的收集和处理。

数据库设计的目的是在其上建立应用系统。与应用系统设计相结合，满足应用系统的需求，是数据库设计的特点之二，所以数据库设计人员要与应用系统设计人员保持良好的沟通和交流。

数据库设计置身于实际的应用环境，是为了满足用户的信息需求和处理需求，脱离实际的应用环境，空谈数据库设计，无法判定设计好坏。与具体应用环境相关联是数据库设计的特点之三。

5.1.3 数据库设计的方法

数据库设计属于方法学的范畴，是数据库应用研究的主要领域，不同的数据库设计方法，采用不同的设计步骤。在软件工程之前，主要采用手工试凑法。由于信息结构复杂，应用环境多样，这种方法主要凭借设计人员的经验和水平，数据库设计是一种技艺而不是工程技术，缺乏科学理论和工程方法，工程的质量难以保证，数据库很难最优，数据库运行一段时间后各种各样的问题会渐渐暴露出来，增加了系统维护工作量。如果系统的扩充性不好，经过一段时间运行后，要重新设计。

为了改进手工试凑法，人们运用软件工程的思想和方法，使设计过程工程化，提出了各种设计准则和规程，形成了一些规范化设计方法。其中比较著名的有新奥尔良方法(New Orleans)，它将数据库设计分为需求分析、概念结构设计、逻辑结构设计、物理结构设计四个阶段。其后有

S.B.Yao 的五步骤方法。还有 Barker 方法，Barker 是著名数据库厂商 Oracle 的数据库设计产品 Oracle Designer 的主要设计师，其方法在 Oracle Designer 中运用和实施。各种规范化设计方法基于过程迭代和逐步求精的设计思想，只是在细致的程度上有差别，导致设计步骤不同。

随着数据库设计工具的出现，产生了一种借助数据库设计工具的计算机辅助设计方法。另外，随着面向对象设计方法的发展和成熟，面向对象的设计方法也开始应用于数据库设计。

5.1.4 数据库设计的工具

数据库工作者和数据库厂商一直在研究和开发数据库设计工具，辅助人们进行数据库设计，该工具称为 CASE(Computer Aided Software Engineering)或 AD(Automic Designer)。经过十多年的努力，数据库设计工具已经实用化和产品化，出现了一批有名的数据库设计工具。

1. Oracle 公司的 Oracle Designer

Oracle 公司是全球最大的专业数据库厂商，其主要产品有 DBMS、Designer、Developer。其中以公司名称命名的 Oracle 数据库管理系统最为著名；Designer(原名为 Designer 2000)是数据库设计工具，支持数据库设计的各个阶段；Developer 是客户端应用程序设计工具。所有分析设计结果以元数据的方式存放在 Oracle 数据库中，以便共享和支持团队开发。主要特点是方便的业务处理建模和数据流建模，易于建立实体关系图，支持逆向工程，概念结构转化逻辑结构容易。

2. Sybase 公司的 Power Designer

Sybase 公司的 Power Designer(简称 PD)是一个 CASE 工具集，它提供了一个完整的软件开发解决方案。在数据库系统开发方面，能同时支持数据库建模和应用开发。其中 Process Analyst 是数据流图 DFD 设计工具，用于需求分析；Data Architect 是数据库概念设计工具和逻辑设计工具；App Modeler 是客户程序设计工具，可以快速生成客户端程序(如 Power Builder、Visual Basic、Delphi 等程序)；Warehouse Architect 是数据仓库设计工具；Meta Works 用于管理设计元数据，以便建立可共享的设计模型。

3. CA 公司的 ERwin

CA 公司推出的 AllFusion Modeling Suite(AllFusion 建模套件)是一套集成化建模工具。其中 AllFusion Process Modeler 用于需求分析；支持 UML 建模(IDEF0, IDEF3)和结构化建模(DFD)；AllFusion ERwin Modeler(ERwin)支持概念设计和逻辑设计，用于数据库建模；AllFusion Component Modeler 用于企业组件的可视化、设计和维护；AllFusion Data Model Validator 用于在开发过程中验证数据库应用程序的完整性。

其中 ERwin 在数据建模方面使用比较广泛，其特点是建立实体和实体联系的图形化实体关系(ER)模型，有效保持数据的一致性、重用性和集成性；支持正向工程，自动生成数据库模式，同时具有逆向工程能力，能将原有的数据库转换成新的数据库模式，加速新系统的建立；广泛的数据库支持，对主流数据库都支持，如 Oracle、DB2、Microsoft SQL Server、Informix、Sybase，同时支持桌面数据库，如 Access、dBASE、FoxPro 等；能自动保持 ER 模型和数据库的同步；支持维度建模技术，帮助用户设计高性能数据仓库。本章的设计实例使用 ERwin 设计工具。

4. 北大青鸟公司的青鸟 CASE 工具

北大青鸟公司推出的青鸟 CASE 工具包括需求分析工具和数据库设计工具等。需求分析工具有结构化工具和面向对象工具。结构化工具：针对结构化的开发方法进行数据流图、模块结构图的编辑及其分层的自动组织，提供一致性检查、数据字典编辑、动态分析等功能，并可得到规范文档。面向对象工具：针对面向对象的开发方法提供可视化建模手段，支持 Cord/Yourdon 和 UML 方法，自动生成相关文档。数据库设计工具：支持 ER 图编辑，自动转换多对多关系，提供数据库模式编辑功能，完成数据库概念结构设计、逻辑结构设计，可生成多种不同目标数据库的 SQL 语句及相关文档。北大青鸟的 CASE 工具在各个领域有一定的应用。

5.1.5　数据库设计的步骤

数据库的设计按规范化设计方法划分为六个阶段（见图 5-1），每个阶段都有相应的成果。

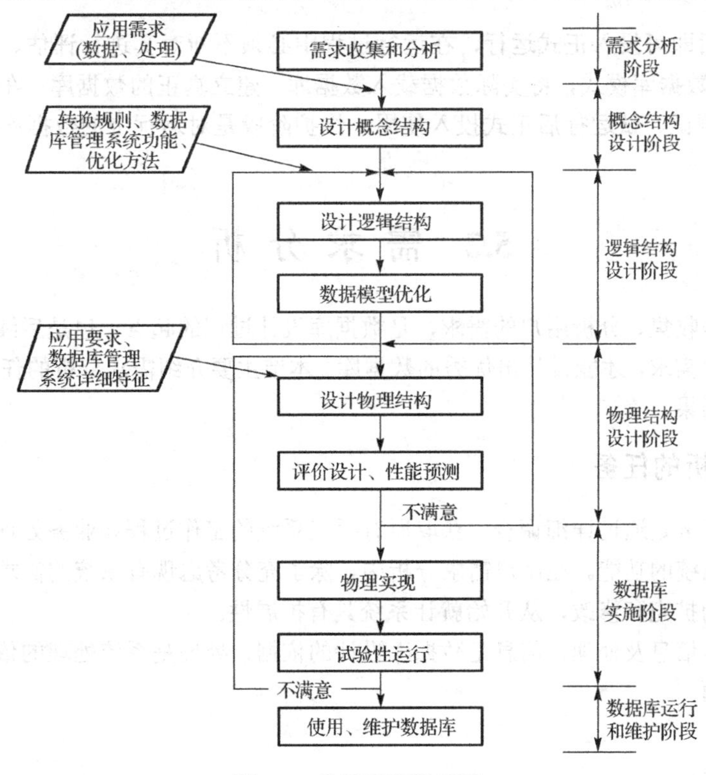

图 5-1　数据库设计步骤

1. 需求分析阶段

需求分析阶段主要是准确收集用户信息需求和处理需求，并对收集的结果进行整理和分析，形成需求说明。需求分析是整个设计活动的基础，也是最困难和最耗时的一步。如果需求分析不准确或不充分，可能导致整个数据库设计的返工。

2. 概念结构设计阶段

概念结构设计是数据库设计的重点，对用户需求进行综合、归纳、抽象，形成一个概念模型（一般为 ER 模型），形成的概念模型是与具体的 DBMS 无关的模型，是对现实世界的可视化描述，属于信息世界，是逻辑结构设计的基础。

3. 逻辑结构设计阶段

逻辑结构设计就是将概念结构设计的概念模型转化为某个特定的 DBMS 所支持的数据模型，建立数据库逻辑模式，并对其进行优化，同时为各种用户和应用设计外模式。

4. 物理结构设计阶段

物理结构设计就是为设计好的逻辑模型选择物理结构，包括存储结构和存取方法，建立数据库物理模式(内模式)。

5. 数据库实施阶段

根据逻辑结构设计和物理结构设计的结果构建数据库、编写与调试应用程序、组织数据入库并进行试运行。

6. 数据库运行和维护阶段

经过试运行后即可投入正式运行，在运行过程中必须不断对其进行评估、调整与修改，使用 DLL 语言建立数据库模式，将实际数据载入数据库，建立真正的数据库；在数据库上建立应用系统，并经过测试、试运行后正式投入使用。维护阶段是对运行中的数据库进行评价、调整和修改。

5.2 需求分析

需求分析就是收集、分析用户的需求，是数据库设计过程的起点，也是后续步骤的基础。只有准确地获取用户需求，才能设计出优秀的数据库。本节主要介绍需求分析的任务、过程、方法，以及需求分析的结果。

5.2.1 需求分析的任务

需求分析的任务是通过详细调查，获取原有手工系统的工作过程和业务处理，明确用户的各种需求，确定新系统的功能。在用户需求分析中，除了充分考虑现有系统的需求外，还要充分考虑系统将来可能的扩充和修改，从开始就让系统具有扩展性。

调查的重点是信息及处理，信息是数据库设计的依据，处理是系统处理的依据。用户需求主要有以下几个方面。

1. 信息需求

信息需求指用户从数据库中需要获取哪些数据，这些数据的性质是什么，数据从哪儿来。由信息要求导出数据要求，从而确定数据库中需要存储哪些数据。

2. 处理需求

处理需求指用户完成哪些处理，处理的对象是什么，处理的方法和规则是什么，处理有什么要求，如是联机处理还是批处理、处理周期多长、处理量多大等。

3. 性能需求

性能需求指用户对新系统性能的要求，如系统的响应时间、系统的容量，以及一些其他属性，如保密性、可靠性等。

确定用户的需求是比较困难的事情，特别是大型数据库设计，这是因为：

(1)大部分用户缺少计算机知识，不知道计算机究竟能做什么而不能做什么，因而不能准确地表达自己的需求；

(2)数据库设计人员缺少用户的专业知识，不易理解用户的真正需求，甚至误解用户的需求；

(3)用户的需求可能是变化的，导致需求变化的因素很多，如内部结构的调整、管理体制的改变、市场需求的变化等；

(4)人员的变化可能引起用户需求的变化，由于个人对具体系统的期望不一致，导致人员的变化引起需求的变化。

为了获取全面、准确、稳定的用户需求，在进行调研前应进行一些必要的准备工作，成立项目领导小组，包括客户项目组和开发项目组。

客户项目组，设立组长一名，组员若干名。组长要求：有管理和决策方面的权威，对信息化建设饱含热情，能贯穿整个项目周期(从项目启动到项目验收)，有充足时间来解决信息化建设过程的具体问题。组员要求：1～2 名具有计算机专业知识的专职组员，负责具体的事务性工作；每一个业务部门选派 1～2 名有丰富工作经验、热心信息化建设、有一定时间保证的人作为组员。客户项目组人员的稳定和热情支持是项目成功的一个重要因素。

开发项目组：设立项目经理一名，组员若干(视项目的大小和功能多少而定)。如果项目比较大，可以分别设置数据库管理员(DBA)、系统分析员和开发人员。项目经理要有全面的计算机知识和项目应用背景，有基本的项目管理能力和协调组织能力，能很好地和客户项目组进行交流和沟通。

需求分析可以划分为需求收集和需求分析两个阶段，但是这两个阶段没有明确的界限，可能交叉或同时进行。在需求收集时，进行初步需求分析；在需求分析时，对需求不明确之处要进一步收集。

5.2.2　需求收集

进行需求分析，首先要进行需求收集，需求收集的主要途径是用户调查，用户调查就是调查用户、了解需求，与用户达成共识，然后分析和表达用户需求。用户调查的具体内容如下。

1．调查组织机构情况

了解部门的组成情况、各个部门的职能和职责等，画出组织机构图。

2．调查各个部门的业务活动情况

各个部门使用哪些输入数据，输入数据从哪些部门来，输入数据的格式和含义；部门进行什么加工处理，处理的方法和规则及输出哪些数据，输出到什么部门，输出数据的格式和含义。

3．明确新系统的要求

和用户一起，帮助用户确定新系统的各种要求，对于计算机不能实现的功能，要耐心地做解释工作。

4．确定系统的边界

对调查结构进行初步分析，确定哪些功能由计算机完成或将来由计算机完成，哪些功能由手工完成。

为了完成上述调查的内容，可以采取各种有效的调查方法，常用的用户调查方法有以下几种。

1)跟班作业

参与到各个部门的业务处理中，了解业务活动。这种方法能比较准确地了解用户的业务活动，缺点是比较费时。如果单位自主建设数据库系统，自行进行数据库设计，如果允许使用较长的时间，可以采用跟班作业的调查方法。

2) 开调查会

通过与用户中有丰富业务经验的人进行座谈，一般要求调查人员具有较好的业务背景。如原来设计过类似的系统、被调查人员有比较丰富的实际经验，双方能就具体问题有针对性地交流和讨论。

3) 问卷调查

将设计好的调查表发放给用户，供用户填写。调查表的设计要合理，调查表的发放要进行登记，并规定交表的时间，调查表的填写要有样板，以防用户填写的内容过于简单。同时要将相关数据的表格附在调查表中。

4) 访谈询问

针对调查表或调查会的具体情况，仍有不清楚的地方，可以访问有经验的业务人员，询问其对业务的理解和处理方法。

以上调查方法可能同时采用，主要目的是全面、准确地收集用户的需求。同时，用户的积极参与是调查达到目的的关键。

5.2.3 需求分析过程

通过用户调查，收集用户需求后，要对用户需求进行分析，并表达用户的需求。用户需求分析的方法很多，可以采用结构化分析方法、面向对象分析方法等，本章采用结构化分析方法。结构化分析方法(Structured Analysis，SA 方法)采用自顶向下、逐层分解的方法进行需求分析，从最上层的组织机构入手，逐步分解。结构化分析方法主要采用数据流图对用户需求进行分析，用数据字典和加工说明对数据流图进行补充和说明。

数据流图(Data Flow Diagram，DFD)中的数据流描述系统中数据流动的过程，反映的是加工处理的对象。其主要成分有四种：数据流、数据存储、加工、数据的源点和终点。数据流用箭头表示，箭头方向表示数据流向，箭头上标明数据流的名称，数据流由数据项组成。数据存储用来保存数据流，可以是暂时的，也可以是永久的，用双画线表示，并标明数据存储的名称。数据流可以从数据存储流入或流出，可以不标明数据流名。加工是对数据进行处理的单元，用圆角矩形表示，并在其内标明加工名称。数据的源点和终点表示数据的来源和去处，代表系统外部的数据，用方框表示。对于复杂系统，一张数据流图难以描述和难以理解，往往采用分层数据流图，如图书借阅管理系统的分层数据流图(见图 5-2)图书借阅管理系统的数据维护分层数据流图)。

数据字典(Data Dictionary，DD)是关于数据信息的集合，它对数据流图中的数据进行定义和说明，主要有数据项、数据流、数据存储。可以采用卡片形式。数据项是不可再分的数据单位，主要有数据项的名称、描述、别名、数据类型、数据长度、取值范围、说明等，如“学生编号”的数据项(见图 5-3 所示数据字典卡片示例中的数据项)。

数据流是数据流图中数据流的进一步说明，主要包括名称、描述、组成、组织方式、注释等，如图 5-3 所示的数据字典卡片示例中的数据流)。

数据存储是数据流中存储数据的地方，也是数据流的来源和去向之一。对数据存储的描述主要有存储名、描述、别名、组成等，与数据流类似。

加工说明是对数据流图中的加工进行描述，可以采用 IPO 图、结构化语言、判定表、判定树作为加工说明的工具，如图 5-4 所示的“图书删除”IPO 加工说明。

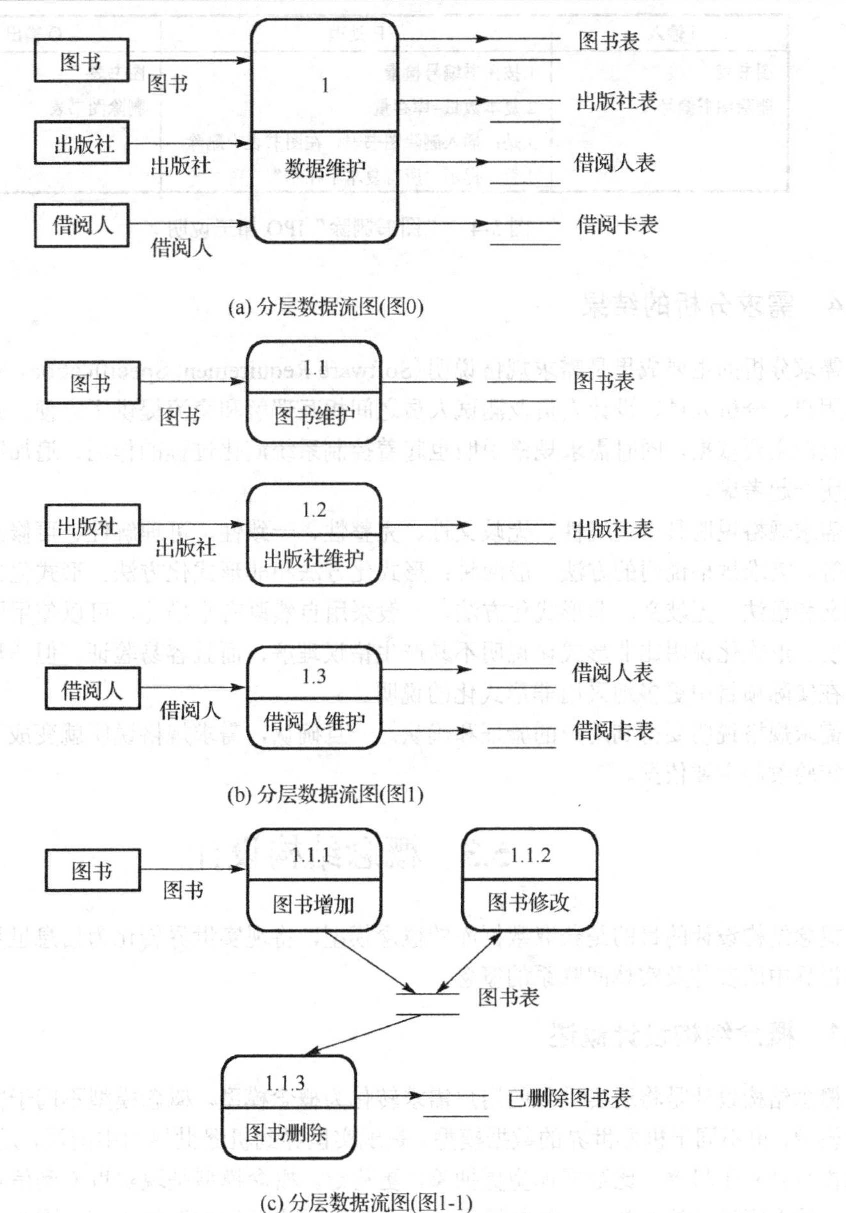

图 5-2　图书借阅管理系统“数据维护”分层数据流图

名称：图书编号	名称：图书
描述：图书的统一标号	描述：图书的信息
别名：书号	别名：
类型：字符型	组成：图书编号，书名，作者，分类，出版社，单价，复本数量，库存量，是否新书
格式：	
说明：采用图书的 ISBN 号	
(a) 数据项	(b) 数据流

图 5-3　数据字典卡片示例

I 输入	P 处理	O 输出
图书表 删除图书编号	1.按图书编号检索 2.复本数量=库存量 3.是：插入删除图书表，在图书表中删除 4.否：提示“所有复本不在库”	图书表 删除图书表

图 5-4 “图书删除”IPO 加工说明

5.2.4 需求分析的结果

需求分析的主要成果是需求规格说明（Software Requirement Specification，SRS），需求规格说明为用户、分析人员、设计人员及测试人员之间相互理解和交流提供了方便，是系统设计、测试和验收的主要依据，同时需求规格说明也起着控制系统演化过程的作用，追加需求应结合需求规格说明一起考虑。

需求规格说明具有正确性、无歧义性、完整性、一致性、可理解性、可修改性、可追踪性和注释等。需求规格说明的方法一般两种：形式化方法和非形式化方法。形式化方法采用完全精确的语义和语法，无歧义。非形式化方法，一般采用自然语言来描述，可以使用图标和其他符号帮助说明。形式化说明比非形式化说明不易产生错误理解，而且容易验证，但非形式化说明容易编写，在实际项目中更多地采用非形式化的说明。

需求规格说明要得到用户的验证和确认。一旦确认，需求规格说明就变成了开发合同，也成了系统验收的主要依据。

5.3 概念结构设计

概念结构设计的目的是获取数据库的概念模型，将现实世界转化为信息世界，形成一组描述现实世界中的实体及实体间联系的概念。

5.3.1 概念结构设计概述

概念结构设计是将现实世界的用户需求转化为概念模型。概念模型不同于需求规格说明中的业务模型，也不同于机器世界的数据模型，是现实世界到机器世界的中间层，是数据模型的基础。概念模型独立于机器，比数据模型更抽象，更稳定。概念模型是现实世界到信息世界的第一层抽象，是数据库设计的工具，也是数据库设计人员和用户进行交流的语言。因此建立的概念模型要有如下特点。

1. 反映现实

能准确、客观地反映现实世界，包括事物及事物之间的联系，能满足用户对数据的处理要求，是现实世界的真实模型，要求具有较强的表达能力。

2. 易于理解

不仅能让设计人员能够理解，开发人员也要能够理解，不熟悉计算机的用户也要能理解，所以要求简洁、清晰，无歧义。

3. 易于修改

当应用需求和应用环境改变时，容易对概念模型进行更改和扩充。

4. 易于转换

能比较方便地向机器世界的各种数据模型转换，如层次模型、网状模型、关系模型转换，主要是关系模型。

概念结构设计在整个数据库设计过程中是最重要的阶段，通常也是最难的阶段。概念结构通常采用数据库设计工具辅助进行设计。

概念模型的表示方法很多，其中最常用的是 P.P.S.Chen 于 1976 年提出的实体–联系方法(Entity Relationship Approach，ER 方法)该方法用 ER 图表示概念模型，用 ER 图表示的概念模型也称为 ER 模型。

ER 图中表示实体、属性和联系的方法如下。

实体：用矩形框表示，矩形框内写明实体的名称。

属性：用椭圆形表示，椭圆形内写明属性的名称，用无向边将其与相应的实体连接起来。

联系：用菱形表示，菱形内写明联系的名称，用无向边分别与实体连接起来，在无向边上注明联系的类型(1:1，1:*n*，*m*:*n*)，如果联系有属性，则这些属性同样用椭圆表示，用无向边与联系连接起来。

5.3.2　概念结构设计的方法

设计概念结构通常有四种方法。

自顶向下：首先定义全局的概念结构的框架，然后逐步分解细化。

自底向上：首先定义局部的概念结构，然后将局部概念结构集成全局的概念结构。

逐步扩张：首先定义核心的概念结构，然后以核心概念结构为中心，向外部扩充，逐步形成其他概念结构，直至形成全局的概念结构。

混合策略：自顶向下和自底向上相结合，用自顶向下的方法设计一个全局的概念结构的框架，用自底向上方法设计各个局部概念结构，然后形成总体的概念结构。

具体采用哪种方法，与需求分析方法有关。其中比较常用的方法是自底向上的设计方法，即用自顶向下的方法进行需求分析，用自底向上的方法进行概念结构的设计(见图 5-5 所示的概念结构设计方法)。

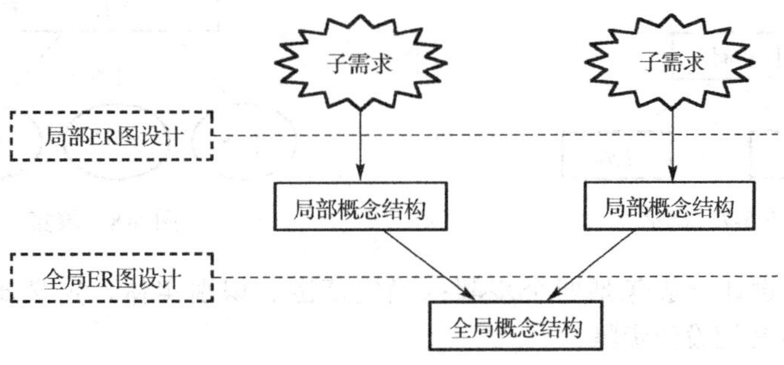

图 5-5　概念结构设计方法

概念结构设计的步骤与设计方法有关，自底向上设计方法的设计步骤分为局部 ER 图设计和全局 ER 图设计。

5.3.3　局部 ER 图设计

按照自底向上的设计方法，局部 ER 图设计以需求分析的数据字典为依据，设计局部的 ER 图，主要采用数据抽象方法。

所谓抽象，是在对现实世界有一定的认识基础上，对实际的人、物、事进行人为的处理，忽略非本质的细节，抽取关心的共同特征和本质特征，并把这些特征用各种概念精确地加以描述。常用的数据抽象方法有三种。

1．分类(Classification)

分类定义一组对象的类型(type)，这些对象具有共同的特征和行为，定义了对象值和型之间的“is member of”的语义，是从具体对象到实体的抽象。在 ER 模型中，实体就是这种抽象。

例如，在图书借阅系统中，张三是学生，李四是学生，都是学生的一员(is member of 学生)，具有共同的特征，通过分类，得出“学生”这个实体。同理，赵谦是老师，王兵是老师，都是老师的一员，得出“老师”这个实体，如图 5-6 所示。

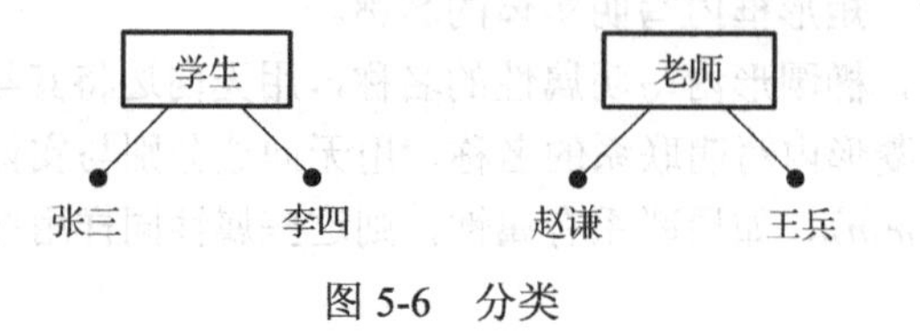

图 5-6 分类

2．概括(Generalization)

概括定义类型之间的一种子集联系，抽象了类型之间的“is subset of”的语义，是从特殊实体到一般实体的抽象。

例如，在图书借阅系统中，学生、老师是可以进一步抽象为“借阅人”，其中学生和老师是子实体，借阅者是超实体，如图 5-7 所示。概括与分类类似，但分类是对象到实体的抽象，概括是子实体到超实体的抽象。

3．聚集(Aggregation)

聚集定义某一类型的组成成分，抽象了类型和成分之间的“is part of”的语义，若干属性组成实体就是这种抽象。例如，学生实体是由学号、姓名、班级等属性组成的，如图 5-8 所示。

图 5-7 概括　　　　图 5-8 聚集

局部 ER 图的设计一般包括四个步骤：确定范围、识别实体、定义属性、确定联系。图 5-9 所示为局部 ER 图设计步骤。

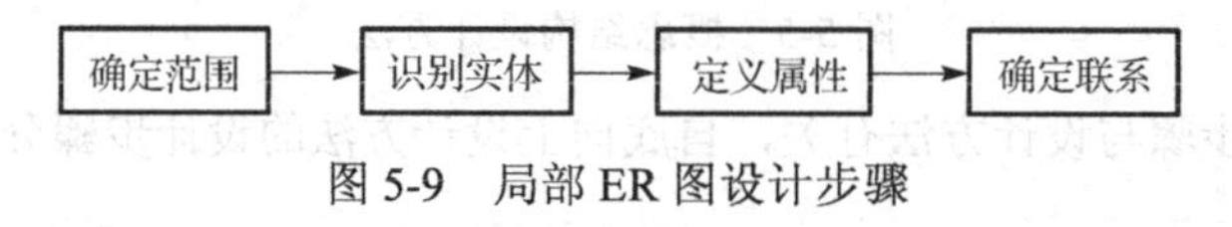

图 5-9 局部 ER 图设计步骤

1)确定范围

范围是指局部 ER 图设计的范围。范围划分要自然、便于管理，可以按业务部门或业务主题划分。与其他范围界限比较清晰，相互影响比较小。范围大小要适度，实体控制在 10 个左右。

2) 识别实体

在确定的范围内寻找和识别实体，确定实体的码。在数据字典中按人员、组织、物品、事件等寻找实体。找到实体后，给实体一个合适的名称，给实体正确命名时，可以发现实体之间的差别。根据实体的特点标识实体的码。

3) 定义属性

属性用来描述实体的特征和组成，也是分类的依据。相同实体应该具有相同数量的属性、名称、数据类型。在实体的属性中，有些是系统不需要的属性，要去掉；有的实体需要区别状态和处理标识，要人为增加属性。实体的码是否需要人工定义，实体和属性之间没有严格的划分，能作为属性对待的，尽量作为属性对待。基本原则是：①属性是不可再分的数据项，属性中不能包含其他属性；②属性不能与其他实体有联系，联系是实体之间的联系。

4) 确定联系

将识别出的实体进行两两组合，判断实体之间是否存在联系，联系的类型是 1:1，1:*n*，*m*:*n*，如果是 *m*:*n* 的实体，是否可以分解，增加关联实体，使之成为 1:*n* 的联系。

图书借阅管理系统的局部 ER 图设计实例（见图 5-10 中的局部 ER 图设计示例），注意：属性没有显示。

确定范围：选择以借阅人为核心的范围，根据分层数据流图和数据字典来确定局部 ER 图的边界。

识别实体：借阅人，借阅卡，图书，借阅。

定义属性：

借阅人（<u>读者编号</u>，姓名，读者类型，密码，已借数量，Email 地址，电话号码）；

借阅卡（<u>借阅卡编号</u>，读者编号）；

图书（<u>图书编号</u>，书名，作者，图书分类，出版社，单价:元，复本数量，库存量，日罚金（元），是否新书）；

借阅（<u>读者编号，图书编号</u>，借阅日期，是否续借，续借日期，归还日期）；

确定联系：借阅人与借阅卡（1:1）、借阅人与借阅（1:*n*）、借阅与图书（1:*n*）。

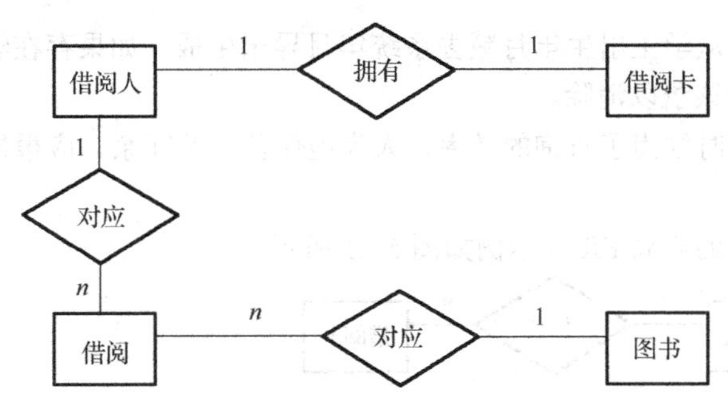

图 5-10　局部 ER 图设计示例

5.3.4　全局 ER 图设计

局部 ER 图设计好后，下一步就是将所有的局部 ER 图集成起来，形成一个全局 ER 图。集成方法有以下几种。

(1) 一次集成：一次将所有的局部 ER 图综合，形成总的 ER 图，比较复杂，难度比较大。通常用于局部视图比较简单。

(2)逐步集成：一次将一个或几个局部 ER 图综合，逐步形成总的 ER，难度相对较小。

无论采用哪种集成方式，一般都要分两步走：

(1)合并：解决 ER 之间的冲突，生成初步的 ER 图；

(2)重构：消除不必要的冗余，生成基本的 ER 图。

1．合并局部 ER 图，消除冲突，生成初步 ER 图

各个局部 ER 图面向不同的应用，由不同的人进行设计或同一个人在不同时间进行设计，各个局部 ER 图存在许多不一致的地方，称为冲突，合并局部 ER 图时，消除冲突是工作的关键。冲突的表现主要由三类：属性冲突、命名冲突和结构冲突。

(1)属性冲突

属性域冲突：属性值的类型、取值范围或单位不同。例如学生编号，有的部门定义为整数型，有的部门定义为字符型；又如学生编号虽然都定义为整数，但有的部门取值范围为 0000～9999，有的部门取值范围为 00000～99999；再如，对于产品重量单位，有的部门使用公斤，有的部门使用吨。在合并过程中，要消除属性的不一致。

(2)命名冲突

同名异义：相同的实体名称或属性名称而意义不同。异名同义：相同的实体或属性使用了不同的名称。在合并局部 ER 图时，消除实体命名和属性命名方面不一致的地方。

(3)结构冲突

结构冲突的表现主要是：同一对象在不同的局部 ER 图中，有的作为实体，有的作为属性；同一实体在不同的局部 ER 图中，属性的个数或顺序不一致；同一实体的在局部 ER 图中码不同；实体间的联系在不同的局部 ER 图中联系的类型不同。

2．重构 ER 图，消除冗余，生成基本 ER 图

在初步 ER 图中，可能存在一些冗余的数据和冗余的实体联系。冗余数据是指可以用其他数据导出的数据；冗余的实体联系，是指可以通过其他实体导出的联系。冗余数据和冗余实体联系容易破坏数据库的完整性，给数据库的维护增加困难，应该予以消除。消除冗余后的 ER 图称为基本 ER 图。

例如，学生年龄可从学生出生年月减去系统年月导出生成，如果存在学生出生年月属性，则年龄属性是冗余的，应该予以消除。

在消除冗余时，有时候为了查询的效率，人为地保留一些冗余，应根据处理需求和性能要求做出取舍。

图书借阅管理系统的全局 ER 图示例如图 5-11 所示。

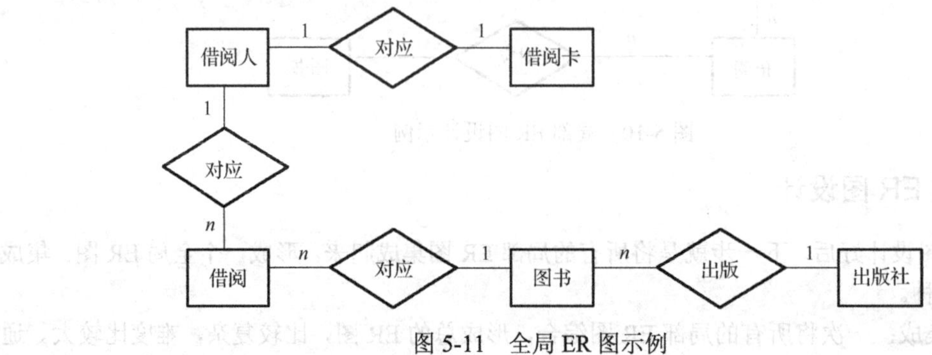

图 5-11 全局 ER 图示例

5.4　逻辑结构设计

概念结构设计所得的概念模型是独立于任何一种 DBMS 的信息结构，与实现无关。逻辑结构设计的任务是将概念结构设计阶段设计的 ER 图，转化为与选用的 DBMS 所支持的数据模型相符的逻辑结构，形成逻辑模型。

在数据模型的选用上，网状和层次数据模型已经逐步淡出市场，而新型的对象和对象关系数据模型还没有得到广泛应用，所以一般选择关系数据模型。基于关系数据模型的 DBMS 市场上比较多，如 Oracle、DB2、SQL Server、Sybase、Informix 等。本节以关系数据模型为例讲解逻辑结构设计。

基于关系数据模型的逻辑结构的设计一般分为三个步骤：

(1) 概念模型转换为关系数据模型；

(2) 关系模型的优化；

(3) 设计用户子模式。

5.4.1　概念模型转换为关系数据模型

概念模型向关系数据模型的转化就是将用 ER 图表示的实体、实体属性和实体联系转化为关系模式。具体而言就是转化为选定的 DBMS 支持的数据库对象。现在，绝大部分关系数据库管理系统(RDBMS)都支持表(Table)、列(Column)、视图(View)、主键(Primary Key)、外键(Foreign)、约束(Constraint)等数据库对象。

一般转换原则如下。

(1) 一个实体转换为一个表(Table)，则实体的属性转换为表的列(Column)，实体的码转换为表的主键(Primary Key)。

(2) 根据联系的类型，实体间的联系转换如下。

① 1:*n* 的联系：

1:*n* 的联系是比较普遍的联系，其转换比较直观。例如，ER 图中出版社和图书的关系是 1:*n* 的联系，转换如下。

表：出版社(出版社编号、出版社名称)。

表：图书(图书编号、书名、图书分类、出版社编号、单价、复本数量、库存量、日罚金、是否新书)。

图书表中增加了一个“出版社编号”属性，它是一个外键，是出版社的主键。转换规律是在 *n* 端的实体对应的表中增加属性，该属性是 1 端实体对应表的主键。

② 1:1 的联系：1:1 联系是 1:*n* 联系的特例，两个实体分别转换成表后，只要在一个表中增加外键，一般在记录数较少的表中增加属性，作为外键，该属性是另一个表的主键。例如 ER 图中的借阅人和借阅卡是 1:1 的联系，转换如下。

表：借阅人(读者编号、姓名、读者类型、密码、已借数量、Email 地址、电话号码)。

表：借阅卡(借阅卡编号、读者编号)。

两端的实体分别转化成表“借阅人”和“借阅卡”，在“借阅卡”表中增加了一个外键“读者编号”，“读者编号”是“借阅人”表中的主键。

③ *m*:*n* 的联系：通过引进一个新表来表达两个实体间多对多的联系，新表的主键由联系两端实体的主键组合而成，同时增加相关的联系属性。例如，在 ER 图中借阅人和图书的联系是 *m*:*n* 联系，转换如下。

表：借阅人(读者编号、姓名、读者类型、密码、已借数量、Email 地址、电话号码)。

表：图书(图书编号、书名、图书分类、出版社编号、单价、复本数量、库存量、日罚金、是否新书)。

表：借阅表(读者编号、图书编号、借阅日期、是否续借、续借日期、是否已归还、归还日期)

新增表的“借阅表”中“读者编号”和“图书编号”组合为主键，分别是外键，其中“读者编号”是借阅人表的主键，“图书编号”是图书表的主键。同时增加了借阅相关的属性：日期、是否续借、续借日期、是否已归还、归还日期。

5.4.2 关系模型的优化

关系模型的优化是为了进一步提高数据库的性能，适当地修改、调整关系模型结构。关系模型的优化通常以规范化理论为指导，其目的是消除各种数据库操作异常，提高查询效率，节省存储空间，方便数据库的管理。常用的方法包括规范化和分解。

1. 规范化

规范化就是确定表中各个属性之间的数据依赖，并逐一进行分析，考察是否存在部分函数依赖、传递函数依赖、多值依赖等，确定属于哪种范式。根据需求分析的处理要求，分析是否合适，从而进行分解。必须注意的是：并不是规范化程度越高的关系就越优，因为规范化越高的关系，连接运算越多，而连接运算的代价相当高。对于查询频繁而很少更新的表，可以是较低的规范化程度。

将两个或多个高范式通过自然连接重新合并成一个较低的范式过程称为逆规范化。规范化和逆规范化是一对矛盾，何时进行规范化、何时进行逆规范化、进行到什么程度，在具体的应用环境中，需要设计者仔细分析和平衡。

2. 分解

分解的目的是提高数据操作的效率和存储空间的利用率。常用的分解方式是水平分解和垂直分解。

水平分解是指按一定的原则，将一个表横向分解成两个或多个表(见图 5-12)。

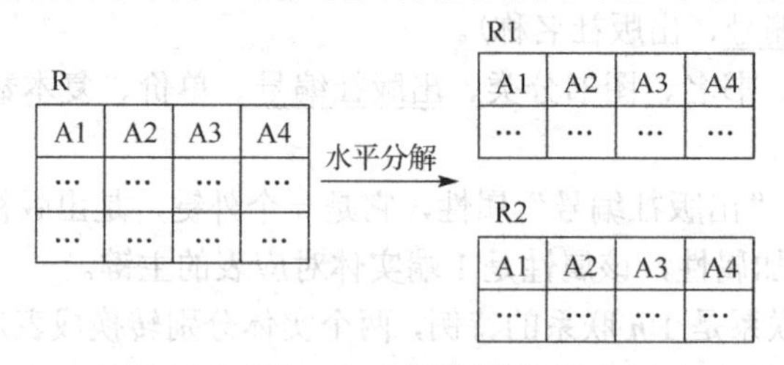

图 5-12 水平分解

例如，在移动客户管理中，可以将所有移动用户的资料存放在一个表中，由于移动用户的增加，可以分别将“139”、“138”、“137”、“136”等用户分表存放，从而提高查询速度。但是水平分解后给全局性的应用带来了不便，同样需要设计者分析和平衡。在 Oracle 中，采用分区表(Partition)的方案解决，将一个大表分成若干小表，在全局用应中使用大表，在局部应用中使用小表。

垂直分解是通过模式分解，将一个表纵向分解成两个或多个表(见图 5-13)。

垂直分解也是关系模式规范化的途径之一，同时，出于应用和安全的需要，垂直分解将经常一起使用的数据或机密的数据分离。当然，通过视图的方式也可以达到同样的效果。

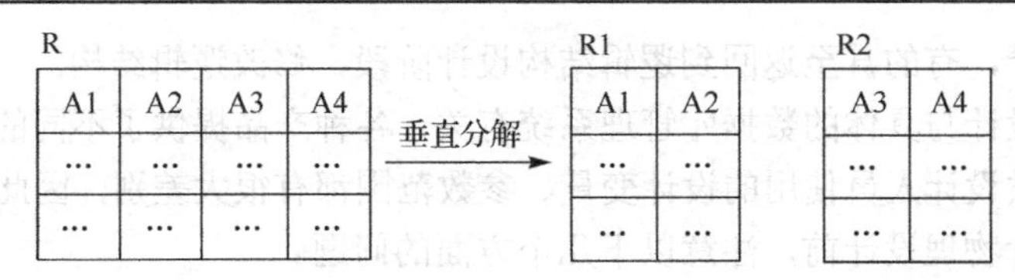

图 5-13　垂直分解

5.4.3　设计用户子模式

概念模型通过转换、优化后成为全局逻辑模型，还应该根据局部应用的需要，结合 DBMS 的特点，设计用户子模式。

用户子模式也称为外模式，是全局逻辑模式的子集，是数据库用户(包括程序用户和最终用户)能够看见和使用的局部数据的逻辑结构和特征。

目前，关系数据库管理系统(RDBMS)一般都提供了视图(View)的概念，可以通过视图功能设计用户模式。此外也可以通过垂直分解的方式来实现。

定义用户模式的主要目的如下。

1. 符合用户的使用习惯

例如，客户在供应部门习惯称为供应商，在消除命名冲突时统一命名为客户。在用户模式设计时，可以设计一个供应商视图，一是要符合使用习惯；二是只包含提供物资的对象，而不包含销售的客户。

2. 为不同的用户级别提供不同的用户模式

有些数据(如企业产品的成本信息)是企业比较重要的信息，只有部分用户才能查询和使用，客户一般不能查询，可以定义客户视图，屏蔽其中的成本信息，确保系统的安全。

3. 简化用户对系统的使用

某些查询是比较复杂的查询，为了方便用户使用，并保证查询结果的一致性，经常将这些复杂的查询定义为视图，大大方便了用户的使用。

5.5　物理结构设计

数据库在物理设备上的存储结构和存储方法称为数据库的物理结构(内模式)，它依赖于所选择的计算机系统。为一个给定的逻辑结构选择一个最适合应用要求的物理结构的过程就是数据库的物理结构设计。

5.5.1　物理结构设计概述

物理结构设计的目的主要有两点：一是提高数据库的性能，满足用户的性能需求；二是有效地利用存储空间。总之，是为了使数据库系统在时间和空间上最优。

数据库的物理结构设计包括两个步骤：

(1)确定数据库的物理结构，在关系数据库中主要是存储结构和存储方法；

(2)对物理结构进行评价，评价的重点是时间效率和空间效率。

如果评价结果满足应用要求，则可进入到物理结构实施阶段，否则要重新进行物理结构设计或修改物理结构设计，有的甚至返回到逻辑结构设计阶段，修改逻辑结构。

由于物理结构设计与具体的数据库管理系统有关，各种产品提供了不同的物理环境、存取方法和存储结构，能供设计人员使用的设计变量、参数范围都有很大差别，因此物理结构设计没有通用的方法。在进行物理设计前，注意以下几个方面的问题。

1. DBMS 的特点

物理结构设计只能在特定的 DBMS 下进行，必须了解 DBMS 的特点，充分利用其提供的各种手段，了解其限制条件。

2. 应用环境

数据库系统不仅与数据库设计有关，与计算机系统也有关系，特别是计算机系统的性能。例如，是单任务系统还是多任务系统，是单磁盘还是磁盘阵列，是数据库专用服务器还是多用途服务器等等。还要了解数据的使用频率，对于使用频率高的数据要优先考虑。此外，数据库的物理结构设计是一个不断完善的过程，开始只能是一个初步设计，在数据库系统运行过程中要不断检测并进行调整和优化。

对关系数据库的物理结构设计主要内容有：

(1) 为关系模式选择存取方法；

(2) 设计关系及索引的物理存储结构。

5.5.2 存取方法选择

数据库系统是多用户共享的系统，为了满足用户快速存取的要求，必须选择有效的存取方法。一般数据库系统中为关系、索引等数据库对象提供了多种存取方法，主要有索引方法、聚簇方法、Hash 方法等。

1. 索引存取方法的选择

索引是数据库表的一个附加表，存储了建立索引列的值和对应的记录地址。查询数据时，先在索引中根据查询的条件值找到相关记录的地址，然后在表中存取对应的记录，所以能加快查询速度。但索引本身占用存储空间，索引是系统自维护的。B+树索引和位图索引是常用的两种索引。建立索引的一般原则是：

(1) 如果某属性或属性组经常出现在查询条件中，则考虑为该属性或属性组建立索引；

(2) 如果某个属性经常作为最大值和最小值等聚集函数的参数，则考虑为该属性建立索引；

(3) 如果某属性和属性组经常出现在连接操作的连接条件中，则考虑为该属性或属性组建立索引。

注意，并不是索引定义越多越好。一是索引本身占用磁盘空间；二是系统为维护索引要付出代价，特别是对于更新频繁的表，索引不能定义太多。

2. 聚簇存取方法的选择

在关系数据库管理系统(RDBMS)中，连接查询是影响系统性能的重要因素之一，为了改善连接查询的性能，很多 RDBMS 提供了聚簇存取方法。

聚簇的主要思想是：将经常进行连接操作的两个或多个数据表，按连接属性(聚簇码)相同的值存放在一起，从而大大提高连接操作的效率。一个数据库中可以建立很多簇，但一个表只能加入一个聚簇中。

设计聚簇的原则是：

(1)经常在一起连接操作的表，考虑存放在一个聚簇中；

(2)聚簇中的表主要是用来查询的静态表，而不是频繁更新的表。

3．Hash 存取方法的选择

有些数据库管理系统提供了 Hash 存取方法。Hash 存取方法的主要原理是，根据查询条件的值，按 Hash 函数计算查询记录的地址，减少了数据存取的 I/O 次数，加快了存取速度。并不是所有的表都适合 Hash 存取，选择 Hash 方法的原则是：

(1)主要是用于查询的表(静态表)，而不是经常更新的表；

(2)作为查询条件列的值域(散列键值)，具有比较均匀的数值分布；

(3)查询条件是相等比较，而不是范围(大于或等于比较)。

5.5.3　存储结构的确定

确定数据库的存储结构，主要是数据库中数据的存放位置，合理设置系统参数。数据库中的数据主要是指表、索引、聚簇、日志、备份等数据。存储结构选择的主要原则是：数据存取时间上的高效性、存储空间的利用率、存储数据的安全性。

1．存放位置

在确定数据存放位置之前，要将数据中易变部分和稳定部分进行适当的分离，并分开存放；要将数据库管理系统文件和数据库文件分开。如果系统采用多个磁盘和磁盘阵列，将表和索引存放在不同的磁盘上，查询时，由于两个驱动器并行工作，可以提高 I/O 读写速度。为了系统的安全性，一般将日志文件和重要的系统文件存放在多个磁盘上，互为备份。另外，对于数据库文件和日志文件的备份，由于数据量大，并且只在数据库恢复时使用，所以一般存储在磁带上。

2．系统配置

DBMS 产品一般都提供了大量的系统配置参数，供数据库设计人员和 DBA 进行数据库的物理结构设计和优化，如用户数、缓冲区、内存分配、物理块的大小等。一般在建立数据库时，系统都提供了默认参数，但是默认参数不一定适合每一个应用环境，要做适当的调整。此外，在物理结构设计阶段设计的参数只是初步的，要在系统运行阶段根据实际情况进一步调整和优化。

5.6　数据库的实施和维护

数据库的物理设计完成后，设计人员就要用 DBMS 提供的数据定义语言和其他应用程序将数据库逻辑设计和物理设计结果严格地描述出来，成为 DBMS 可以接受的源代码，再经过调试产生出数据库模式。然后就可以组织数据入库、调试应用程序，这就是数据库实施阶段。在数据库实施后，对数据库进行测试，测试合格后，数据库进入运行阶段。在运行的过程中，要对数据库进行维护。

5.6.1　数据库的实施

数据库实施阶段包括两项重要的工作：一是建立数据库；二是测试。

1．建立数据库

建立数据库是在指定的计算机平台上和特定的 DBMS 下，建立数据库和组成数据库的各种对象。数据库的建立分为数据库模式的建立和数据的载入。

建立数据库模式：主要是数据库对象的建立，数据库对象可以使用DBMS提供的工具交互式地进行，也可以使用脚本成批地建立。例如，在Oracle环境下，可以编写和执行PL/SQL脚本程序；在SQL Server和Sybase环境下可以编写和执行T-SQL脚本程序。

数据的载入：建立数据库模式，只是一个数据库的框架。只有装入实际的数据后，才算真正地建立了数据库。数据的来源有两种形式："数字化"数据和非"数字化"数据。

"数字化"数据是存在某些计算机文件和某种形式的数据库中的数据，这种数据的载入工作主要是转换，将数据重新组织和组合，并转换成满足新数据库要求的格式。这些转换工作，可以借助于DBMS提供的工具，如Oracle的SQL*Load工具、SQL Server的DTS工具。

非"数字化"数据是没有计算机化的原始数据，一般以纸质的表格、单据的形式存在。这种形式的数据处理工作量大，一般需要设计专门的数据录入子系统完成数据的载入工作。数据录入子系统中一般要有数据校验功能，以保证数据的正确性。

2. 测试

数据库系统在正式运行前，要经过严格的测试。数据库测试一般与应用系统测试结合起来，通过试运行，参照用户需求说明，测试应用系统是否满足用户需求，查找应用程序的错误和不足，核对数据的准确性。如果功能不满足或数据不准确，对应用程序部分要进行修改、调整，直到满足设计要求为止。

对数据库的测试，重点在两个方面：一是通过应用系统的各种操作，数据库中的数据能否保持一致性，完整性约束是否有效实施；二是数据库的性能指标是否满足用户的性能要求，分析是否达到设计目标。在对数据库进行物理结构设计时，已经对系统的物理参数进行了初步设计。但一般的情况下，设计时在许多方面的考虑还只是对实际情况的近似估计，和实际系统的运行总有一定的差距，因此必须在试运行阶段实际测量和评价系统性能指标。事实上，有些参数的最佳值往往是经过运行调试后找到的。如果测试的物理结构参数与设计目标不符，则要返回到物理结构设计阶段，重新调整物理结构，修改系统物理参数。有些情况下要返回到逻辑结构设计，修改逻辑结构。

在试运行的过程中，要注意：在数据库试运行阶段，由于系统还不稳定，硬件、软件故障随时都可能发生。而系统的操作人员对新系统还不熟悉，误操作也不可避免，因此应首先调试DBMS的恢复功能，做好数据库的转储和恢复工作。一旦发生故障，能使数据库尽快恢复，减少对数据库的破坏。

5.6.2 数据库的运行和维护

数据库测试合格和试运行后，数据库开发工作基本完成，即可投入正式运行了。但是，由于应用环境不断变化，数据库运行过程中物理存储也会不断变化。对数据库设计的评价、调整、修改等维护工作是一个长期的任务，也是设计工作的继续和提高。

在数据库运行阶段，对数据库经常性的维护工作是由DBA完成的。主要有以下工作。

1. 数据库的转储和恢复

数据库的转储和恢复工作是系统正式运行后最重要的维护工作之一。DBA要针对不同的应用要求制订不同的转储计划，以保证一旦发生故障尽快将数据库恢复到某种一致的状态，并尽可能减少对数据库的损失和破坏。

2. 数据库的安全性和完整性控制

在数据库的运行过程中，由于应用环境的变化，对数据库安全性的要求也会发生变化。例如有的数据原来是机密的，现在可以公开查询了，而新增加的数据又可能是机密的了。系统中用户的级别也会发生变化。这些都需要 DBA 根据实际情况修改原来的安全性控制。同样，数据库的完整性约束条件也会变化，也需要 DBA 不断修正，以满足用户需要。

3. 数据库性能的监控、分析和改造

在数据库运行过程中，监控系统运行，对检测数据进行分析，找出改进系统性能的方法，是 DBA 的又一重要任务。目前有些 DBMS 产品提供了检测系统性能的工具，DBA 可以利用这些工具方便地得到系统运行过程中一系列参数的值。DBA 应仔细分析这些数据，判断当前系统运行状况是否最优，应当做哪些改进，找出改进的方法。例如调整系统物理参数、对数据库进行重组织或重构造等。

4. 数据库的重组和重构

数据库运行一段时间后，由于记录不断增加、删除、修改，会使数据库的物理存储结构变坏，降低了数据存取效率，数据库性能下降，这时 DBA 就要对数据库进行重组，或部分重组(只对频繁增加、删除的表进行重组)。DBMS 系统一般都提供了对数据库重组的实用程序。在重组的过程中，按原设计要求重新安排存储位置、回收垃圾、减少指针链等，提高系统性能。

数据库的重组，并不修改原来的逻辑和物理结构，而数据库的重构则不同，它是指部分修改数据库模式和内模式。

由于数据库应用环境发生变化，增加了新的应用或新的实体，取消了某些应用，有的实体和实体间的联系也发生了变化等，使原有的数据库模式不能满足新的需求，需要调整数据库的模式和内模式。例如，在表中增加或删除了某些数据项，改变数据项的类型，增加和删除了某个表，改变了数据库的容量，增加或删除了某些索引等。当然数据库的重构是有限的，只能做部分修改。如果应用变化太大，重构也无济于事，说明此数据库应用系统的生命周期已经结束，应该设计新的数据库。

5.7　小　　结

本章主要讨论了数据库设计的方法、步骤，列举了较多的实例，详细介绍了数据库设计各个阶段的目标、方式、工具及注意事项。其中重点介绍了概念结构设计和逻辑结构设计，这也是数据库设计过程中最重要的两个环节。

数据库设计属于方法学的范畴，应掌握基本方法和一般原则，并能在数据库设计过程中加以灵活运用，设计出符合实际需求的数据库。

第6章　数据库保护

在数据库系统运行时，DBMS 要对数据库进行监控，以保证整个系统的正常运转，防止数据意外丢失和不一致数据的产生。DBMS 对数据库的监控称为数据库的管理，有时也称为数据库的保护。通常认为数据库管理主要包括 4 个方面：数据库的安全性控制、数据库的完整性控制、并发控制和数据库的恢复。每一方面构成了 DBMS 的一个子系统。并发控制和数据库恢复都与数据库中“事务”的概念与技术密切相关。在 DBS 中运行的最小逻辑工作单位是“事务”，所有对数据库的操作都要以事务为一个整体单位来执行或撤销。本章先讨论数据库的事务处理技术，以此为基础研究数据库的并发控制与数据库的恢复，最后介绍数据库的完整性和安全性控制。

6.1　数据库事务处理

数据库并发控制及数据库故障恢复都是以事务处理为核心的。本节主要讨论事务的概念、事务处理基本操作和 SQL 中事务处理语句。这些都是事务并发控制和数据库故障恢复的必要基础。

6.1.1　事务的定义

事务(Transaction)是构成单一逻辑工作单元的操作集合，要么完整地执行，要么完全不执行。例如，在银行活动中，“从账号 A 转一笔款($5000)到账号 B”是一个典型的银行数据库业务。这个业务可以分解为两个动作：

- 从账户 A 中减掉金额$5000；
- 在账户 B 中增加金额$5000。

这两个动作应当构成一个不可分割的整体，不能只做动作 A 而忽略动作 B，否则从账户 A 中减掉的金额$5000 就成了问题；同样也不能只做动作 B 而动作 A 不做。也就是说，这个业务必须是完整的，要么全做，要么全不做，决不允许只做了一半操作。这种“不可分割”的业务单位在数据库运行中就应该是一个典型的事务。

事务是数据库的逻辑工作单位，也是数据库恢复和并发控制的基本单位，它是由用户定义的一组操作序列，这些操作要么都做，要么都不做。在关系数据库中，一个事务可以是一组 SQL 语句、一条 SQL 语句或整个程序。通常情况下，一个应用程序包括多个事务。

在程序中，通常显式地告诉 DBS 哪几个动作属于一个事务，这可以通过标记事务的开始与结束来实现。不同的事务处理模型中，事务的开始标记不完全一样，通常以 BEGIN TRANSACTION 标志开始；但事务的结束标志都是一样的。事务的结束标志有两个：以 COMMIT 语句或以 ROLLBACK 语句结束。

COMMIT 语句表示事务执行成功地结束(提交)，也就是事务中的所有操作都已交付实施，称为永久的操作。ROLLBACK 语句表示事务执行不成功地结束(应该“回退”)，也就是事务中的所有操作被撤销，数据库回到该事务开始之前的状态。

因此，上述的转账业务可以组织成如下事务：

```
BEGIN TRANSACTION                    /*事务开始语句*/
```

```
A－5000;
if(A 不成功)  ROLLBACK;                    /*事务回退语句*/
    else     {  B＋5000;
             if(B 不成功)  ROLLBACK; }     /*事务回退语句*/
COMMIT                                     /*事务提交语句*/
```

第 1 个 ROLLBACK 语句表示账户 A 扣款不成功时，就拒绝这个转账操作；第 2 个 ROLLBACK 语句表示账户 B 转入不成功时，也要执行回退操作，数据库要恢复到这个事务开始以前的状态，即转出的款项也要还给 A。COMMIT 语句表示整个转账操作顺利结束，数据库处于一个新的一致性状态。

6.1.2　事务的 ACID 性质

为确保 DBMS 对数据库管理过程的正常进行，事务必须具备四个性质，即原子性(Atomicity)、一致性(Consistency)、隔离性(Isolation)和持久性(Durability)。这四个性质简称为事务的 ACID 性质。

1．原子性

一个事务对数据库的所有操作是一个不可分割的整体，这些操作要么都做，要么都不做。事务的原子性是对事务最基本的要求。

2．一致性

数据库中的数据不会因事务的执行而遭受破坏，事务执行的结果应当使得数据库由一种一致性状态达到另一种新的一致性状态。数据的一致性保证数据库的完整性。另外，事务的一致性和原子性密切相关，因此编写事务的应用程序员要确保单个事务的一致性。

3．隔离性

在多个事务并发执行时，系统应保证与这些事务先后单独执行时的结果一样，此时称事务达到了隔离性的要求。也就是在多个事务并发执行时，保证执行结果是正确的，不受其先后次序的影响，也不被其他事务所影响，如同在单用户环境下执行一样。

4．持久性

事务的持久性也称为永久性(Permanence)，指一个事务一旦完成全部操作后，它对数据库的所有更新应永久地反映在数据库中，不会丢失。此后的操作或故障不会对事务的操作结果产生任何影响。持久性由 DBMS 的恢复子系统实现。

事务是数据库并发控制和恢复的基本单位。无论发生何种情况，DBS 都必须保证事务能正确、完整地执行。

6.1.3　事务处理模型

事务有两种类型：一种是显式事务，另一种是隐式事务。**隐式事务**是指每一条数据操作语句都自动地成为一个事务；**显式事务**是有显式的开始标记和结束标记的事务。对于显式事务，不同的 DBMS 有不同的形式，一类是采用 ISO 事务处理模型，另一类是 T-SQL 事务处理模型。下面简单介绍这两种模型。

1．ISO 事务处理模型

ISO 事务处理模型是明尾暗头，即事务的开头是隐式的，而事务的结束有明确标记。在这种模型中，程序的首条 SQL 语句或前一个事务结束语句后的第一条 SQL 语句自动成为事务的开始；而在程序正常结束处或在 COMMIT 或 ROLLBACK 语句处是事务的终止。

例如前面的转账例子，用 ISO 事务处理模型可描述如下：

```
UPDATE 账户余额表 SET 账户余额＝账户余额－5000
       WHERE 账户名＝‘A’
UPDATE 账户余额表 SET 账户余额＝账户余额＋5000
       WHERE 账户名＝‘B’
COMMIT
```

2. T-SQL 事务处理模型

T-SQL 使用的事务处理模型对每个事务都有显式的开始标记和结束标记。事务的开始标记是：BEGIN TRANSACTION | TRAN（TRANSACTION 可简写为 TRAN），事务的结束标记有如下两个。

- COMMIT ［TRANSACTION | TRAN］：正常结束；
- ROLLBACK ［TRANSACTION | TRAN］：异常结束。

如前面的转账例子，用 T-SQL 事务处理模型可描述如下：

```
BEGIN TRANSACTION
       UPDATE 账户余额表 SET 账户余额＝账户余额－5000
           WHERE 账户名＝‘A’
       UPDATE 账户余额表 SET 账户余额＝账户余额＋5000
           WHERE 账户名＝‘B’
COMMIT
```

6.1.4 事务的状态

为了精确地描述事务的工作，建立一个抽象的事务模型，事务的状态变迁图如图 6-1 所示。

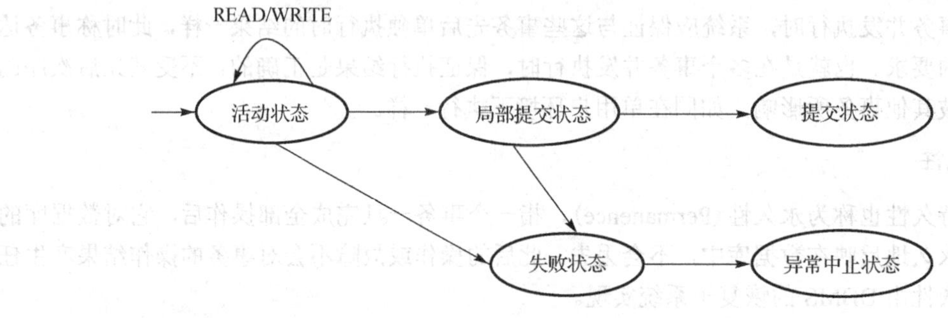

图 6-1 事务的状态变迁图

1. 活动状态

在事务开始执行后，立即进入“活动”状态(Active)。在活动状态，事务将执行对数据库的读/写操作。需要注意的是，此时的“写操作”并不立即写到磁盘上，通常暂时存放在系统缓冲区中。

2. 局部提交状态

事务的最后一个语句执行之后，进入“局部提交”状态(Partially Committed)。事务执行完了，对数据库的修改通常暂时留在系统缓冲区中，所以事务还未真正结束，故名为局部提交状态。

3. 失败状态

处于活动状态的事务还没到达最后一个语句就中止执行，此时事务进入“失败”状态

(Failed)。或者，处于局部提交状态的事务遇到故障(如硬件故障未能完成对数据库的修改)也进入失败状态。

4．异常中止状态

处于失败状态的事务很可能已对磁盘中的数据进行了一部分修改。为了保证事务的原子性，应该撤销(Undo 操作)该事务对数据库已做的修改。对事务的撤销操作成为事务的回退(Rollback)。事务的回退由DBMS的恢复子系统执行。

对于异常中止状态(Aborted)的事务，系统在处理时有两种选择。

(1)事务重新启动。对于由硬件错误、软件错误造成的而不是由事务内部逻辑造成的异常中止，可以重新启动该事务。重新启动的事务看作一个新的事务。

(2)取消事务。如果发现事务的内部逻辑有错误，那么应该取消原事务，重新改写应用程序。

5．提交状态

事务进入局部提交状态后，并发控制系统将检查该事务与并发事务是否发生干扰现象(即是否发生错误)。在检查通过之后，系统执行提交(COMMIT)操作，把对数据库的修改全部写到磁盘上，并通知系统，事务成功地结束，事务进入“提交”状态(Committed)。

事务的提交状态和异常中止状态都是事务的结束状态。

6.2 数据库故障及恢复

当前计算机软、硬件技术已经发展到相当高的水平，但硬件的故障、系统软件和应用软件的错误、操作员的失误及恶意的破坏仍然是不可避免的。为了保证各种故障发生后，数据库中的数据都能从错误状态恢复到某种逻辑一致的状态，数据库管理系统中的恢复子系统是必不可少的。系统能把数据库从被破坏、不正确的状态恢复到最近一个正确的状态，DBMS的这种功能称为数据库的恢复(Recovery)。数据库系统所采用的恢复技术是否行之有效，不仅对系统的可靠程度起着决定性作用，而且对系统的运行效率也有很大影响，是衡量系统性能优劣的重要指标之一。

6.2.1 数据库故障分类

在DBS引入事务的概念后，从事务的观点来看，当数据库中只包含成功事务提交的结果时，就说该数据库中的数据处于一致性状态。由事务的原子性质来看，这种意义下的数据一致性应当是对数据库的最基本要求。

反过来看，数据库系统在运行当中出现故障时，有些事务就会尚未完成而被迫中断。这些事务对数据库的部分修改就会使得数据库处于一种不正确的状态，或者说不一致状态，就需要根据故障类型采取相应的措施，将数据库恢复到某种一致状态。

由于事务是数据库基本操作逻辑单元，数据库中的故障就具体表现为事务执行的成功与失败。因此从事务的观点可以把数据库故障分为事务故障、系统故障和介质故障等。

1．事务故障

事务故障是指事务在运行过程中由于种种原因，如输入数据的错误、运算溢出、违反了某些完整性限制、某些应用程序的错误及并行事务发生死锁等，使事务未运行至正常终止点就夭折了。事务故障属于小型故障。

2．系统故障

系统故障称为软故障，是指造成系统停止运转的任何事件，使得系统要重新启动。系统故障是指系统在运行过程中由于某种原因，如操作系统或DBMS代码错误、操作员操作失误、特定类型的硬件错误(如 CPU 故障)、突然停电等造成系统停止运行，致使所有正在运行的事务都以非正常方式终止，此时系统停止运转，要重新启动。系统故障会影响正在运行的所有事务，并且内存中的内容全部丢失，但不破坏数据库。由于故障发生时正在运行的事务都非正常终止，从而造成数据库中的某些数据不正确。DBMS的恢复子系统必须在系统重新启动时对此进行处理以保证将数据库恢复到一致状态。系统故障属于中型故障。

3．介质故障

介质故障称为硬故障，指外存故障，存储介质发生物理损坏而造成的对数据库的破坏称为介质故障。介质故障发生的可能性比前两类小，但由于操作系统的某种潜在错误、磁头碰撞、磁盘受损、瞬时强磁场干扰，磁盘上的物理数据和日志文件被破坏，这是最严重的一种故障，其危害性最大。此类故障属于大型故障。

4．计算机病毒

计算机病毒(Computer Virus)是一种人为的故障或破坏，是一些恶作剧者研制的一种计算机程序。危害是破坏、盗窃系统中的数据，破坏系统文件。

总结各类故障对数据库的影响有两种：一种是数据库本身被破坏；另一种是数据库本身没有被破坏，但数据可能不正确(因事务的异常终止引起)。如果数据库被破坏，则需要使用数据库的恢复技术将数据库恢复到正确和一致的状态。

数据库恢复的原则很简单，实现的方法也比较清楚，但做起来相当复杂。

6.2.2 数据库恢复技术

数据库恢复就是将数据库从被破坏、不正确和不一致的故障状态恢复到最近一个正确和一致的状态。

数据库恢复的基本原理是建立“冗余”数据，对数据进行某种意义之下的重复存储。恢复的基本原理虽然简单，但实现技术相当复杂。一般一个大型数据库产品，恢复子系统的代码要占全部代码的10%以上。

换句话说，确定数据库是否可以恢复的依据就是其包含的每一条信息是否可以利用冗余的、存储在系统其他地方的数据来进行重构。因此数据库的恢复包括以下两步：一是建立冗余数据；二是利用冗余数据实施数据库恢复。

建立冗余数据最基本的技术是数据转储和建立日志文件。通常在一个数据库系统中，两种方法是一起使用的。其中数据转储是定时对数据库进行备份，其作用是为恢复提供数据基础。建立日志文件是记录事务对数据库的更新操作，其作用是将数据库尽量恢复到最近状态。

实施数据库恢复的策略将在6.2.3节介绍。

1．数据转储

数据转储也称数据库备份，是指 DBA 定期地将整个数据库的内容复制到另一个存储设备中保存起来的过程。这些备用的数据文本称为后备副本或后援副本。一旦系统发生介质故障，数据库遭到破坏，可以将后备副本重新装入，把数据库恢复起来。

转储的内容包括：数据库中的表(结构)、数据库用户(包括用户和用户操作权)、用户定义的数据库对象和数据库中的全部数据，还应该包括数据库日志等。其中表应包含系统表、用户定义的表。转储的介质可以是磁带也可以是磁盘，但通常选用磁带。

(1)从转储运行状态来看，数据转储可以分为静态转储和动态转储

静态转储指的是转储过程中无事务运行，此时不允许对数据库执行任何操作(包括存取与修改操作)，转储事务与应用事务不可并发执行。静态转储得到的必然是具有数据一致性的副本。

动态转储即转储过程中可以有事务并发运行，允许对数据库进行操作，转储事务与应用程序可以并发执行。

静态转储执行比较简单，但转储事务必须等到应用事务全部结束之后才能进行，常常降低数据库的可用性，并带来一些麻烦。动态转储克服了静态转储的缺点，不用等待正在运行的用户事务结束，也不会影响正在进行事务的运行，可以随时进行转储事务。但转储事务与应用事务并发执行，容易带来动态过程中的数据不一致性，因此技术上要求比较高。例如，需要将动态转储期间各事务对数据库进行的修改活动逐一登记下来，建立日志文件。

(2)从转储进行方式来看，数据转储可以分为海量转储与增量转储

海量转储是每次转储数据库的全部数据。

增量转储则是每次转储数据库中自上次转储以来产生变化的那些数据。

从数据库恢复考虑，使用海量转储得到的后备副本进行恢复会十分方便；但从工作量角度出发，当数据库很大、事务处理又十分频繁时，海量转储的数据量就相当惊人，具体实现不易进行，因此增量转储往往更为实用和有效。

另外，还要考虑选择适当的转储频率。通常情况下，数据库可以每周转储一次，事务日志可以每日转储一次。对于重要的联机事务处理数据库，要每日转储，事务日志则每隔数小时转储一次。

不同的 DBMS 提供的转储机制不尽相同，要根据实际情况来确定转储方案。

2. 日志文件

日志(Logging)是系统为数据恢复而建立的一个文件，用来记录事务对数据库的每一次更新操作，同时记录更新前后的值，使得以后在恢复时“有案可查”和“有据可依”。不同的数据库系统采用的日志文件格式并不完全一样。

日志文件由日志记录组成。在日志文件中，每个事务的开始标志(BEGIN TRANSACTION)、结束标志(COMMIT 或 ROLLBACK)和修改标志构成了日志的一个日志记录(Log Record)。具体地说，每个日志记录包含的主要内容为：事务标识、操作时间、操作类型(增、删、或修改操作)、操作目标数据、更改前的数据旧值和更改后的数据新值。

(1)运行记录优先原则

日志以事务为单位，按执行的时间次序进行记录，同时遵循“运行记录优先”原则。在恢复处理过程中，将对时间进行的修改写到数据库中和将表示该修改的运行记录写到日志当中是两个不同的操作，这样就有一个“先记录后执行修改”还是“先执行修改再记录”的次序问题。如果在这两个操作之间出现故障，先写入的一个可能保留下来，另一个就可能丢失日志。如果保留下来的是数据库的修改，而在运行记录中没有记录下这个修改，以后就无法撤销这个修改。由此看来，为了安全，运行记录应该先记录下来，这就是“运行记录优先”原则。其基本点有两个：

只有在相应运行记录已经写入日志之后，方可允许事务对数据库写入修改；

只有事务所有运行记录都写入运行日志后，才能允许事务完成“提交”处理。

(2)日志文件在恢复中的作用

日志文件在数据库恢复中有着非常重要的作用，表现在以下方面。

事务故障和系统故障的恢复必须使用日志文件。

在动态转储方式中必须建立日志文件，后备副本和日志文件结合起来才能有效恢复数据库。

在静态转储方式中也可以建立和使用日志文件。如果数据库遭到破坏，此时日志文件的使用过程为：通过重新装入后备副本将数据库恢复到转储结束时的正确状态；利用日志文件对已经完成的事务进行重新处理，对故障尚未完成的事务进行撤销处理。这样，不必重新运行那些已经完成的事务程序就可以把数据库恢复到故障前某一时刻的正确状态。

3. 事务撤销与重做

数据库故障恢复的基本单位是事务，因此在数据恢复时主要使用事务撤销(UNDO)与事务重做(REDO)两个操作。

(1)事务撤销操作

在一个事务执行中产生故障，为了进行恢复，首先必须撤销该事务，使事务恢复到开始处，其具体过程如下：

① 反向扫描日志文件，查找应该撤销的事务；

② 找到该事务的更新操作；

③ 对更新操作执行逆操作，即如果是插入操作则做删除操作；如果是删除操作则用更新前的数据旧值做插入；如是修改操作则用修改前的值替代修改后的值；

④ 按上述过程反复执行，即反复做更新操作的逆操作，直到该事务的开始标记出现为止，此时该事务撤销结束。

(2)事务重做操作

若一个事务已经执行完成，它的更改数据也已写入数据库，但是由于数据库遭受破坏，为恢复数据库需要重做，所谓事务重做实际上是仅对其更改操作重做。重做过程如下：

① 正向扫描日志文件，查找重做事务；

② 找到该事务的更新操作；

③ 对更新操作重做，如果是插入操作则将更改后的新值插入至数据库；如果是删除操作则将更新前的旧值删除；如果是修改操作则将更改前的旧值修改成更新后的新值；

④ 如此正向反复进行更新操作，直到该事务的结束标记出现为止，此时该事务重做操作结束。

4. 镜像技术

镜像就是在不同的设备上同时存有两份数据库，把其中的一个设备称为主设备，把另一个设备称为镜像设备。主设备与镜像设备互为镜像关系。每当主数据库更新时，DMBS自动把更新后的数据复制到另一个镜像设备上，保证主设备上的数据库与镜像设备上的数据库一致。

数据库镜像功能可用于有效地恢复磁盘介质的故障。

5. 检查点技术

(1)检查点方法

前面多次提到的 REDO(重做)、UNDO(撤销)操作，实际上是采用检查点(Checkpoint)方法实现的，大多数 DBMS 产品都提供这种技术。在 DBS 运行时，DBMS 定时设置检查点。在检查点时刻才真正做到把对 DB 的修改写到磁盘，并在日志文件写入一条检查点记录(以便恢复时使用)。当 DB 需要恢复时，只有那些在检查点后面的事务才需要恢复。若每小时进行 3～4 次检查，则只有不超过 20～15 分钟的处理需要恢复。这种检查点机制大大减少了 DB 恢复的时间。一般 DBMS 产品自动实行检查点操作，无须人工干预。发生故障时与检查点有关的事务的可能状态如图 6-2 所示。

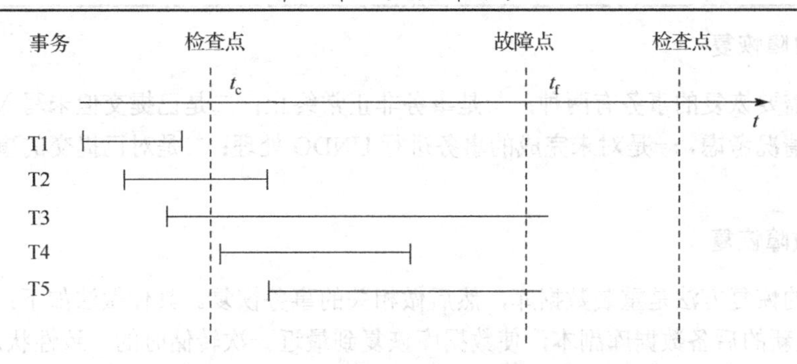

图 6-2　发生故障时与检查点有关的事务的可能状态

设 DBS 运行时，在 t_c 时刻产生了一个检查点，而在下一个检查点来临之前的 t_f 时刻系统发生故障，把这一阶段运行的事务分成 5 类(T1～T5)。

① 事务 T1 不必恢复。因为它们的更新已经在检查点 t_c 时写到数据库中去了。

② 事务 T2 和事务 T4 必须重做(REDO)。因为它们结束在下一个检查点之前，它们对 DB 的修改仍在内存缓冲区，还未写到磁盘。

③ 事务 T3 和事务 T5 必须撤销(UNDO)。因为它们还未做完，必须撤销事务已对 DB 做的修改。

(2) 检查点方法的恢复算法

采用检查点方法的基本恢复算法分成两步。

① 根据日志文件建立事务重做队列和事务撤销队列。

此时，从头扫描日志文件(正向扫描)，找出在故障发生前已经提交的事务(这些事务执行了 COMMIT)，将其事务标识记入重做队列。

同时，还要找出故障发生时尚未完成的事务(这些事务还未执行 COMMIT)，将其事务标识记入撤销队列。

② 对重做队列中的事务进行 REDO 处理，对撤销队列中的事务进行 UNDO 处理。

进行 REDO 处理的方法是：正向扫描日志文件，根据重做队列的记录对每一个重做事务重新实施对数据库的更新操作。

进行 UNDO 处理的方法是：反向扫描日志文件，根据撤销队列的记录对每一个撤销事务的更新操作执行逆操作(对插入操作执行删除操作，对删除操作执行插入操作，对修改操作则用修改前的值代替修改后的值)。

6.2.3　数据库恢复策略

利用后备副本、日志及事务的 UNDO 和 REDO 可以对不同的数据实行不同的恢复策略。

1．事务故障恢复

事务故障属于事务内部的故障，恢复的方法是利用事务的 UNDO 操作。具体有下面两种情况。

(1) 事务内部的故障有些是可以预见的，这样的故障可以通过事务程序本身发现。如转账时账户余额不足等，这时可以在事务的代码中加入判断和 ROLLBACK 语句，来进行有控制的事务回退。

(2) 还有很多事务内部的故障是非预见性的，如运算溢出、数据错误、并发事务发生死锁而被撤销等，这样的故障不能由应用程序来处理。此时应由系统直接对该事务执行 UNDO 处理，对用户是透明的。

2．系统故障恢复

系统故障需要恢复的事务有两种：一是事务非正常终止；二是已提交但未写入磁盘生效。恢复时也分两种情况考虑，一是对未完成的事务进行 UNDO 处理；二是对已提交的事务进行 REDO 操作。

3．介质故障恢复

介质故障的恢复方法是重装数据库，然后做相关的事务恢复。具体做法如下：

(1)装入最新的后备数据库副本，使数据库恢复到最近一次转储时的一致性状态；

(2)检查日志文件，对最后一次转储之后的所有执行完成的事务做 REDO；

(3)检查日志文件，对最后一次转储之后的所有未执行完成的事务做 UNDO。

这样就可以将数据库恢复至故障前某一时刻的一致状态了。介质故障的恢复需要 DBA 介入。但 DBA 只需要重装最近转储的数据库副本和有关的各日志文件副本，然后执行系统提供的恢复命令即可，具体的恢复操作仍由 DBMS 完成。

4．利用镜像技术恢复

随着磁盘容量的增大和价格趋低，数据库镜像(Mirror)的恢复方法得到了重视，并且逐渐为人们所接受。

数据库镜像方法即由 DBMS 提供日志文件和数据库的镜像功能，根据 DBA 的要求，DBMS 自动将整个数据库或其中的关键数据及日志文件实时复制到另一个磁盘，每当数据库更新时，DBMS 会自动将更新的数据复制到磁盘镜像中，并能保障主要数据与镜像数据的一致性。数据库镜像方法的基本功能在于：

(1)一旦出现存储介质故障，可由磁盘镜像继续提供数据库的可使用性，同时由 DBMS 自动利用磁盘镜像对数据库进行修补恢复，而不需要关闭系统和重新装载数据库后备副本；

(2)镜像技术也可用于数据的并发操作，当一个用户给数据加排他锁修改数据时，其他用户可读镜像数据库上的数据，而不必等待释放锁。

一般情况下，主数据库主要用于修改，镜像数据库主要用于查询。

数据库镜像方法是一种较好的方法，它不需要进行频繁的恢复工作。但是它利用复制技术，会占用大量系统时间开销，从而影响数据库运行效率，因此只能是可以选择的方案。

6.3 并 发 控 制

数据库是一个共享资源，可以供多个用户使用。这些用户程序可以一个一个地串行执行，每个时刻只有一个用户程序运行，执行对数据库的存取，其他用户程序必须等到这个用户程序结束以后方能对数据库存取。如果一个用户程序涉及大量数据的输入/输出交换，则数据库系统的大部分时间将处于闲置状态。为了充分利用数据库资源，发挥数据库共享资源的特点，应该允许多个用户并行地存取数据库。但这样就会产生多个用户程序并发存取同一数据的情况。这里的“并发”(Concurrent)是指在单处理机(一个 CPU)上，利用分时方法实行多个事务同时执行。若对并发操作不加控制，就可能会存取和存储不正确的数据，破坏数据库的一致性。

前面提到，事务是并发控制的基本单位，保证事务的 ACID 特性是事务处理的重要任务，而事务的 ACID 特性会因多个事务对数据的并发操作而遭到破坏。为保证事务之间的隔离性和一致性，数据库管理系统必须对并发操作加以正确的控制。并发控制就是要用正确的方式调度并发操作，避免造成数据的不一致性，使一个用户事务的执行不受其他事务的干扰。并发控制机制的好坏是衡量一个数据库管理系统性能的重要标志之一。DBMS 的并发控制子系统负责协调并发事务的执行，保证数据库的完整性，同时避免用户得到不正确的数据。

6.3.1　并发操作带来的数据不一致性

即使每个事务单独执行时是正确的，但多个事务并发执行时，如果系统不加以控制，仍会破坏数据库的一致性，或者用户读取了不正确的数据。数据库的并发操作通常会带来三个问题：丢失更新、不可重复读和读“脏”数据。

1. 丢失更新

丢失更新(Lost Update)是指事务 1 与事务 2 从数据库中读入同一数据并修改，其中事务 2 的提交结果破坏了事务 1 提交的结果，导致事务 1 的修改被丢失。丢失更新是由于两个事务对同一数据并发地进行写入操作所引起的，因而称为写-写冲突(Write-Write Conflict)。

[例 6-1] 现有某航班的机票 36 张，甲售票点售出 2 张、乙售票点售出 1 张。把甲对数据库的操作记为事务 T1、乙对数据库的操作记为事务 T2。在两事务单独执行的情况下，不管执行次序是先 T1 后 T2 还是先 T2 后 T1，结果都应该是共卖出 3 张机票，剩余 33 张。但当两事务按表 6-1 中的序列并发执行时，结果明明卖出 3 张机票，数据库中机票余额却只减少 1，还剩余 35 张。这个值肯定是错误的，因为在时间 t7 丢失了事务 T1 对数据库的更新操作，因而这个并发操作是不正确的。

表 6-1　导致丢失更新的并发执行序列表

时间	更新事务 T1	数据库中 A 的值	更新事务 T2
t0		36	
t1	READ　A		
t2			READ　A
t3	A:=A－2		
t4			A:=A－1
t5	WRITE　A		
t6		34	WRITE　A
t7		35	

注：READ—从 DB 中读值；WRITE—把值写回到 DB。

2. 不可重复读

不可重复读(Non-repeatable Read)是指事务 1 读取数据 A 后，事务 2 执行更新 A 的操作，使得事务 1 再次读取 A 时，发现前后两次读取的值发生了变化，从而无法再现前一次的读取结果。

[例 6-2] 有事务 T1 需要两次读取同一数据 A，但是在两次读操作的间隔中，另一个事务 T2 改变了 A 的值。因此，T1 在两次读同一数据 A 时读出了不同的值。其并发执行序列如表 6-2 所示。

3. 读“脏”数据

读“脏”数据(Dirty Read)是指事务 1 将某一数据 A 修改为 B，并将其写回磁盘，事务 2 读取该数据得到值 B 后，事务 1 由于某种原因被撤销，此时该数据恢复原值 A，事务 2 读到的值 B 就与数据库中的数据不一致，是不正确的数据。这种不一致或不存在的数据通常就称为“脏”数据。

读“脏”数据是由一个事务读取的另一个事务尚未提交的数据所引起的，因而称之为读-写冲突(Read-Write Conflict)。

表 6-2 导致不可重复读的并发执行序列表

时间	读事务 T1	数据库中 A 的值	更新事务 T2
t0		36	
t1	READ A		
t2			READ A
t3			A:=A－1
t4			WRITE A
t5		35	COMMIT
t6	READ A	35	

[例 6-3] 有事务 T1 把 A 的值修改为 34，但尚未提交(即未做 COMMIT 操作)，事务 T2 紧跟着读未提交的 A 值(34)。随后，事务 T1 做 ROLLBACK 操作，A 的值被恢复为 36。而事务 T2 仍在使用被撤销了的 A 的值 34。其并发执行序列表如表 6-3 所示。

表 6-3 导致读“脏”数据的并发执行序列表

时间	更新事务 T1	数据库中 A 的值	读事务 T2
t0		36	
t1	READ A		
t2	A:=A－2		
t3	WRITE A		
t4		34	READ A
t5	*ROLLBACK*		
t6		36	

这些问题都需要并发控制子系统来解决。例如，对于例 6.1 中的丢失更新问题，通常采用封锁(Locking)技术加以解决。

(1)在时间 t2 应避免事务 T2 执行 READ 操作，因为此时事务 T1 已读了 A 值，将要进行更新。

(2)在时间 t5 应避免事务 T1 执行 WRITE 操作，因为事务 T2 已在使用 A 值。

6.3.2 封锁技术

在数据库环境下，进行并发控制的主要方式是使用封锁机制，即加锁(Locking)。加锁是一种并行控制技术，用来调整对共享目标(如数据库中共享记录)的并行存取。事务通过向封锁管理程序的系统组成部分发出请求而对记录加锁。

锁(Lock)是一个与数据项相关的变量，对可能应用于该数据项上的操作而言，锁描述了该数据项的状态。加锁就是通过该状态的变化来限制事务内和事务外对数据的操作。即事务 T 在对某个数据操作之前，先向系统发出请求，封锁其所要使用的数据。在事务 T 释放它的锁之前，其他事务不能操作这些数据。

通常数据库中的每个数据项都有一个锁。锁的作用是使并发事务对数据库中的数据项的访问能够同步。封锁技术中主要有两种基本锁：排他型封锁和共享型封锁。

1. 排他型封锁(X 锁)

在封锁技术中最常用的一种锁是排他型封锁(Exclusive Lock)，简称为 X 锁，又称为写锁。

若事务 T 给数据对象 A 加了 X 锁，则允许 T 读取和修改 A，但不允许其他事务再给 A 加任何类型的锁和进行任何操作，这种锁称为 X 锁。

一旦一个事务获得了对某一数据的排他锁，则任何其他事务均不能对该数据进行任何封锁，其他事务只能进入等待状态，直到第一个事务撤销了对该数据的封锁。

2. 共享型封锁(S 锁)

采用 X 锁的并发控制技术，并发度低，只允许运行一个事务独锁数据。而其他申请封锁的事务只能排队去等。为此，降低要求，允许并发的读操作，就引入了共享型锁(Shared Lock)，这种锁简称为 S 锁，又称为读锁。

若事务 T 给数据对象 A 加了 S 锁，则事务 T 可以读 A，但不能修改 A，其他事务可以再给 A 加 S 锁，但在对该数据的所有 S 锁都解除之前决不允许任何事务对该数据加 X 锁，这种锁称为 S 锁。

对于读操作(检索)，可以多个事务同时获得共享锁，但阻止其他事务对已获得共享锁的数据进行排他封锁。

3. 封锁的相容矩阵

排他锁和共享锁的控制方式可以用表 6-4 所示的相容矩阵来表示。在该矩阵中，最左边一列表示事务 T1 已经获得的数据对象上的锁的类型，最上面一行表示另一个事务 T2 对同一数据对象发出的加锁请求。T2 的加锁请求能否被满足在矩阵中分别用“是”和“否”表示，“是”表示事务 T2 的加锁请求与 T1 已有的锁兼容，加锁请求可以满足；“否”表示事务 T2 的加锁请求与 T1 已有的锁冲突，加锁请求不能满足。

表 6-4 加锁类型的相容矩阵表

T2 / T1	X	S	无锁
X	否	否	是
S	否	是	是
无锁	是	是	是

[例 6-4] 使用 X 锁技术，可以解决例 6.1 的丢失更新问题。如表 6-5 所示，事务 T1 先对 A 实现 X 锁，更新 A 值以后，在 COMMIT 之后，事务 T2 再重新执行“READ A”操作，并对 A 进行更新(此时 A 已是事务 T1 更新过的值)，这样就能得出正确的结果。

表 6-5 采用封锁技术的并发执行序列表

时间	更新事务 T1	数据库中 A 的值	更新事务 T2
t0		36	
t1	READ A		
t2			READ A (失败)
			wait (等待)
t3	A:=A−2		wait
t4			wait
t5	WRITE A		wait
t6		34	wait
t7	COMMIT(包括解锁)		wait
t8			READ A (重做)
t9			A:=A−1
t10			WRITE A
t11		33	COMMIT(包括解锁)

4. 封锁的粒度

X锁和S锁都是加在某一个数据对象上的。封锁的对象可以是逻辑单元，也可以是物理单元。例如，在关系数据库中，封锁对象可以是属性值、属性值集合、元组、关系、索引项、整个索引、整个数据库等逻辑单元；也可以是页(数据页或索引页)、块等物理单元。封锁对象可以很大，如对整个数据库加锁，也可以很小，如只对某个属性值加锁。

封锁对象的大小称为封锁的粒度(Granularity)。

封锁粒度与系统并发度和并发控制开销密切相关。封锁的粒度越大，系统中能被封锁的对象就越少，并发度也就越小，但同时系统的开销也就越小；相反，封锁的粒度越小，并发度越高，但系统开销也就越大。

因此，在一个系统中同时存在不同大小的封锁单元供不同的事务选择使用是比较理想的。而选择封锁粒度时必须同时考虑封锁机制和并发度两个因素，对系统开销和并发度进行权衡，以求得最佳效果。一般来说，需要处理大量元组的用户事务可以以关系为封锁单位；而对于一个处理少量元组的用户事务，可以以元组为封锁单位以提高并发度。

5. 封锁协议

在运用封锁机制时，还需要约定一些规则，如何时申请X锁或S锁、持锁时间、何时释放锁等，称这些规则为**封锁协议**或**加锁协议**(Locking Protocol)。对封锁方式规定不同的规则，就形成了各种不同级别的封锁协议。不同级别的封锁协议所能达到的系统一致性级别是不同的。

下面介绍三级封锁协议，分别在不同程度上解决了并发操作带来的各种问题，为并发操作的正确调度提供一定的保证。这三级协议的内容和优缺点见表6-6。

表6-6 封锁协议的内容和优缺点

<table>
<tr><th>级 别</th><th colspan="3">内 容</th><th>优 点</th><th>缺 点</th></tr>
<tr><td>一级封锁协议</td><td rowspan="3">事务在修改数据之前，必须先对该数据加X锁，直到事务结束时才释放</td><td colspan="2">但只读数据的事务可以不加锁</td><td>防止“丢失修改”</td><td>不加锁的事务可能“读脏数据”，也可能“不可重复读”</td></tr>
<tr><td>二级封锁协议</td><td rowspan="2">但其他事务在读数据之前必须先加S锁</td><td>读完数据后即可释放S锁</td><td>防止“丢失修改”，防止“读脏数据”</td><td>对加S锁的事务可能“不可重复读”</td></tr>
<tr><td>三级封锁协议</td><td>直到事务结束时才释放S锁</td><td>防止“丢失修改”，防止“读脏数据”，防止“不可重复读”</td><td></td></tr>
</table>

6.3.3 封锁带来的问题

利用封锁技术可以有效解决并发执行中错误的发生，但有可能产生其他两个问题：活锁、和死锁。下面分别讨论这两个问题的解决方法。

1. “活锁”问题

系统可能使某个事务永远处于等待状态，得不到封锁的机会，这种现象称为“活锁”(Live Lock)。

解决活锁问题的一种简单的方法是采用“先来先服务”的策略，也就是简单的排队方式。

如果运行时事务有优先级，那么很可能使优先级低的事务即使排队也很难轮上封锁的机会。此时可采用“升级”方法来解决，也就是当一个事务等待若干时间(譬如5分钟)还轮不上封锁时，可以提高其优先级别，这样总能轮上封锁。

2.“死锁”问题

系统中有两个或两个以上的事务都处于等待状态，并且每个事务都在等待其中另一个事务解除封锁，它才能继续执行下去，结果造成任何一个事务都无法继续执行，发生这种现象则称系统进入了“死锁”（Dead Lock）状态。

表 6-7 是两个事务死锁的例子。

表 6-7　封锁会引起死锁的并发操作

时间	事务 T1	事务 T2
t0	WRITE　A	
t1		WRITE　B
t2	WRITE　B	
t3	wait	WRITE　A
t4	wait	wait

可以用事务依赖图测试系统中是否存在死锁。图中每个结点是“事务”，箭头表示事务间的依赖关系。例如，表 6-7 所示的并发执行中的两个事务的依赖关系可用图 6-3 所示。在图中，事务 T1 需要数据 B，但 B 已被事务 T2 封锁，那么从 T1 到 T2 画一个箭头；然后，事务 T2 需要数据 A，但 A 已被事务 T1 封锁，那么从 T2 到 T1 画一个箭头。如果在事务依赖图中沿着箭头方向存在一个循环，那么死锁的条件就形成了，系统进入死锁状态。

数据B
T1
T2
数据A

图 6-3　事务依赖图

例如，图 6-4 所示为无环依赖图，表示系统未进入死锁状态；而图 6-5 所示为有环依赖图，则表示系统进入死锁状态。

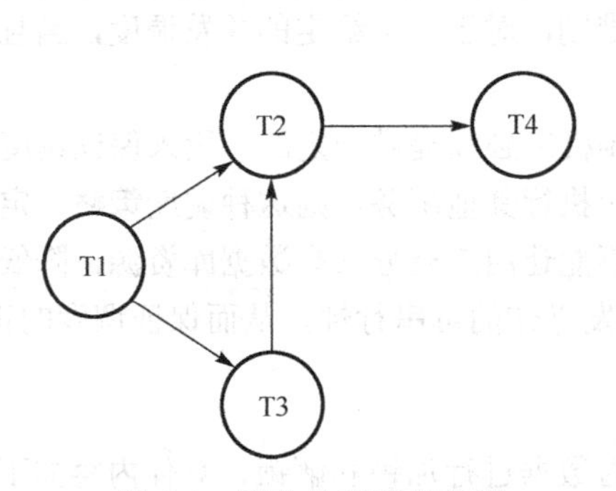

图 6-4　事务的无环依赖图

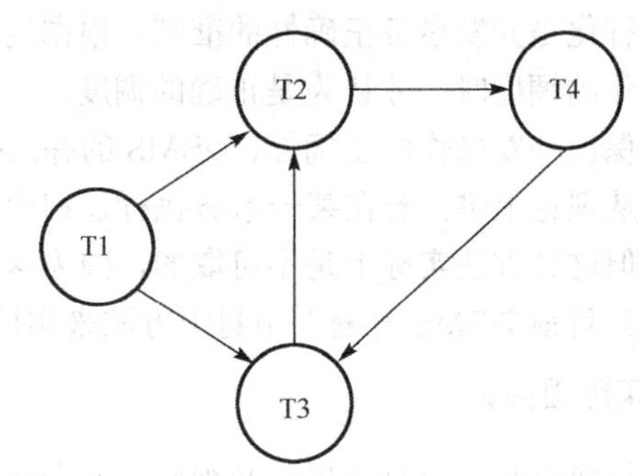

图 6-5　事务的有环依赖图

DBMS 中有一个死锁测试程序，每隔一段时间检查并发的事务之间是否发生死锁。如果发生死锁，那么只能抽取某个事务作为牺牲品，把它撤销，做回退操作，解除它的所有封锁，恢复到该事务的初始状态。释放出来的资源就可以分配给其他事务，使其他事务有可能继续运行下去，就有可能消除死锁现象。

理论上，系统进入死锁状态时可能会有许多事务在相互等待，但是 System R 的实验表明，实际上绝大部分的死锁只涉及两个事务，也就是事务依赖图中的循环里只有两个事务。有时，死锁也被形象地称作“死死拥抱”（Deadly Embrace）。

6.3.4 并发操作的调度

1. 事务的调度

事务的调度：事务的执行次序称为“调度”。串行调度：如果多个事务依次执行，则称为事务的串行调度(Serial Schedule)。并发调度：如果利用分时的方法同时处理多个事务，则称为事务的并发调度(Concurrent Schedule)。

数据库中事务的并发执行与操作系统中的多道程序设计的概念类似。在事务并发执行时，有可能破坏数据库的一致性，或用户读了“脏”数据。

如果有 n 个事务串行调度，可有 $n!$ 种不同的有效调度。事务串行调度的结果都是正确的，至于依照何种次序执行，视实际运行环境而定。

如果有 n 个事务并行调度，可能的并发调度数目远远大于 $n!$。但其中有的并发调度是正确的，有的是不正确的。如何产生正确的并发调度，是由DBMS的并发控制子系统实现的。如何判断一个并发调度是正确的，可以用“并发调度的可串行化”的概念解决。

2. 可串行化的概念

DBMS中运行的并发事务可能因为不同的调度(即不同的执行次序)而产生不同的结果，那么哪个结果是正确的，哪个是不正确的呢？直观地说，如果多个事务在某个调度下的执行结果与这些事务在某个串行调度下的执行结果相同，那么这个调度就一定是正确的。因为所有事务的串行调度策略一定是正确的调度策略。虽然以不同的顺序串行执行事务可能会产生不同的结果，但都不会将数据库置于不一致的状态，因此都是正确的。

如果一个并发调度的执行结果与某一串行调度的执行结果等价，那么这个并发调度称为“可串行化的调度”，否则是“不可串行化的调度”。

可串行化是并发事务正确性的准则，根据这个准则，对于一个给定的并发调度，当且仅当它是可串行化的调度时，才认为是正确的调度。

为了保证并发操作的正确性，DBMS的并发控制机制必须提供一定的手段来保证调度是可串行化的。从理论上讲，若在某一事务执行过程中禁止执行其他事务，则这种调度策略一定是可串行化的，但这种方法实际上是不可取的，因为这样不能让用户充分共享数据库资源，降低了事务的并发性。目前DBMS普遍采用封锁方法来实现并发操作的可串行性，从而保证调度的正确性。

3. 两段锁协议

两段锁协议是指所有的事务必须分为两个阶段对数据进行加锁和解锁，具体内容如下。

(1)在对任何数据进行读写操作之前，首先要获得对该数据的封锁；

(2)在释放一个封锁之后，事务不再申请和获得任何其他封锁。

两段锁协议是实现可串行化调度的充分条件。

两段锁的含义是，可以将每个事务分成两个时期：申请封锁期(开始对数据操作之前)和释放封锁期(结束对数据操作之后)，在申请期内申请要进行的封锁，释放期内要释放所占有的封锁。在申请期不允许释放任何锁，在释放期不允许申请任何锁，这就是两段式封锁。

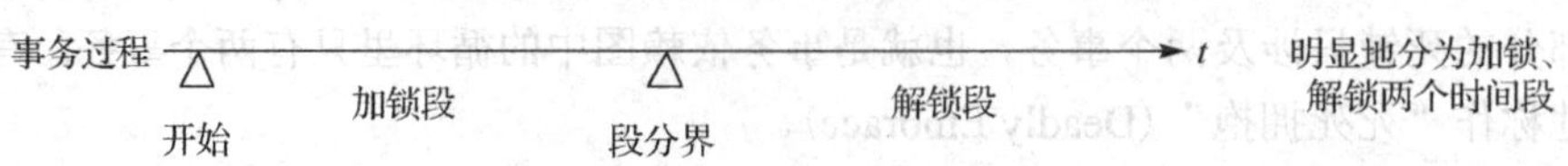

图 6-6 两段锁协议示意图

可以证明，若并发执行的所有事务都遵守两段锁协议，则这些事务的任何并发调度策略都是可串行化的。

需要注意的是，事务遵守两段锁协议是可串行化调度的充分条件，而不是必要条件。也就是说，如果并发事务都遵守两段锁协议，则对这些事务的任何并发调度策略都是可串行化的。但若并发事务的某个调度是可串行化的，则并不意味着这些事务都符合两段锁协议。

4. SQL对并发处理的支持

SQL2对事务的存取模式(Access Mode)和隔离级别(Isolation Level)作了具体规定，并提供语句让用户使用，以控制事务的并发执行。

(1)事务的存取模式

SQL2允许事务有两种模式。

- READ ONLY(只读型)。事务对数据库的操作只能是读操作。定义这个模式后，表示随后的事务均是只读型的。
- READ WRITE(读写型)。事务对数据库的操作可以是读操作，也可以是写操作。定义这个模式后，表示随后的事务均是读写型的。在程序开始时默认为这种模型。

这两种模式可用下列SQL语句定义：

```
SET TRANSACTION READ ONLY
SET TRANSACTION READ WRITE
```

(2)事务的隔离级别

SQL2提供了事务的4种隔离级别让用户选择，这4个级别从高到低依次为如下几个。

① SERIALIZABLE(可串行化)：允许事务并发执行，但系统必须保证并发调度是可串行化的，不致发生错误。在程序开始时默认这个级别。

② REPEATABLE READ(可重复读)：只允许事务读已提交的数据，并且在两次读同一数据之间不许其他事务修改此数据。

③ READ COMMITTED(读提交数据)：允许事务读已提交的数据，但不要求"可重复读"。例如，事务对同一记录的两次读取之间，记录可能被已提交的事务更新。

④ READ UNCOMMITTED(可以读未提交数据)：允许事务读已提交或未提交的数据。这是SQL2中所允许的最低一致性级别。

上述四种级别可以用下列SQL语句定义：

```
SET TRANSACTION  ISOLATION  LEVEL  SERIALIZABLE
SET  TRANSACTION  ISOLATION  LEVEL  REPEATABLE  READ
SET  TRANSACTION  ISOLATION  LEVEL  READ  COMMITTED
SET  TRANSACTION  ISOLATION  LEVEL  READ  UNCOMMITTED
```

6.4　数据库的完整性

数据库完整性属于数据库保护的范畴。

数据库完整性是保护数据库以防止合法用户在无意中造成破坏，以确保用户所做的事情是正确的，防范的是不合语义的数据进入数据库。数据是否具备完整性关系到数据库系统能否真实地反映现实世界，因此维护数据的完整性是非常重要的。

6.4.1 数据的完整性

数据库的完整性(Integrity)是指数据的正确性(Correctness)、有效性(Validity)和相容性(Consistency)，防止错误的数据进入数据库。例如，学生的性别只能是男或女；学生的姓名是字母或汉字；学号必须唯一等。

正确性是指数据的合法性。例如，数值型数据中只能含数字而不能含字母。有效性是指数据是否属于所定义的有效范围。相容性是指表示同一事实的两个数据应相同，不一致就是不相容。

为维护数据库的完整性，DBMS 必须提供一种机制来检查数据库中的数据，看其是否满足语义规定的条件，这些加在数据库数据之上的语义约束条件称为数据库的完整性约束条件，它们作为模式的一部分存入数据库中。完整性约束条件有时也称为完整性规则。

检查数据库中数据是否满足规定的条件称为“完整性检查”。DBMS 中检查数据是否满足完整性条件的子系统称为“完整性子系统”。完整性子系统的主要功能有两点：一是监督事务的执行，并测试是否违反完整性规则；二是若有违反现象，则采取恰当的操作，如用拒绝操作、报告违反情况、改正错误等方法来处理。

6.4.2 SQL 中的完整性约束

SQL 中把完整性约束分成三大类：域约束、基本表约束和断言。

1. 域约束

可以用“CREATE　DOMAIN”语句定义新的域，并且还可出现 CHECK 字句。

[例 6-5] 定义一个新的域 COLOR，可用下列语句实现：

```
CREATE DOMAIN COLOR CHAR(6)  DEFAULT '???'
    CONSTRAINT  VALID_COLORS
         CHECK ( VALUE IN
                   ('Red', 'Yellow', 'Blue', Green', '???') );
```

此处“CONSTRAINT VALID_COLORS”表示为这个域约束起个名字 VALID_COLORS。

假定为基本表 PART 创建表：

```
CREATE  TABLE  PART
    ( …,
       COLOR  COLOR,
       … );
```

若用户插入一个记录时未提交颜色 COLOR 值，那么颜色将被默认地置为“???”。

通常，SQL 允许域约束上的 CHECK 字句中可以有任意复杂的条件表达式。

2. 基本表约束

SQL 的基本表约束主要有三种形式：候选键定义、外键定义及“检查约束”定义。这些定义都可以在前面加“CONSTRAINT　〈约束名〉”，由此为新约束起个名字。为简化，下面都将忽略这一选项。

(1) 候选键的定义

候选键的定义形式为：

```
UNIQUE(〈列名序列〉)或 PRIMARY  KEY(〈列名序列〉)
```

实际上UNIQUE方式定义了表的候选键，但只表示了值是唯一的，值非空还需要在列定义时带有选项NOT　NULL。

(2)外键的定义

外键的定义形式为：

```
FOREIGN  KEY(〈列名序列〉)
    REFERENCES  <参照表>  [(<列名序列>)]
        [ ON  DELETE <参照动作> ]
        [ ON  UPDATE <参照动作> ]
```

此处，第一个列名序列是外键，第二个列名序列是参照表中的主键或候选键。参照动作可以有5种方式：NO ACTION(默认)、CASCADE、RESTRICT、SET NULL或SET DEFAULT。

在实际应用中，作为主键的关系称为参照表，作为外键的关系称为依赖表。

对参照表的删除操作和修改主键值的操作对依赖关系产生的影响由参照动作决定。

① 删除参照表中元组时的考虑。

如果要删除参照表的某个元组(即要删除一个主键值)，那么对依赖表有什么影响，由参照动作决定。

NO ACTION方式：对依赖表没有影响。

CASCADE方式：将依赖表中的所有外键值与参照表中的主键值相对应的元组一起删除。

RESTRICT方式：只有当依赖表中没有一个外键值与要删除的参照表中的主键值相对应时，系统才能执行删除操作，否则拒绝执行此删除操作。

SET NULL方式：删除参照表中的元组时，将依赖表中所有与参照表中被删主键值相对应的外键值均置为空值。

SET DEFAULT方式：与上述SET NULL方式类似，只是把外键值均置为预先定义好的默认值。

对于这5种方式，选择哪一种，要视具体应用环境而定。

② 修改参照表中主键值时的考虑。

如果要修改参照表的某个主键值，那么对依赖表的影响由下列参照动作决定。

NO ACTION方式：对依赖表没有影响。

CASCADE方式：将依赖表中与参照表中要修改的主键值相对应的所有外键值一起修改。

RESTRICT方式：只有当依赖表中没有外键值与参照表中要修改的主键值相对应时，系统才能修改参照表中的主键值，否则拒绝此修改操作。

SET NULL方式：修改参照表中的主键值时，将依赖表中所有与这个主键值相对应的外键值均置为空值。

SET DEFAULT方式：与上述SET NULL方式类似，只是把外键值均置为预先定义好的默认值。

对于这5种方式，选择哪一种也要视具体应用环境而定。

(3)“检查约束”的定义

这种约束是对单个关系的元组值加以约束。方法是在关系定义中任何需要的地方加上关键字CHECK和约束的条件：

```
CHECK(〈条件表达式〉)
```

在条件中还可提及本关系的其他元组或其他关系的元组，这个句子也称为检查子句。

这种约束在插入元组或修改元组时，系统要测试新的元组值是否满足条件。如果新的元组值不满足检查约束中的条件，那么系统将拒绝这个插入操作或修改操作。

下面若干例子还是针对教学数据库中的关系：

教师关系　　T(T#，TNAME，TITLE)

课程关系　　C(C#，CNAME，T#)

学生关系　　S(S#，SNAME，AGE，SEX)

选课关系　　SC(S#，C#，SCORE)

[例 6-6] 在教学数据库中，如果要求学生关系 S 中存储的学生信息满足下列条件：男同学的年龄应在 13～40 岁之间，女同学的年龄应在 13～35 岁之间，那么可在关系 S 的定义中加入一个检查子句：

```
CHECK ( AGE>=13  AND  (  (SEX='男'  AND  AGE<=40 )  OR
                          ( SEX='女'  AND  AGE<=35 ) ) );
```

虽然检查子句中的条件可以很复杂，也能表示许多复杂的约束，但是有可能产生违反约束的现象。这时因为检查子句只对定义它的关系 R1 起约束作用，而对条件中提及的其他关系 R2(R2 很可能就是 R1 本身)不起约束作用。此时在 R2 中插入、删除或修改元组时，有可能使检查子句中的条件值为假，而系统对此无能为力。下例说明了这个问题。

[例 6-7] 在关系 SC 的定义中，参照完整性也可以不用外键子句定义，而用检查子句定义：

```
CREATE  TABLE  SC
      ( S#  CHAR(4),
        C#  CHAR(4),
        SCORE  SMALLINT,
        PRIMARY  KEY(S#, C#),
        CHECK(S#  IN(SELECT  S#  FROM  S)),
        CHECK(C#  IN(SELECT  C#  FROM  C)));
```

此时可得到下面 3 种情况：

① 在关系 SC 中插入一个元组，如果 C#值在关系 C 中不存在，那么系统将拒绝这个插入操作；

② 在关系 SC 中插入一个元组，如果 S#值在关系 S 中不存在，那么系统将拒绝这个插入操作；

③ 在关系 S 中删除一个元组，这个操作将与关系 SC 中的检查子句无关。如果此时关系 SC 中存在被删学生的选课元组，关系 SC 将出现违反检查子句中条件的情况。

最后一种情况是我们不希望发生的，但系统无法排除。

从上例可以看出，检查子句中的条件尽可能不要涉及其他关系，应尽量利用外键子句或下面提到的“断言”来定义完整性约束。

3. 断言

如果完整性约束的牵涉面较广，与多个关系有关，或者与聚合操作有关，那么 SQL2 会提供“断言”(Assertions)机制让用户书写完整性约束。断言可以像关系一样，用 CREATE 语句定义，其句法如下：

```
CREATE  ASSERTION  <断言名>  CHECK(<条件>)
```

这里的<条件>与 SELECT 语句中 WHERE 子句中的条件表达式一样。

撤销断言的语句是：

```
DROP  ASSERTION  <断言名>
```

但是撤销断言的句法中不提供 RESTRICT 和 CASCADE 选项。

[例 6-8] 在教学数据库的关系 T、C、S、SC 中，可以用断言来写出完整性约束。

① 每位教师开设的课程不能超过 10 门。

```
CREATE  ASSERTION  ASSE1  CHECK
    ( 10>=ALL( SELECT  COUNT(C#)  FROM  C
                    GROUP  BY  TNAME ));
```

② 不允许男同学选修 WU 老师的课程。

```
CREATE  ASSERTION  ASSE2  CHECK
    ( NOT EXISTS  ( SELECT  *  FROM  SC
       WHERE  C#  IN(SELECT  C#  FROM  C  WHERE  TEACHER='WU')
       AND  S#  IN(SELECT  S#  FROM  S  WHERE  SEX='男')));
```

③ 每门课程最多 50 名男学生选修。

```
CREATE  ASSERTION  ASSE3 CHECK
     ( 50>=ALL(SELECT  COUNT(SC.SNO)  FROM  S, SC
                   WHERE  S.S#=SC.S#  AND  SEX='男'
                   GROUP  BY  C#));
```

6.4.3 SQL 中的触发器

前面提到的一些约束机制属于被动的约束机制。在检查出对数据库的操作违反约束后，只能做些比较简单的动作，如拒绝操作。比较复杂的操作还需要由程序员去安排。如果希望在某个操作后系统能自动根据条件转去执行各种操作，甚至执行与原操作无关的一些操作，那么这种设想可以用 SQL3 中的触发器机制实现。

1．触发器的概念

触发器(Trigger)是近年来数据库中使用比较多的一种数据库完整性保护技术，它是建立(附着)在某个关系(基本表)上的一系列能由系统自动执行对数据库修改的 SQL 语句集合即程序，并且经过预编译之后存储在数据库中。

触发器有时也称为主动规则(Active Rule)或事件-条件-动作规则(Event-Condition-Action Rule，ECA 规则)。

2．触发器的结构

一个触发器由以下三部分组成。

(1) 事件：是指对数据库的插入、删除、修改等操作。触发器在这些事件发生时将开始工作。

(2) 条件：触发器将测试条件是否成立。如果条件成立，就执行相应的动作，否则什么也不做。

(3) 动作：如果触发器测试满足预定的条件，那么就由 DBMS 执行这些动作(即对数据库的操作)。这些动作能使触发事件不发生，即撤销事件，如删除一插入的元组等。这些动作也可以是一系列对数据库的操作，甚至可以是与触发事件本身无关的其他操作。

3．触发器的设计

在 SQL 中，触发器设计有如下要点。

(1) 触发器中的时间关键字有 3 种。

① BEFORE：在触发事件完成之前，测试 WHEN 条件是否满足。若满足则先执行动作部分

的操作，然后执行触发事件的操作(此时可以不管WHEN条件是否满足)。

② AFTER：在触发事件完成之后，测试WHEN条件是否满足，若满足则执行动作部分的操作。

③ INSTEAD OF：触发事件完成时，只要满足WHEN条件，就执行动作部分的操作，而触发事件的操作不再执行。

(2)触发事件分为3类：UPDATE、DELETE和INSERT。在UPDATE时，允许后面跟有“OF <属性>”短语。其他两种情况是对整个元组的操作，不允许后面跟“OF <属性>”短语。

(3)目标表(ON短语)：当目标表的数据被更新(插入、删除和修改)时，将激活触发器。

(4)旧值和新值的别名表(REFERENCES子句)：如果触发事件是UPDATE，那么应该用“OLD AS”和“NEW AS”子句定义修改前后的元组变量；如果是DELETE，那么只需用“OLD AS”子句定义元组变量；如果是INSERT，那么只需用“NEW AS”子句定义元组变量。

(5)触发动作：定义了触发器被激活时想要它执行的SQL语句有如下3部分。

① 动作间隔尺寸：用FOR EACH子句定义，有FOR EACH ROW和FOR EACH STATEMENT两种形式。前者对每一个修改的元组都要检查一次，后者是对SQL语句的执行结果进行检查。前一种形式的触发器称为“元组级触发器”，后一种形式的触发器称为“语句级触发器”。

② 动作事件条件：用WHEN子句定义，它可以是任意的条件表达式。当触发器被激活时，如果条件是True，则执行动作体的SQL语句，否则不执行。

③ 动作体：当触发器被激活时，想要DBMS执行的SQL语句。动作部分可以只有一个SQL语句，也可以有多个SQL语句，语句之间用分号隔开，再用BEGIN ATOMIC…END限定。

4．触发器实例

[例6-9] 应用于选课关系SC的一个触发器。该触发器规定，在修改关系SC的成绩值时，要求修改后的成绩一定不能比原来的低，否则就拒绝修改。则触发器的程序如下：

```
CREATE  TRIGGER  TRIG_SCORE                      ①
        AFTER  UPDATE  OF  SCORE  ON  SC          ②
REFERENCING                                      ③
    OLD  AS  OLDTUPLE                            ④
    NEW  AS  NEWTUPLE                            ⑤
FOR  EACH  ROW                                   ⑥
WHEN  (OLDTUPLE.SCORE>NEWTUPLE.SCORE)            ⑦
    UPDATE  SC  SET  SCORE=OLDTUPLE.SCORE         ⑧
          WHERE  C#=NEWTUPLE.C#;                 ⑨
```

第①行说明触发器的名字为TRIG_SCORE。

第②行给出触发事件，即对关系SC的成绩值修改后激活触发器。此处“AFTER”称为触发器动作时间，“UPDATE”称为触发事件，“ON SC”短语命名了触发器的目标表。

第③～⑤行为触发器的条件和动作部分设置必要的元组变量，修改前、后的元组变量分为OLDTUPLE和NEWTUPLE。

第⑥～⑨行为触发器的动作部分。触发动作分为3个部分：动作间隔尺寸、动作事件条件和动作体。

第⑥行为动作间隔尺寸，表示触发器对每一个修改的元组都要检查一次。如果没有这一行，则表示“FOR EACH STATEMENT”，即表示触发器对SQL语句的执行结果只检查一次。

第⑦行为动作事件条件，也就是触发器的条件部分。这里，如果修改后的值比修改前的值小，那么必须恢复修改前的值。

第⑧～⑨行为动作体，是希望触发器要去执行的SQL语句。此处语句的作用是恢复修改前的值。

触发器的撤销语句为“DROP TRIGGER”语句。例如，要撤销例6.9中的触发器，可用以下命令实现：

```
DROP  TRIGGER  TRIG_SCORE;
```

5. 触发器是完整性保护的充分条件

触发器是完整性保护的充分条件，具有主动性的功能。若在某个关系上建立了触发器，则当用户对该关系进行某种操作时，如插入、删除或更新等，触发器就会被激活并投入执行，因此，触发器用作完整性保护，但其功能一般会比完整性约束条件强得多，且更加灵活。一般而言，在完整性约束功能中，当系统检查数据中有违反完整性约束条件时，仅给用户必要的提示信息；而触发器不仅给出提示信息，还会引起系统内部自动执行某些操作，以消除违反完整性约束条件所引起的负面影响。

触发器在数据库完整性保护中起着很大的作用，一般可用触发器完成很多数据库完整性保护的功能，其中触发事件即完整性约束条件，而完整性约束检查即触发器的操作过程，最后结果过程的调用即完整性检查的处理。另外，触发器还具有安全性保护功能。在数据库系统的管理中一般都有创建触发器的功能。

6.5 数据库的安全性

数据库的安全性与完整性是数据库保护的两个不同的方面。一般而言，数据库安全性是保护数据库以防止用户非法使用数据库，包括恶意破坏数据和越权存取数据。也就是说，安全性措施的防范对象是非法用户和非法操作。

6.5.1 数据库安全性概述

1. 数据库安全性定义

数据库的安全性(Security)是指保护数据库，防止因用户非法使用数据库造成数据泄露、更改或破坏。

数据库的一大特点是数据可以共享，但数据共享必然带来数据库的安全性问题。数据库中放置了组织、企业、个人的大量数据，其中许多数据可能是非常关键的、机密的或涉及个人隐私的，如果DBMS不能严格地保证数据库中数据的安全性，就会严重制约数据库的应用。

因此，数据库系统中的数据共享不能是无条件的共享，而必须是在DBMS统一严格的控制之下，只允许有合法使用权限的用户访问允许他存取的数据。数据库系统的安全保护措施是否有效是数据库系统主要的性能指标之一。另外，要注意数据库安全性与完整性的区别。

2. 安全级别

为了保护数据库，防止故意的破坏，可以在从低到高5个级别上设置各种安全措施。

(1) 环境级：计算机系统的机房和设备应加以保护，防止有人进行物理破坏。

(2) 职员级：应正确授予用户访问数据库的权限。

(3) OS级：应防止未经授权的用户从OS处访问数据库。

(4) 网络级：由于大多数DBS都允许用户通过网络进行远程访问，因此网络软件内部的安全性是很重要的。

(5) DBS级：DBS的职责是检查用户的身份及使用权限是否合法及使用数据库的权限是否正确。

3. 权限问题

用户（或应用程序）使用数据库的方式称为“权限”（Authorization）。

权限有两种：访问数据的权限和修改数据库结构的权限。

(1) 访问数据的权限有4个。

① 读权限：允许用户读数据，但不能改数据。

② 插入权限：允许用户插入新数据，但不能改数据。

③ 修改权限：允许用户修改数据，但不能删除数据。

④ 删除权限：允许用户删除数据。

(2) 修改数据库模式的权限也有4个。

① 索引（Index）权限：允许用户创建和删除索引。

② 资源（Resourse）权限：允许用户创建新的关系。

③ 修改（Alteration）权限：允许用户在关系结构中加入或删除属性。

④ 撤销（Drop）权限：允许用户撤销关系。

6.5.2 SQL中的安全性机制

SQL 中有 4 个机制提供了安全性：视图（View）、权限（Authorization）、角色（Role）和审计（Audit）。

1. 视图

视图是从一个或多个基本表导出的虚表。视图仅是一个定义，视图本身没有数据，不占磁盘空间。视图一经定义就可以和基本表一样被查询，也可以用来定义新的视图，但更新（插、删、改）操作将有一定限制，这已在前文介绍过。

视图机制使系统具有3个优点：数据安全性、逻辑数据独立性和操作简便性。

视图被用来对无权用户屏蔽数据。用户只能使用视图定义中的数据，而不能使用视图定义外的其他数据，从而保证了数据的安全性。

2. 权限

DBMS的授权子系统允许有特定存取权限的用户有选择地和动态地把这些权限授予其他用户。

(1) 用户权限：SQL2定义了6类权限供用户选择使用。

```
SELECT、INSERT、DELETE、UPDATE、REFERENCES、USAGE
```

前4类权限分别允许用户对关系或视图执行查询、插入、删除、修改操作。

REFERENCES权限允许用户定义新关系时，引用其他关系的主键作为外键。

USAGE权限允许用户使用已定义的域。

(2) 授权语句。

授予其他用户使用关系和视图的权限的语句格式如下：

```
GRANT  <权限表>  ON  <数据库元素>  TO  <用户名表>  [WITH  GRANT  OPTION]
```

这里权限表中的权限可以是前面提到的6种权限。如果权限表中包括全部6种权限，那么可用关键字“ALL PRIVILEGES”代替。数据库元素可以是关系、视图或域，但在域名前要加关键字 DOMAIN。短语 WITH GRANT OPTION 表示获得权限的用户还能获得传递权限，把获得的权限转授给其他用户。例如：

```
GRANT  SELECT, UPDATE  ON  S  TO  WANG  WITH  GRANT  OPTION
GRANT  INSERT(S#, C#) ON  SC  TO  LOU  WITH  GRANT  OPTION
```

此处 WANG、LOU 所获得的权限可以转授给其他用户。

(3) 回收语句。

如果用户 U_i 已经将权限 P 授予其他用户，那么用户 U_i 随后也可以用回收语句 REVOKE 从其他用户回收权限 P。语句格式如下：

```
REVOKE  <权限表>  ON  <数据库元素>  FROM  <用户名表>  [RESTRICT | CASCADE]
```

语句中带 CASCADE 表示回收权限时要引起连锁回收。即用户 U_i 从用户 U_j 回收权限时，要把用户 U_j 转授出去的同样的权限同时回收。如果语句中带 RESTRICT，则当不存在连锁回收现象时才能会回收权限，否则系统会拒绝回收。另外，回收语句中"REVOKE"可用"REVOKE GRANT OPTION FOR"代替，其意思是回收转授出去的转让权限，而不是回收转授出去的权限。例如：

```
REVOKE  SELECT, UPDATE  ON  S  FROM  WANG  CASCADE
REVOKE  INSERT(S#, C#)  ON  SC  FROM  ZHANG  RESTRICT
REVOKE  GRANT  OPTION  FOR  REFERENCES(C#)  ON  C  FROM  BAO
```

3. 角色

在大型数据库系统中，用户的数量可能非常大，使用数据库的权限也各不相同。为了便于管理，引入了角色的概念。

在 SQL 中，用户 (User) 是实际的人或是访问数据库的应用程序。而角色 (Role) 是一组具有相同权限的用户，实际上角色是属于目录一级的概念。

有关用户与角色有以下几点内容。

① SQL 标准并不包含 CREATE USER 和 DROP USER 语句，由具体的系统确定如何创建和撤销用户、如何组成一个合理的用户标识和口令系统。

② 用户和角色之间存在着多对多联系，即一个用户可以参与多个角色，一个角色也可授予多个用户。

③ 可以把使用权限用 GRANT 语句授予角色，再把角色授予用户。也可以用 REVOKE 语句把权限或角色收回。其语句格式如下：

```
GRANT  <权限列表>  ON  <基本表或视图名>  TO  <角色名>
GRANT  <角色名 1>  TO  <用户名>
```

④ 角色之间可能存在一个角色链。即可以把一个角色授予另一角色，则后一个角色也就拥有了前一个角色的权限。其语句格式如下：

```
GRANT  <角色名 1>  TO  <角色名 2>
```

4. 审计

用于安全性目的的数据库日志称为审计追踪 (Audit Trail)。

审计追踪是一个对数据库做更改（插入、删除、修改）的日志，还包括一些其他信息，如哪个用户执行了更新和什么时候执行的更新等。如果怀疑数据库被篡改了，那么就开始执行 DBMS

的审计软件。该软件将扫描审计追踪中某一时间段内的日志，以检查所有作用于数据库的存取动作和操作。当发现一个非法的或未授权的操作时，DBA就可以确定执行这个操作的账号。

审计通常是很费时间和空间的，所以DBMS往往都将其作为可选特征，允许DBA根据应用对安全性的要求，灵活地打开或关闭审计功能。审计功能一般用于安全性要求较高的部门。当然也可以用触发器来建立审计追踪，但相比之下，用DBS的内置机制来建立审计追踪更为方便。

6.5.3 常用的安全性措施

在DBMS中还有许多措施可用于实现系统的安全性，下面将介绍强制存取控制、统计数据库的安全性方法等，最后指出自然环境的安全性也是系统应注意的问题。

1. 强制存取控制

有些数据库系统的数据具有很高的保密性，通常具有静态的严格的分层结构，强制存取控制(Mandatory Access Control)对于存放这样数据的数据库非常适用。其基本思想是为每个数据对象(文件、记录或字段等)赋予一定的密级，从高到低有：绝密(Top Secret)、机密(Secret)、可信(Confidential)和公开(Public)。每个用户也具有相应的级别，称为许可证级别(Clearance Level)。密级和许可证级别都是严格有序的，如绝密 > 机密 > 可信 > 公开。

在系统运行时，采用如下两条简单规则：

① 用户 U_i 只能查看比它级别低或同级的数据；

② 用户 U_i 只能修改和它同级的数据。

在第②条，用户 U_i 显然不能修改比它级别高的数据，但规定也不能修改比它级别低的数据，主要是为了防止具有较高级别的用户将该级别的数据复制到较低级别的文件中。

强制存取控制是一种独立于值的一种简单的控制方法。它的优点是系统能执行“信息流控制”。在前面介绍的授权方法中，允许凡有权查看保密数据的用户就可以把这种数据复制到非保密的文件中，造成无权用户也可接触保密数据。而强制存取控制可以避免这种非法的信息流动。但是，这种方法在通用数据库系统中不常用，只是在某些专用系统中才有用。

2. 统计数据库的安全性

统计数据库允许用户查询聚集类型的信息(如合计、平均值等)，但不允许查询单个记录信息。例如人口调查数据库，它包含大量的记录，但其目的只是向公众提供统计、汇总信息，而不是提供单个记录的内容。也就是查询仅是某些记录的统计值，如求记录数、数值和、平均值等。在统计数据库中，虽然不允许用户查询单个记录的信息，但是用户可以通过处理足够多的汇总信息来分析出单个记录的信息，这就给统计数据库的安全性带来了严重的威胁。

[例 6-10] 有一个用户LI欲窃取WANG的工资数目。LI可通过下面两步实现：

(1)用SELECT命令查找LI自己和其他 n–1 个人(譬如30岁的女职工)的工资总额 x；

(2)用SELECT命令查找WANG和上述的 n–1 个人的工资总额 y。

随后，LI可以很方便地通过下列式子得到WANG的工资数是：

y－x＋“LI自己的工资数”

这样，LI就窃取到了WANG的工资数目。

为防止上述问题发生，在统计数据库中，对查询应作下列限制：

(1)一个查询查到的记录个数至少是 n；

(2)两个查询查到的记录的“交”数目至多是 m。

系统可以调整 n 和 m 的值，使得用户很难在统计数据库中获取其他个别记录的信息，但要做到完全杜绝是不可能的。因而，系统还应限制用户查询的次数。但又不能防止多个破坏者联手查询导致数据泄露。

保证数据库安全性的另一个方法是“数据污染”，也就是在回答查询时，提供一些偏离正确值的数据，以免数据泄露。当然，这个偏离要在不破坏统计数据的前提下进行。此时，系统应该在准确性和安全性之间做出权衡。当安全性遭到威胁时，只能降低准确性标准。

3．数据加密法

对于高度敏感性数据，如财务数据、军事数据、国家机密，除以上安全性措施外，还可以采用数据加密技术，以密码形式存储和传输数据。这样如果企图通过不正常渠道获取数据，如利用系统安全措施的漏洞非法访问数据或在通信线路上窃取数据，那么只能看到一些无法辨认的二进制代码。用户正常检索数据时，首先要提供密码钥匙，由系统进行译码后才能得到可识别的数据。

加密的算法有两种：普通加密法和明键加密法。

(1) 普通加密法

加密算法的输入是源文和加密键，输出是密码文。加密算法可以公开，但加密键是一定要保密的。密码文对于不知道加密键的人来说，是不容易解密的。普通加密可能被暴力破解。

(2) 明键加密法

明键加密法可以随意公开加密算法和加密键，但相应的解密键是保密的。解密键不能从加密键推出。即使有人能进行数据加密，如果不授权他做解密工作，他也几乎不可能解密。明键加密法几乎不可能被暴力破解；即使被破解，也要花费大量的时间和昂贵的代价，使得这种破解得不偿失。

由于数据加密与解密是比较费时的操作，而且数据加密与解密程序会占用大量系统资源，因此数据加密功能通常也作为可选特征，允许用户自由选择，只对高度机密的数据加密。

4．自然环境的安全性

这里指的是数据库系统的设备和硬件的安全性。图 6-7 列出了可能危及数据库的安全性的因素。为防止计算机系统瘫痪，在国外已开展“数据银行”服务，可以把本地数据库的数据通过网络通信传输到远地的数据库中存储起来。

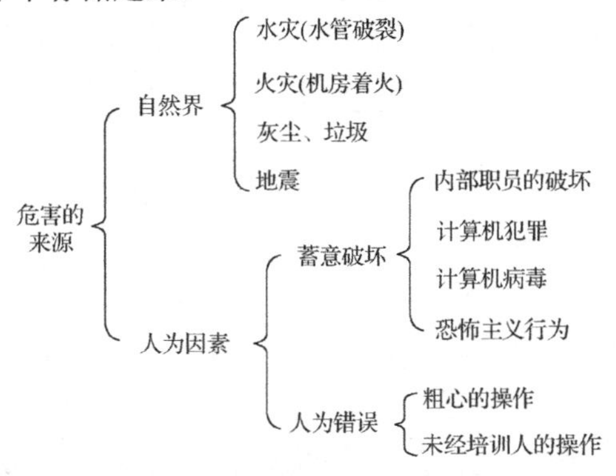

图 6-7 影响 DBS 的危害来源

6.6 小 结

DBS 运行的基本工作单元是“事务”，事务是由一组操作序列组成的。事务具有 ACID 性质。DBMS 的恢复子系统负责数据库的恢复工作。在平时要做好 DB 备份和记日志这两件事情，恢复工作是由制作备份、UNDO操作、REDO操作和检查点操作等组成的一项综合性工作。

多个事务的并发执行有可能带来一系列破坏DB一致性的问题。DBMS采用排他锁和共享锁相结合的技术来控制事务之间的相互作用。封锁避免了错误的发生，但有可能产生活锁和死锁等问题。并发操作的正确性用“可串行化”概念来解决。SQL中设置事务的存取方式和隔离级别对并发操作进行了管理。

完整性约束保证了授权用户对DB的修改不会导致DB完整性的破坏。SQL中采用域约束、基本表约束、断言和触发器等机制来实现DB的完整性。

数据库的安全性是为了防止对数据库的恶意访问。完全杜绝对DB的恶意滥用是不可能的，但可以使那些未经授权访问DB的人付出足够高的代价，以阻止绝大多数这样的访问企图。授权是DBS用来防止未授权访问和恶意访问的一种手段。角色根据一个用户在组织中扮演的角色，把一个权限集合赋予这个用户。在数据库应用系统中，还采用了强制存取控制、统计数据库的安全性等技术。

第 7 章　数据库系统的访问

对于那些相对独立的软件供应商而言，经常要为每一个 DBMS 编写一个版本的应用程序，或者为每个要访问的 DBMS 编写针对 DBMS 的代码。这就意味着大量的资源都耗在了编写和维护 DB 的访问上，更不用说应用程序了。此时应用程序的评价标准不再是质量，而是它能否在给定的 DBMS 中访问数据库。

这就需要开放的数据库连接，即人们需要用一种新的方法来访问不同的数据库。为此，在 C/S、B/S 系统中必须广泛使用访问接口技术，以隐藏各种复杂性，屏蔽各种系统之间的差异。常见的数据库访问接口的技术有固有调用、ODBC、JDBC、OLE DB、DAO、ADO、ADO.NET 及基于 XML 的数据库访问等几种流行的方式。这其中以 ODBC 技术和 JDBC 技术应用最广泛，也是目前最为优秀的访问接口方式。

本章主要对几种常见的数据库访问技术(如固有调用、ODBC、JDBC、OLE DB、DAO、ADO、ADO.NET 及基于 XML 的数据库访问等)进行介绍。

7.1　数据库的访问接口

所谓访问接口是指分布式环境中保证操作系统、通信协议、数据库等之间进行对话、相互操作的软件系统。

访问接口的作用是保证网络中各部件(软件和硬件)之间透明地连接，即隐藏网络部件的异构性，尤其保证不同网络、不同 DBMS 和某些访问语言的透明性，即下面三个透明性。

(1) 网络透明性：能支持所有类型的网络。

(2) 服务器透明性：不管服务器上的 DBMS 是何种型号(Oracle、Sybase、DB2 等)，一个好的访问接口都能通过标准的 SQL 语言与不同 DBMS 上的 SQL 语言连接起来。

(3) 语言透明性：客户机可以用任何开发语言进行发送请求和接受回答，被调用的功能应该像语言那样也是独立的。

应用系统访问数据库的接口方式有多种，本节介绍固有调用、ODBC 和 JDBC 三种方式。

7.1.1　固有调用

每个数据库引擎都带有自己所包含的动态链接库 DLL，该动态链接库作用于数据库的 API 函数，应用程序可利用它存取和操纵数据库中的数据。如果应用程序直接调用这些动态链接库，就说它执行的是“固有调用”，因为该调用对于特定的数据库产品来说是“固有”(专用)的。

固有调用接口的优点是执行效率高，由于是“固有”，编程实现较简单。但它的缺点也是很严重的，不具备通用性。对于不同的数据库引擎，应用程序必须连接和调用不同的专用的动态链接库，这对于网络数据库系统的应用是极不方便的。

7.1.2　ODBC

ODBC 是“开放数据库互连”(Open Database Connectivity)的简称。ODBC 是 Microsoft 公司

提出的、当前被业界广泛接受的应用程序通用编程接口(API)标准，它以 X/Open 和 ISO/IEC 的调用级接口(CLI)规范为基础，用于对数据库的访问。可以用图 7-1 来说明 ODBC 概念。

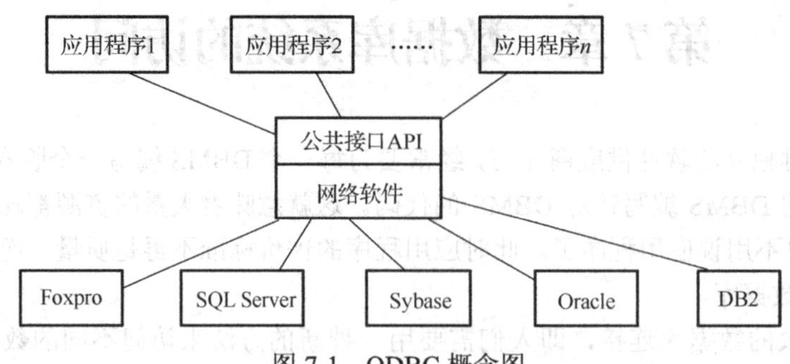

图 7-1 ODBC 概念图

ODBC 实际上是一个数据库访问函数库，使应用程序可以直接操纵数据库中的数据。ODBC 是基于 SQL 语言的，是一种在 SQL 和应用界面之间的标准接口，它解决了嵌入式 SQL 接口非规范核心，免除了应用软件随数据库的改变而改变的麻烦。ODBC 的一个最显著的优点是，用它生成的程序是与数据库或数据库引擎无关的，为数据库用户和开发人员屏蔽了异构环境的复杂性，提供了数据库访问的统一接口，为应用程序实现与平台的无关性和可移植性提供了基础，因而 ODBC 获得了广泛的支持和应用。

1．ODBC 结构

ODBC 结构由四个主要成分构成：应用程序、驱动程序管理器、驱动程序、数据源。其构成及体系结构说明如下。

(1)应用程序：执行处理并调用 ODBC API 函数，以提交 SQL 语句并检索结果。

(2)驱动程序管理器(Driver Manager)：根据应用程序需要加载/卸载驱动程序，处理 ODBC 函数调用，或把它们传送到驱动程序。

(3)驱动程序：处理 ODBC 函数调用，提交 SQL 请求到一个指定的数据源，并把结果返回到应用程序。如果有必要，驱动程序修改一个应用程序请求，以使请求与相关的 DBMS 支持的语法一致。

(4)数据源：包括用户要访问的数据及其相关的操作系统、DBMS 及用于访问 DBMS 的网络平台。

其体系结构图如下。

为达到通用的效果，ODBC 在应用程序和特定的数据库之间插入了一个 ODBC 驱动程序管理器(ODBC Driver Manager)。驱动程序管理器为应用程序加载或卸载驱动程序，负责管理应用程序中 ODBC 函数在 DLL 中函数的绑定(Binding)，它还处理几个初始化 ODBC 调用，提供 ODBC 函数的入口点，进行 ODBC 调用的参数合法性检查等。

每种数据库引擎都需要向 ODBC 驱动程序管理器注册它自己的 ODBC 驱动程序，这种驱动程序对于不同的数据库引擎是不同的。ODBC 驱动程序管理器能将与 ODBC 兼容的 SQL 请求从应用程序传给这种独一无二的驱动程序，随后由驱动程序把对数据库的操作请求翻译成相应数据库引擎所提供的固有调用，实现对数据库访问。

ODBC 通过驱动程序来提供数据库独立性。驱动程序是一个用于支持 ODBC 函数调用的模块(通常是一个动态链接库 DLL)，应用程序调用驱动程序所支持的函数来操纵数据库。

若想使应用程序操作不同类型的数据库，就要动态链接到不同的驱动程序上。ODBC 驱动程序处理 ODBC 函数调用，将应用程序的 SQL 请求提交给指定的数据源，接受由数据源返回的结果，传回给应用程序(见图 7-2)。

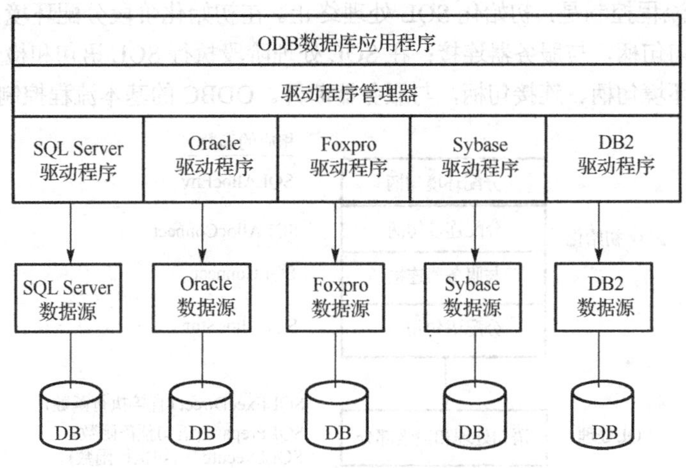

图 7-2　ODBC 的体系结构图

ODBC 的 API 一致性级别分为三级：核心级、扩展 1 级和扩展 2 级。核心级包括最基本的功能，包括分配、释放环境句柄、数据库连接、执行 SQL 语句等，核心级函数能满足最基本的应用程序要求。扩展 1 级在核心级的基础上增加了一些函数，通过它们可以在应用程序中动态地了解表的模式、可用的概念模型类型及它们的名称等。扩展 2 级在扩展 1 级的基础上又增加了一些函数。通过它们可以了解到关于主关键字和外关键字的信息、表和列的权限信息、数据库中的存储过程信息等，还有更强的游标和并发控制功能。

2. ODBC 接口函数的功能

(1) 分配和释放内存。这组函数用于分配必要的句柄：连接句柄、环境句柄和语句句柄。

连接句柄定义一个数据库环境，环境句柄定义一个数据库连接，语句句柄定义一条 SQL 语句。执行分配函数时首先分配内存，然后定义所需的数据结构，并对指向数据结构的句柄赋值。一旦句柄已经分配，应用系统便可以把它传递给后续的接口函数，指出该函数所作用的环境、连接或语句。

(2) 连接。在应用系统的流程控制中，一旦环境(包括其句柄)已经分配，便可以建立两个或多个连接句柄；同样，语句句柄也是如此。有了用于连接的函数，用户便能与服务器建立自己的连接。但在退出应用系统时，应关闭与服务器的连接。

(3) 执行 SQL 语句。指定和执行 SQL 语句的方法有两种：准备的和直接的。如果想让应用系统多次提交 SQL 语句并且可能修改参数值，便使用准备的执行；如果只让应用系统提交一次 SQL 请求，便使用直接的执行。

(4) 接收结果。这组函数负责从 SQL 语句结果集合中检索数据，并且检索与结果集合相关的信息。例如，描述结果集合中的某一列及属性，取出结果集合的下一行，计算一条 SQL 语句所影响的行数等。任何一个函数都可以在派生表或结果集合中使用光标，指出它在当前结果集合中的哪一行。

(5) 事务控制。这组函数允许提交或重新运行事务。尽管 ODBC 的默认模式是“自动提交”，这时每一条 SQL 语句都是一个完整的事务，但是也可以设置一个连接选项，从而允许使用“人工提交”模式。这种“人工提交”模式允许事务一直打开，直至应用系统提交。

(6) 错误处理和其他事项。该组函数用于返回与句柄相关的错误信息；另一个函数允许取消一条 SQL 语句。

ODBC 的基本流程控制是：初始化 SQL 处理终止。在初始化阶段分配环境，包括分配环境句柄、连接句柄和语句句柄，与服务器连接；在 SQL 处理阶段执行 SQL 语句和检索操作；在终止阶段释放语句句柄、环境句柄、连接句柄，与服务器断开。ODBC 的基本流程控制图如图 7-3 所示。

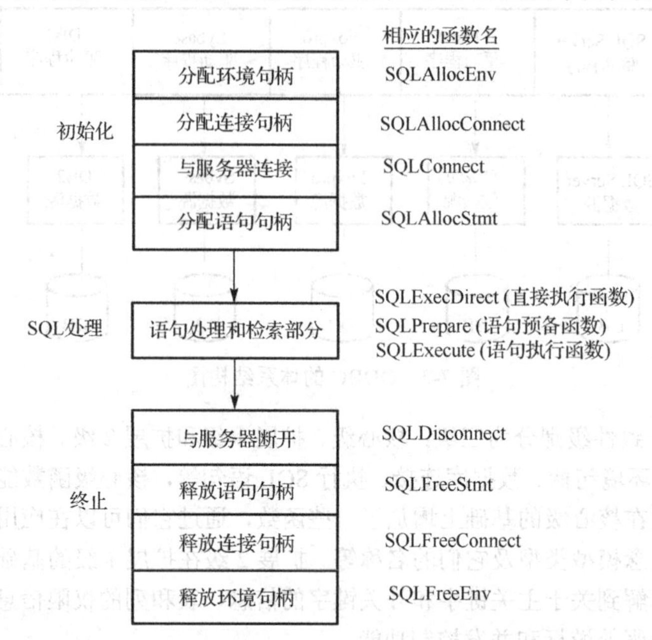

图 7-3　ODBC 的基本流程控制图

3. 数据源的连接与断开

(1) 连接数据源的函数

连接数据源的函数有三个，但最有效、最通用的是下面一种格式：SQL Connect (hdbc，szDSN，cbDSN，szUID，cbUID，szAuthStr，cbAuthStr)。其中，参数 hdbc 是一个已经分配的连接分配；参数 szDSN 和 cbDSN 分别表示系统所要连接的数据源名称及其长度；参数 szUID 和 cbUID 分别表示用户标识符及其长度；参数 szAuthStr 和 cbAuthStr 分别表示权限字符串及其长度。

(2) 断开数据源函数

其格式为 SQL Disconnect (hdbc)，其中，参数 hdbc 是要断开的连接句柄。

具体用 SQL 语句来执行实现数据源的连接与断开代码片段如下。

```
main()
{
    ASD      asd;                          /*说明 asd 是一个环境型变量*/
    LZJ      lzj;                          /*说明 lzj 是一个连接型变量*/
    JDK         jdk;                       /*说明 jdk 是一个语句句柄变量*/
    RETCODE     retcode;                   /*说明 retcode 是一个返回变量*/
    SQLAllocEnv(&asd);                     /*分配一个环境句柄*/
    SQLAllocConnect(asd, &lzj); /*分配一个连接句柄*/
    SQLConnect(lzj, "学生", SQL_NTS, NULL, 0, NULL, 0); /*连接数据源*/
    SQLAllocStmt(lzj, &jdk);    /*分配一个语句句柄*/
```

```
    retcode=SQLExecDirect(jdk, "SELECT * FROM S", SQL_NTS); /*执行语句*/
              ......                        /*结果集处理*/
    SQLDisconnect(lzj);                     /*断开数据源*/
    SQLFreeStmt(jdk, SQL_DROP)              /*释放一个语句句柄*/
    SQLFreeConnect(lzj);                    /*释放一个连接句柄*/
    SQLFreeEnv(asd);                        /*当应用完成后，释放环境句柄*/
}
```

4．有准备地执行 SQL 语句的函数

(1) SQL 语句预备函数

其格式如下：SQLPrepare (jdk，szSqlStr，cbSqlStr)，其中，参数 jdk 是一个有效的语句句柄，参数 szSqlStr 和 cbSqlStr 分别表示将要执行的 SQL 语句的字符串及其长度。

(2) SQL 语句执行函数

其格式如下：SQLExecute (jdk)，其中参数 jdk 是一个有效的语句句柄。

(3) SQL 语句查询结果的获取：

```
while(RETCODE_IS_SUCCESSFUL(retcode)
{
    retcode=SQLFetch(jdk);
    if(RETCODE_IS_SUCCESSFUL(retcode)
    {
        do
        {
        rcGetData = SQLGetData(jdk, 1, SQL_C_CHAR,
                 szBuffer, sizeof(szBuffer), &cbValue);
          DISPLAY_MEMO(szBuffer, cbValue); /*显示*/
         } while( rcGetData!=SQL_NO_DATA_FOUND);
    }
}
```

ODBC 的通用性使它在基于客户服务器模式和基于浏览器/服务器模式的数据库系统中获得了广泛的应用，几乎所有现行的关系数据库管理系统和主要的程序设计语言都支持 ODBC。它的缺点是，相对于直接使用固有调用来说，ODBC 的运行速度较慢。

7.1.3　JDBC

1．JDBC 概述

自从 SUN 公司于 1995 年 5 月正式公布 Java 语言以来，Java 风靡全球。出现大量用 Java 语言编写的程序，其中也包括数据库应用程序。但由于没有一个 Java 语言访问数据库的 API，编程人员不得不在 Java 程序中加入 C 语言的 ODBC 函数调用。这就使很多 Java 的优秀特性无法充分发挥，如平台无关性、面向对象特性等。随着越来越多的编程人员对 Java 语言的日益喜爱，越来越多的公司在 Java 程序开发上投入的精力日益增加，对 Java 语言接口访问数据库的 API 的要求越来越强烈。由于 ODBC 也有其自身的不足之处，如它并不容易使用，也没有面向对象的特性等，SUN 公司决定开发一个以 Java 语言为接口的数据库应用程序开发接口。在 JDK1.X 版本中，

JDBC只是一个可选部件，到了公布JDK1.1时，SQL类包(也就是JDBCAPI)就成为Java语言的标准部件。

JDBC(Java Database Connectivity)是一种可用于执行SQL语句的Java API(Application Programming Interface，应用程序设计接口)。它由一些Java语言编写的类、接口组成。JDBC给数据库应用开发人员、数据库前台工具开发人员提供了一种标准的应用程序设计接口，使开发人员可以使用纯Java语言编写完整的数据库应用程序。而且因为JDBC基于X/Open的SQL调用级接口(CLI，这是ODBC的基础)，JDBC可以保证JDBC API在其他通用SQL级API(包括ODBC)之上实现。这意味着所有支持ODBC的数据库不加任何修改就能够与JDBC协同合作。

通过使用JDBC，开发人员可以很方便地将SQL语句传送给几乎任何一种数据库。也就是说，开发人员可以不必写一个程序访问Sybase，写另一个程序访问Oracle，再写一个程序访问Microsoft的SQL Server。用JDBC写的程序能够自动地将SQL语句传送给相应的数据库管理系统(DBMS)。不但如此，使用Java编写的应用程序可以在任何支持Java的平台上运行，不必在不同的平台上编写不同的应用。Java和JDBC的结合可以让开发人员在开发数据库应用时真正实现“Write Once, Run Everywhere!”

Java具有健壮、安全、易用等特性，而且支持自动网上下载，本质上是一种很好的数据库应用的编程语言。它所需要的是Java应用如何同各种各样的数据库连接，JDBC正是实现这种连接的关键。

JDBC扩展了Java的能力，如使用Java和JDBCAPI就可以公布一个Web页，页面中带有能访问远端数据库的Applet。或者企业可以通过JDBC让全部职工(他们可以使用不同的操作系统，如Windows、Macintosh和UNIX)在Intranet上连接到几个全球数据库，而这几个全球数据库可以是不同的。随着越来越多的程序开发人员使用Java语言，对Java访问数据库易操作性的需求越来越强烈。

MIS管理人员喜欢Java和JDBC，因为这样可以更容易、经济地公布信息。各种已经安装在数据库中的事务处理都将继续正常运行，甚至这些事务处理是存储在不同的数据库管理系统中的；而对于新的数据库应用来说，开发时间将缩短，安装和版本升级将大大简化。程序员可以编写或改写一个程序，然后将它放在服务器上，而每个用户都可以访问服务器得到最新的版本。对于信息服务行业，Java和JDBC提供了一种很好的向外界用户更新信息的方法。

2. JDBC的基本功能

JDBC的应用功能很多，可以利用它来进行动态数据库的访问、参数的输入与输出、更新数据库、异常的处理等。但其最基本的功能，简单地说，JDBC具有如下三个基本功能：

(1) 同数据库建立连接；

(2) 向数据库发送SQL语句；

(3) 处理数据库返回的结果。

下面我们以一段Java程序示例介绍这三个主要功能：

```
    Connection con=DriveManager.GetConnection(“jdbc:odbc:people,”examle”,
“password”);                                    //建立与数据库的接
    Statement stmt=con.createstatement(); //建立语句对象
    Result Set rs=stmt.executeQuery(“SELECT a,b,c FROM Table1”);
                                                //运行SQL语句，返回数据//库操作结果
    while (rs.next()){
    int x=getInt(“a”);                          //获得数据库表记录a项的值
```

```
    string s=getstring("b");           //获得数据库表记录b项的值
    float f=getFloat("c");             //获得数据库表记录c项的值
    }
```

3. JDBC API 的特点

(1)在 SQL 水平上的 API

JDBC 是为 Java 语言定义的一个 SQL 调用级界面，也就是说其关键在于执行基本的 SQL 说明和取回结果。在此基础上可以形成更高层次的 API，其中的接口包括直接将基本表与 Java 中的类相对应，提供更多的通用查询的语义树表示等。

(2)与 SQL 的一致性

一般数据库系统在很大范围内支持 SQL 的语法语义，但它们所支持的一般只能是 SQL 语法全集中的一个子集，并且通常它们有许多更强的功能。那么 JDBC 是怎么保证与 SQL 一致性的呢？

① JDBC 允许使用从属于 DBMS 的系统的任何查询语句。

② 一般认为 ANSI SQL 112 Entry Lever 标准功能比较完备，并且是被广泛支持的。

(3)可在现有数据库接口之上实现

JDBC SQL API 保证能在普通的 SQL API 上实现，特别是 ODBC。这种要求使 JDBC 的功能变得更加丰富，尤其是在处理 SQL 说明中的 OUT 参数及有关大数据块上。

(4)提供与其他 Java 系统一致的 Java 界面

JDBC 提供与 Java 系统其他部分一致的 Java 界面，这对 Java 语言来说有着非常重要的意义。在很大程度上，这意味着 Java 语言与标准运行系统被认为是一致的、简单化且是功能强大的。

(5)JDBC 的基本 API 在最大可能上简单化

这体现在大多数情况下采用简单的结构来实现特定的任务，而不是提供复杂的结构，或者说对某个特定的任务，只提供一种方案，而不是多种复杂的方案。JDBC 的 API 以后还将不断地扩展以实现更完善的功能。

(6)使用静态的通用数据类型，使一般情形简单化

ODBC 中定义的界面过程少，利用过程的标志参数，使它们选择不同的操作。而 Java 核心的类定义的界面方法多，方法不带有标志项参数，使用基本接口时不会被与复杂功能相关的参数所困扰。

4. JDBC 与 ODBC 和其他 API 的比较，JDBC 是一种底层的 API

JDBC 是一种底层 API，这意味着它将直接调用 SQL 命令。JDBC 完全胜任这个任务，而且比其他数据库互联更加容易实现。同时它也是构造高层 API 和数据库开发工具的基础。高层 API 和数据库开发工具应该是用户界面更加友好、使用更加方便、更易于理解的。但所有这样的 API 将最终被翻译成 JDBC 这样的底层 API。目前两种基于 JDBC 的高层 API 正处在开发阶段。

(1)SQL 语言嵌入 Java 的预处理器。虽然 DBMS 已经实现了 SQL 查询，但 JDBC 要求 SQL 语句被当作字符串参数传送给 Java 程序。而嵌入式 SQL 预处理器允许程序员将 SQL 语句混用：Java 变量可以在 SQL 语句中使用，用来接收或提供数值，然后 SQL 的预处理器将把这种 Java/SQL 混用的程序翻译成带有 JDBC API 的 Java 程序。

(2)实现从关系数据库到 Java 类的直接映射。Java Soft 和其他公司已经宣布要实现这一技术。在这种“对象/关系”映射中，表的每一行都将变成类的一个实例，每一列的值对应实例的一个属性。程序员可以直接操作 Java 的对象；而存取所需要的 SQL 调用将在内部直接产生。还可以实现更加复杂的映射，如多张表的行在一个 Java 的类中实现。

随着人们对 JDBC 兴趣的不断浓厚，越来越多的开发人员已经开始利用 JDBC 作为基础的工具进行开发。这使开发工作变得更加容易。

(3)JDBC 和 ODBC 及其他 API 的比较

到目前为止，微软的 ODBC 可能是用得最广泛的访问关系数据库的 API。它提供了连接几乎任何一种平台、任何一种数据库的能力。那么，为什么不直接从 Java 中使用 ODBC 呢？

因为可以从 Java 中使用 ODBC，但最好在 JDBC 的协助下，用 JDBC-ODBC 桥接器实现。那么，为什么需要 JDBC 呢？

(1)ODBC 并不适合在 Java 中直接使用。ODBC 是一个 C 语言实现的 API，从 Java 程序调用本地的 C 程序会带来一系列类似安全性、完整性、健壮性的缺点。

(2)其次，完全精确地实现从 C 代码 ODBC 到 Java API 写的 ODBC 的翻译也并不令人满意。例如，Java 没有指针，而 ODBC 中大量地使用了指针，包括极易出错的空指针“void *”。因此，对 Java 程序员来说，把 JDBC 设想成将 ODBC 转换成面向对象的 API 是很自然的。

(3)ODBC 并不容易学习。它将简单特性和复杂特性混杂在一起，甚至对非常简单的查询都有复杂的选项。而 JDBC 刚好相反，它保持了简单事物的简单性，但又允许复杂的特性。

(4)JDBC 这样的 Java API 对于纯 Java 方案来说是必需的。当使用 ODBC 时，人们必须在每一台客户机上安装 ODBC 驱动器和驱动管理器。如果 JDBC 驱动器是完全用 Java 语言实现，那么 JDBC 的代码就可以自动下载和安装，并保证其安全性，而且，这将适应任何 Java 平台，从网络计算机 NC 到大型主机 Mainframe。

总而言之，JDBCAPI 是能体现 SQL 最基本抽象概念的、最直接的 Java 接口。它建构在 ODBC 的基础上，因此熟悉 ODBC 的程序员将发现学习 JDBC 非常容易。JDBC 保持了 ODBC 的基本设计特征。实际上，这两种接口都基于 X/OPENSQL 的调用级接口(CLI)。它们的最大的不同是 JDBC 基于 Java 的风格和优点，并强化了 Java 的风格和优点。

最近，微软又推出了除了 ODBC 以外的新的 API，如 RDO、ADO 和 OLEDB。这些 API 事实上在很多方面上同 JDBC 一样朝着相同的方向努力，也就是努力成为一个面向对象的、基于 ODBC 的类接口。然而，这些接口目前并不能代替 ODBC，尤其是在 ODBC 驱动器已经在市场完全形成的时候，更重要的是它们只是 ODBC 的“漂亮的包装”。

(5)JDBC 两层模型和三层模型

JDBC 支持两层模型(见图 7-4)所示，也支持三层模型访问数据库。

如图 7-4 所示，两层模型中，一个 Java Apple 或一个 Java 应用直接同数据库连接。这就需要能被直接访问的数据库进行连接的 JDBC 驱动器。用户的 SQL 语句被传送给数据库，而这些语句执行的结果将被传回给用户。数据库可以在同一机器上，也可以在另一机器上通过网络进行连接。这被称为“Client/Server”结构，用户的计算机作为 Client，运行数据库的计算机作为 Server。这个网络可是 Intranet，如连接全体雇员的企业内部网，当然也可以是 Internet。

如图 7-5 所示，在三层模型中，命令将被发送到服务的“中间层”，而“中间层”将 SQL 语句发送到数据库。数据库处理 SQL 语句并将结果返回“中间层”，然后“中间层”将它们返回给用户。MIS 管理员将发现三层模型很有吸引力，因为“中间层”可以进行对访问的控制并协同数据库的更新，另一个优势就是如果有一个“中间层”用户就可以使用一个易用的高层的 API，这个 API 可以由“中间层”进行转换，转换成底层的调用。而且，在许多情况下，三层模型可以提供更好的性能。

到目前为止，“中间层”通常还是用 C 或 C++实现的，以保证其高性能。但随着优化编译器的引入，将 Java 的字节码转换成高效的机器码，用 Java 来实现“中间层”将越来越实际，而 JDBC 是允许从一个 Java“中间层”访问数据库的关键。

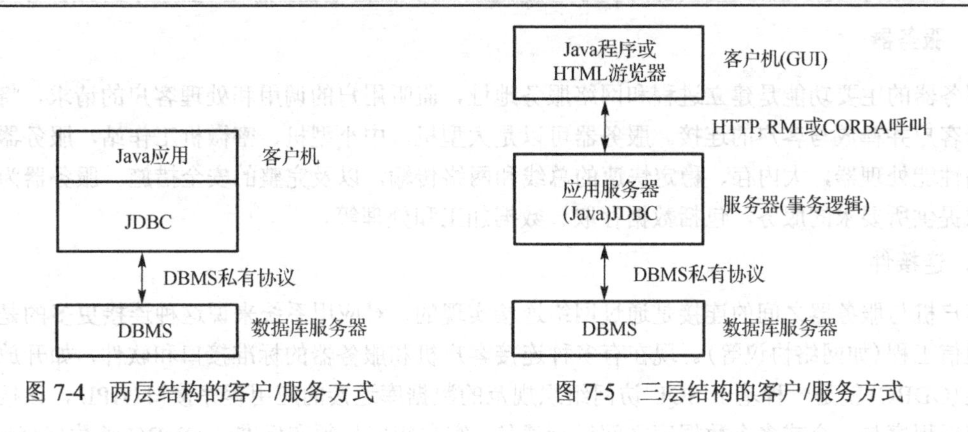

图 7-4 两层结构的客户/服务方式　　图 7-5 三层结构的客户/服务方式

7.2 客户机/服务器模式的数据库系统

网络数据库系统是指在计算机网络环境下运行的数据库系统，它的数据库分散配置在网络节点上，能够对网络用户提供远程数据访问服务。有人把它也称为分布式数据库系统，但是它只能算是一种特定的分布式数据库系统，它驻留在各个网络节点上的数据库仍然是集中式的数据库。

20 世纪 80 年代以来，微型计算机和计算机网络飞速发展。由于日益发展的分布式的信息处理要求，计算机网络包括局域网(LAN)、广域网(WAN)、因特网(Internet)和企业网(Intranet)都得到了广泛的应用。传统的大型主机和哑终端系统受到了以微机为主体的微机网络的挑战，规模向下优化(Downsizing)和规模适化(Rightsizing)已是大势所趋，客户机/服务器(Client/Server，C/S)计算模式应运而生。进入 20 世纪 90 年代后，由于信息技术的发展和信息量的急剧膨胀，信息的全球化打破了地域的界限，Intranet 技术以惊人的速度发展，促使客户机/服务器计算模式向广域的范围延伸，向 Internet 迁移，产生了浏览器/服务器(Browser/Server，B/S)工作模式。

客户机/服务器模式(简称 C/S)是以网络环境为基础、将计算应用有机地分布在多台计算机中的结构，如图 7-1 所示，其中的一个或多个计算机规划服务，称为服务器(Servers),其他的计算机则接受服务，称为客户机(Client)。C/S 模式把系统的任务进行了划分，它把用户界面和数据处理操作分开在前端(客户端)和后端(服务器端)，服务器负责数据的存储、检索与维护；而客户机负责提供 GUI 接口，承担诸如处理与显示检索所得的数据、解释和发送用户的要求等任务。当客户机提出数据服务请求时，服务器把按照请求处理后的数据传送给客户机。因此在网络中传输的数据仅仅是客户机需要的那部分数据，而不是全部。这样，客户机/服务器的工作速度主要取决于进行大量数据操作的服务器，而不是前端的硬件设备；同时大大降低了对网络传输速度的要求，使系统性能有了较大的提高。客户机/服务器方式增加了数据库系统数据共享能力，服务器上存放着大量的数据，用户只需在客户机上用标准的 SQL 语言访问数据库中的数据，便可方便地得到所需的各种数据及信息。

从用户的角度看，客户机/服务器系统基本由三个部分组成：客户机、服务器、客户和服务器之间的连接。

1. 客户机

客户机是指面向最终用户的接口或应用程序，它通过向服务器请求数据服务，然后做必要的处理，将结果显示给用户。客户机把大部分数据处理工作留给服务器，让服务器的高档硬件和软件充分施展它们的特长，并且减少了网络上的信息传输量。

2．服务器

服务器的主要功能是建立进程和网络服务地址，监听用户的调用和处理客户的请求，将结果返回给客户并释放与客户的连接。服务器可以是大型机、中小型机、密微机工作站，服务器要求配有高性能处理器，大内存、稳定快速的总线和网络传输，以及完整的安全措施。服务器为客户的请求提供所要求的服务，包括数据存取、数据加工和处理等。

3．连接件

客户机与服务器之间的连接是通过网络连接实现的，对应用系统来说这种连接更多的是一种软件通信工程(如网络协议等)。现在有多种连接客户机和服务器的标准接口和软件，如开放数据库互连(ODBC)就是一种基于 SQL 访问组织规范的数据库连接的应用程序接口(API)，该接口可以在应用程序与一个或多个数据库之间进行通信。客户应用只须和标准的 ODBC 函数打交道，采用标准的 SQL 语言编程，而不必关心服务器软件的要求及完成方式。

客户机/服务器(C/S)结构既可指硬件的结构也可指软件的结构。硬件的客户机/服务器结构是指某项任务在两台或多台计算机之间进行分配。客户机在完成某一项任务时，通常要利用服务器上的共享资源和服务器提供的服务，因为在一个客户机/服务器体系结构中可以有多台客户机和多台服务器。

软件的客户机/服务器结构把一个软件系统或应用系统按逻辑功能划分为若干个组成部分，如用户界面、表示逻辑、事务逻辑、数据访问等。这些软件成分按照其相对角色的不同，区分为客户端软件和服务器端软件。客户端软件能够请求服务器软件的服务，如客户端软件负责数据的表示和应用、请求服务器软件为其提供数据的存储和检测服务。客户端软件和服务器软件可以分布在网络的不同计算机节点上，也可以放置在同一台计算机上。客户端软件和服务器端软件的功能划分可以有多种不同的方案。

客户机/服务器结构是一个开放式的体系结构，使得数据库不仅要支持开放性，还要开放系统本身，这种开放性包括用户界面、软/硬件平台和网络协议。利用开放性在客户机一侧提供应用程序接口(API)及网络接口，使得用户仍可按照所熟悉的、流行的方式开发客户机应用。在服务器一侧，通过对核心关系数据管理系统(RDBMS)的功能调用，使网络接口满足了数据完整性、安全性及故障恢复等要求。有了开放性，数据库服务器就能支持多种网络协议，运行不同厂家的开发工具，而对某一个应用程序，开发工具也可以在不同的数据库服务器上运行并存取不同数据源中的数据，从而给应用系统的开发提供极大的灵活性。

逻辑等重头戏均在客户机端，所有客户机都必须安装应用软件和工具，因而使客户机变得很“肥”(即肥客户机)。服务器则成为数据服务器，仅负责全局数据的存取、处理和维护，响应用户请求，因而服务器相对较“瘦”(即瘦服务器)。这使得应用系统的性能、可伸缩性和可扩展性较差。

三层 C/S 结构如图 7-5 所示，它将应用功能分成表示层、功能层和数据层三部分，分别由客户机、应用服务器和数据库服务器实现。其解决方案是：对这三层进行明确分割，并在逻辑上使其相互独立。

1)表示层

表示层由客户机实现。表示层是应用的用户接口部分，它担负着用户与应用间的对话功能。它接收用户的输入请求，显示应用输出的数据。为使用户能直观地进行操作，一般要使用图形用户接口(GUI)，操作简单、易学易用。与两层 C/S 结构的客户机部分相比，三层 C/S 结构的客户功能更加简洁清晰，大部分应用逻辑被移植到应用服务器上，但简单的应用逻辑处理和数据库访问仍然可以在客户机上实现，以获得较高的效率。

2) 功能层

功能层由应用服务器实现。功能层相当于应用的本体，它是应用逻辑处理的核心，是具体业务的实现。例如，在制作商品订购合同时要计算合同金额，按照预定的格式配置数据、打印订购合同，而处理所需的数据则要从表示层或数据层取得。

表示层和功能层之间的数据交互要尽可能简洁。例如，用户检索数据时，要设法将有关检索要求的信息一次性传送给功能层，而由功能层处理过的检索结果数据也一次性传送给表示层。通常，在功能层中包含：确认用户对应用和数据库存取权限的功能，以及记录系统处理日志的功能。

应用服务器一般和数据库服务器有密切的数据往来。应用服务器向数据库服务器发送 SQL 请求，数据库服务器将数据访问结果返回给应用服务器。此外，应用服务器也可能和数据库服务器间没有数据交换，而作为客户机的独立服务器使用。

当应用逻辑变得复杂或增加新的应用服务器时，新增的应用服务器可与原应用服务器驻留于同一主机或不同的主机上。

3) 数据层

数据层就是数据库管理系统(DBMS)，它驻留在数据服务器上，负责管理对数据库数据的存取操作。它接受应用服务器提出的 SQL 请求，完成数据的存储、访问和完整性约束检查等。DBMS 必须能迅速执行大量数据的更新和检索。现在的主流是关系数据库管理系统(RDBMS)。因此，一般从功能层传送到数据层的要求都是使用 SQL 语言实现。

与二层 C/S 结构相比，三层 C/S 结构有明显的优点：伸缩性好，具有灵活的硬件系统构成；提高了程序的可维护性，各层相对独立，可以并行开发；有利于严密的安全管理。当然，由于三层 C/S 中的应用被划分在多层服务器和局部网络上，系统的设计、配置、测试都较困难。

7.3　浏览器/服务器模式的数据库系统

7.3.1　Web 数据库的体系结构

浏览器/服务器模式的数据库体系是利用 Web 服务器和 Active Server Pages(简称 ASP)作为数据库操作的中间层，将客户机/服务器模式的数据库结构与 Web 密切结合，从而形成具有三层或多层 Web 结构的浏览器/服务器模式的数据库体系(见图 7-6)。前端采用基于瘦客户机的浏览器技术(Navigator 或 IE)，通过服务器(Microsoft 的 IIS 或 Netscape Fast Track)及中间件访问数据库。中间件驻留在 Web 服务器上，负责管理 Web 服务器和数据库服务器之间的通信并提供应用程序服务。数据库服务器管理数据库中的数据，客户发出 HTTP 请求，Web 服务器以 HTML 页面的形式向用户返回查询结果。

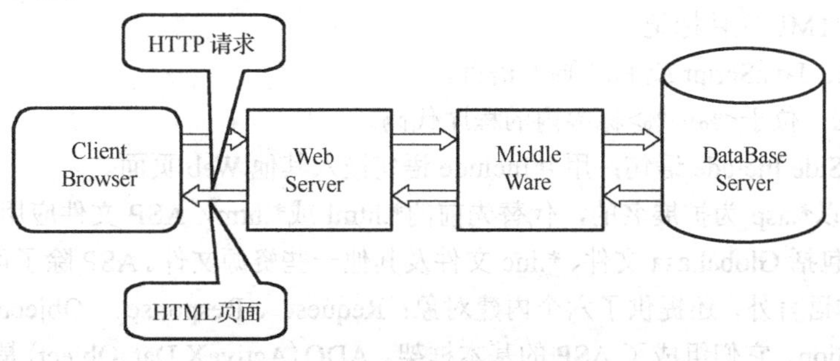

图 7-6　Web 数据库技术体系结构

由此可见，Web Server 承担了传接任务中的很大一部分，Client 端却是很少的一部分，这就是所谓的“胖服务器/瘦客户端”模式，此模式的好处在于能同时接受多种请求，降低了实现信息系统的费用，充分利用了现有的系统资源。并且可以综合多个系统，使资源更加丰富，可以适应技术变化，人机接口简单、直观。使系统开放性好，客户可以通过 Intranet 或 Internet 进行访问。在服务器端可以进行安全性设置，限制了访问人员的级别与类型，加强了数据安全性。

7.3.2 技术实现

首先在服务器上应安装 IIS 4.0(或更高版本)。为了让 IIS 能正确地访问数据源，微软为 ODBC 配置添加了一个新的选项，用它运行“System DSN”。这些特殊的数据源为我们提供了设置全局(公用)数据源的一种途径。由于登录的用户可能设置了对系统和资源的不同访问方式，所以需要用 System DSN 保证它们访问的都是正确数据库，在配置中必须添加数据库驱动程序。

为了实现对数据库的安全管理，必须对相应的用户指定相应的权限，如只读、可读/写等，所以在编程中应对某一用户名进行权限设置。ASP 是一个服务器的脚本环境，在这里可以生成和运行动态的、交互的、高性能的 Web 服务器应用程序。ASP 能够把 HTML、Script、ActiveX 组件等有机结合在一起，形成一个能够在服务器上运行的应用程序，并把按用户要求专门制作的标准 HTML 页面送给客户端浏览器。基于 ASP 访问 Web 数据库的工作原理如图 7-7 所示。

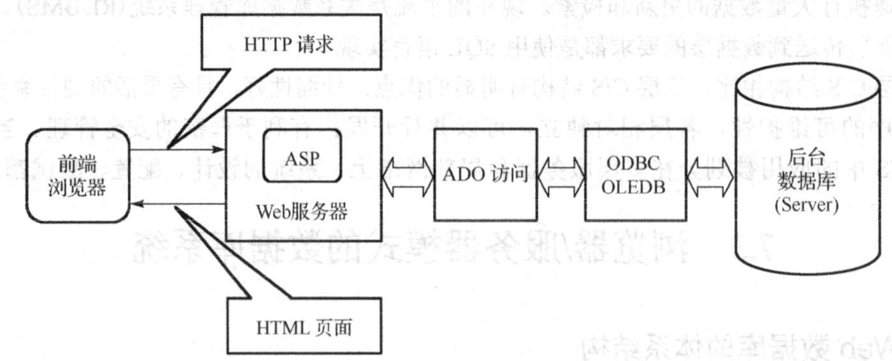

图 7-7 基于 ASP 访问 Web 数据库的工作原理

当用户请求一个*.asp 主页时，Web 服务器响应 HTTP 请求 ActiveX Scripting 兼容的脚本(如 VBScript 和 JavaScript)时，ASP 引擎调用相应的脚本引擎进行处理。若脚本中含有访问数据库的请求，就通过 ODBC 或 OLEDB 与后台数据库相连，由数据库访问组件 ADO(ActiveX Date Objects)执行访问数据库的操作。ASP 脚本在服务器端解释执行，它依据访问数据库的结果集自动生成符合 HTML 语言的主页，去响应用户的请求。而用户看不到 ASP 的程序源代码，增强了保密性。ASP 页面的结构包括下面四个部分。

(1) 普通的 HTML 文件标记。

(2) VBScript、JavaScript 或 Perl 脚本语言。

(3) ASP 语法：位于<%…%>标签内的程序代码。

(4) Server－Side Include 语句：用＃Include 语句嵌入其他 Web 页面。

ASP 文件是以*.asp 为扩展名的，代替先前的*.html 或*.htm，ASP 文件应用程序不仅有一个*.asp 文件，它还包括 Global.asa 文件、*.inc 文件及其他一些资源文件。ASP 除了可使用 VBScript、JavaScript 等脚本语言外，还提供了六个内建对象：Request 、Response、 ObjectContext、Server、Session、Application，它们组成了 ASP 的基本框架。ADO(ActiveX DataObject)是 ASP 内置组件，

ADO 存取数据源通常所必须进行的工作如图 7-8 所示。每个步骤并不都是绝对必要的，视情况自行增减。

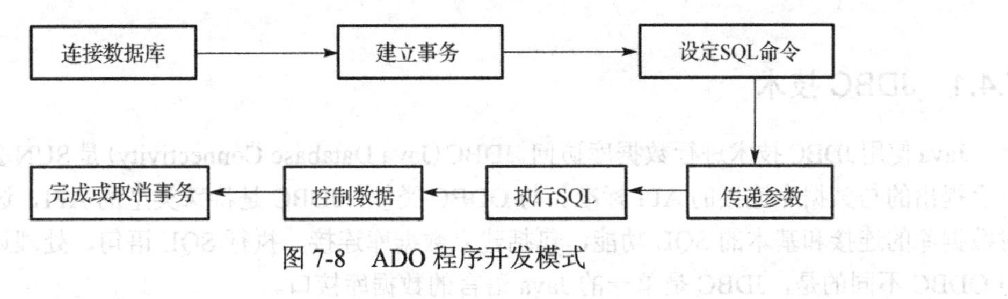

图 7-8　ADO 程序开发模式

下面是一个 ASP 开发程序的实例：

```
<HTML><HEAD><TITLE>信息查询</TITLE></HEAD>
<BODY>
<%Section1=request.form("session")    '取查询参数
    content1=request.form("content") %>
    <% set conn=Server.creadObject("ADODB.Connection")
    conn.open "db","sa",""
            SQL="Select * form db where"&Section1&" =' "&content&" ' "
      Set RS=conn.Execute(SQL)              '执行查询
    %>
<P>查询时间：<%=NOW%>
<TABLE>
    <tr>
    <% for I=0 To RS.fields.count-1 %>
      <td><%=RS(I).name%></td>          '填写表头
       <%next%>
    </tr>
      <% do while not RS.EOF %>
    <tr>
      <% for I=0 To RS.field.count-1 %>
      <td><%=RS(I)%></td>              '填写数据
      <%next%>
    </tr>
    <% RS.Movenext %>
    loop
    RS.close
%>
</TABLE>
</BODY></HTML>
%>
```

随着 Internet 的日益普及，利用 ASP 进行 Web 数据库的编程和应用已经成为一种趋势。用 ASP 技术实现将数据库中的信息在 Internet/Intranet 上发布的方法有其独特的优点，国内已有许多 Web 站点采用了该项技术。本程序中所操作的数据是用 Access 数据库管理系统组织的，也可用任何一种具有 ODBC 驱动程序的数据库管理系统来实现，如 MS-SQL、SYSBASE、Oracle 等。

7.4 Java 访问数据库的技术

7.4.1 JDBC 技术

Java使用JDBC技术进行数据库访问。JDBC(Java Database Connectivity)是SUN公司针对Java语言提出的与数据库连接的API标准。与ODBC类似，JDBC是特殊类型的API，这些API支持对数据库的连接和基本的SQL功能，包括建立数据库连接、执行SQL语句、处理返回结果等。与ODBC不同的是，JDBC是单一的Java语言的数据库接口。

JDBC的结构同样有一个JDBC驱动程序管理器作为Java应用程序与数据库的中介，它把对数据库的访问请求转换和传送给下层的JDBC.Net驱动程序，或者转换为对数据库的固有调用。更多的实现方式是通过JDBC-ODBC桥接驱动程序转化为一个ODBC调用进行对数据库的操作。

JDBC基于X/Open的SQL调用级接口(CLI，这是ODBC的基础)，JDBC可以保证JDBCAPI在其他通用SQL级API(包括ODBC)之上实现。这意味着所有支持ODBC的数据库不加任何修改就能够与JDBC协同合作。

Java程序可以通过JDBC来访问ODBC中的数据源，其结构如图7-7所示，其中的JDBC-OdbcBridge在JDBC和ODBC之间建立起一个桥梁。JDBC的体系结构由两层组成：JDBC API和JDBC驱动程序API，前者应用到JDBC管理器的连接，后者支持JDBC管理器到数据库驱动程序的连接，浏览器从服务器上下载含有JDBC接口的Java Applet，由浏览器直接与服务器连接，自行进行数据交换。

JDBC API定义了Java中的类，用来表示数据库连接、SQL指令、结果集合、数据库图元数据等。它允许Java程序员发送SQL指令并处理结果。通过驱动程序管理器，JDBCAPI可以利用不同的驱动程序连接不同的数据库系统。JDBC驱动程序既可全部采用Java编程，作为Apple的一部分下载；也可利用桥接方式(JDBC-ODBC)连接到已存在的数据库存取数据。

JDBC主要有两种接口，分别是面向程序开发人员的JDBC API和面向底层的JDBC Driver API。JDBC API是一系列抽象的接口，包括Java.sql.Connection、java.sql.Statement、java.sql. PreparedStatement、java.sql. Callablestatement和java.sql.ResultSet。它们使得应用程序员能够进行数据库连接、执行SQL查询，并且得到返回结果。JDBC Driver API是面向驱动程序开发商的编程接口。对于大多数数据库驱动程序而言，仅实现JDBC API提供的抽象类就可以了。JDBC Driver管理器负责管理连接到不同数据库的多个驱动程序。

JDBC API支持数据库访问有两种方式：两层模式和三层模式。在两层模式下，Java Applet或Java应用程序可直接与数据库交换信息，但需要一个能直接与所访问的数据库系统通信的JDBC驱动程序。用户的SQL语句直接传送到数据库中，查询结果直接返回给用户。用户可通过Internet或Intranet网络访问服务器上的数据库。在三层模式下，Applet或Java应用在中间一层完成对应用程序服务器的调用。该层可以是一个事务处理监视控制器、对象请求代理(ORB)或Web服务器API(CGI、ISAPI或NSAPI)。通过这种中间层服务，再调用数据库服务器。

7.4.2 JSP 的数据库访问技术

JSP(Java Server Pages)是由SUN公司倡导、许多公司参与建立的一种动态网页技术标准。在传统的网页HTML文件(*. htm，*. html)中加入Java程序片段(Scrip field)和JSP标记(Tag)，就构成了JSP网页(*. jsp)。Web服务器在遇到访问JSP网页的请求时，首先执行其中的程序片段，然后将执行结果以 HTML 格式返回给客户。程序片段可以操作数据库、重新定向网页及发送 E-mail 等，这就是建立动态网站所需要的功能。所有程序操作都在服务器端执行，网络上传送给客户端的仅是得到的结果，对客户浏览器的要求很低，可以无 Plug-in、无 ActiveX、无 Java Applet，甚至无 Frame。

JSP 可以轻松地与多种数据库相连，通过 JSP 网页可以添加、删除、修改和浏览数据库中的数据。JSP 可以通过两种方法连接数据库：一种是通过 JDBC Driver；另一种是通过 JDBC-ODBC 桥。下面以一个名为 MySQL 的数据库为例来说明 JSP 与数据库相连的整个过程。

JSP 与数据库连接的过程也必须先加载 JDBC 驱动程序，然后建立连接。在这里 MySQL 的 CLASSNAME 是 org.test.mysql.Driver，连接的是位于 localhost 机器上的 test 数据库。

逻辑上分离的技术，而且两者都能够替代 CGI，使网站的建设与发展变得较为简单快捷。但在 JSP 和 ASP 之间其实有着很大的区别。最本质上的区别在于两者是来源于不同的技术规范组织，其实现的基础及对 Web 服务器平台的要求不相同。JSP 技术基于平台和服务器的互相独立，支持来自不同厂商的各种工具包，服务器的组件由数据库产品开发商所提供。相比之下，ASP 技术则主要依赖微软的技术支持。

在对数据库访问方面，ASP 使用 ODBC 通过 ADO 连接数据库，而 JSP 通过 JDBC 技术连接数据库。目标数据库采用一个 JDBC 驱动程序，使得 Java 可以用标准的方式访问数据库。JDBC 不使用服务器端的数据源。只要有 JDBC 驱动程序，Java 就可以访问数据库。如果一个特定的数据库没有 JDBC 驱动程序而只有 ODBC 驱动程序，Java 也提供 JDBC-ODBC 桥来将 JDBC 调用转化为 ODBC 调用。所有的 Java 编译器都带有一个免费的 JDBC-ODBC 桥。理论上，桥可以访问任何常见的数据库产品。

7.5　数据库系统的多层体系结构

在构建多层应用软件体系时应当考虑到以下问题。

(1) 开发平台的选择。由于 Java 是各种软件都可共用的平台，在开发网络环境下的分布式多层结构应用软件时比其他技术具有优势。因此把开发平台定位在 Java 上是最佳选择。

(2) 中间件的选择。在多层应用软件中，负责业务逻辑处理的中间层是重要的一层。对于大型的实用系统来说，所有的软件都自行开发并不是最好的选择，大量通用的模块可以由专业的公司开发的中间件来实现。

(3) 面向对象技术的使用。由于实际应用的纷繁复杂。中间件产品只能提供一些通用的服务，许多开发工作还要靠开发人员根据实际需要完成。在开发系统时，使用面向对象的技术是十分重要的，特别要注意使用对象组件技术。现在有许多支持对象组件技术的开发方法，从跨平台和发展的角度看，CORBA 和 JavaBeans (目前这两项技术正在相互支持融合) 比较好。

(4) 安全问题的解决。作为一个大型的实用系统，安全问题是非常重要的，一般来说，在多层结构中，安全问题应当由处理业务逻辑问题的中间层来解决。解决安全问题主要有两种办法：一是使用现有的安全产品来保护系统的安全性；二是在自行开发的程序中加入保护系统的安全模块。在开发系统时这两种方法应当综合使用。

实现多层结构时，经常使用的 Java 技术包括以下几个。

(1) JavaBeans

JavaBeans 描述了基于 Java 的软件组件模型 (Software Component Model)。在 JavaBeans 体系结构中最基本的单元就是 Bean，JavaBeans 是能够被重复使用的软件组件，用户能够使用构造器工具(BuilderTool)可视化地操作它。一个 JavaBean 组件除了可以与 JVM(Java 虚拟机)中个别的 JavaBeans 组件通信外，还可通过 RMI(Remote Method Invocation，远程方法调用)、HOP 和 JDBC 这三种对象总线访问别的远程对象。随着企业级应用的发展，SUN 公司又提出了 EJB(Enterprise JavaBeans)，为企业级应用提供了一个安全、可靠、可伸缩性强的解决方案。EJB 是特殊的、不可视 JavaBeans，它只能运行软件，EJB 的提出使得用 Java 技术开发的分布环境下具有多层结构的大型应用系统的能力更强大了。

(2) CORBA

CORBA(Common Object Request Broker Architecture，公共对象请求代理体系结构)是一个为解决完全异质分布式系统中软件开发问题而提出的数据模型，系统中各 ORB 之间通过 HOP 互相通信。一个 JavaBeans 定义 IDL(Interface Define Language，接口定义语言)后通过 HOP 与 CORBA 中的 ORB 中进行通信。

(3) JDBC

JDBC 是一个能够执行 SQL 语句的 Java 语言编写的类的接口。

(4) Servlet

Servlet 是一组运行服务器端的软件，SUN 公司将其取名为 Servlet 可能是与 Applet 有关。Applet 是运行在 Web 浏览器端的 Java 程序，Servlet 是运行在 Web 服务器端的 Java 程序。用户可以在 Web 浏览器端通过 URL 来调用运行在 Web 服务器的 Servlet 程序完成所需的工作。例如，使用这样的一个网址 http: //myhost/Servlet/mytest，就能调用 Web 服务器 Servlet 目录下一个名为 mytest 的 Servlet 程序。在使用 Servlet 以后，用户不必再使用效率低下的 CGI 方式，也不必使用只能在某个 Web 服务器平台运行的 API 方式来动态生成 Web 页面。由于现在绝大多数 Web 服务器都支持 Servlet 接口，并且编写 Servlet 程序的语言是与平台无关的 Java 语言，因此 Servlet 是与平台无关的。由于 Servlet 内部是以线程方式提供服务的，不必对每个请求都启动一次进程，并且利用多线程机制可以同时为多个请求服务，因此 Servlet 效率非常高。

7.6 小 结

目前，使用 ODBC API 几乎可以将所有平台上的关系型数据库连接起来。ODBC 的体系结构由四部分构成。其中驱动程序管理器和 DBMS 的驱动程序都是动态链接库(DLL)，由一系列函数构成。ODBC 接口由一系列调用函数组成，应用程序分成初始化、SQL 处理和终止三部分，每一部分使用 ODBC 函数都有严格的规定和顺序。ODBC API 和 SQL CLI 这两个标准正在朝统一的方向迈进。

JDBC 是基于 ODBC 的 SQL Java 接口，它既保持了 Java 语言自身的特点，也保留了 ODBC 的基本设计功能，熟悉 ODBC 的程序员可以非常容易地学习 JDBC。JDBC 是一种“低级”的接口，它直接调用 SQL 命令，但又可以作为构造高级接口和工具的基础。

ODBC 和 JDBC 的出现为数据库的发展指明了道路，会在今后的 Web 数据库发展中运用得越来越广泛。同时，ODBC 和 JDBC 技术的发展将影响到 Web 数据库的发展，甚至可能成为下一代技术的主流。

C/S 结构经历了从两层、三层到多层的演变过程。总的趋势是使客户机越来越“瘦”，变成浏览器；而服务器的种类越来越多，容易实现系统的组装。C/S 系统使应用与用户更加贴近，为用户提供较好的性能和更复杂的界面。分布式系统是在集中式系统的基础上发展而来的。JDBS 是数据库技术与网络技术结合的产物。随着计算机网络技术的飞速发展，JDBS 日趋成为数据库领域的主流方向。

第 8 章　数据库技术的发展

随着计算技术和计算机网络的发展，计算机应用领域迅速扩展，数据库应用领域也在不断地扩大。尤其是从 20 世纪 80 年代开始，数据库技术在商业领域的巨大成功刺激了其他领域对数据库技术需求的迅速增长。一方面，新的数据库应用领域，如计算机辅助设计/管理(CAD/CAM)、过程控制、办公自动化系统、地理信息系统(GIS)、计算机制造系统(CIMS)等，为数据库的应用开辟了新的天地；另一方面，在应用中管理方面的新需求也直接推动了数据库技术的研究与发展。

以关系数据库为代表的传统数据库已经很难胜任新领域的需求，因为新的应用要求数据库能处理复杂性较高的数据，如处理与时间有关的属性，甚至还要求数据库有动态性和主动性。这样就必须有新的数据库技术才能够满足现实需要。为了满足现代应用的需求，必须将数据库技术与其他现代信息、数据处理技术(如面向对象技术、时序和实时处理技术、人工智能技术、多媒体技术)“完善”地集成，以形成“新一代数据库技术”，也可称为“现代数据库技术”，如时态数据库技术、实时数据库技术和多媒体数据库技术等。

本章将对数据库新技术的部分内容进行概括性的介绍。

8.1　数据库新技术的分类

数据库技术自 20 世纪 60 年代中已从第一代的网状、层次数据库系统，第二代的关系数据库系统，发展到第三代以面向对象模型为主要特征的数据库系统。而且随着应用需要的不断提高，数据库技术也面临着许多新的挑战，同时也产生了许多新的数据库技术。

数据库技术与网络通信技术、人工智能技术、面向对象程序设计技术、并行计算技术等互相渗透、互相结合，成为当前数据库技术发展的主要特征，涌现出各种新型的数据库系统，新一代的数据库技术主要体现在以下几个方面。

(1) 整体系统方面：相对传统数据库而言，在数据模型及其语言、事务处理与执行模型、数据库逻辑组织与物理存储等各个方面，都集成了新的技术、工具和机制。属于这类数据库新技术的有：

- 面向对象数据库(Object-Oriented Database)；
- 主动数据库(Active Database)；
- 实时数据库(Real-Time Database)；
- 时态数据库(Temporal Database)。

(2) 体系结构方面：不改变数据库基本原理，而是在系统的体系结构方面采用和集成了新的技术。属于这类数据库新技术的有：

- 分布式数据库(Distributed Database)；
- 并行数据库(Parallel Database)；
- 内存数据库(Main Memory Database)；
- 联邦数据库(Federal Database)；
- 数据仓库(Data Warehouse)。

(3)应用方面：以特定应用领域的需要为出发点，在某些方面采用和引入一些非传统数据库技术，加强系统对有关应用的支撑能力。属于这类数据库新技术的有：

- 工程数据库(Engineering Database)，支持CAD、CAM、CIMS等应用领域；
- 空间数据库(Spatial Database)，包括地理数据库(Geographic Database)，支持地理信息系统(GIS)的应用；
- 科学与统计数据库(Scientific and Statistic Database)，支持统计数据中的应用；
- 超文档数据库(Hyper Document Database)，包括多媒体数据库(Multimedia Database)。

以上这些数据库形成了现代数据库系统。由于现代数据库技术所涵盖的范围很大，难以在本书中详细介绍每种数据库技术，因而，在本章仅选取了有代表意义的某些数据库技术加以分析。

8.2 面向对象数据库系统

面向对象数据库系统(Object Oriented Data Base System，OODBS)是数据库技术与面向对象程序设计方法相结合的产物。它既是一个DBMS，又是一个面向对象系统，因而既具有DBMS特性，如持久性、辅助管理、数据共享(并发性)、数据可靠性(事务管理和恢复)、查询处理和模式修改等，又具有面向对象的特征，如类/类型、封装性/数据抽象、继承性、多态性/滞后联编、计算机完备性、对象标识、复合对象和可扩充性等。

对于面向对象数据模型和面向对象数据库系统的研究主要体现在以下方面。

(1)研究以关系数据库和SQL为基础的扩展关系模型。例如美国加州大学伯克利分校的POSTGRES就以INGRES关系数据库系统为基础，扩展了抽象数据类型ATD(Abstract Data Type)，使之具有面向对象的特性(POSTGRES后来成为Illustra公司的产品，该公司又被Informix公司收购)。目前，Oracle、Sybase、Informix等关系数据库厂商都在不同程度上扩展了关系模型，推出了对象关系数据库产品。

(2)以面向对象的程序设计语言为基础，研究持久的程序设计语言，支持面向对象模型。例如美国Ontologic公司的Ontos是以面向对象程序设计语言C++为基础的；Servialogic公司的GemStone则是以Smalltalk为基础的。

(3)建立新的面向对象数据库系统，支持面向对象数据模型。例如法国O2Technology公司的O2、美国Itasca System公司的Itasca等。

8.2.1 面向对象程序设计方法

面向对象是一种新的程序设计方法学。第一个面向对象程序设计语言是SIMULA 67。20世纪80年代以来，Smalltalk和C++成为被人们普遍接受的面向对象程序设计语言。

与传统的程序设计方法相比，面向对象的程序设计方法具有深层的系统抽象机制。由于这些抽象机制更符合事件本来的自然规则，因而它很容易被用户理解和描述，进而平滑地转化为计算机模型。面向对象的系统抽象机制是对象、消息、类和继承性。

面向对象程序设计方法是一种支持模块化设计和软件重用的实际可行的编程方法。它把程序设计的主要活动集中在建立对象和对象之间的联系(或通信)上，从而完成所需要的计算。一个面向对象的程序就是相互联系(或通信)的对象集合。由于现实世界可以抽象为对象和对象联系的集合，所以面向对象的程序设计方法学是一种更接近现实世界的、更自然的程序设计方法学。

面向对象程序设计的基本思想是封装性和可扩展性。传统的程序设计为数据结构+算法。而面向对象程序设计就是把数据结构和数据结构上的操作算法封装在一个对象之中，一个对象就是某种数据结构和其运算的结合体。对象之间的通信通过信息传递来实现。用户并不直接操纵对象，而是发一个消息给一个对象，由对象本身来决定用哪个方法实现。这保证了对象的界面独立于对象的内部表达。对象操作的实现(通常称为“方法”)及对象和结构都是不可见的。

面向对象程序设计的可扩展性体现在继承性和行为扩展两个方面。一个对象属于一个类，每个类都有特殊的操作方法用来产生新的对象，同一个类的对象具有公共的数据结构和方法。类具有层次关系，每个类可以有一个子类，子类可以继承超类(父类)的数据结构和操作。另外，对象可以有子对象(实例)，子对象还可以增加新的数据结构和新的方法，子对象新增加的部分就是子对象对父对象发展的部分。面向对象程序设计的行为扩展是指可以方便地增加程序代码来扩展对象的行为，这种扩展不影响该对象上的其他操作。

8.2.2　面向对象数据模型

面向对象数据库系统支持面向对象数据模型(简称 OO 模型)。即面向对象数据库系统是一个持久的、可共享的对象库的存储和管理者；而一个对象库是由一个 OO 模型所定义的对象的集合体。

就关系数据库系统而言，E. F. Codd 在其开创性的论文中就已给出了关系模型清晰的规范说明。关系数据库系统仍是建立在统一的数据模型基础上的，对关系数据库系统的研究主要集中在实现技术方面而不是基本原理方面。

面向对象数据库系统尚不存在这样的规范说明，即对 OO 模型缺少一个统一的严格的定义。尽管如此，有关 OO 模型的许多核心概念已取得了高度的共识。

1．面向对象模型的基本概念

一个 OO 模型是用面向对象观点来描述现实世界实体(对象)的逻辑组织、对象间限制、联系等的模型。一系列面向对象的核心概念构成了 OO 模型的基础。概括起来，OO 模型的核心概念有如下几个。

(1)对象(Object)与对象标识 OID(Object IDentifier)

现实世界的任一实体都被统一地模型化为一个对象，每个对象有一个唯一的标识，称为对象标识(OID)。

OID 与关系数据库中码(Key)的概念和某些关系系统中支持的记录标识(RID)、元组标识(TID)是有本质区别的。OID 是独立于值的、系统全局唯一的。

(2)封装(Encapsulation)

每一个对象是其状态与行为的封装，其中状态是该对象一系列属性(Attribute)值的集合，而行为是在对象状态上操作的集合，操作也称为方法(Method)。

(3)类(Class)

共享同样属性和方法集的所有对象构成了一个对象类(简称类)，一个对象是某一类的一个实例(instance)。例如，学生是一个类，李枫、张晨、杨敏等是学生类中的对象。在数据库系统中，要注意区分“型”和“值”的概念。在 OODB 中，类是“型”，对象是某一类的一个“值”。类属性的定义域可以是任何类，即可以是基本类，如整数、字符串、布尔型，也可以是包含属性和方法的一般类。特别地，一个类的某一属性的定义也可以是这个类自身。

(4)类层次(结构)

在一个面向对象数据库模式中，可以定义一个类(如 C1)的子类(如 C2)，类 C1 称为类 C2 的超类(或父类)。子类(如 C2)还可以再定义子类(如 C3)。这样，面向对象数据库模式的一组类形成一个有限的层次结构，称为类层次。

一个子类可以有多个超类，有的是直接的，有的是间接的。例如，C2 是 C3 的直接超类，C1 是 C3 的间接超类。一个类可以继承类层次中其直接或间接超类的属性和方法。

(5) 消息 (Message)

由于对象是封装的，对象与外部的通信一般只能通过消息传递，即消息从外部传送给对象，存取和调用对象中的属性和方法，在内部执行所要求的操作，操作的结果仍以消息的形式返回。

2. 对象结构与标识

(1) 对象结构：对象是由一组数据结构和在这组数据结构上的操作程序封装起来的基本单位，对象之间的联系是通过一组消息来定义的，包括如下内容。

① 属性集合：属性描述对象的状态、组成和特性，所有属性的集合构成对象数据的数据结构。对象可以嵌套，组成复杂的对象。

② 方法集合：方法描述对象的行为特性，包括方法的接口 (方法调用的说明) 和方法的实现 (对象操作的算法)。

③ 消息集合：对象之间操作请示的集合。

(2) 对象标识：在面向对象数据库中，每个对象都有唯一的、不变的标识，对象中的属性、方法会随时间变化，但对象的标识始终不变。对象标识主要有如下几种。

① 值标识：用值表示的标识。例如关系数据库中元组的码。

② 名标识：用名字表示的标识。例如变量的名字。

③ 内标识：在建立数据模型或程序设计语言中，无须用户给出，常由系统给出，类似数据库中的 DBK。在面向对象数据库中，大多是内标识。

(3) 封装：每个对象是其状态与行为的封装。封装是对象外部界面与内部实现之间实行清晰隔离的一种抽象，外部与对象的通信只能通过消息来实现。

面向对象的数据库系统在逻辑上和物理上将面向元组的处理上升为面向对象、面向具有复杂结构的逻辑整体。允许使用自然的方法，并结合数据抽象的机制在结构和行为上对复杂的对象建立模型，从而提高管理效率，降低用户使用的复杂性，并且为版本管理、动态模式修改等功能的实现创造了条件。

3. 类结构与继承

在面向对象的数据库中，相似对象的集合称为类。每个对象称为所在类的实例。一个类中的对象共享一个定义，相互之间的区别仅在于属性的取值不同。

类的概念与关系模式类似，表 8-1 列出了对照关系。

表 8-1 类与关系模式的对照

类	类的属性	对象	类的一个实例
关系模式	关系的属性	关系的元组	关系的一个元组

类本身也可以看作一个对象，称为类对象，面向对象数据库模式是类的集合，在一个面向对象数据库模式中，存在多个相似但又有所区别的类。因此面向对象数据模式提供了类层次结构，以实现这些要求。

(1) 类的层次结构

在面向对象数据模式中，一组类可以形成一个类层次。一个面向对象数据模式可能有多个类层次。在一个类层次中，一个类继承其所有超类的属性、方法和消息。

图 8-1 表示在学校数据库中“学生”类的层次结构。

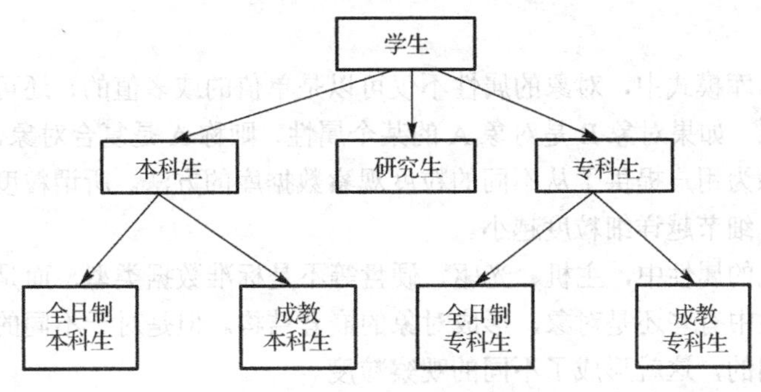

图 8-1 “学生”类的层次结构

作为最高一级的类(学生)，具有所有学生应具备的属性、方法和消息。作为超类的下一级子类(研究生、本科生、专科生)，除继承其超类的属性、方法和消息外，还各自具备其所在子类的属性、方法和消息，以此类推，超类与子类反映“从属(ISA)”关系，超类与子类之间既有共同之处，又相互有所区别。超类是子类的抽象，子类是超类的具体化。

类层次可以动态扩展，一个新的子类可以从一个或多个已有的类导出。根据一个类能否继承多个超类的特性将继承分成单继承和多重继承。

(2)继承

在面向对象模式中，继承分为单继承和多重继承。

单继承：一个子类只能继承一个超类的特性。

多重继承：一个子类能够继承多个超类的特性。

图 8-1 的实例就是单继承的层次结构，在图 8-2 的层次结构中，“在职研究生”既是教职工也是学生，因此“在职研究生”继承了“教职工”和“学生”的全部特性(包括属性、方法和消息)，所以是多重继承的层次结构。

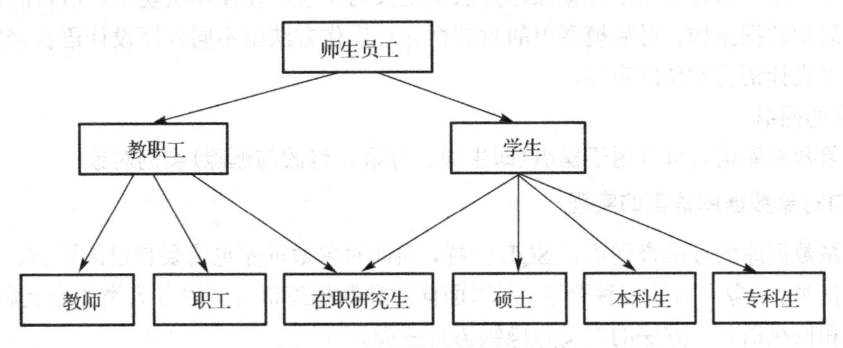

图 8-2　多重继承的层次结构

继承性的特点是：

① 继承性是建立数据模式的有力工具，它提供了对现实世界简捷而精确的描述；

② 继承性提供了信息重用机制。

由于子类继承了超类的特性，可以避免许多重复定义。然而由于子类除了继承超类的特性外还需要定义自己的特殊属性和方法，可能与从超类继承的特性(包括属性、方法和消息)发生冲突，这种冲突可能发生在子类与超类之间，也可能发生在子类的多个直接超类之间。这类冲突一般由系统解决，解决方法是制定优先级别规则，一般在子类与超类之间规定子类优先的规则，在子类的多个直接超类之间规定有限次序，按照这种次序定义继承规则。

子类对其直接超类(也称父类)既有继承也有发展，继承的部分就是重用的部分。

(3) 对象的嵌套

在面向对象数据库模式中，对象的属性不仅可以是单值的或多值的，还可以是一个对象，这就是对象的嵌套关系。如果对象 B 是对象 A 的某个属性，则称 A 是复合对象，B 是 A 的子对象。

对象的嵌套关系为用户提供了从不同的粒度观察数据库的方法。所谓粒度，就是数据库中数据细节的详细程度，细节越详细粒度越小。

例如，在计算机的属性中，主机、光驱、硬盘等不是标准数据类型，而是对象，它们又包含若干属性，这些属性中有些还是对象，形成对象的嵌套结构。但是对于不同的使用者来说，他们所关心的层次是不同的，这就形成了不同的观察粒度。

对象的嵌套结构和类层次结构构成了更加复杂的数据关系，因此面向对象数据库模式是对关系数据模型的推广和发展，因而更能准确地描述现实世界的信息结构，所以面向对象数据库模式反映了数据库技术在新的应用领域的发展。

8.2.3 面向对象数据库语言

面向对象数据库语言 (OODB 语言) 用于描述面向对象数据库模式，说明并且操纵类定义与对象实例。OODB 语言主要包括对象定义语言 (ODL) 和对象操纵语言 (OML)，对象操纵语言的一个重要子集就是对象查询语言 (OQL)。

1. 面向对象数据库语言的功能

(1) 类的定义与操纵

面向对象数据库语言可以操纵类，包括定义、生成、存取、修改与撤销类。其中类的定义包括定义类的属性、操作特征、继承性与约束等。

(2) 操作方法的定义

面向对象数据库语言可用于对象操作方法的定义与实现。在操作实现中，语言的命令可用于操作对象的局部数据结构。对象模型中的封装性允许操作方法由不同程序设计语言来实现，并且隐藏不同程序设计语言实现的事实。

(3) 对象的操纵

面向对象数据库语言可以用于操纵 (即生成、存取、修改与删除) 实例对象。

2. 面向对象数据库语言的实现

如同关系数据库的标准查询语言 SQL 一样，面向对象数据库也需要自己的语言。由于面向对象数据库包括类、对象和方法三种要素，所以面向对象数据库语言可以分为类的定义和操纵语言、对象的定义和操纵语言、方法的定义和操纵语言三类。

(1) 类的定义和操纵语言

类的定义和操纵语言包括定义、生成、存取、修改和撤销类的功能。类的定义包括定义类的属性、操作特征、继承性与约束性等。

(2) 对象的定义和操纵语言

对象的定义和操纵语言用于描述对象和实例的结构，并实现对对象和实例的生成、存取、修改及删除等操作。

(3) 方法的定义和操纵语言

方法的定义和操纵语言用于定义并实现对象 (类) 的操作方法。方法的定义和操纵语言可用于描述操作对象的局部数据结构、操作过程和引用条件。由于对象模型具有封装性，因而对象的操作方法允许由不同的程序设计语言来实现。

8.2.4　面向对象数据库的模式演进

数据库模式为适应需求的变化而随时间变化称为模式演进。

在关系数据库中，模式的变化比较简单。对于面向对象数据库系统，模式的修改相对复杂得多，主要原因如下。

(1)面向对象数据库模式改变频繁，因为面向对象数据库模式更接近实际，一方面客观世界的环境与事物总在不断变化；另一方面人们对客观世界的理解也在不断地加深和变化，因此常常需要频繁地改变数据库的模式。

(2)面向对象数据库模式修改复杂，由于面向对象数据库模型是数据结构与行为的结合，不仅包含复杂的数据结构，还有丰富的语义联系。因此模式的修改比关系数据库系统复杂得多。并且这个演进过程本身就是动态的，这更增加了演进过程的复杂性。

1. 模式的一致性

模式在演进过程中不能出现自身的矛盾与错误，这是模式的一致性。模式的一致性通过一致性约束实现，包括唯一性约束、存在性约束和子类约束。

(1)唯一性约束：命名唯一。在一个模式中类命名必须唯一，同一类中属性名必须唯一，类名与属性名可以相同，但应尽量避免。

(2)存在性约束：显式引用的成分必须存在。被引用的类、属性和操作必须在模式定义中的相应位置中给予定义，操作还必须有其实现程序。

(3)子类约束：子类与超类之间不能出现环状联系，相互联系必须有必要的说明，并应避免由于多继承带来的冲突。

2. 模式演进的操作

(1)类集的操作：包括对类的增加、删除和改名。

(2)类成分的改变：包括增加和删除类中的属性和方法，改变类中属性的名称和类型，改变类中操作的名称与功能。

(3)子类与超类联系的改变：包括增加新的超类和删除原有超类。

3. 模式演进的实现

由于面向对象数据库系统中数据关系非常复杂，因此在演进的过程中很可能破坏模式的一致性，所以面向对象数据库模式演进实现问题的研究是当前此领域的重要问题。目前主要采取的方法是采用转换机制来实现一致性检测。所谓转换就是在面向对象数据库中，已有的对象根据新模式的结构进行变换以适应新的模式。根据转换发生的时间，有两种不同的转换方式。

(1)立即转换方式：一旦模型变化立即执行所有变换，这种方式转换及时，但系统为执行转换将发生停顿。

(2)延迟转换方式：模式变化后先不转换，延迟到低层数据库或该对象存取时执行转换。这种方法可以避免系统停顿，但会影响运行效率。

8.2.5　对象-关系数据库

1. 面向对象数据库系统的特点

一个面向对象数据库系统必须满足两个条件：

- 支持核心的面向对象数据模型；

- 支持传统数据库系统所有的数据库特征。

也就是说，OODBS 必须保持第二代数据库系统的非过程化数据存取方式和数据独立性，即应继承第二代数据库系统已有的技术，不仅能很好地支持对象管理和规则管理，而且能更好地支持原有的数据管理。

对象-关系数据库系统就是按照这样的目标将关系数据库系统与面向对象数据库系统两方面的特征相结合。

对象-关系数据库系统除了具有原来关系数据库的各种特点外，还应该具有以下特点。

(1)扩充数据类型

目前的商品化 RDBMS 只支持某一固定的类型集，不能依据某一应用所需的特定数据类型来扩展其类型集。对象-关系数据库系统允许用户在关系数据库系统中定义数据，即允许用户根据应用需求自己定义数据类型、函数和操作符。例如，某些应用涉及三维向量，系统就允许用户定义一个新的数据类型三维向量，它包含 3 个实数分量。而且一经定义，这些新的数据类型、函数和操作符将存放在数据库管理系统核心中，可供所有用户共享，如同基本数据类型一样。例如可以定义数组、向量、矩阵、集合等数据类型及这些数据类型上的操作。

(2)支持复杂对象

能够在 SQL 中支持复杂对象。复杂对象是指由多种基本数据类型或用户自定义的数据类型构成的对象。

(3)支持继承的概念

能够支持子类、超类的概念，支持继承的概念，包括属性数据的继承和函数及过程的继承；支持单继承与多重继承；支持函数重载(操作的重载)。

(4)提供通用的规则系统

能够提供强大而通用的规则系统。规则在 DBMS 及其应用中是十分重要的，在传统的 RDBMS 中用触发器来保证数据库数据的完整性。触发器可以看成规则的一种形式。对象-关系数据库系统要支持的规则系统将更加通用、更加灵活，并且与其他的对象-关系能力是一体的。例如，规则中的事件和动作可以是任意的 SQL 语句，可以使用用户自定义的函数，规则能够被继承。这就大大增强了对象-关系数据库的功能，使之具有主动数据库和知识库的特性。

2．实现对象-关系数据库的方法

当前主要的开发方法包括以下两种。

(1)在现有关系数据库的 DBMS 基础上扩展，一般有两种途径。

① 将现有关系数据库的 DBMS 与某种对象-关系数据库产品相连，使现有关系数据库的 DBMS 具备对象-关系数据库的功能。

② 将现有面向对象型的 DBMS 与某种对象-关系数据库产品相连，使现有面向对象型的 DBMS 具备对象-关系数据库的功能。

(2)扩充现有面向对象型的 DBMS，使之成为对象-关系数据库。

8.3 分布式数据库系统

“分布式数据库是由一组数据组成的，这些数据分布在计算机网络的不同节点上，逻辑上属于同一个系统”。网络中的每个节点具有独立处理的能力(称为场地自治)，可以执行局部应用。同时，每个 ab 点也能通过网络通信子系统执行全局应用。

这个定义强调了场地自治性及自治场地之间的协作性。即每个场地都是独立的数据库系统，它有自己的数据库、自己的用户、自己的 CPU，运行自己的 DBMS，执行局部应用，具有高度的自治性。同时各个场地的数据库系统又相互协作组成一个整体。这种整体性的含义是，对于用户来说，一个分布式数据库系统逻辑上看如同一个集中式数据库系统，用户可以在任何一个场地执行全局应用。

8.3.1　分布式数据库系统的特点与目标

分布式数据库系统是在集中式数据库系统技术的基础上发展起来的，但不是简单地把集中式数据库分散地实现，它是具有自己的性质和特征的系统。集中式数据库的许多概念和技术，如数据独立性、数据共享和减少冗余度、并发控制、完整性、安全性和恢复等，在分布式数据库系统中都有不同但更加丰富的内容。

1. 数据独立性

数据独立性是数据库追求的主要目标之一。在集中式数据库系统中，数据独立性包括数据的逻辑独立性与数据的物理独立性。其含义是用户程序与数据的全局逻辑结构及数据的存储结构无关。

在分布式数据库系统中，数据独立性这一特性更加重要，并具有更多的内容。除了数据的逻辑独立性与物理独立性外，还有数据分布独立性，也称分布透明性。分布透明性指用户不必关心数据的逻辑分片，不必关系数据物理位置分布的细节，也不必关心副本(冗余数据)一致性问题，同时也不必关心局部场地上数据库支持哪种数据模型。分布透明性也可以归入物理独立性的范围。

有了分布透明性，用户的应用程序书写起来就如同数据没有分布一样。当数据从一个场地移到另一场地时不必改写应用程序，当增加某些数据的副本时也不必改写应用程序。数据分布的信息由系统存储在数据字典中。用户对非本地数据的访问请求由系统根据数据字典予以解释、转换和传送。

在集中式数据库系统中，数据独立性是通过系统的三级模式(外模式、模式、内模式)和它们之间的二级映像得到的。在分布式数据库系统中，分布透明性则是由于引入了新的模式和模式间的映像得到的。

2. 集中与自治相结合的控制结构

数据库是多个用户共享的资源。在集中式数据库系统中，为了保证数据库的安全性和完整性，对共享数据库的控制是集中的，并没有负责监督和维护系统正常运行的 DBA。

在分布式数据库系统中，数据的共享有两个层次。

(1) 局部共享。即在局部数据库中存储局部场地上各用户的共享数据，这些数据是本场地用户常用的。

(2) 全局共享。即在分布式数据库系统的各个场地也存储供其他场地的用户共享的数据，支持系统的全局应用。

因此，相应的控制机构也具有两个层次：集中和自治。分布式数据库系统常常采用集中和自治相结合的控制机构。各局部 DBMS 可以独立地管理局部数据库，具有自治的功能。同时，系统又设有集中控制机制，协调各局部 DBMS 的工作，执行全局应用。对于不同的系统，集中和自治的程度不尽相同。有些系统高度自治，连全局应用事务的协调也由局部 DBMS、局部 DBA 共同承担，而不要集中控制，不设全局 DBA。有些系统的集中控制程度较高而场地自治功能较弱。

3. 适当增加数据冗余度

在集中式数据库系统中，尽量减少冗余度是系统的目标之一。其原因是，冗余数据不仅浪费存储空间，而且容易造成各数据副本之间的不一致性。为了保证数据的一致性，系统要付出一定的维护代价。减少冗余度的目标是用数据共享来达到的。

而在分布式数据库系统中却希望存储必要的冗余数据，在不同的场地存储同一数据的多个副本，主要原因如下。

(1)提高系统的可靠性、可用性

当某一场地出现故障时，系统可以对另一场地上的相同副本进行操作，不会因一处故障而造成整个系统的瘫痪。

(2)提高系统性能

系统可以选择用户最近的数据副本进行操作，减少通信代价，改善整个系统的性能。

但是，数据冗余同样会带来和集中性数据库系统中一样的问题。不过，冗余数据增加存储空间的问题将随着硬件磁盘价格的下降而得到解决。冗余副本之间数据不一致的问题则是分布式数据库系统必须着力解决的问题。

一般地讲，增加数据冗余度方便了检索，提高了系统的查询速度、可用性和可靠性，但不利于更新，增加了系统维护的代价。因此应在这些方面做出权衡，进行优化。

4. 全局的一致性、可串行性和可恢复性

分布式数据库系统中各局部数据库应满足集中式数据库的一致性、并发事务的可串行性和可恢复性。除此以外还应保证数据库的全局一致性、全局并发事务的可串行性和系统的全局可恢复性。这是因为在分布式数据库系统中全局应用涉及两个以上节点的数据，全局事务可能由不同场地上的多个操作组成。例如，某银行转账事务包括两个节点上的更新操作。这样，当其中某一个节点出现故障，操作失败后如何使全局事务回滚呢？如何使另一个节点撤销(UNDO)已执行的操作(若操作已完成或完成一部分)或不必再执行事务的其他操作(若操作尚未执行)？这些技术要比集中式数据库系统复杂和困难得多，这是分布式数据库系统必须要解决的问题。

5. 分布式数据库系统的目标

分布式数据库系统的目标主要包括技术和组织两方面。

(1)适应部门分布的组织结构，降低费用

使用数据库的单位在组织上常常是分布的(如分为部门、科室、车间等)，在地理上也是分布的。分布式数据库系统的结构符合部门分布的组织结构，允许各个部门对自己常用的数据存储在本地，在本地录入、查询、维护，实行局部控制。由于计算机资源靠近用户，因而可以降低通信代价，提高响应速度，使这些部门使用数据库更方便、更经济。

(2)提高系统的可靠性和可用性

改善系统的可靠性和可用性是分布式数据库系统的主要目标。将数据分布在多个场地，并增加适当的冗余度可以提供更好的可靠性，对于那些可靠性要求较高的系统，这一点尤其重要。一个场地出了故障不会引起整个系统崩溃，因为故障场地的用户可以通过其他场地进入系统，而其他场地的用户可以由系统自动选择存取路径，避开故障场地，利用其他数据副本执行操作，不影响事务的正常执行(如 Sybase Replication Server)。

(3)充分利用数据库资源，提高现有集中式数据库的利用率

当在一个大企业或大部门中已建成若干个数据库之后，为了相互利用资源，为了开发全局应

用，就要研制分布式数据库系统。这种情况可称为自底向上地建立分布式系统。这种方法虽然也要对向现存的局部数据库系统做某些改动、重构，但比起把这些数据库集中起来重建一个集中式数据库，无论是从经济上还是从组织上考虑，分布式数据库都是较好的选择。

(4) 逐步扩展处理能力和系统规模

当一个单位扩大规模，要增加新的部门(如银行增加新的分行、工厂增加新的科室和车间)时，分布式数据库系统的结构为扩展系统的处理能力提供了较好的途径，即在分布式数据库系统中增加一个新的节点。这样比在集中式系统中扩大系统规模要方便、灵活、经济得多。在集中式系统中为了扩大规模常用的方法有两种：一种是在开始设计时留有较大的余地，这样容易造成浪费，而且由于预测困难，设计结果仍可能不适应情况的变化；另一种方法是系统升级，这会影响现有应用的正常运行。并且当升级涉及不兼容的硬件或系统软件有了重大修改而要相应地修改已开发的应用软件时，升级的代价就十分昂贵，常常使得升级的方法不可行。分布式使数据库系统能方便地将一个新的节点纳入系统，不影响现有系统的结构和系统的正常运行，提供了逐渐扩展系统能力的较好途径，有时甚至是唯一的途径。

8.3.2　分布式数据库系统的体系结构

分布式数据库系统的体系结构是在原来集中式数据库系统的基础上增加了分布式处理功能，比集中式数据库系统增加了四级模式和映像，其模式结构如图 8-3 所示。

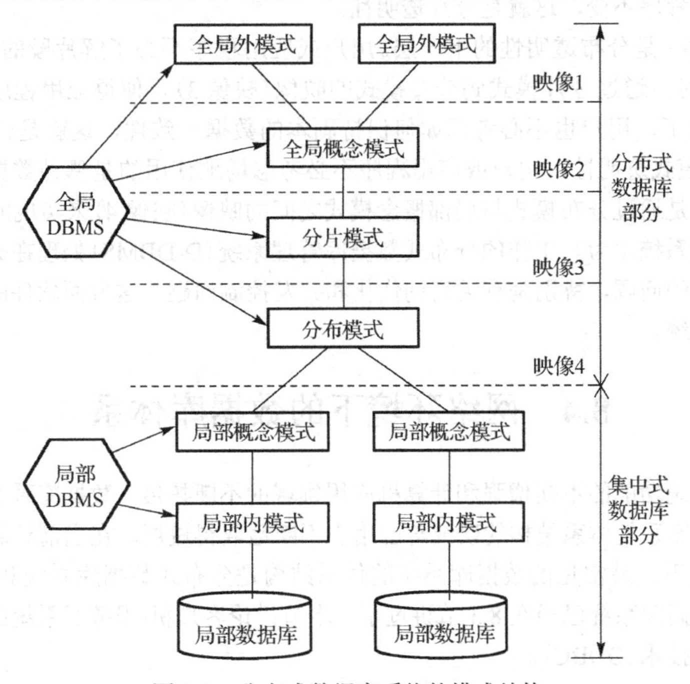

图 8-3　分布式数据库系统的模式结构

1. 分布式数据库系统的模式结构

图 8-3 是分布式数据库系统的模式结构的示意图。图的下半部分就是原来集中式数据库系统的结构，只是加上“局部”二字，实际上每个“局部”就是一个相对独立的数据库系统。图的上半部分增加了四级模式和映像，包括以下几个。

(1) 局部外模式：全局应用的用户视图，是全局概念模式的子集。

(2) 全局概念模式：定义分布式数据库系统的整体逻辑结构，为便于向其他模式映像，一般采取关系模式，其包括一组全局关系的定义。

(3) 分片模式：全局关系可以划分为若干不相交的部分，每个部分就是一个片段。分片模式定义片段及全局关系到片段的映像。一个全局关系可以定义多个片段，每个片段只能来源于一个全局关系。

(4) 分布模式：一个片段可以物理地分配在网络的不同节点上，分片模式定义片段的存放节点。如果一个片段存放在多个节点，就是冗余的分布式数据库，否则是非冗余的分布式数据库。

由分布模式到各个局部数据库的映像，把存储在局部节点的全局关系或全局关系的片段映像为各个局部概念模式。局部概念模式采用局部节点上 DBMS 所支持的数据模型。

分片模式和分布模式是定义全局的，在分布式数据库系统中增加了这些模式和映像使得分布式数据库系统具有了分布透明性。

2. 分布透明性

分布透明性是分布式数据库系统的重要特征，透明性层次越高，应用程序的编写就越简单、方便。分布透明性包括分片透明性、位置透明性和局部数据模式透明性。

(1) 分片透明性：是分布透明性的最高层次。用户或应用程序只考虑对全局关系的操作而不必考虑关系的分片。当分布模式改变时，通过全局模式到分布模式的映像(映像 2)，使得全局模式不变，从而应用程序不变，这就是分片透明性。

(2) 位置透明性：是分布透明性的下一层。用户或应用程序不必了解片段的具体存储地点(场地)，当场地改变时，通过分片模式到分布模式的映像(映像 3)，使得应用程序不变。并且即使在冗余存储的情况下，用户也不必考虑如何保持副本的数据一致性，这就是位置透明性。

(3) 局部数据模式透明性：用户或应用程序不必考虑场地使用的是哪种数据模式和哪种数据库语言，这些转换是通过分布模式与局部概念模式之间的映像(映像 4)来实现的。

分布式数据库系统由为其工作的分布式数据库管理系统(D-DBMS)处理在分布式数据库系统进行各类数据处理的问题，特别是有关查询优化和并发控制问题，这方面软件的工作要大大复杂于集中式数据库系统。

8.4 网络环境下的数据库体系

随着计算机系统功能的不断增强和计算机应用领域的不断拓展，数据库系统的应用环境也在不断地变化，数据库系统体系结构的研究与应用也不断地取得进展，在当前计算机网络技术不断提高与普及的情况下，最常见的数据库系统的体系结构是分布式数据库系统和客户机/服务器系统。关于分布式数据库系统已经在 8.3 节讲过了，本节讨论客户机/服务器系统的结构，并介绍开放式数据库的互连技术(ODBC)。

8.4.1 客户机/服务器系统

与分布式数据库系统一样，客户机/服务器系统是计算机网络环境下的数据库系统，首先介绍“分布计算”的概念。

1. 分布计算的含义

分布计算的主要含义如下。

(1) 处理的分布。数据是集中的，处理是分布的。网络中各节点上的用户应用程序从同一个集中的数据库存取数据，而在各自节点上的计算机上进行应用处理。这是单点数据、多点处理的集中数据库模式。数据在物理上是集中的，仍属于集中式的 DBMS。

(2) 数据的分布。数据分布在计算机网络的不同计算机上，逻辑上是一个整体。网络中的每个节点具有独立处理的能力，可以执行局部应用。同时，每个节点也能通过网络通信子系统执行全局应用。这就是前面介绍的分布数据库。

(3) 功能的分布。将在计算机网络系统中的计算机按功能区分，把 DBMS 功能与应用处理功能分开。在计算机网络系统中把处理进行应用处理的计算机称为“客户机”，把执行 DBMS 功能的计算机称为“服务器”，这样组成的系统就是客户机/服务器系统。

2．客户机/服务器系统结构

图 8-4 是客户机/服务器系统结构的示意图。

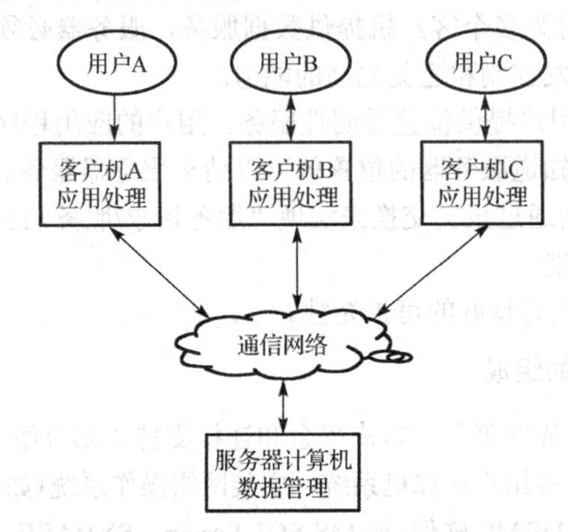

图 8-4　客户机/服务器系统结构（单服务器结构）

客户机/服务器结构的基本思路是计算机将具体应用分为多个子任务，由多台计算机完成。客户机端完成数据处理、用户接口等功能；服务器端完成 DBMS 的核心功能。客户机向服务器发出信息处理的服务请示，系统通过数据库服务器响应用户的请求，将处理结果返回客户机。客户机/服务器结构有单服务器结构和多服务器结构两种方式。

数据库服务器是服务器中的核心部分，它实施数据库的安全性、完整性、并发控制处理，还具有查询优化和数据库维护的功能。

3．客户机/服务器系统的工作模式

在客户机/服务器结构中，客户机安装所需要的应用软件工具（如 Visual Basic、Power Builder、Delphi 等），在服务器上安装 DBMS（如 Oracle、Sybase、MS SQL Server 等），数据库存储在服务器计算机中。

(1) 客户机的主要任务是：

- 管理用户界面；
- 接收用户的数据和处理要求；
- 处理应用程序；
- 产生对数据库的请求；
- 向服务器发出请求；

- 接收服务器产生的结果；
- 以用户需要的格式输出结果。

(2) 服务器的主要任务是：

- 接收客户机发出的数据请求；
- 处理对数据库的请求；
- 将处理结果送给发出请求的客户机；
- 查询/更新的优化处理；
- 控制数据安全性规则和进行数据完整性检查；
- 维护数据字典和索引；
- 处理并发问题和数据库恢复问题。

4. 客户机/服务器系统主要技术指标

(1) 一个服务器可以同时为多个客户机提供数据服务，服务器必须具备对多用户共享资源的协调能力，必须具备处理并发控制和避免死锁的能力。

(2) 客户机/服务器应向用户提供位置透明性服务。用户的应用程序书写起来就如同数据全部都在客户机一样。用户不必知道服务器的位置就可以请求服务器服务。

(3) 客户机和服务器之间通过报文交换来实现“服务请求/服务响应”的传递方式。服务器应具备自动识别用户报文的功能。

(4) 客户机/服务器系统具有良好的可扩充性。

5. 客户机/服务器结构的组成

客户机/服务器系统由服务器平台、客户平台和连接支持 3 部分组成。

(1) 服务器平台：必须是多用户计算机系统。安装网络操作系统(如 UNIX、Windows NT)，安装客户机/服务器系统支持的 DBMS 软件(如 MS SQL Server、SYBASE、Oracle、Informix)等。

(2) 客户平台：一般使用微型计算机，操作系统可以是 DOS、Windows、UNIX 等。应根据处理问题的需要安装方便高效的应用软件系统(如 Power Builder、Visual Basic、Developer 2000、Delphi 等)。

(3) 连接支持：位于客户和服务器之间，负责透明地连接客户与服务器，完成网络通信功能。

在客户机/服务器结构中，服务器负责提供数据和文件的管理、打印、通信接口等标准服务。客户机运行前端应用程序，提供应用开发工具，并且通过网络获得服务器的服务，使用服务器上的共享资源。这些计算机通过网络连接起来成为一个相互协作的系统。

6. 网络服务器的类型

目前客户机/服务器系统大多为三层结构，由客户机、应用服务器和数据库服务器组成，即把服务器端分成了应用服务器和数据库服务器两部分。应用服务器包括从客户机划分出来部分应用、从专用服务器中划分出部分工作，从而使客户端进一步变小。特别是在 Internet 结构中，客户端只需安装浏览器就足以访问应用程序。这样形成的浏览器/服务器结构是客户机/服务器体系结构的继承和发展。

网络服务器包含如下类型的服务器。

(1) 数据库服务器：网络中最重要的组成部分，客户通过网络查询数据库服务器中的数据，数据库服务器处理客户的查询请求，将处理结果传送给客户机。

(2) 文件服务器：仿真大中型计算机对文件共享的管理机制，实行对用户口令、合法身份和存取权限的检查。通过网络，用户可以在文件服务器和自己的计算机中上传或下载所需要的文件。

(3) Web 服务器：广泛应用于 Internet/Intranet 网络中，采用浏览器/服务器网络计算模式。

(4) 电子邮件服务器：客户通过电子邮件服务器在 Internet 上通信。

(5) 应用服务器：根据应用需求设置的服务器。

7. 客户机/服务器系统完整性与并发控制

数据的完整性约束条件定义在服务器上，以进行数据完整性和一致性控制。一般系统中大多采用数据库触发器的机制，即当某个事件发生时，由 DBMS 调用一段程序去检测是否符合数据完整性的约束条件，以实现对数据完整性的控制。在客户机/服务器上还设置必要的封锁机制，以处理并发控制问题和避免发生死锁。

客户机/服务器系统是计算机网络中常用的一种数据库体系结构，目前许多数据库系统都是基于这种结构的，对于具体的软件，在功能和结构上仍存在一定的差异。

8.4.2 开放式数据库的互连技术（ODBC）

在计算机网络环境中，各个节点上的数据来源有很大的差异，数据库系统也可能不尽相同，利用传统的数据库应用程序很难实现对多个数据库系统的访问，这对数据库技术的推广和发展是很大的障碍。因此，在数据库应用系统的开发中，需要突破这个障碍。开放式数据库互连技术(ODBC)的出现，提供了解决这个问题的办法。ODBC 是开发一套开放式数据库系统应用程序的公共接口，利用 ODBC 接口使得在多种数据库平台上开发的数据库应用系统之间可以直接进行数据存取，提高了系统数据的共享性和互用性。本节仅对开放式数据库的互连技术(ODBC)的基本概念、结构和接口的问题进行简要的说明。

1. ODBC 的总体结构

ODBC 为应用程序提供了一套调用层接口函数库和基于动态连接库的运行支持环境。在使用 ODBC 开发数据库应用程序时，在应用程序中调用 ODBC 函数和 SQL 语句，通过加载的驱动程序将数据的逻辑结构映射到具体的数据库管理系统或应用系统所使用的系统。ODBC 的作用就在于使应用程序具有良好的互用性和可移植性，具备同时访问多种数据库的能力。ODBC 体系结构如图 8-5 所示。

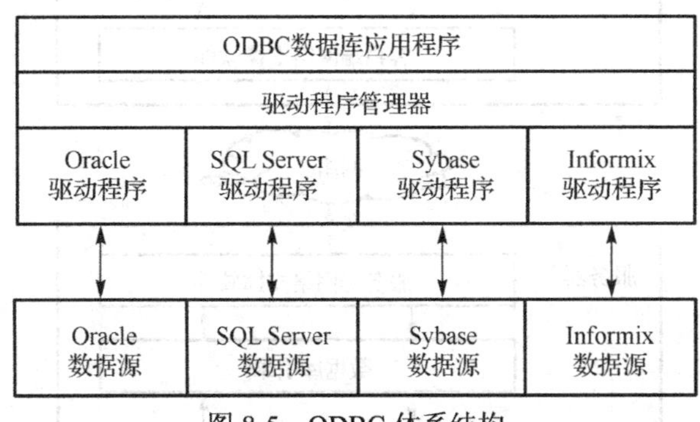

图 8-5　ODBC 体系结构

ODBC 的组成如下。

① ODBC 应用程序，主要内容包括：

- 连接数据库；
- 向数据库发送 SQL 语句；
- 为 SQL 语句执行结果分配存储空间，定义所读取的数据格式；
- 读取结果和处理错误；
- 向用户提交处理结果；
- 请求事务的提交和回滚操作；
- 断开与数据库的连接。

② 驱动程序管理器：一个动态连接库。其作用是加载 ODBC 驱动程序，检查 ODBC 调用参数的合法性，记录 ODBC 的函数调用，并且为不同驱动程序的 ODBC 函数提供单一的入口，调用正确的驱动程序，提供驱动程序信息等。

③ 数据库驱动程序：在驱动程序管理器控制下，针对不同的数据源执行数据库操作，并将操作结果通过驱动程序返回给应用程序。

数据库驱动程序的作用包括：

- 建立应用系统与数据库的连接；
- 向数据源提交用户请求执行的 SQL 语句；
- 进行数据格式和数据类型的转换；
- 向应用程序返回处理结果；
- 将错误代码返回给应用程序；
- 设计、定义和使用各种操作按钮与光标。

ODBC 的驱动程序有两种类型，单层驱动程序和多层驱动程序。

- 单层驱动程序。

单层驱动程序不仅要处理 ODBC 函数调用，还要解释执行 SQL 语句。实际上单层驱动程序具备了 BDMS 的功能。图 8-6 是单层 ODBC 驱动程序结构。

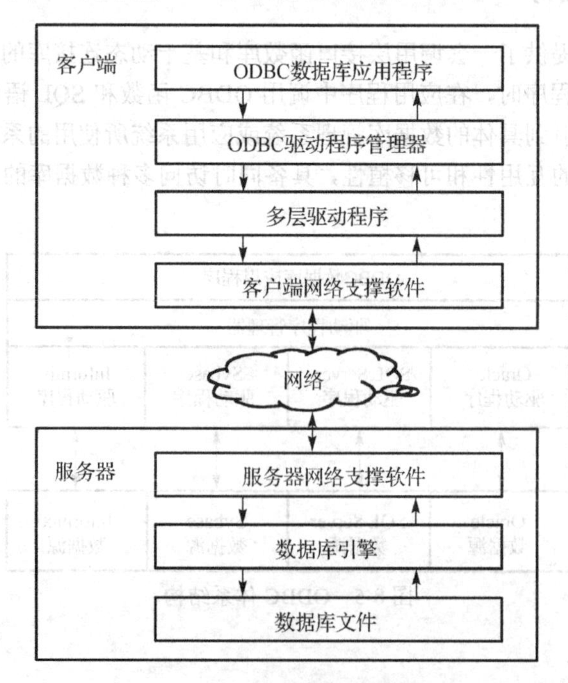

图 8-6 单层 ODBC 驱动程序结构

● 多层驱动程序。

多层驱动程序只处理应用程序的 ODBC 函数调用和数据转换，将 SQL 语句传递给数据库服务器，由数据库管理系统解释执行 SQL 语句，实现用户的各种操作请求。

多层驱动程序与数据库管理系统的功能是分离的，基于多层的 ODBC 驱动程序的数据库应用程序适合于客户机/服务器系统结构，如图 8-7 所示。客户端软件由应用程序、驱动程序管理器、数据库驱动程序和网络支撑软件组成，服务器端软件由数据库引擎、数据库文件和网络软件组成。

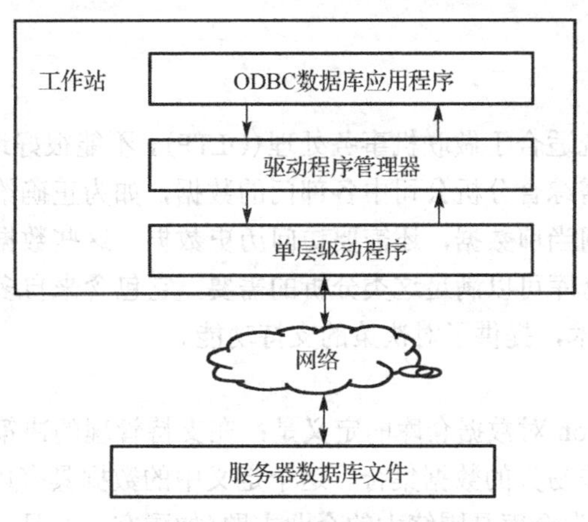

图 8-7　多层 ODBC 驱动程序结构

多层驱动程序与单层驱动程序的区别不仅在于驱动程序是否具有数据库管理系统的功能，它们在效率上也存在很大的差别。由于单层驱动程序的应用程序把存放数据库的服务器当作文件服务器使用，在网络中传输的是整修数据库文件，网络的数据通信量很大，不仅网络负荷大，且负载不均衡，使得效率较低。多层驱动程序的应用程序使用的是客户机/服务器系统结构，在数据库服务器上实现对数据库的各种操作，在网络上传输的只是用户请求和数据库处理的信息，使网络通信量大大减少，不仅减轻了网络的负担，还均衡了服务器和客户机的负载，提高了应用程序的运行效率，这是客户机/服务器结构的优点。

④ ODBC 数据源管理：数据源是数据库驱动程序与数据库系统连接的桥梁，数据源不是数据库系统，而是用于表达 ODBC 驱动程序和 DBMS 特殊连接的命名。这个命名表达了一个具体数据库连接的建立。在开发 ODBC 数据库应用程序时首先应建立数据源。

ODBC 数据源有 3 种类型。

① 用户数据源：只有创建数据源的用户才能在所定义的机器上使用自己所创建的数据源。这种数据源是专用数据源。

② 系统数据源：当前系统的所有用户和所运行的应用程序都可以使用的数据源。这种数据源是公共数据源。

③ 文件数据源：应用于某项专项应用所建立的数据源，这种数据源具有相对的独立性。

2．ODBC 接口

ODBC 接口由一些函数组成，在 ODBC 的应用程序中，通过调用相应的函数来实现开放数据库的连接功能。这些函数主要类别是：

(1) 分配与释放函数；

(2) 连接数据源函数；

(3) 执行 SQL 语句并接收处理结果。

8.5 数据仓库与数据挖掘

数据仓库是数据库技术在应用领域的发展和深入，本节介绍数据仓库的基本概念和数据仓库设计实例，并简要地介绍数据挖掘技术的基本思想。

8.5.1 数据仓库

1. 数据仓库的引入

前面介绍的数据库系统适合于做联机事务处理(OLTP)，不能很好地支持决策分析。企业或组织的决策者做出决策时，需综合分析公司中各部门的数据，如为正确给出公司的贸易情况、需求和发展趋势，不仅需要访问当前数据，还需要访问历史数据。这些数据可能在不同的位置，甚至由不同的系统管理。数据仓库可以满足这类分析的需要，它包含来自多个数据源的历史数据和当前数据，扩展了DBMS技术，提供了对决策的支持功能。

(1)数据仓库的概念

数据仓库之父Bill Inmon对数据仓库的定义是：在支持管理的决策生成过程中，一个面向主题的、集成的、时变的、非易失的数据集合。这个定义中的数据具有以下特征。

- 是面向主题的。因为仓库是围绕大的企业主题(如顾客、产品、销售量)而组织的。
- 是集成的。来自于不同数据源的面向应用的数据集成在数据仓库中。
- 是时变的。数据仓库的数据只在某些时间点或时间区间上是精确的、有效的。
- 是非易失的。数据仓库的数据不能被实时修改，只能由系统定期地进行刷新。刷新时将新数据补充进数据仓库，而不是用新数据代替旧数据。

数据仓库的最终目的是将企业范围内的全体数据集成到一个数据仓库中，用户可以方便地从中进行信息查询、产生报表和进行数据分析等。数据仓库是一个决策支撑环境，它从不同的数据源得到数据，组织数据，使得数据有效地支持企业决策，总之，数据仓库是数据管理和数据分析的技术。

(2)数据仓库的优点

数据仓库的成功实现能为一个企业带来以下益处。

- 提高公司决策能力：数据仓库集成多个系统的数据，给决策者提供较全面的数据，让决策者完成更多、更有效的分析。
- 竞争优势：由于决策者能方便地存取许多过去不能存取的或很难存取的数据，做出更正确的决策，因而能为企业带来巨大的竞争优势。
- 潜在的高投资回报：为了确保成功实现数据仓库，企业必须投入大量的资金，但据IDC(国际数据公司)1996年的研究，对数据仓库3年的投资利润可达40%。

(3)开发和管理数据仓库的问题

开发和管理一个数据仓库常常出现以下问题。

① 低估数据装载工作：许多开发者低估了抽取、纯化和装载数据到仓库中所需的时间，实际上，这个过程需占总开发时间的80%，当然较好的数据纯化和管理工具可以缩短这个时间。

② 源系统隐藏的问题：数据仓库是在原有的数据库系统基础上开发的，源系统如果运用了许多隐藏的问题，它会带进数据仓库中成为隐患，数据仓库的开发者必须确定是把问题放到数据仓库中再解决，还是在源系统中解决。

③ 数据源捕捉不到的数据：开发者需要决定是修改 OLTP 系统还是创建一个专门捕捉这些数据的系统。

④ 终端用户的需求不断增长：终端用户一旦开始使用数据仓库的查询和报表工具，用户的数量和要求系统支持的查询和数据分析的复杂程度就迅速增长，这在开发初期常被忽视。应配备方便查询的工具，并及时加强用户培训。

⑤ 数据差异被忽略：大规模的数据仓库开发者在数据集成中通常趋向于更多地强调不同数据的共性，忽视其差别，从而降低了数据在决策分析中的价值。

⑥ 对资源的需求过高：数据仓库要求大量的磁盘空间，引起资源缺乏。

⑦ 数据的所有权问题：配备数据仓库可能会改变用户对数据的访问权。例如最初只能被某一特定部门或商业领域看到或使用的数据，现在可能其他人也可以访问了。

⑧ 高维护性：业务流程的更改和原系统的任何更改都可能影响数据仓库。数据仓库必须不断维护以保证与其支持的公司相一致。

⑨ 集成的复杂性：数据仓库管理的最重要一点是集成性能，这就意味着一个公司必须花费大量时间来确定哪些不同的数据仓库工具可以集成在一起。由于有许多数据仓库工具，所以这是一项非常复杂的工作。

2. 数据仓库的结构

(1) 数据源

数据源一般是 OLTP 系统生成和管理的数据（又称操作数据），数据仓库中的源数据来源有以下几个。

- 企业中心数据库系统的数据，据估计企业的操作数据的大多数在这些系统中。
- 企业各部门维护的数据库或文件系统中（如 VSAM、RMS 和关系 DBMS）的部门数据。
- 工作站和私有服务器中的私有数据。
- 外部系统（如 Internet、信息服务商的数据库或企业的供应商或顾客的数据库）中的数据。

(2) 装载管理器

装载管理器又叫前端部件，完成所有与数据抽取和装入数据仓库有关的操作。有许多商品化的数据装载工具都可以根据需要选择和裁剪。

(3) 数据仓库管理器

用于完成管理仓库中数据的有关操作，包括：

- 分析数据，以确保数据一致性；
- 从暂存转换、合并源数据到数据仓库的基表中；
- 创建数据仓库的基表上的索引和视图；
- 若需要，非规范化数据；
- 若需要，产生聚集；
- 备份和归档数据。

数据仓库管理器可通过扩展现有的 DBMS，如关系型 DBMS 的功能来实现。

(4) 查询管理器

查询管理器又叫后端部件，完成所有与用户查询的管理有关的操作。这一部分通常由终端用户的存取工具、数据仓库监控工具、数据库的实用程序和用户建立的程序组成。它完成的操作包括解释执行查询和对查询进行调度。

(5) 详细数据

在仓库的这一区域中存储所有数据库模式中的详细数据，通常这些数据不能联机存取。

(6) 轻度和高度汇总的数据

在仓库的这一区域中存储所有经仓库管理器预先轻度和高度汇总(聚集)过的数据。这一区域的数据是变化的，随着执行的查询的改变而改变。将数据汇总的目的是提高查询性能。

(7) 归档/备份数据

这一区域存储供归档和备份用的详细的各汇总过的数据，数据被转换到磁带或光盘上。

(8) 元数据

此区域存储仓库中的所有过程使用的元数据(有关数据的数据)定义。元数据用于：

- 数据抽取和装载过程，将数据源映射为仓库中公用的数据视图；
- 数据仓库管理过程，自动产生汇总表；
- 作为查询管理过程的一部分，将查询引导到最合适的数据源。

(9) 终端用户访问工具

数据仓库的目的是为公司决策都做出战略决策提供信息。这些用户用终端用户访问工具与数据仓库打交道。访问工具有 5 类：报表和查询工具、应用程序开发工具、执行信息系统(EIS)工具、联机分析处理(OLAP)工具、数据挖掘工具。此处的执行信息系统工具又称每个人的信息系统的工具，是一种可以完全按自己风格裁剪系统的所有层次(数据管理、数据分析、决策)的支持工具。

3. 数据仓库的信息流程

数据仓库主要对 5 种信息流进行管理：入流(inflow)、上流(upflow)、下流(downflow)、出流(outflow)和元流(metaflow)。

与每种信息流相关的过程如下。

入流：源数据的析取、纯化和装载。

上流：通过对数据汇总、包装和分配，增加数据到数据仓库中(增加各级汇总数据)。

下流：存档和备份或恢复仓库中的数据。

出流：使终端用户可以使用数据。

元流：处理元数据。

4. 数据仓库工具和技术

因为没有提供一个端到端的工具集来建立一个完全集成的数据仓库，所以需用到多个不同的商家的不同工具来建立数据仓库。集成这些工具建立一个好的数据仓库不是一件简单的任务。

(1) 析取、纯化和变换工具

选择正确的析取、纯化和变换工具是数据仓库创建的关键步骤。从源系统中捕捉数据，然后纯化和变换，最后将其装入目标系统，这一系列工作可由独立的软件完成，也可由一个集成的系统来完成。集成的解决方法可分为下面几类。

① 编码生成器。它根据源数据和目的数据的定义，按用户要求生成 3GL/4GL 的数据变换程序。这种方法的缺点是要管理的数据变换程序太多。为此一些开发商开发了像工作流或自动调度系统这样的管理组件。

② 数据库数据复制工具。它可以使用数据库触发器或恢复日志来捕捉一个系统上的单个数据源的修改，并相应修改在另一个不同系统上的数据的副本。这样可实现源数据更新时自动更新仓库中的数据。缺点是实现数据变换不大方便。

③ 动态变换引擎。规则驱动的动态变换引擎在用户定义的时间间隔内从源系统捕捉数据，变换数据，然后发送并装载结果到目标系统中。有许多商品化的动态变换引擎工具，它们不仅能在关系系统间相互转换，还能对非关系型的文件或数据库进行转换。

(2)数据仓库 DBMS

数据仓库的数据库管理软件选择比较简单，关系数据库是一个好的选择，因为大多数关系数据库都很容易和其他类型的软件集成。当然，数据仓库数据库的潜在尺寸也是一个问题。在选择 DBMS 时，必须考虑数据库中的并行性、执行性能、可缩放性、可用性和可管理性等这些问题。

① 数据仓库的 DBMS 的要求。

适合数据仓库的关系数据库管理系统(RDBMS)的要求如下。

- 装载性能：数据仓库需要不停地装载新数据，装载过程的性能应以每小时百兆行或每小时千兆字节数据来衡量。
- 装载处理：要装载新的或更改过的数据到仓库中，要经过许多必需的步骤，其中包括数据转换、过滤、重新格式化、完整性检查、物理存储、索引和元数据更新。不仅这些操作每一步是原子的，装载过程整体也应该具有原子性，看起来是作为一个单个的、原封的工作单元来执行的。
- 数据质量管理：要根据数据仓库的事实做出管理决策，所以对数据仓库数据质量要求很高。即使有“脏”的数据源，且数据源规模很大，数据仓库还必须保证局部一致性、全局一致性和引用完整性。回答终端用户问题的能力是数据仓库是否成功的标志。数据仓库能回答用户更多的问题，使数据分析人员更能问出更有创造性的问题。
- 查询执行性能：关键业务操作中的大的、复杂的查询必须在合理的时间内完成。
- 管理数据的规模：数据仓库的 RDBMS 对数据库的尺寸没有任何限制，且应支持并行管理。RDBMS 必须支持海量存储设备的层次存储设备。查询的性能应与数据库尺寸无关。
- 海量用户支持：数据仓库的 RDBMS 应能支持成百、成千个并行用户，且保持可让人接受的查询性能。
- 网络数据仓库：数据仓库系统能在更大的数据仓库网络上互操作。数据仓库必须有协调仓库间数据移动的工具。用户应能从一个客户工作站上看到、使用其他多个数据仓库。
- 数据仓库管理：数据仓库的巨大尺寸和时间上的周期性需要管理起来方便、灵活。RDBMS 应能支持查询优先级、顾客计费、负载跟踪和系统调节等功能。
- 高级查询功能：终端用户需要高级分析计算、各种序列和比较分析，以及对详细和汇总过的数据一致访问。RDBMS 必须提供一个完整的、高级的分析操作集合。

② 并行 DBMS。

数据仓库需要处理大量数据，而并行数据库技术可以满足在性能上增长的需要。许多销售商正在用并行技术建立大型的决策支持 DBMS，目的是通过多个节点解决同一问题，来解决决策支持问题。

并行 DBMS 可同时执行多个数据库的操作，将一个任务分解为更小的部分，这样就可由多个处理器来完成这些小的部分。并行 DBMS 必须能够执行并行查询，同时还有并行数据装载、表扫描和数据备份/归档等。

有两个常用的并行硬件结构作为数据仓库的数据库服务器平台。

- 对称多处理机(SMP)：一个紧耦合处理机的集合，它们共享内在和磁盘空间。
- 大规模并行处理机(MPP)：一个松耦合处理机的集合，它们各自有自己的内在和磁盘空间。

(3) 数据仓库元数据

① 元数据。

与数据仓库的集成有关的问题非常多，在此主要讨论元数据的集成。虽然仓库中元数据的管理是一项非常复杂、困难的工作，但为了获得一个完全集成的数据仓库，元数据的管理是一个关键问题。

元数据的主要目的是指明仓库中数据移动变化的来路，从而使仓库管理者可以知道仓库中任何数据的历史。元数据有多个功能，涉及数据转换和装载、数据仓库管理和查询的生成。

与数据的转换和装载有关的元数据描述源数据和其上的任何修改(即记录源数据的模式和模式的修改)。例如，对每个源字段必须有一个标识符、原来的字段名、源数据类型、源位置(包括系统名和对象名)、目的数据类型名和数据基表名。如果此字段变了，如从简单类型变化为复杂的集合，则所有这些内容的元数据应重新记录。

与数据管理有关的元数据描述数据仓库中的对象。数据库中的每个对象，包括每个基表、索引、视图中的数据及相联系的约束都要描述，这些信息都保存在DBMS的一览表中。但是数据仓库还需要更多的信息，例如，元数据还应描述和聚集相联系的字段，分段的基表要描述分段关键字和分段范围等。

查询管理器要用到上面描述的元数据，查询执行时，查询管理器要产生元数据，如查询执行情况的元数据、每个用户的查询历史记录、和每个用户有关的元数据，还有在具体的数据库中各术语(如“Customer”或“price”)的意义(这个意义可能随时间变化)等。

② 同步元数据。

最大的集成问题是如何使在整修数据仓库中用的不同类型的元数据同步。数据仓库的不同工具产生并使用它们自己的元数据，要想集成，就需要这些工具能够共享它们的元数据。这是一个十分复杂且具挑战性的工作。有两种解决元数据集成问题的方法：

- 在两种工具间采用自动传送元数据的机制；
- 使用元数据库。

一些公司正在研究元数据传送的机制，由于缺乏元数据交换的标准，一些早期基于元数据传送的产品只取得了有限的成功。较好的方法是使用元数据库。元数据库将不同类型的元数据集成存储在一起，并能够同步和复制分布在整个数据仓库中的元数据。元数据库为其他数据仓库工具提供元数据的来源。

(4) 管理工具

数据仓库是一个非常复杂的环境，它需要不同的工具来支持这个环境的管理。这类工具比较小，特别是与数据仓库的各类元数据很好地集成的工具更小。数据仓库管理工具必须能支持下述任务：

- 监督来自多个源的数据装载；
- 数据质量和完整性检查；
- 管理和更新元数据；
- 监督数据库性能，以确保高效的查询响应时间和资源利用；
- 审计数据仓库的使用，提供用户费用信息；
- 复制数据，构造数据子集和分配数据；
- 维护有效的数据存储管理；
- 净化数据；
- 归档和备份数据；

● 实现从故障中恢复；

● 安全管理。

5．数据仓库的设计

(1) 数据特征

在为数据仓库设计数据库的过程中，必须了解数据将如何使用，用户常做哪些类型的查询。数据库必须在可接受的性能限度内响应这些查询。在数据仓库中，大量的查询是根据在 OLTP 系统收集的事实做各种各样的分析。

例如，设有一房产公司，在决策分析中常询问下列问题。

上月每个办事处登记的新顾客数和近两年同期的比较。

预计明年国内各主要大城市要求租房的顾客数，假设房租按过去 5 年的增长趋势增长。

过去 6 个月每个办事处以月租金大于 70 元/平方米租出的房屋的平均面积数。

在 2006 年，每个月按房屋类型统计，顾客看过的房屋总数。

所有这些查询要求联机处理系统产生的信息，如：

顾客看房数据，办事处，房产号，顾客(租房人)号，日期，评语；

职员检查房产数据，办事处，房产号，职员号，日期，评语；

租房合同数据，合同号，顾客(租房人)号，房产号，付款方法，首次金额，首次付否，开始日期，结束日期。

(2) 设计星状模式

星状模式是一个事实表(包括有事实数据)在中心、由若干维表(包含有引用数据)包围在四周的一个逻辑结构。事实表中含有每个维表的一个外来关键字。这种结构利用了事实数据的这个特点，即事实是由过去发生的事件产生的，且不再改变，无论怎样分析它们。由于数据仓库中的大量数据是在事件中表示的，所以事实表可能非常大，只允许读。

怎样选择事实表和维表？首先必须确定每个业务洽谈的核心事务。在上例中，和租房有关的核心事务就是“顾客看房情况”、“职员检查房产”和“签订顾客租房合同”，每个核心事务基于的记录在上面已列出，它们就是需要的事实表。对每个事实表，确定关键的维。

① 设计事实表。

首先来看与事实表设计有关的问题。我们的目标是找出存储数据的价值和存储的开销之间最佳平衡的设计，为获得最佳数据库设计，需考虑如下影响事实表设计的因素：

● 找出每个决策支持应用要求的数据的时间段，如是近 6 个月、12 个月或近 3 年的同一月的数据，要确定时间区间的长短和用的数据的细致程度，如每月或每季；

● 确定统计样本的需求，通过各类聚集运算，得到详细数据的代表性的子集来做分析，可大大减少数据仓库的存储要求；

● 确定事实表中不需要的列，这些列不被保存在事实表中；

● 减小事实表的列尺寸；

● 确定向事实表中引入时间的最优方法，决定用绝对时间或相对时间，用时刻或时间区划；

● 适当分割事实表以提高可管理性，如多数查询针对一段时间内，按时间段划分事实表会带来很多好处。

② 设计维表。

维表所需的存储空间相对较小，若事实表中的主关键字没有修改，则维表的重建开销也较小。星的维数取决于使用中有多少类典型查询，这些查询通过在某一维上的一系列约束来分析事实。

设计维表时，将一个维参照指引的数据放入这个维表中可以减少连接运算，加快查询的执行。这时，这个维表就不再是规范化的关系，不符合 1NF。

(3) 设计雪花状模式

这是星状模式的变换形式，其中的每一维又有它自己的维。雪花状维表不包括非规范的数据。

(4) 设计星片状模式

星片状模式是一个混合结构，是非规范的星状模式和规范的雪花状模式的混合。

决策支持的最合适的数据库模式是使用非规范的星状模式和规范的雪花状模式的混合模式，即星片状模式。这样一些维可以用两种模式表示，以适合不同的查询需求。

8.5.2 数据仓库设计实例

最流行的数据仓库数据模型是多维数据模型。如 8.5.1 节所述，它可以以星状模式、雪花状模式和星片状模式存在。下面通过实例来简要介绍模式的构造。

在定义数据仓库模式时使用一种基于 SQL 的数据挖掘查询语言 DMQL，在对模式定义时使用立方体定义和维定义语句。

立方体定义语句：

```
define cube <cube_name> [<dimension_list>]:<measure_list>
```

维定义语句：

```
define dimension < dimension_name > as (<attribute_or_sundimension_list>)
```

1. 星状模式设计实例

[例 8-1] 图 8-8 是销售模型的星状模式，事实表 sales 有 4 个维，分别是 time,item,branch 和 location。模式核心是事实表 sales。

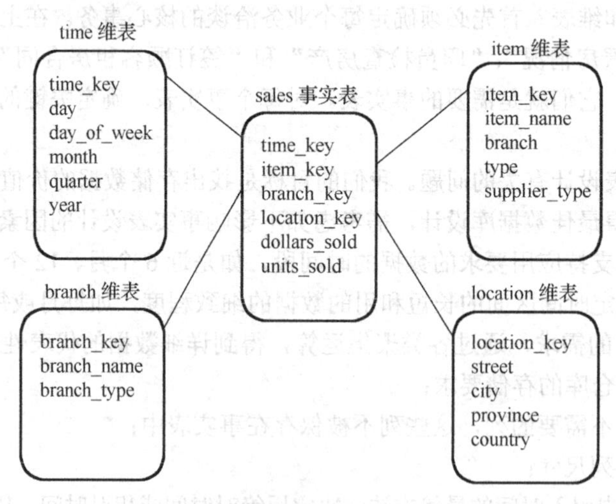

图 8-8 销售模型的星状模式

DMQL 定义：

```
define cube sales_star[time,item,branch,locateon]:
    dollars_sold=sum(sales_in_dollars),units_sold-count(*)
define dimension time as (time_key,day,day_of_week,month,quarter,year)
```

```
define dimension item as (item_key,item_name,branch,type,supplier_type)
define dimension branch as (branch_key,branch_name,branch_type)
define dimension location as (location_key,street,city,province,country)
```

define cube 定义了立方体 sales_star，对应图 8-8 所示的事实表，其他 **define dimension** 语句定义事实表的四个维。

星状模式与关系数据库中的多对多模型有着某些类似之处，数据立方体相当于连接实体，但当维表中实体不符合规范化要求时，星状模式就不能反映数据仓库的数据关系了。

2. 雪花状模式设计实例

[例 8-2] 图 8-9 是销售模型的雪花状模式，事实表 sales 有 4 个维，分别是 time,item,branch 和 location。模式核心是事实表 sales。但是维 item 和 location 不是规范化的表，还需要进一步规范化，这就是雪花状模式。

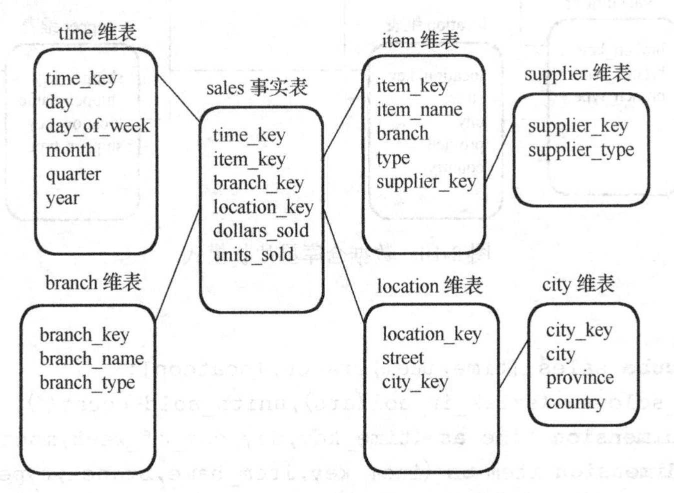

图 8-9 sales 数据仓库雪花状模式

DQML 定义：

```
define cube sales_snowflake[time,item,branch,locateon]:
dollars_sold=sum(sales_in_dollars),units_sold-count(*)
define dimension time as (time_key,day,day_of_week,month,quarter,year)
define dimension item as (item_key,item_name,branch,type,
supplier(supplier_key,supplier_type))
define dimension branch as (branch_key,branch_name,branch_type)
define dimension location as (location_key,street,city(city_key,province,country))
```

雪花状模式是星状模式的变种，其中的维表是规范化的，对于不规范化的维表，用其他维表进一步定义，就是雪花状模式。雪花状模式可以减少冗余，节省存储空间。但是雪花状模式在执行查询时往往需要更多的连接操作，会使得浏览性能降低，而且与庞大的事实相比，这点儿冗余常常是可以容忍的。在考虑“用空间换效率”时，往往仍采用星状模式的设计方法。

当模式中出现多个事实表，而这些事实表又存在公共维表时，往往采用星片状模式。

3. 星片状模式设计实例

星片状模式也称星系模式，可以出现多个事实表。

[例 8-3] 图 8-10 是销售与商品模型的星片状模式，有两个事实表。事实表 sales 有 4 个维，分别是 time,item,branch 和 location。事实表 shipping 有 5 个维或关键：time_key,item_key,shiping_key,from_location 和 to_location，两个度量：dollars_cost 和 units_shipper。两个事实表共享维表 time,item 和 location。

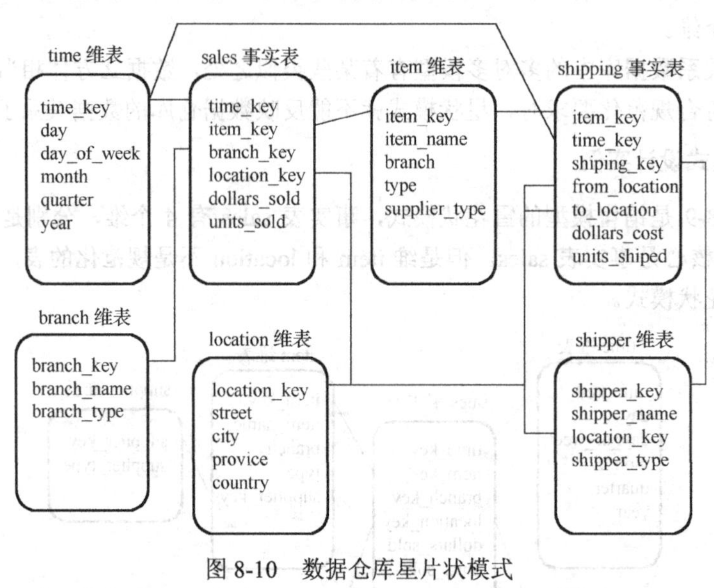

图 8-10　数据仓库星片状模式

DQML 定义：

```
define cube sales [time,item,branch,locateon]:
dollars_sold=sum(sales_in_dollars),units_sold-count(*)
define dimension time as (time_key,day,day_of_week,month,quarter,year)
define dimension item as (item_key,item_name,branch,type,supplier_type)
define dimension branch as (branch_key,branch_name,branch_type)
define dimension location as (location_key,street,city,province,country)
define cube shipping [time,item,shipper,from_location,to_location]:
dollars_cost=sum(cost_in_dollars),units_shipper-count(*)
define dimension time as time in cube sales
define dimension item as item in cube sales
define dimension shipper as (shipper_key,shipper_name,
location as location in cube sales,shiper_type)
define dimension from_location as location in cube sales
define dimension to_location as location in cube sales
```

在定义中，用 **in cube** 确定共享的事实表。

DMQL 是一种数据挖掘语言，上面例子说明了将一般关系模式定义为数据仓库的方法，DMQL 的语句中有很多与 SQL 相似，处理逻辑的思路也基本相同。

8.5.3　数据挖掘技术概述

数据挖掘(也称数据开采)技术同数据仓库一样，是近年来数据管理与应用技术的新的研究领域，反映了人们对信息资源需求的深入。种类信息系统的出现不仅带来了信息处理的便利，而且带来了宝贵的财富，即大量的数据。这些大量的数据反映了信息的构成，并且成为信息资源，有效地利用这些数据是信息资源管理与应用的重要组成部分。这些数据背后隐藏着大量的知识，需要研究一定的方法，能够自动地分析数据、自动地发现和描述这些数据中所隐含的规律与发展趋势，对数据进行更高层次的分析，以更好地利用这些数据。

1. 数据挖掘的概念

从技术角度考虑，数据挖掘是从大量的、不完全的、有噪声的、模糊的、随机的实际数据中提取隐含在其中的、尚不完全被人们了解的、潜在有用的信息和知识的过程。

数据是人们获取知识的源泉，然而数据的来源是多样化的，有结构化的，也有半结构化的，还可以是异构的数据源。发现知识的方法可以是数学的，也可以是非数学的；可以是归纳的，也可以是演绎的。知识的挖掘可以应用到信息管理、查询优化、决策支持及过程控制等诸多领域。因此数据挖掘是一门交叉的学科。

2. 数据挖掘的功能

数据挖掘是知识发现的过程，这个过程包括数据清理、数据集成、数据变换、数据挖掘、模式评估和知识表示。通过这个过程，可以发现如下的模式类型。

(1) 概念与类的描述：特征化与区分。通过数据特征化、数据区分和特征化与比较的方法来实现。

(2) 关联分析：确定存储数据的关联规则，提出规则的概念、意义、鉴别方法和实现技术。

(3) 分类与预测：找出描述并区分数据类型或概念的模型，以便能够使用模型预测类标识未知的对象类。

(4) 聚类分析：使用数据统计中聚类分析的方法，提出对数据聚类的标准确定、主要聚类方法的分类、数据对象的划分方法等处理。

(5) 孤立点分析：在数据对象中，对基于统计、距离和偏离的孤立点的检测标准的确定和方法的选择。

(6) 演变分析：描述行为随时间变化的规律与趋势，并建立相关模式。它包括时间序列数据分析、序列或周期模式匹配和类似性的数据分析。

3. 数据挖掘系统的分类

数据挖掘是多学科交叉的边缘学科，从概念、技术和方法等方面与众多学科发生关联，如图8-11所示。

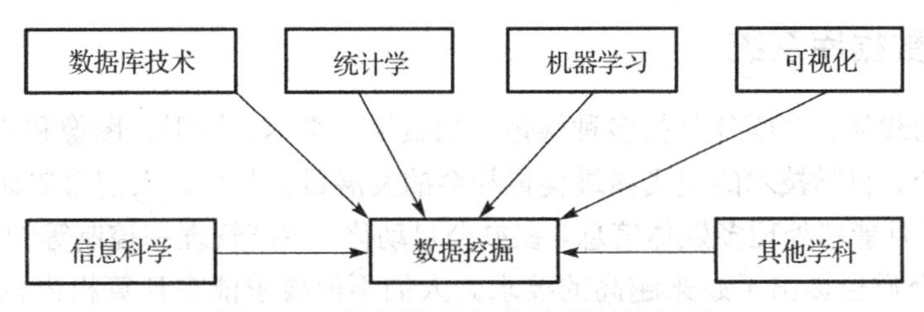

图8-11　数据挖掘与其他学科的关联

由于数据挖掘问题与多个学科相关，因此数据挖掘研究就产生了大量的、不同类型的数据挖掘系统。

(1) 根据挖掘的数据库类型分类：数据库系统可以根据不同的标准分类，如按数据模型不同(如关系的、面向对象的、数据仓库等)、应用类型不同(如空间的、时间序列的、文本的、多媒体的等)分类。每一类需要相关的数据挖掘技术。

(2)根据挖掘的知识类型分类：根据数据挖掘的功能(如特征化、区分、关联、聚类、孤立点分析、演变分析等)构造不同类型数据挖掘模型。

(3)根据所用的技术分类：根据用户交互程序(如自动系统、交互探察系统、查询驱动系统等)，所使用的数据分析方法(如面向对象数据库技术、数据仓库技术、统计学方法、神经网络方法等)描述。一般应采用多种数据挖掘技术及集成化技术，构造各种类型的数据挖掘模型。

(4)根据应用分类：不同的应用通常需要对于该应用特别有效的方法，通常根据应用系统的需求与特点确定数据挖掘的类型。

4．数据挖掘的主要问题

下面简要介绍数据挖掘中考虑的主要问题，包括挖掘方法、用户交互、性能和各种数据类型。

(1)挖掘方法和用户交互问题

① 在数据库中挖掘不同类型的知识。

② 多抽象层的交互知识挖掘。

③ 结合背景知识问题。

④ 数据挖掘查询语言与特定数据挖掘问题的应用。

⑤ 数据挖掘结果的表示方法。

⑥ 处理噪声和不完全数据问题。

⑦ 模式评估问题。

⑧ 数据挖掘算法的有效性和可缩性问题。

⑨ 并行、分布式和增量挖掘算法问题。

(2)数据类型多样性问题

① 关系模型和复杂数据类型处理问题。

② 异构数据库系统中数据挖掘问题。

③ 因特网环境下全球信息系统的数据挖掘问题。

8.6 其他新型的数据库系统

前面介绍了几种常见的数据库系统，如面向对象数据库系统、分布式数据库系统和数据仓库等。还有许多新型的数据库系统，本节简单介绍几种著名的新型数据库系统。

8.6.1 多媒体数据库系统

媒体是信息的载体。多媒体是指多种媒体，如数字、文本、图形、图像和声音的有机集成，而不是简单的组合。科学技术的突飞猛进使得社会的发展日新月异，人们希望计算机不仅能够处理简单的数据，而且能够处理多媒体信息。在办公自动化、生产管理和控制等领域，对用户界面、信息载体和存储介质也提出了越来越高的要求。人们不但要求能在计算机内以统一的模式存储图、文、声、像等多种形式的信息，而且要求提供图文并茂、有声有色的用户界面。多媒体数据管理成为现阶段计算机系统的重要特征。

数据根据格式的不同分为格式化的数据和非格式化的数据。数字、字符等属于格式化的数据，而文本、图形、图像、声音等则属于非格式化的数据。

多媒体数据库(Multimedia Database System)实现对格式化和非格式化的多媒体数据的存储、管理和查询。多媒体数据库应当能够表示各种媒体的数据，由于非格式化的数据表示起来比较复杂，需要根据多媒体系统的特点来决定表示方法。例如，可以把非格式化的数据按一定算法映射成一张结构表，然后根据它的内部特定成分来检索。多媒体数据库应能够协调处理各种媒体数据，正确识别各种媒体在空间或时间上的关联。例如，多媒体对象在表达时就必须保证时间上的同步性。多媒体还应该提供比传统关系数据库更强的适合非格式化数据查询的搜索功能。例如，系统可以对图像等非格式化数据进行整体和部分搜索。

多媒体数据库目前主要有三种结构。

(1) 由单独一个多媒体数据库系统来管理不同媒体的数据库及对象空间。

(2) 主辅 DBMS 体系结构。采用主 DBMS 和辅 DBMS 相结合的体系结构。每一个媒体数据库由一个辅 DBMS 管理，另外有一个主 DBMS 来一体化所有的辅 DBMS。用户在主 DBMS 上使用多媒体数据库。对象空间由主 DBMS 管理。

(3) 协作 DBMS 体系结构。每个媒体数据库对应一个 DBMS，称为成员 DBMS，每个成员放到外部软件模型中，由外部软件模型提供通信、查询和修改界面。用户可以在任意一点上使用数据库。

8.6.2　主动数据库系统

主动数据库 (Active Database) 是相对于传统数据库的被动性而言的。传统数据库在数据库的存储与检索方面获得了巨大的成功，人们希望在数据库中查询、修改、插入或删除某些数据时总可以通过一定的命令来实现。但是传统数据库的所有这些功能都有一个重要特征，就是“数据库本身都是被动的”，用户给什么命令，它就做什么动作。而在许多实际的应用领域，如计算机集成制造系统、管理信息系统、办公自动化系统中，常常希望数据库系统在紧急情况下能根据数据库的当前状态主动适时地做出反应，执行某些操作，向用户提供有关信息。传统的数据库系统很难适应这些应用的主动要求，因此在传统数据库基础上，结合人工智能和面向对象技术提出了主动数据库。主动数据库除了具有一切传统数据库的被动服务功能之外，还具有主动进行服务的功能。

主动数据库的主要目标是提供对紧急情况及时反应的能力，同时提高数据管理系统的模块化程度。主动数据库通常采用的方法是在传统数据库系统中嵌入 ECA (即事件—条件—动作) 规则，这相当于系统提供了一个“自动监测”机构，它主动地不时地检查着这些规则中包含的各种事件是否已经发生，一旦某事件被发现，就主动触发执行相应的动作。

实现主动数据库的关键技术在于它的条件检测技术，能否有效地对事件进行自动监督，使得各种事件一旦发生就很快被发觉，从而触发执行相应的规则。此外，如何扩充传统的数据系统，使之能够描述、存储、管理 ECA 规则，适应于主动数据库；如何构造执行模型，即 ECA 规则的处理和执行方式；如何进行事务调度；如何在传统数据库管理系统的基础上形成主动数据库的体系结构；如何提高系统的整体效率等，都是主动数据库需要研究解决的问题。

8.6.3　演绎数据库系统

演绎数据库 (Deductive Database) 是一种基于逻辑推理的数据库。1969 年，Grean 成功开发了问题解答系统。这个系统是基于一阶谓词演算和 Robinson 归结原理的自动定理证明器，被认为是演绎数据库领域中的创始性工作。演绎数据库的发展经历了三个阶段。20 世纪 60 年代末到 70 年代为演绎数据库发展的第一阶段，在这一阶段诞生了关系演算查询语言和逻辑程序设计语言 PROLOG，并对演绎数据库的形成产生了重大影响。1978 年《逻辑与数据库》一书的出版标志着演绎数据库领域的诞生。20 世纪 70 年代末到 80 年代为演绎数据库发展的第二阶段，在这个阶段演绎数据库和逻辑程序设计语言的理论研究及与实现有关的基础研究都得到了全面的发展与完善。1987 年，Minken 编写了《演绎数据库与逻辑程序设计》一书，它标志着演绎数据库理论已经走向成熟。20 世纪 80 年代末至今为演绎数据库发展的第三阶段，这一阶段出现了一些实验性的系统，但还没有商品化的演绎数据库系统投入到市场，因而演绎数据库也没有得到真正的应用。

人们认识到，虽然演绎数据库系统与关系数据库系统比较起来具有许多优越性，但实现起来并不简单。人们希望演绎数据库系统能像关系数据库系统一样成为广泛应用的系统。

(1)演绎数据库的定义

由于人们对演绎数据库研究的角度不同，因此出现了演绎数据库的多种定义。

- 演绎数据库是数据库语句的有限集，数据库语句是形为“A→W”的一阶谓词。其中，A 是形如 p($t_1,t_2,\cdots,t_n$)的原子公式，W 是任意一阶谓词公式(可以为空)。A 中任一变量和 W 中的任一自由变量均假定是全称量化的。
- 所谓演绎数据库，就是将数据库看成是一个演绎系统，即一个数据库可与一个演绎理论相一致，它由一些公理组成，通过公理中的演绎规则可推导出定理。
- 演绎数据库系统是一种具有演绎推理能力的数据库系统。
- 演绎数据库是这样一种数据库，它可以从已知事实中推出新的事实。
- 演绎数据库就是在传统关系型数据库中引入演绎规则，提供逻辑推理能力。

其中第 3 种定义更贴切一些，因为一方面演绎数据库使用的是演绎推理，而不是其他推理方式；另一方面，虽然在演绎数据库研究中，逻辑程序设计思想几乎占了统治地位，但并不排除用其他方法来研究演绎数据库。

(2)演绎数据库的理论研究

演绎数据库是一种新的数据库技术，其本质仍然是数据库。虽然演绎数据库的理论研究取得了很大的成就，但还需要不断完善，尽快实现商品化。

① 建立一个较为理想的演绎数据库理论体系。

虽然全一阶理论为演绎数据库提供严密的理论基础，但由于实现起来比较困难，效率低，因此需要寻找一种相对合理的理论，以指导演绎数据库的发展。

② 并行推理与分布式演绎数据库。

关于并行逻辑程序或分布式演绎数据库的理论模型及其语义问题至今还没有彻底弄清楚。但是已经有人从度量空间和拓扑学角度探索，并取得了一些初步成果。

③ 更多地利用人工智能的思想与技术。

演绎数据库是人工智能与数据库技术相结合而产生的一种技术。但目前的演绎数据库只用了人工智能中演绎逻辑推理的某些概念，实际上人工智能还有很多思想和技术可供演绎数据库借鉴。

④ 引入高阶逻辑。

虽然一阶逻辑可以提供比较严密的理论基础，但是高阶逻辑具有更强的表达能力，所以不妨在演绎数据库中引入高阶逻辑。

⑤ 特殊类型的演绎数据库。

已经出现了两种非常重要的演绎数据库：一种是层叠式演绎数据库，另一种是与域无关的演绎数据库。

(3)演绎数据库管理系统的实现

① 演绎数据库管理的 3 种实现方法。

- 用 PROLOG 方法来实现演绎数据库管理系统。
- 采用传统的 DBMS+演绎层的方法，用 PROLOG 实现对传统的 DBMS 的功能扩充。

- 利用专用软件来实现。这种方法必须一切从头开始，研制周期长且工作量大，所以并不实用。

② 演绎数据库查询算法的实现和优化的工作。

- 扩大算法的适用范围。
- 提高性能，减少重复计算，缩小相关事实集的大小和对中间结果存放进行优化等。降低算法实现的复杂性和代价。

③ 演绎数据库用户界面的研究。

一个好的系统必须有一个好的界面。研究表明，逻辑程序设计语言是实现自然语言处理的有力工具。由于演绎数据库与逻辑语言有着密切联系，因此演绎数据库在用户界面方面有着很大的潜力。

8.6.4 实时数据库系统

实时数据库系统就是其事务和数据库都可以具有定时特征或显式的定时限制的数据库系统。系统的正确性不仅依赖于逻辑结果，还和逻辑结果产生的时间有关。

近年来，实时数据库系统已经发展成为现代数据库系统的主要方向之一，受到数据库和实时系统两个研究领域工作者的极大关注。数据库研究工作在利用数据库技术的特点或优点来解决实时系统中的数据管理问题；实时系统工作者则给实时数据库系统提供时间驱动调度和资源分配算法。然而，实时数据库系统并非是两者的简单组合，而是这两个领域的知识空间的有机结合，这就导致了许多新的问题产生，如事务的优先级分派、调度和并发控制的协议和算法、通信的协议与算法等。

8.7 小　结

本章介绍了数据库新技术的分类，并简单介绍了几种数据库新技术，包括面向对象数据库系统、分布式数据库系统及数据仓库与数据挖掘等新技术。同时为适用现代应用对数据库的需求，还介绍了网络环境下数据库的体系结构，以满足不同应用的需求。

数据库新技术的范围非常广泛，涉及许多相关技术，由于作者的知识局限和篇幅所限，本章所介绍的内容只是这些新技术中的一小部分。在进一步研究数据库和实际数据库应用开发的过程中，往往需要综合运用一些数据库新技术，本章的目的是通过所介绍的这些信息使读者对数据库新技术有一个大致的印象，为进一步从事数据库研究和开发提供一种思路。

第9章　SQL Server 2008及应用实例

9.1　SQL Server 2008 概述

9.1.1　概述

SQL Server 是 Microsoft 公司推出的适用于大型网络环境的数据库产品。它最初是由Microsoft、Sybase和Ashton-Tate三家公司共同开发的，并于1988年推出了OS/2版本。SQL Server近年来不断更新版本，1996年，Microsoft推出了SQL Server 6.5版本；1998年，SQL Server 7.0版本和用户见面；2000年推出了SQL Server 2000；2005年推出了SQL Server 2005；2008年推出了SQL Server 2008。目前，SQL Server已经是世界上应用最广泛的大型数据库之一。

SQL Server 2008在Microsoft的数据平台上发布，可以组织管理任何数据。可以将结构化、半结构化和非结构化文档的数据直接存储到数据库中。可以对数据进行查询、搜索、同步、报告和分析之类的操作。

9.1.2　SQL Server 2008 的基本特点

SQL Server 2008具有以下特点。

(1)信息更加安全。SQL Server 2008利用全面审核功能、透明数据加密和外围应用配置器(仅启用所需服务以最大限度地减少安全攻击)来提高安全性。

(2)确保业务连续性。SQL Server 2008附带提供的数据库镜像可提高应用程序的可靠性，简化存储失败后的恢复过程。

(3)提供可预测响应。SQL Server 2008提供更广泛的性能数据收集、新的中央数据存储库(存储性能数据)，以及改进的数据压缩(使用户可以更有效地存储数据)。

(4)最大限度地减少管理监视。Declarative Management Framework (DMF)是SQL Server 2008中一个基于策略的新型管理框架，它通过为大多数数据库操作定义一组通用策略来简化日常维护操作，降低维护成本。

(5)集成任何数据。SQL Server 2008提供改进的查询性能和高效且具成本效益的数据存储，允许使用者管理和扩展数量庞大的用户和数据。

(6)提供相关信息。SQL Server 2008使用户可以在Microsoft Office Word和Microsoft Office Excel中创建复杂报表，并在内部和外部分享那些报表。即时访问相关信息使员工可以做出更好、更快和更多的相关决策。

9.1.3　SQL Server 2008 的安装

SQL Server 2008的安装与升级因其软件版本的不同而需要选择不同的操作系统。因此，安装SQL Server 2008，首先要了解SQL Server 2008的版本及其系统需求。

1) SQL Server 2008 的版本

SQL Server 2008常见版本如下。

(1) SQL Server 2008 企业版。

SQL Server 2008 企业版是一个全面的数据管理和业务智能平台，为关键业务应用提供了企业级的可扩展性、数据仓库、安全性、高级分析和报表支持。这一版本将提供更加坚固的服务器和执行大规模在线事务处理功能。

(2) SQL Server 2008 标准版。

SQL Server 2008 标准版是一个完整的数据管理和业务智能平台，为部门级应用提供最佳的易用性和可管理特性。

(3) SQL Server 2008 工作组版。

SQL Server 2008 工作组版是一个值得信赖的数据管理和报表平台，用以实现安全的发布、远程同步和对运行分支应用的管理能力。这一版本拥有核心的数据库特性，可以很容易地升级到标准版或企业版。

(4) SQL Server 2008 Web 版。

SQL Server 2008 Web 版是针对运行于 Windows 服务器中要求高可用、面向 Internet Web 服务的环境而设计的。这一版本为实现低成本、大规模、高可用性的 Web 应用或客户托管解决方案提供了必要的支持工具。

(5) SQL Server 2008 开发者版。

SQL Server 2008 开发者版允许开发人员构建和测试基于 SQL Server 的任意类型应用。这一版本拥有所有企业版的特性，但只限于在开发、测试和演示中使用。基于这一版本开发的应用和数据库可以很容易地升级到企业版。

(6) SQL Server 2008 Express 版。

SQL Server 2008 Express 版是 SQL Server 的一个免费版本，它拥有核心的数据库功能，其中包括 SQL Server 2008 中最新的数据类型，但它是 SQL Server 的一个微型版本。这一版本是为了学习、创建桌面应用和小型服务器应用而发布的，也可供 ISV 再发行使用。

(7) SQL Server Compact 3.5 版。

SQL Server Compact 是一个针对开发人员而设计的免费嵌入式数据库，这一版本的意图是构建独立、仅有少量连接需求的移动设备、桌面和 Web 客户端应用。SQL Server Compact 可以运行于所有的微软 Windows 平台之上，包括 Windows XP 和 Windows Vista 操作系统，以及 Pocket PC 和 SmartPhone 设备。

2) SQL Server 2008 的系统要求

SQL Server 2008 的安装对计算机硬件的要求如表 9-1 所示。

表 9-1 SQL Server 2008 的安装要求

组 件	要 求
框架	SQL Server 安装程序安装该产品所需组件如下： .NET Framework 3.5 SP1； SQL Server Native Client； SQL Server 安装程序支持文件
软件	SQL Server 安装程序要求使用 Microsoft Windows Installer 4.5 或更高版本及 Microsoft 数据访问组件(MDAC) 2.8SP1 或更高版本
处理器	1.4GHz 处理器，建议使用 2.0GHz 或速度更快的处理器
RAM	最小 512MB，建议使用 1GB 或更大的内存
硬盘	至少 2.0GB 的可用磁盘空间
驱动器	从磁盘进行安装时需要相应的 CD 或 DVD 驱动器
显示器	SQL Server 2008 图形工具需要使用 VGA 或更高分辨率：分辨率至少为 1024×768 像素

3) SQL Server 2008 的安装

安装 SQL Server 2008 数据库的步骤如下。

(1)将安装盘放入光驱，光盘会自动运行，运行界面如图 9-1 所示。

(2)在“SQL Server 2008 安装中心”对话框中选择左侧的“安装”选项，如图 9-2 所示。

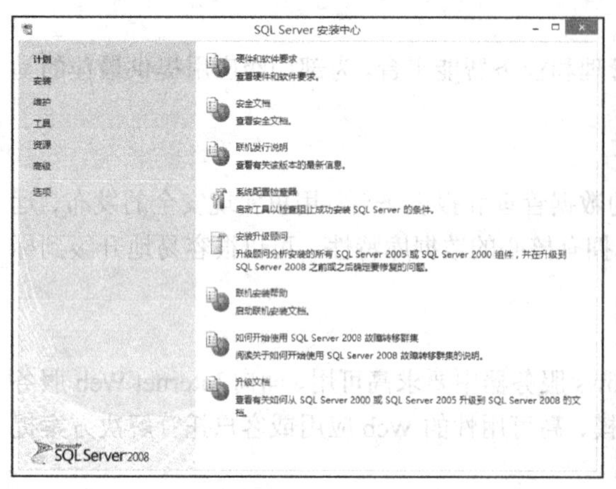

图 9-1 SQL Server 安装中心

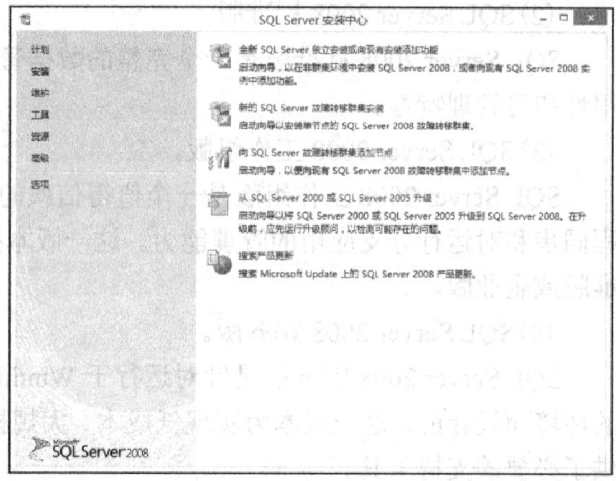

图 9-2 选择左侧的“安装”选项

(3)单击“全新 SQL Server 独立安装或向现有安装添加功能”超链接，打开“安装程序支持规则”对话框，如图 9-3 所示。

(4)单机“确定”按钮，进入“产品密钥”界面，如图 9-4 所示，在该界面中输入产品密钥。

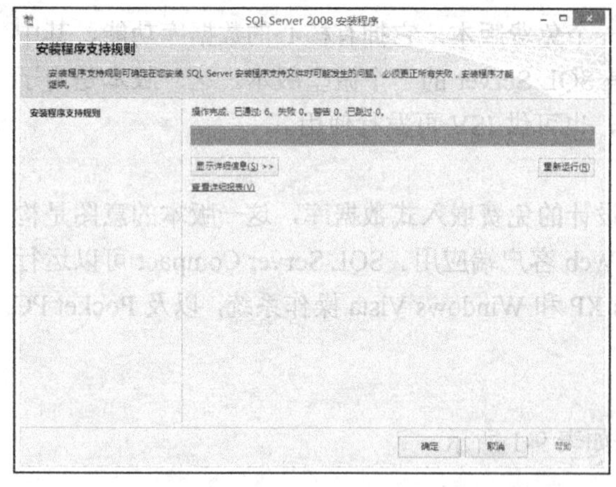

图 9-3 “安装程序支持规则”对话框

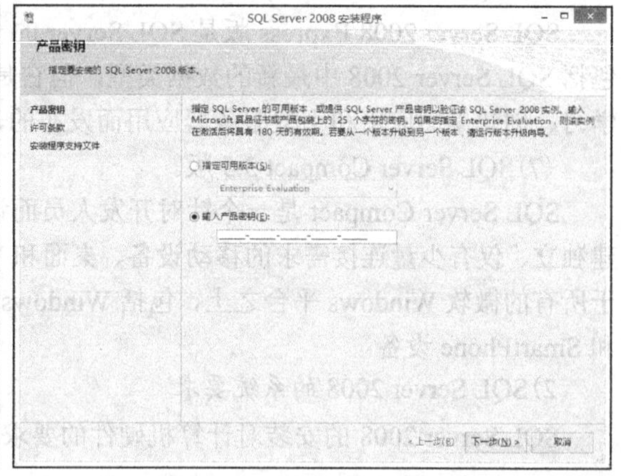

图 9-4 “产品密钥”界面

(5)单击“下一步”按钮，进入“许可条款”界面，如图 9-5 所示，选中“我接受许可条款”复选框。

(6)单击“下一步”按钮，进入“安装程序支持文件”界面，单击“安装”按钮，安装程序支持文件，如图 9-6 所示。

(7)单击“下一步”按钮，进入“安装程序支持规则”界面，如果所有规则都通过，则“下一步”按钮可用，如图 9-7 所示。

(8)单击“下一步”按钮，进入“功能选择”界面，这里可以选择要安装的功能，如果全部安装，则可以单击“全选”按钮，如图 9-8 所示。

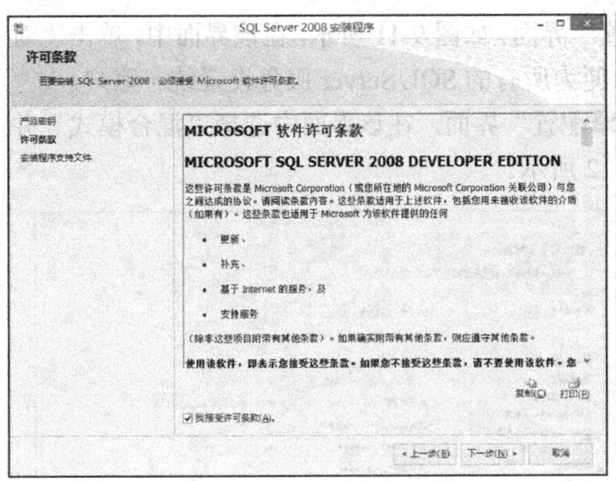

图 9-5 “许可条款”界面

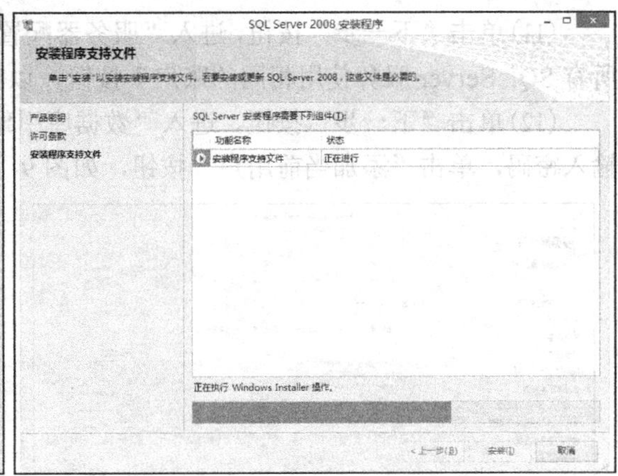

图 9-6 “安装程序支持文件”界面

图 9-7 “安装程序支持规则”界面

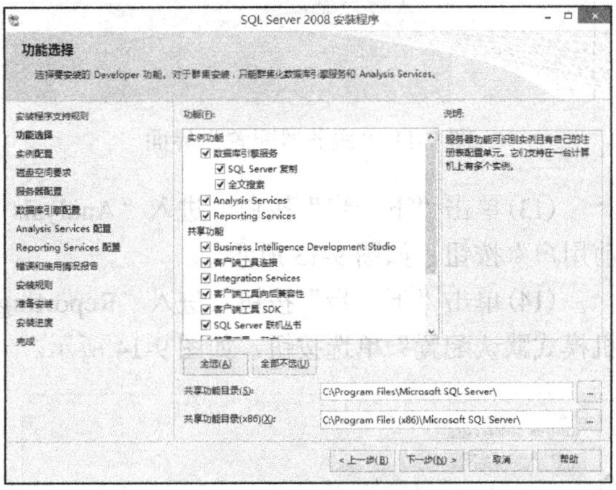

图 9-8 “功能选择”界面

(9) 单击“下一步”按钮，进入“实例配置”界面，在该界面中选择实例的命名方式为“命名实例”，然后选择实例根目录，如图 9-9 所示。

(10) 单击“下一步”按钮，进入“磁盘空间要求”界面，该界面中显示安装 SQL Server 2008 所需的磁盘空间，如图 9-10 所示。

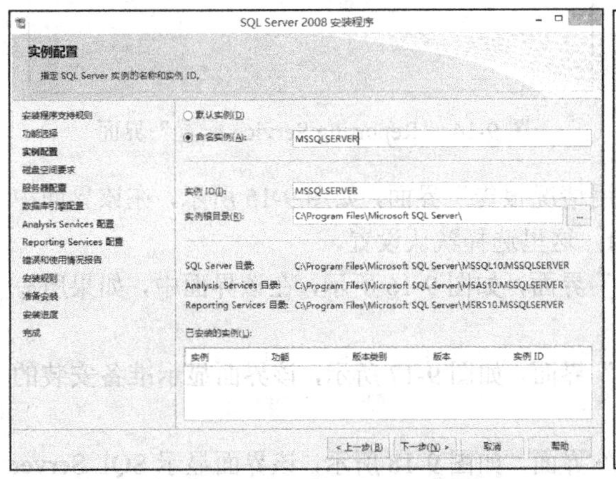

图 9-9 “实例配置”界面

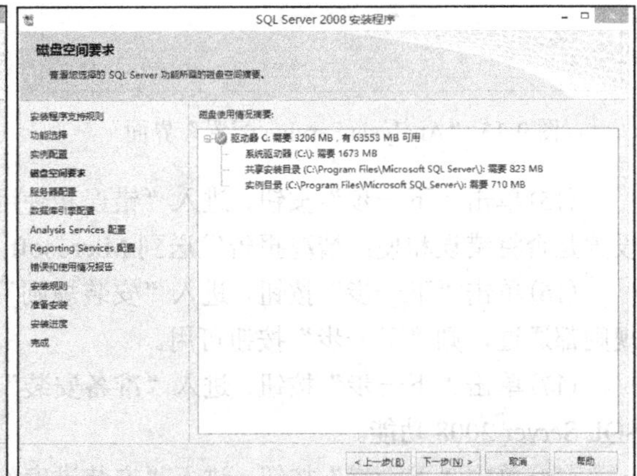

图 9-10 “磁盘空间要求”界面

(11)单击“下一步”按钮，进入“服务器配置”界面，如图 9-11 所示，在该界面中，单击“对所有 SQL Server 服务使用相同的账户”按钮，以便为所有的 SQL Server 服务设置统一账户。

(12)单击“下一步”按钮，进入“数据库引擎配置”界面，在该界面中选择“混合模式”并输入密码，单击“添加当前用户”按钮，如图 9-12 所示。

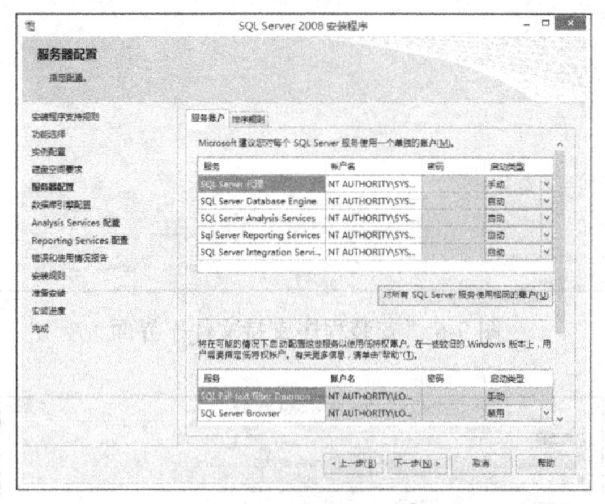

图 9-11 “服务器配置”界面

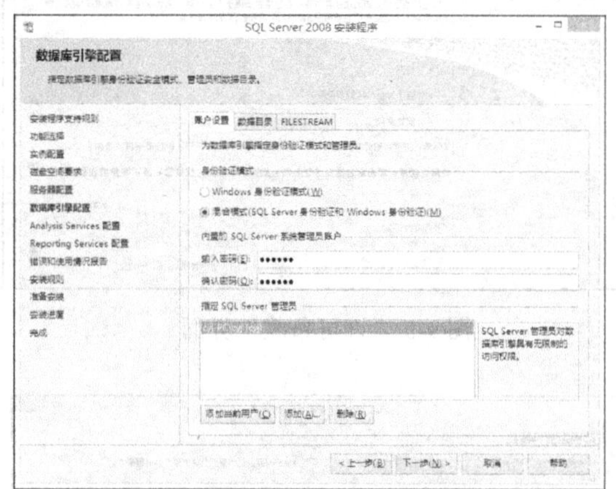

图 9-12 “数据库引擎配置”界面

(13)单击“下一步”按钮，进入“Analysis Services 配置”界面，在该界面中单击“添加当前用户”按钮，如图 9-13 所示。

(14)单击“下一步”按钮，进入“Reporting Service 配置”界面，在该界面中选中“安装本机模式默认配置”单选按钮，如图 9-14 所示。

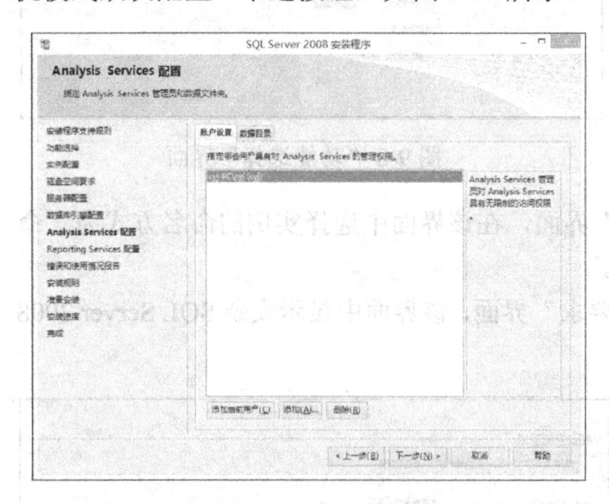

图 9-13 “Analysis Service 配置”界面

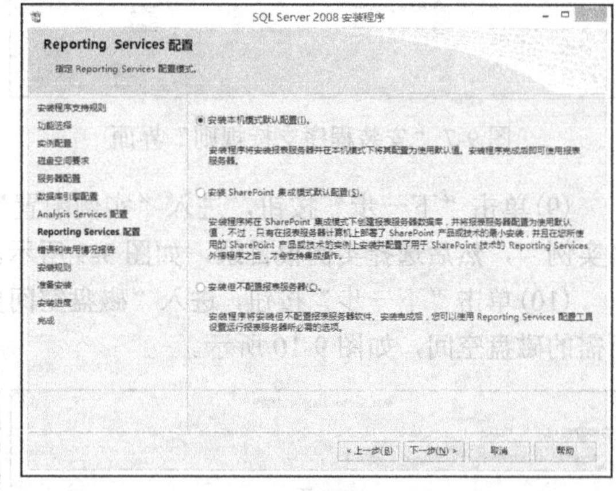

图 9-14 “Reporting Service 配置”界面

(15)单击“下一步”按钮，进入“错误和使用情况报告”界面，如图 9-15 所示，在该界面中设置是否将错误和使用情况报告发送到 Microsoft，这里选择默认设置。

(16)单击“下一步”按钮，进入“安装规则”界面，如图 9-16 所示，在该界面中，如果所有规则都通过，则“下一步”按钮可用。

(17)单击“下一步”按钮，进入“准备安装”界面，如图 9-17 所示，该界面显示准备安装的 SQL Server 2008 功能。

(18)单击“下一步”按钮，进入“安装进度”界面，如图 9-18 所示，该界面显示 SQL Server 2008 的安装进度。

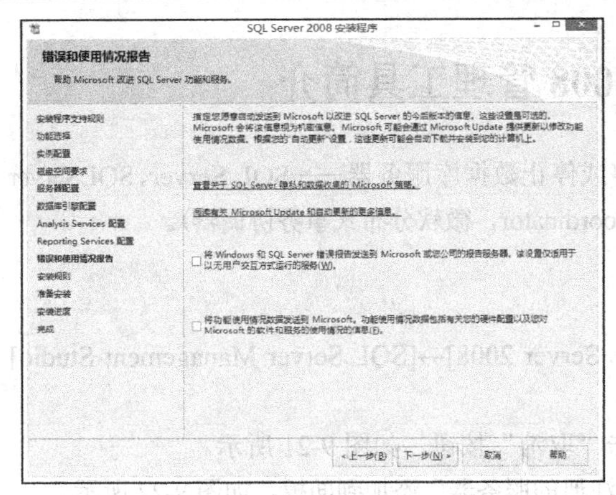

图 9-15 “错误和使用情况报告”界面

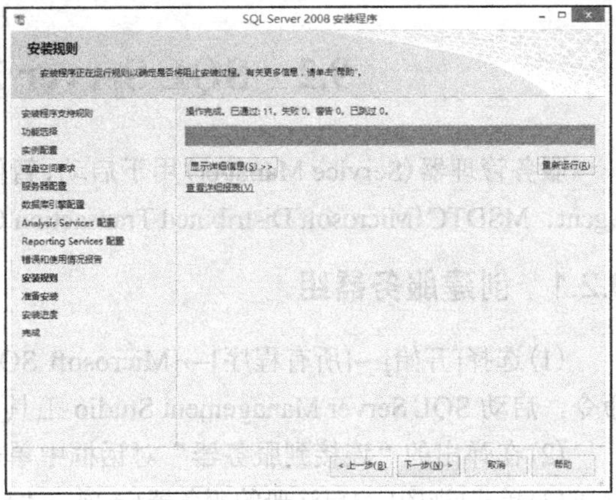

图 9-16 “安装规则”界面

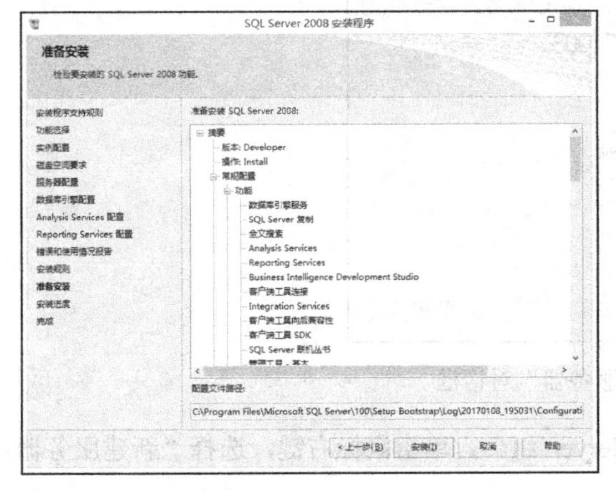

图 9-17 “准备安装”界面

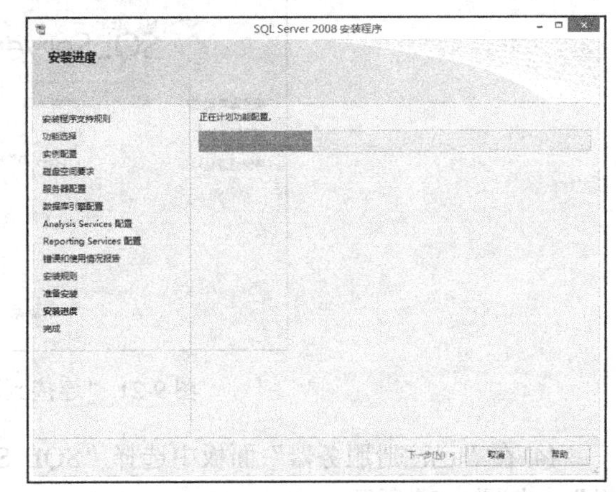

图 9-18 “安装进度”界面

(19) 安装完成后，在“安装进度”界面中显示安装的所有功能，如图 9-19 所示。

(20) 单击“下一步”按钮，进入“完成”界面，如图 9-20 所示，单击“关闭”按钮，即可完成 SQL Server 2008 的安装。

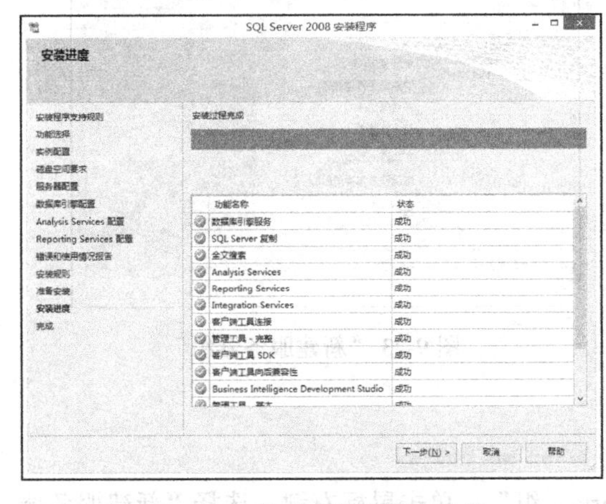

图 9-19　显示安装的所有功能

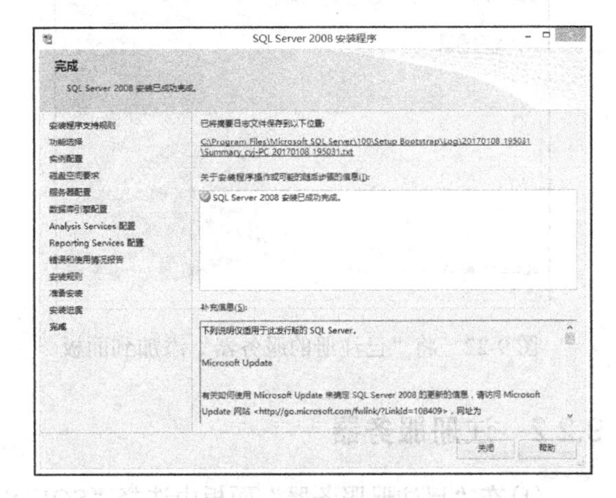

图 9-20 “完成”界面

9.2 SQL Server 2008 管理工具简介

服务管理器(Service Manager)用于启动、暂停或停止数据库服务器——SQL Server、SQLServer Agent、MSDTC(Microsoft Distributed Transaction Coordinator，微软分布式事务协调器)。

9.2.1 创建服务器组

(1)选择[开始]→[所有程序]→[Microsoft SQL Server 2008]→[SQL Server Management Studio]命令，启动 SQL Server Management Studio 工具。

(2)在弹出的“连接到服务器”对话框中单击“取消”按钮，如图 9-21 所示。

(3)单击[视图]→[已注册的服务器]选项，“已注册的服务器”添加到面板，如图 9-22 所示。

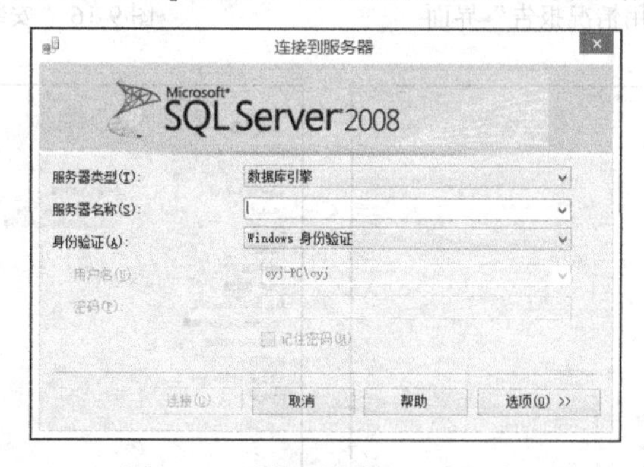

图 9-21 “连接到服务器”对话框

(4)在“已注册服务器”面板中选择“SQL Server 组”，单击鼠标右键，选择“新建服务器组”，如图 9-23 所示。

(5)输入“组名”、“组说明”信息后单击“确定”按钮。

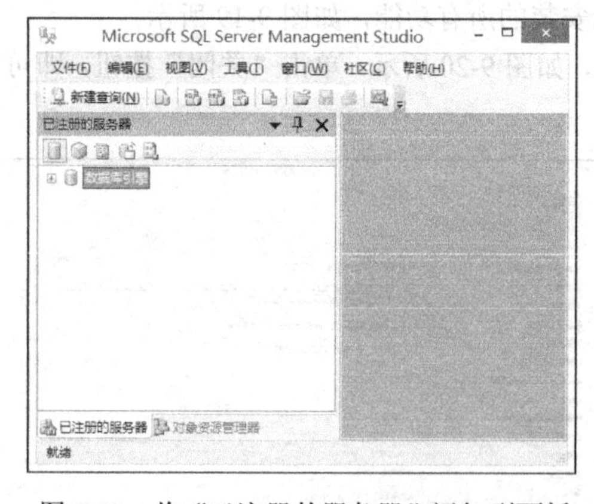

图 9-22 将“已注册的服务器”添加到面板

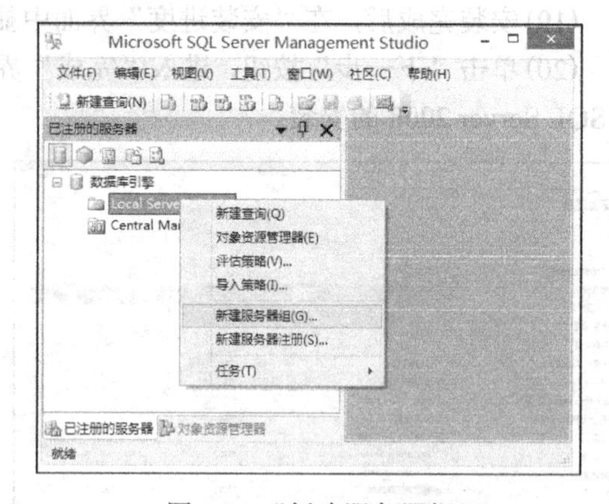

图 9-23 “新建服务器组”

9.2.2 注册服务器

(1)在“已注册服务器”面板中选择“SQL Server 组”，单击鼠标右键，选择“新建服务器注册”命令。

(2) 弹出“新建服务器注册”对话框，有“常规”和“连接属性”两个选项卡。在“常规”选项卡中按图 9-24 操作。

(3) 单击“保存”按钮完成服务器的注册。

9.2.3　新建查询

从 2005 开始微软就把企业管理器和查询分析器合并了，更方便使用。在新注册好的服务器上单击鼠标右键，选择“新建查询”命令，如图 9-25 所示。

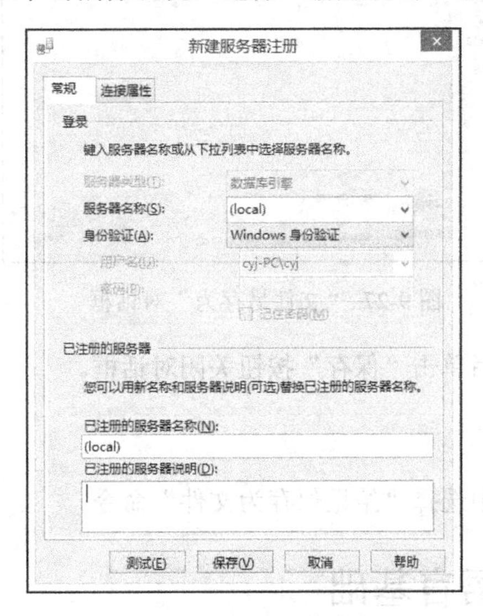

图 9-24 “常规”选项卡

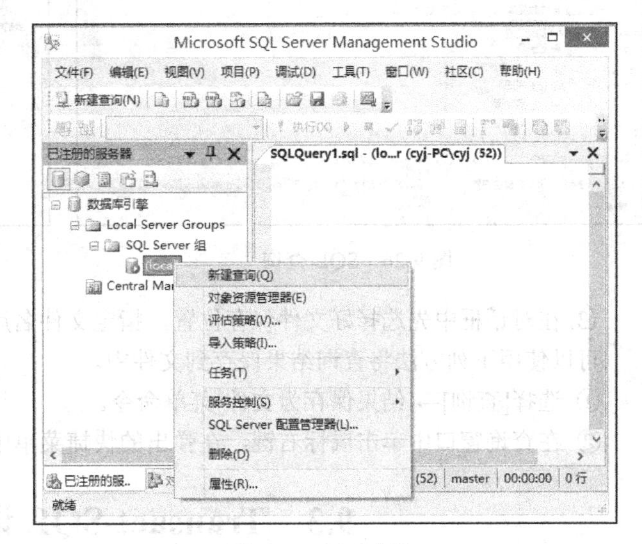

图 9-25　新建查询

查询的基本操作包括编辑和执行 SQL 命令、使用对象浏览器、查看查询结果、新建和保存查询、清除和打开查询等操作。

在查询窗口中，可直接输入要执行的 SQL 命令，SQL 命令编辑完成后即可观察其结果。在查询分析器中执行 SQL 命令的具体操作如下：

(1) 从对象管理器数据库的下拉列表中选择需要使用的数据库；

(2) 在查询窗口中输入 SQL 命令；

(3) 选择[查询]→[执行]菜单命令，或单击工具栏中的▶按钮，或按“F5”键，执行 SQL 命令，如图 9-26 所示。

在执行 SQL 命令时，如果命令中没有指定数据库，则操作的所有对象都是工具栏的数据库下拉列表中显示的数据库。在 SQL 命令中可用 USE 命令来选择数据库，例如：

```
use Northwind
select * from Shippers
```

查询窗口中如果有多条 SQL 命令，只执行选中的一条或多条命令；如果没有选中的命令，则按顺序执行全部命令，如果执行命令时有多个输出结果，则结果按顺序显示，如图 9-26 所示显示了选择执行的 SQL 命令。

保存查询的具体操作如下。

(1) 单击查询窗口，使查询窗口获得焦点。

(2) 单击💾按钮或按“Ctrl+S”组合键，或选择 [文件]→[保存]菜单命令，或选择[文件]→[另存为]菜单命令。在执行另存操作或第一次执行保存操作时，将打开如图 9-27 所示的“文件另存为”对话框。

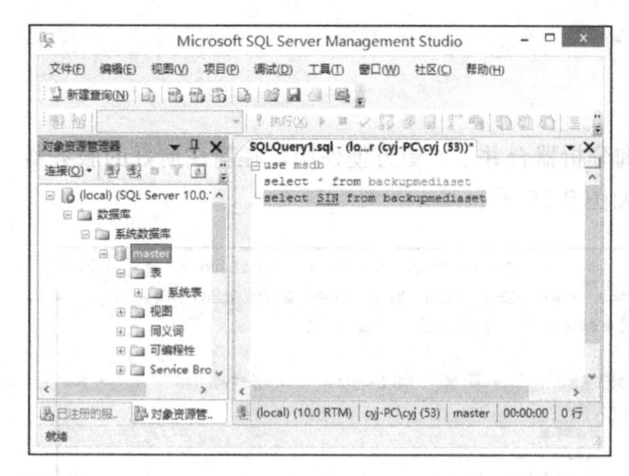

图 9-26　SQL 查询

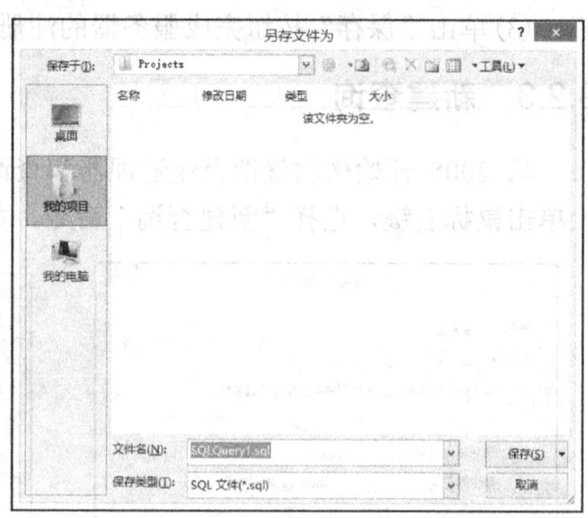

图 9-27　“文件另存为”对话框

(3) 在对话框中先选择好文件保存位置，指定文件名后单击“保存”按钮关闭对话框。

可以使用下列方法将查询结果保存到文件中。

① 选择[查询]→[结果保存为文件]菜单命令。

② 在查询窗口中单击鼠标右键，在弹出的快捷菜单中选择“结果保存为文件”命令。

9.3　Transact-SQL 语言基础

Transact-SQL 语言是 Microsoft 公司开发的一种 SQL 语言，简称 T-SQL 语言。它不仅包含了 SQL-86 和 SQL-92 的大多数功能，还对 SQL 进行了一系列的扩展，增加了许多新特性，增强了可编程性和灵活性。该语言是一种非过程化语言，功能强大，简单易学，既可以单独执行，直接操作数据库，也可以嵌入到其他语言中执行。所有的 Transact-SQL 命令都可以在查询分析器中执行。

9.3.1　Transact-SQL 简介

Transact-SQL 语言的分类如下。

(1) 数据定义语言（Data Definition Language，DDL）

数据定义语言包含用来定义和管理数据库及数据库中各种对象的语句，如建立数据库、数据库对象等语句，包括以 CREATE、ALTER、DROP 开头的命令，如 CREATE TABLE、CREATE VIEW、DROP TABLE 等。

(2) 数据操纵语言（Data Manipulation Language，DML）

数据操纵语言用来操纵数据库中的数据，包含用来查询、添加、修改和删除数据库中数据的语句，如 SELECT、INSERT、UPDATE、DELETE、CURSOR 等。

(3) 数据控制语言（Data Control Language，DCL）

数据控制语言用来控制数据库组件的存取许可、存取权限等，如 GRANT、REVOKE、DENY 等。

(4) 系统存储过程

系统存储过程是 SQL Server 创建的存储过程，其目的在于能够方便地从系统表中查询信息，或者完成与更新数据库表相关的管理任务或其他系统管理任务。系统存储过程被创建并存放在 master 数据库中，可以在任意一个数据库中执行，名称以 sp_或 xp_开头。

(5) 流程控制语言 (Flow Control Language)

流程控制语言包含用于设计应用程序的语句，如 IF、WHILE、CASE 等。

(6) 其他语言元素

为了编程需要，Transact-SQL 还另外增加了一些语言元素，如变量、注释、函数、流程控制语句等。

9.3.2 数据类型

1) 整数数据类型

(1) INT (INTEGER)

INT (或 INTEGER) 数据类型存储从-2^{31}到$2^{31}-1$之间的所有正负整数。每个 INT 类型的数据按 4 字节存储，其中 1 位表示整数值的正负号，其他 31 位表示整数值的长度和大小。

(2) SMALLINT

SMALLINT 数据类型存储从-2^{15}到$2^{15}-1$之间的所有正负整数，每个 SMALLINT 类型的数据占用 2 字节的存储空间，其中 1 位表示整数值的正负号，其他 15 位表示整数值的长度和大小。

(3) TINYINT

TINYINT 数据类型存储从 0 到 255 之间的所有正整数。每个 TINYINT 类型的数据占用 1 字节的存储空间。

(4) BIGINT

BIGINT 数据类型存储从-2^{63}到$2^{63}-1$之间的所有正负整数，每个 BIGINT 类型的数据占用 8 字节的存储空间。

2) 浮点数据类型

浮点数据类型用于存储十进制小数。

(1) REAL 数据类型

REAL 数据类型可精确到第 7 位小数，其范围为从-3.40E-38 到 3.40E+38，每个 REAL 类型的数据占用 4 字节的存储空间。

(2) FLOAT

FLOAT 数据类型可精确到第 15 位小数，其范围为从-1.79E -308 到 1.79E +308，每个 FLOAT 类型的数据占用 8 字节的存储空间。

(3) DECIMAL

DECIMAL 数据类型可以提供小数所需要的实际存储空间，但也有一定的限制，可以用 2～17 字节来存储从$-10^{38}-1$到$10^{38}-1$之间的数值。可将其写为 DECIMAL[(p,[s])]的形式，p 和 s 确定了精确的比例和数位。其中 p 表示可供存储的值的总位数(不包括小数点)，默认值为 18；s 表示小数点后的位数，默认值为 0。例如：decimal(10,3)，表示共有 10 位数，其中整数 7 位，小数 3 位。

(4) NUMERIC

NUMERIC 数据类型与 DECIMAL 数据类型完全相同。

3) 二进制数据类型

(1) BINARY

BINARY 数据类型用于存储二进制数，其定义形式为 BINARY (*n*)，*n* 表示数据的长度，取值为 1～8000。BINARY 类型数据占用 *n*+4 个字节的存储空间。

(2) VARBINARY

VARBINARY 数据类型的定义形式为 VARBINARY(*n*)。它与 BINARY 类型相似，*n* 的取值也为 1～8000。当 BINARY 数据类型允许 NULL 值时，将被视为 VARBINARY 数据类型。

4) 字符数据类型

字符数据类型可以用来存储各种字母、数字符号、特殊符号。使用字符类型数据时须在其前后加上单引号或双引号。

(1) CHAR

CHAR 数据类型的定义形式为 CHAR[(*n*)]。以 CHAR 类型存储的每个字符和符号占一个字节的存储空间。*n* 表示所有字符所占的存储空间，*n* 的取值为 1～8000。若不指定 *n* 值，则系统默认值为 1。

(2) NCHAR

NCHAR 数据类型的定义形式为 NCHAR[(*n*)]。它与 CHAR 类型相似，不同的是 NCHAR 数据类型 *n* 的取值为 1～4000。

(3) VARCHAR

VARCHAR 数据类型的定义形式为 VARCHAR[(*n*)]。它与 CHAR 类型相似，*n* 的取值也为 1～8000。

5) 文本和图形数据类型

(1) TEXT

TEXT 数据类型用于存储大量文本数据，其容量理论上为 1～$2^{31}-1$ 字节。

(2) NTEXT

NTEXT 数据类型与 TEXT 类型相似。不同的是，NTEXT 类型采用 UNICODE 标准字符集(Character Set)，因此其理论容量为 $2^{30}-1$(1 073 741 823)字节。

(3) IMAGE

IMAGE 数据类型用于存储大量的二进制数据(Binary Data)。其理论容量为 $2^{31}-1$ 字节。其存储数据的模式与 TEXT 数据类型相同。它通常用来存储图形等 OLE(Object Linking and Embedding，对象连接和嵌入)对象。在输入数据时同 BINARY 数据类型一样，必须在数据前加上字符“0x”作为二进制标识。

6) 日期和时间数据类型

(1) DATETIME

DATETIME 数据类型所占用的存储空间为 8 字节。表示的日期时间的范围从 1753 年 1 月 1 日零时到 9999 年 12 月 31 日 23 时 59 分 59 秒。例如，02/03/99 22:45:43 或 1999-02-03 12:34:23 都是有效的 DATETIME 类型的数据。

(2) SMALLDATETIME

SMALLDATETIME 表示的时间范围为从 1900 年 1 月 1 日到 2079 年 6 月 6 日，SMALLDATETIME 数据类型使用 4 字节存储数据。

7) 货币数据类型

(1) MONEY

MONEY 数据类型的数据取值从-2^{63}到$2^{63}-1$，数据精度为万分之一货币单位。MONEY 数据类型使用 8 字节存储。

(2) SMALLMONEY

SMALLMONEY 数据类型取值从–214 748.3648 到+214 748.3647，存储空间为 4 字节。

9.3.3　常量

常量是指使用字符或数字表示出来的字符串、数值或日期等数据，表示一个特定数据值的符号。根据数据类型不同可分为各种不同类型的常量。

1) 字符串常量

字符串常量是指使用单引号作为定界符，由字母(a～z、A～Z 和汉字等)、数字(0～9)及特殊字符(如感叹号!、at 符@和数字号#)等组成的字符序列，不包含任何字符的字符串，称为空字符串，表示为''。例如'abcdef'、'123'、'数据类型'都是字符串常量。

2) 二进制常量

二进制常量是指使用 0x 作为前缀的十六进制数字字符串，例如：

```
0x123   0xABC
```

3) BIT 常量

BIT 常量使用数字 0 或 1 表示，并且不使用引号。如果使用一个大于 1 的数字，它将被转换为 1。

4) DATETIME 常量

DATETIME 常量是用单引号括起来的日期和时间数据，如'2004-8-12'、'4 may,2003'等。

5) 整型常量

整型常量是指不带小数点的整数，如 321、+1323、–1700。

6) DECIMAL 常量

DECIMALDECIMAL 常量是指带小数点的数，如 1253.526、+475.63457、–1240.03505。

7) FLOAT 和 REAL 常量

FLOAT 和 REAL 常量是指使用科学记数法表示的数，如 1.23E5、+0.545e–19、+55.7E12。

8) 货币常量

货币常量是指以$符号开头的数字，如$1542、$542042323.144。

9) UNIQUEIDENTIFIER 常量

UNIQUEIDENTIFIER 常量是指表示全局唯一标识符(GUID)值的字符串，可以使用字符或二进制字符串格式指定，如'6F9465FF-8B86-D098-B42D-00C04FC964FF'。

9.3.4　变量

变量是可以保存特定类型的单个数据值的对象。Transact-SQL 中可以使用两种变量：一种是局部变量(Local Variable)，另一种是全局变量(Global Variable)。

1) 局部变量

局部变量是用户可自定义的变量，它的作用范围仅在程序内部。在程序中通常用来存储从表中查询到的数据，或当作程序执行过程中的暂存变量使用。其说明形式如下：

```
DECLARE {@局部变量名类型}[,…n]
```

其中局部变量类型可以是 SQL Server 2008 支持的所有数据类型，也可以是用户自定义的数据类型。

在 Transact-SQL 中不能像在一般的程序语言中一样使用“变量=变量值”来给变量赋值。必须使用 SELECT 或 SET 命令来设定变量的值。其语法如下：

```
SELECT @局部变量= 变量值
SET @局部变量= 变量值
```

2)全局变量

全局变量是 SQL Server 系统内部使用的变量，其作用范围并不局限于某一程序，而是任何程序均可随时调用。全局变量通常存储一些 SQL Server 的配置设定值和效能统计数据。全局变量的特点如下：

- 全局变量不是由用户程序定义的，它们是 SQL Server 系统在服务器级定义的；
- 全局变量通常用来存储一些配置设定值和统计数据，用户可以在程序中用全局变量来测试系统的设定值或 Transact-SQL 命令执行后的状态值；
- 用户只能使用预先定义的全局变量，不能自己定义全局变量；
- 引用全局变量时，必须以标记符“@@”开头；
- 局部变量的名称不能与全局变量的名称相同，否则会出现不可预测的结果；
- 任何程序均可以随时引用全局变量。

9.3.5 注释符和运算符

1)注释符(Annotation)

在 Transact-SQL 中可使用两类注释符。

- ANSI 标准的注释符“--”，用于单行注释；
- 与 C 语言相同的程序注释符号，即“/* */”，“/*”用于注释文字的开头，“*/”用于注释文字的结尾，可在程序中标识多行文字为注释。

2)运算符(Operator)

(1)算术运算符，包括：+(加)、-(减)、×(乘)、/(除)、%(取余)。

(2)比较运算符，包括：>(大于)、<(小于)、=(等于)、>=(大于等于)、<=(小于等于)、<>(不等于)、!=(不等于)!>(不大于)!<(不小于)。

(3)逻辑运算符，包括：AND(与)、OR(或)、NOT(非)。

(4)位运算符，包括：&(按位与)、|(按位或)、~(按位非)、^(按位异或)。

(5)连接运算符。连接运算符“+”用于连接两个或两个以上的字符或二进制串、列名或串和列的混合体，将一个串加入到另一个串的末尾。其语法如下：

```
<expression1>+<expression2>
```

(6)赋值运算符。Transact-SQL 只有一个赋值运算符，即等号(=)。

例如，下面的示例定义了@Counter1 变量，然后用赋值运算符将@Counter1 设置成 1。

```
DECLARE @Counter1 int
SET @Counter1=1
```

9.3.6 流程控制语句

Transact-SQL 语言使用的流程控制语句与常见的程序设计语言类似，主要有以下几种控制命令。

1)IF…ELSE

语言格式：

```
IF<条件表达式>
    {sql 语句 1|语句块 1}
```

```
[ELSE [条件表达式]
     {sql 语句 2|语句块 2}]
```

其中<条件表达式>为返回 TRUE 或 FALSE 的表达式，ELSE 子句是可选的，最简单的 IF 语句没有 ELSE 子句部分。IF…ELSE 用来判断当某一条件成立时执行某段程序，条件不成立时执行另一段程序。

2) BEGIN…END

语言格式：

```
BEGIN
     {sql 语句|语句块}
END
```

BEGIN…END 用来设定一个程序块，将在 BEGIN…END 内的所有程序视为一个单元执行。

3) CASE 函数

CASE 函数可以计算多个条件式，并返回其中一个符合条件的结果表达式。按照使用形式的不同，可以分为简单 CASE 函数和 CASE 搜索函数。简单 CASE 函数将某个表达式与一组简单表达式进行比较以确定返回结果。CASE 搜索函数计算一组布尔表达式以确定返回结果。

(1) 简单 CASE 函数

简单 CASE 函数的语言格式如下：

```
CASE 输入表达式
     WHEN when_表达式 THEN 结果表达式
         […n]
     [ELSE 结果表达式]
END
```

简单 CASE 函数功能是：计算输入表达式的值，然后按指定顺序与每个 WHEN 子句中的 when_表达式进行比较，直到发现第一个与输入表达式相等的表达式时，便返回该 WHEN 子句的 THEN 后面所指定的结果表达式。如果不存在与输入表达式相等的 when_表达式，则当指定 ELSE 子句时将返回 ELSE 子句指定的结果表达式，若没有指定 ELSE 子句，则返回 NULL 值。

(2) CASE 搜索函数

CASE 搜索函数的语言格式：

```
CASE
     WHEN 布尔表达式 THEN 结果表达式
          […n]
     [ELSE 结果表达式]
END
```

CASE 搜索函数按顺序计算每个 WHEN 子句中的布尔表达式，返回第一个值为 TRUE 的布尔表达式之后对应的结果表达式的值。如果每一个 WHEN 子句之后的布尔表达式都不为 TRUE，则当指定 ELSE 子句时，返回 ELSE 子句中的结果表达式的值，若没有指定 ELSE 子句，则返回 NULL 值。

4) WHILE 循环

语言格式：

```
WHILE 布尔表达式
{sql 语句|语句块}
```

其中，语句块可以包含以下语句：

```
BREAK
CONTINUE
```

WHILE 循环从 WHILE 语句开始，计算布尔表达式的值。当布尔表达式的值为 TRUE 时，执行其后的 sql 语句或语句块，然后返回 WHILE 语句，再次计算布尔表达式的值，如果仍为 TRUE，则再次执行其后的 sql 语句或语句块，如此重复下去，直到某一次布尔表达式的值为 FALSE 时，则不执行 WHILE 语句之后的语句或语句块，而直接执行 WHILE 循环之后的其他语句。CONTINUE 命令可以让程序跳过 CONTINUE 命令之后的语句，回到 WHILE 循环的第一行命令。BREAK 命令则让程序完全跳出循环，结束 WHILE 命令的执行。

5) WAITFOR

语言格式：

```
WAITFOR{DELAY<'时间'>|TIME<'时间'>|ERROREXIT|PROCESSEXIT|MIRROREXIT}
```

WAITFOR 命令用来暂时停止程序执行，直到所设定的等待时间已过或所设定的时间已到才继续往下执行。其中“时间”必须为 DATETIME 类型的数据，如“11:15:27”，但不能包括日期。各关键字含义如下。

- DELAY：用来设定等待的时间最多可达 24 小时。
- TIME：用来设定等待结束的时间点。
- ERROREXIT：直到处理非正常中断。
- PROCESSEXIT：直到处理正常或非正常中断。
- MIRROREXIT：直到镜像设备失败。

6) GO TO

语言格式：

```
GOTO TO标号
...
标号:
```

GOTO 语句改变程序执行的流程，使程序跳到标有标号的指定的程序行再继续往下执行。作为跳转目标的标号可为数字与字符的组合，但必须以“：”结尾。

7) RETURN

语言格式：

```
RETURN [整数表达式]
```

RETURN 语句用于无条件地终止一个查询、存储过程或批处理，当执行 RETURN 语句时，位于 RETURN 语句之后的程序将不会被执行。

9.3.7 常用函数

SQL Server 2008 的内置函数非常多，本节将介绍一些常用的函数。

1) 数学函数

数学函数通常对作为参数提供的输入值执行计算，并返回一个数字值。常用数学函数如表 9-2 所示。

表 9-2　常用数学函数表

函　数	作　用
ABS(x)	求绝对值
ACOS(x)	反余弦，x 为弧度值
ASIN(x)	反正弦，x 为弧度值
ATAN(x)	反正切，x 为弧度值
CEILING(x)	求大于或等于 x 的最小整数
COS(x)	求余弦，x 位弧度值
EXP(x)	求 e^x,e=2.71828
FLOOR(x)	求小于或等于 x 的最大整数
LOG(x)	求 ln x，求以 e 为底的对数，即自然对数
LOG10(x)	求 lg x，求以 10 为底的对数
PI()	求 π 的值，结果为 3.14159265358979
POWER(x,n)	求 x^n
RAND(x)	返回大于 0、小于 1 的一个随机数
ROUND(x,n[,f])	按指定精度对 x 四舍五入
SIGN(x)	符号函数，若 x>0 时，SIGN(x)=1；x=0 时，SIGN(x)<0
SIN(x)	求正弦，x 为弧度值
SQUARE(x)	求 x 的平方
SQRT(x)	求 x 的平方根
TAN(x)	求正切，x 为弧度值

2)字符串函数

(1)ASCII 函数

函数格式：

```
ASCII(character_expression)
```

功能：求 character_expression(char 或 varchar 类型)左端第一个字符的 ASCII 码。

返回值数据类型：int。

例如：ASCII('abcd')结果为字符 a 的 ASCII 码 97。

(2)CHAR 函数

函数格式：

```
CHAR(integer_expression)
```

功能：求 ASCII 码 integer_expression 对应的字符，integer_expression 的有效范围为[0,255]，如果超出范围，则返回值 NULL。

返回值数据类型：CHAR。

例如：CHAR(97)结果为'a'。

(3)CHARINDEX 函数

函数格式：

```
CHARINDEX(expression1, expression2[,start])
```

功能：在 expression2 中由 start 指定的位置开始查找 expression1 第一次出现的位置，如果没有找到，则返回 0。如果省略 start，或 start≤0，则从 expression2 的第一个字符开始。

返回值数据类型：int。

例如：CHARINDEX('ab', '113abc123abc')结果为 4。

(4) LEFT 函数

函数格式：

```
LEFT(expression1,n)
```

功能：返回字符串 expression1 从左边开始 n 个字符组成的字符串。如果 n=0，则返回一个空字符串。

返回值数据类型：varchar。

例如：LEFT('aabcde', 3)结果为'aab'。

(5) RIGHT 函数

函数格式：

```
RIGHT(expression1,n)
```

功能：返回字符串 expression1 从右边开始 n 个字符组成的字符串。如果 n=0，则返回一个空字符串。

返回值数据类型：varchar。

例如：RIGHT('abgde', 3)结果为'gde'。

(6) SUBSTRING 函数

函数格式：

```
SUBSTRING(expression1,start,length)
```

功能：返回 expression1（数据类型为字符串、binary、text 或 image）中从 start 开始长度为 length 个字符或字节的子串。

返回值数据类型：与 expression1 数据类型相同，但 text 类型返回值为 varchar，image 类型返回值为 varbinary，next 类型返回值为 nvarchar。

例如：SUBSTRING('abcde323',3,4)的结果为'cde3'。

(7) LEN 函数

函数格式：

```
LEN(expression1)
```

功能：返回字符串 expression1 中的字符个数，不包括字符串末尾的空格。

返回值数据类型：int。

例如：LEN('absde   ')结果为 5。

(8) LOWER 函数

函数格式：

```
LOWER(expression1)
```

功能：将字符串 expression1 中的大写字母替换为小写字母。

返回值数据类型：varchar。

例如：LOWER('112ABC415*%^def')结果为'112abc415*%^def'。

(9) UPER 函数

函数格式：

```
UPER(expression1)
```

功能：将字符串 expression1 中的小写字母替换为大写字母。

返回值数据类型：varchar。

例如：UPER(‘112ABC415*%^def’)结果为'112ABC415 *%^DEF'。

(10) LTRIM 函数

函数格式：

```
LTRIM(expression1)
```

功能：删除字符串 expression1 左端的空格。

返回值数据类型：varchar。

例如：LTRIM('　　123AB')结果为'123AB'。

(11) RTRIM 函数

函数格式：

```
RTRIM(expression1)
```

功能：删除字符串 expression1 末尾的空格。

返回值数据类型：varchar。

例如：LTRIM('　　123AB　　')结果为'　　123AB'。

(12) REPLACE 函数

函数格式：

```
REPLACE(expression1, expression2, express ion3)
```

功能：将字符串 expression1 中所有的子字符串 expression2 替换为 expression3。

返回值数据类型：varchar。

例如：REPLACe('abcdeabcdeabcde','de','12')结果为'abc12abc12abc12'。

(13) REVERSE 函数

函数格式：

```
REVERSE(expression1)
```

功能：按相反顺序返回字符串 expression1 中的字符。

返回值数据类型：varchar。

例如：REVERSE ('dcba')的结果为 abcd。

(14) SPACE 函数

函数格式：

```
SPACE(n)
```

功能：返回包含 n 个空格的字符串，如果 n 为负数，则返回一个空字符串。

返回值数据类型：char。

(15) STR 函数

函数格式：

```
STR(expression1[,length[,decimal]])
```

功能：将数字数据转换为字符数据。length 为转换得到的字符串总长度，包括符号、小数点、数字或空格。如果数字不够，则在左端加入空格补足长度，如果小数部分超过总长度，则进行四舍五入，length 的默认值为 10，decimal 为小数位位数。

返回值数据类型：char。

例如：

```
str(112,6)              --结果为'   112'
str(112.456,5)          --结果为'  112'
str(112.456,5,2)        --结果为'112.5'
str(112.456,8,2)        --结果为'  112.46'
```

3) 日期时间函数

(1) DATEADD 函数

函数格式：

```
DATEADD(dateprrt,n,date)
```

功能：在 date 指定日期时间的 datepart 部分加上 n，得到一个新的日期时间值。

返回值数据类型：datetime，如果参数 date 为 smalldatetime，则返回值为 smalldatetime 类型。

参数 datepart 可以使用表 9-3 中的短语或缩写。

表 9-3 DATEADD 函数中使用的 datepart 格式

日 期 短 语	缩 写
Year	yy,yyyy
quarter	qq,q
Month	mm,m
dayofyear	dy,y
Day	dd,d
Week	wk,ww
Hour	hh
minute	mi,n
second	ss,s
millisecond	ms

(2) DATENAME 函数

函数格式：

```
DATENAME(dateprrt,date)
```

功能：返回日期 date 中由 datepart 指定的日期部分的字符串。返回值数据类型：nvarchar。

例如：

```
datename(yy,'2009-5-4')      --结果为'2009'
datename (m,'2009-5-4')      --结果为'05'
datename (d,'2009-5-4')      --结果为'4'
```

(3) DATEPART 函数

函数格式：

```
DATEPART(dateprrt,date)
```

功能：与 DATENAME 类似，只是返回值为整数。

返回值数据类型：int。

例如：

```
datepart(yy,'2009-5-4')        --结果为 2009
datepart (m,'2009-5-4')        --结果为 5
datepart (d,'2009-5-4')        --结果为 4
```

(4) GETDATE 函数

函数格式：

```
GETDATE()
```

功能：按 SQL Server 2008 内部标准格式返回系统日期和时间。

返回值数据类型：datetime。

例如：

```
getdate()                      --结果为 20094-08-13 21:51:32.390
```

(5) YEAR 函数

函数格式：

```
YEAR(date)
```

功能：返回指定日期 date 中年的整数。

返回值数据类型：int。

例如：

```
year('2009-3-5')               --结果为 2009
```

(6) MONTH 函数

函数格式：

```
MONTH(date)
```

功能：返回指定日期 date 中月份的整数。

返回值数据类型：int。

例如：

```
month('2004-43-5')             --结果为 43
```

(7) DAY 函数

函数格式：

```
DAY(date)
```

功能：返回指定日期 date 中天的整数。

返回值数据类型：int。

例如：

```
day('2004-3-65')               --结果为 65
```

9.4　数据库管理

管理数据库及其对象是 SQL Server 的主要任务。本章将介绍使用 SQL Server 来管理和操作数据库的基本知识。

9.4.1　创建数据库

在 SQL Server 2008 中，数据库保存在独立的文件中。一个数据库通常有两个文件：一个用于存放数据，称为数据文件；另一个用于存放数据库的操作记录，称为事务日志文件。创建数据库就是根据需要指定数据库名称、数据库文件名称、数据库文件大小等信息。

在 SQL Server 2008 中，使用 SQL Server Management Studio 可以创建数据库，用于存储数据及其他对象(如视图、索引等)。

(1)启动 SQL Server Management Studio，并连接到 SQL Server 2008 中的数据库。

(2)在“对象资源管理器”对话框中右击“数据库”选项，选择“新建数据库”命令，如图 9-28 所示。

(3)弹出的对话框如图 9-29 所示。

(4)单击“所有者”后的 ... 按钮，选择“默认值”选项，表示所有者为用户登录 Windows 使用的管理员账户。

(5)在“数据库名称”中输入新建数据库名称“学生管理”，系统在“数据库文件”框中生成主要数据文件和日志文件，同时显示文件组等默认设置，可以自行修改，也可以单击右下角的“添加”按钮添加数据文件。采用默认设置即可。

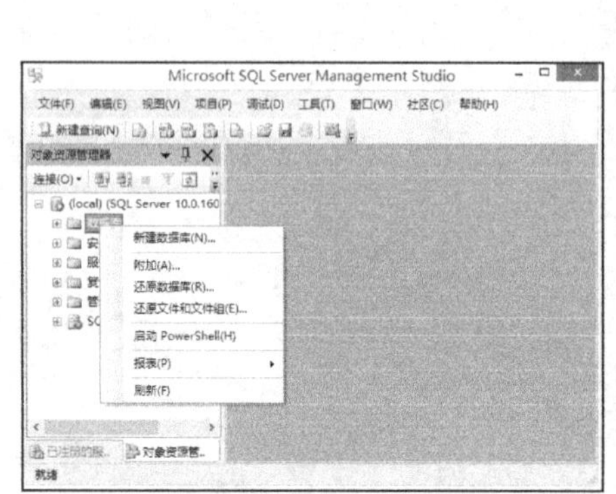

图 9-28　新建数据库

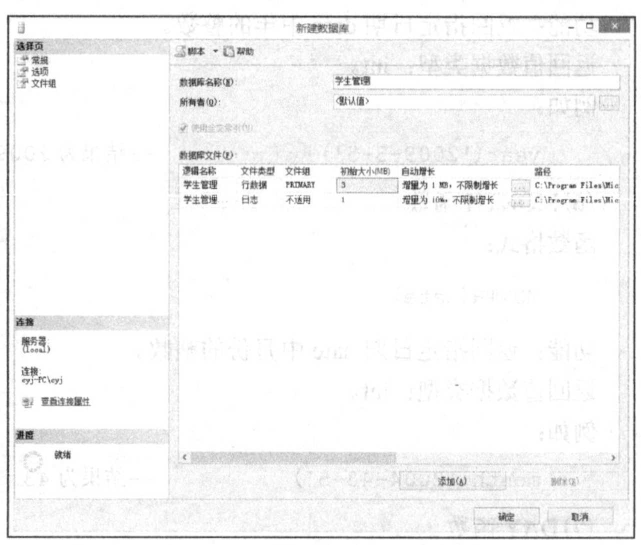

图 9-29　“新建数据库”对话框

9.4.2　修改数据库设置

数据库创建后，可使用数据库管理器修改或查看数据库的相关设置。

1) 更改数据库主要数据文件的初始值

(1)启动 SQL Server Management Studio，并连接到 SQL Server 2008 中的数据库，在“资源管理器”中展开“数据库”节点。

(2)右击需要更改的数据库“学生管理”，在弹出的快捷键菜单中选择“属性”命令。

(3)弹出“数据库属性”对话框，通过该对话框可以修改数据库的相关选项，如图 9-30 所示。将初始值改为 20MB。

2) 收缩数据库

(1) 启动 SQL Server Management Studio，并连接到 SQL Server 2008 中的数据库，在“资源管理器”中展开“数据库”节点。

(2) 右击需要更改的数据库“学生管理”，选择[任务]→[收缩]→[数据库]命令。

(3) 弹出“收缩数据库”对话框，可以收缩所有数据库文件，释放未使用的空间，从而减小数据库的大小，如图 9-31 所示。

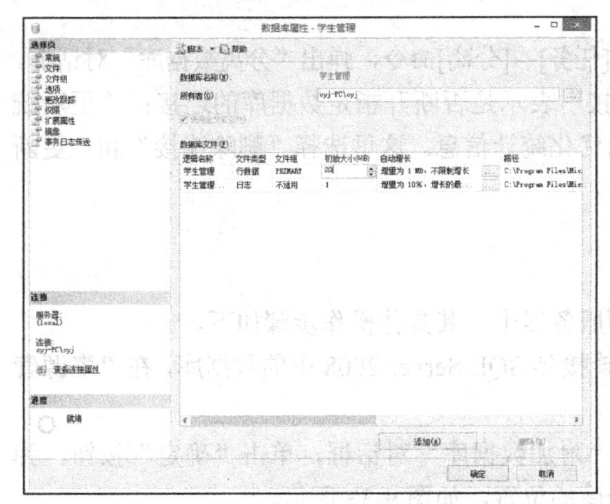

图 9-30　修改数据库的初始值

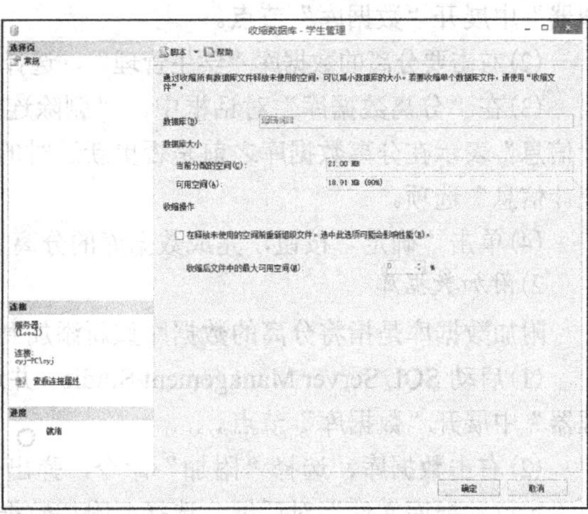

图 9-31　收缩数据库

9.4.3　删除数据库

可以删除一个不再使用的数据库，执行删除操作后一方面会删除数据库文件(包括数据文件和事务日志文件)，另一方面会删除服务器中的数据库信息。

删除数据库“学生管理”步骤如下。

(1) 启动 SQL Server Management Studio，并连接到 SQL Server 2008 中的数据库，在“资源管理器”中展开“数据库”节点。

(2) 右击要删除的数据库“学生管理”，在弹出的菜单中选择“删除”命令。

(3) 在弹出的“删除对象”对话框中单击“确定”按钮即可删除数据库，如图 9-32 所示。

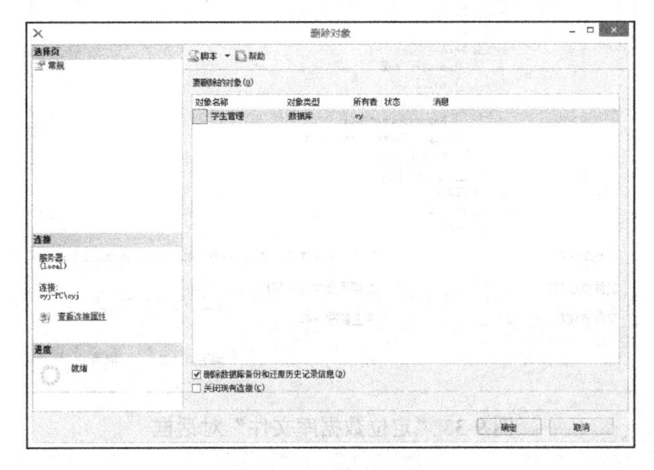

图 9-32　删除数据库

9.4.4 分离/附加数据库

SQL Server 服务器在运行时会维护其中所有数据库的信息。如果一些数据库暂时不使用，则可将其从服务器分离，从而减轻服务器的负担，使用时再附加到服务器上。

1)分离数据库

(1)启动 SQL Server Management Studio，并连接到 SQL Server 2008 中的数据库，在“资源管理器”中展开“数据库”节点。

(2)右击要分离的数据库“学生管理”，选择[任务]→[分离]命令，弹出“分离数据库”对话框。

(3)在“分离数据库”对话框中，“删除连接”表示是否断开指定数据库的连接；“更新统计信息”表示在分离数据库之前是否更新过时的优化统计信息。这里选择“删除连接”和“更新统计信息”选项。

(4)单击“确定”按钮，完成数据库的分离。

2)附加数据库

附加数据库是指将分离的数据库重新添加到服务器中，其具体操作步骤如下。

(1)启动 SQL Server Management Studio，并连接到 SQL Server 2008 中的数据库，在“资源管理器”中展开“数据库”节点。

(2)右击数据库，选择“附加”命令，弹出“附加数据库”对话框，单击“确定”按钮，弹出“定位数据库文件”对话框，选择要附加数据库的位置，如图 9-33 所示。

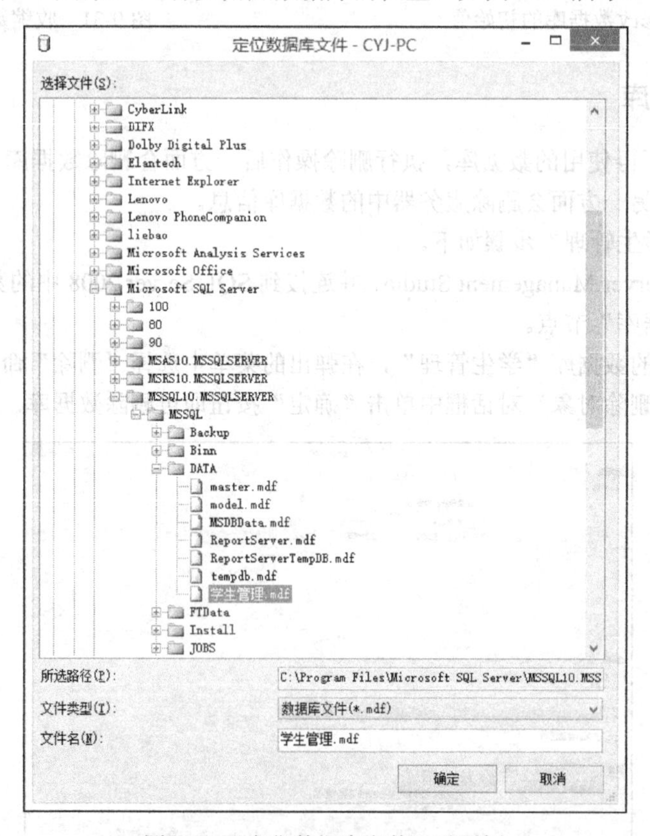

图 9-33 “定位数据库文件”对话框

(3)单击“确定”按钮，完成数据库附加操作。

9.4.5 备份/还原数据库

1) 数据库备份

(1) 启动 SQL Server Management Studio，并连接到 SQL Server 2008 中的数据库，在“资源管理器”中展开“数据库”节点。

(2) 右击要备份的数据库“学生管理”，选择[任务]→[备份]命令。

(3) 弹出“备份数据库”对话框，如图 9-34 所示，在常规选项卡中设置备份数据库的数据源和备份地址。在“目标”选项区域单击“添加”按钮，弹出“选择备份目标”对话框，如图 9-35 所示，单击文件名后的 ... 按钮，选择文件名和路径。

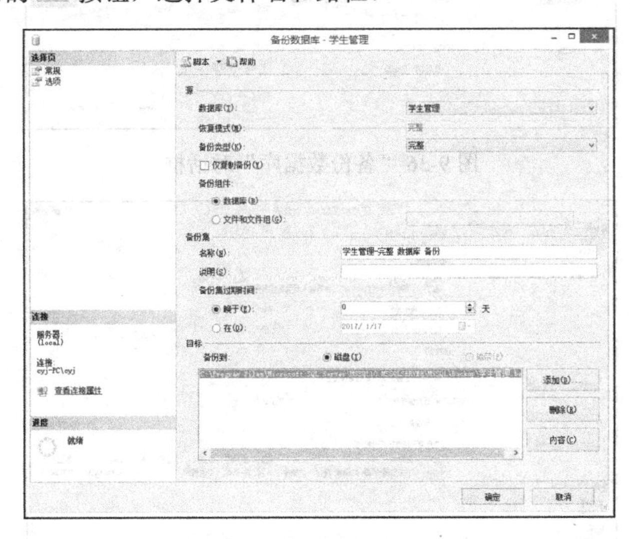

图 9-34 “备份数据库”对话框

(4) 单击“确定”按钮，返回“备份数据库”对话框，选择“选项”选项，这里在“覆盖介质”选项区中选择[备份到现有介质集]→[追加到现有介质集]选项，把备份文件追加到指定介质上，同时保留以前的所有备份，如图 9-36 所示。

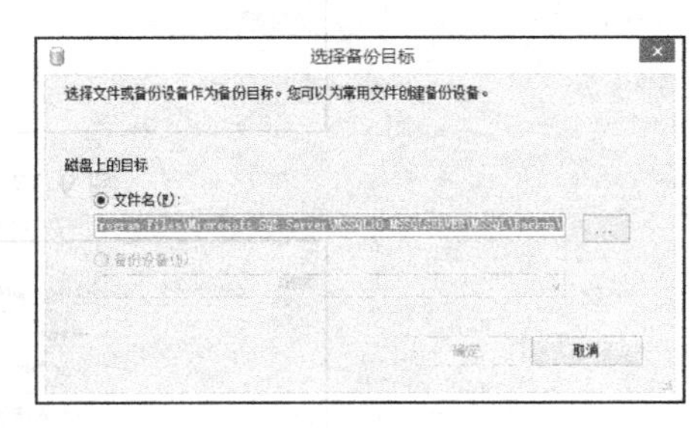

图 9-35　选择备份目标

(5) 单击“确定”按钮，弹出备份成功提示信息，单击“确定”按钮完成数据库备份。

2) 还原数据库

(1) 启动 SQL Server Management Studio，并连接到 SQL Server 2008 中的数据库，在“资源管理器”中展开“数据库”节点。

(2) 右击要恢复的数据库“学生管理”，选择[任务]→[还原]→[数据库]命令。

(3) 弹出“还原数据库”对话框，在“常规”选项中设置还原目标和源数据库，在该对话框中保留默认设置即可，如图 9-37 所示。

(4) 选择“选项”选项，设置还原操作时采用的形式及恢复完成后的状态，在“还原选项”选项区域中选中“覆盖现有数据库”复选框，以便在恢复时覆盖现有数据库及其相关文件，如图 9-38 所示。

(5) 单击“确定”按钮，系统弹出还原成功的提示信息，单击“确定”按钮即可完成数据库的还原操作，如图 9-39 所示。

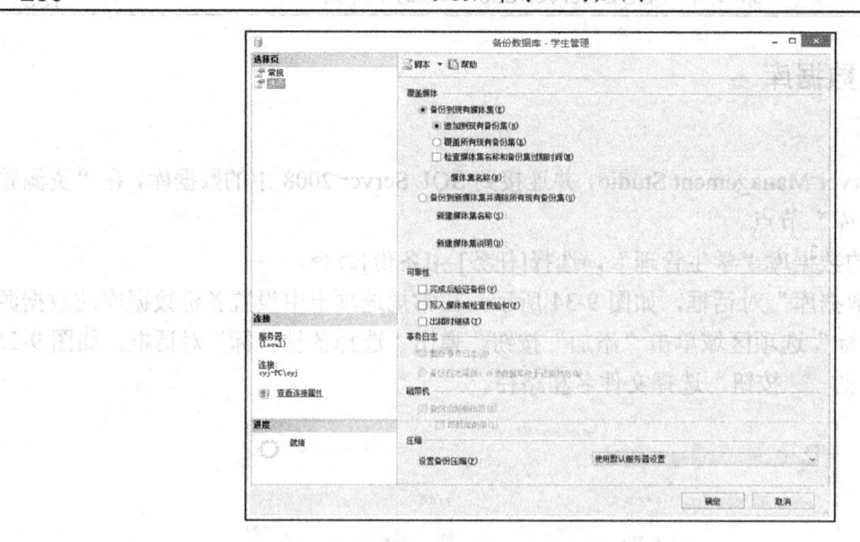

图 9-36 “备份数据库”对话框

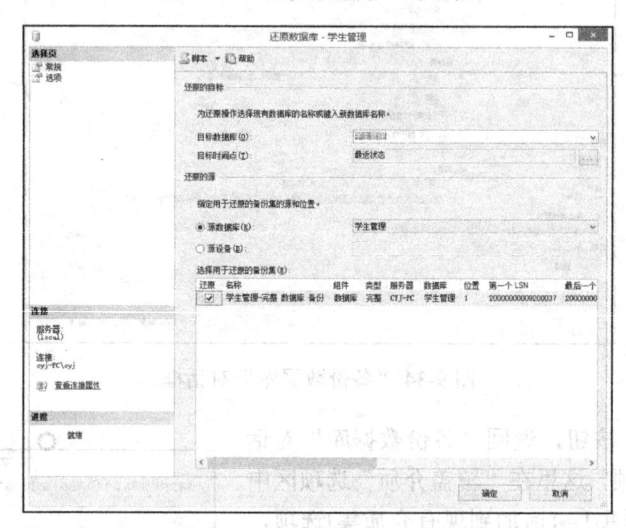

图 9-37 “还原数据库”对话框

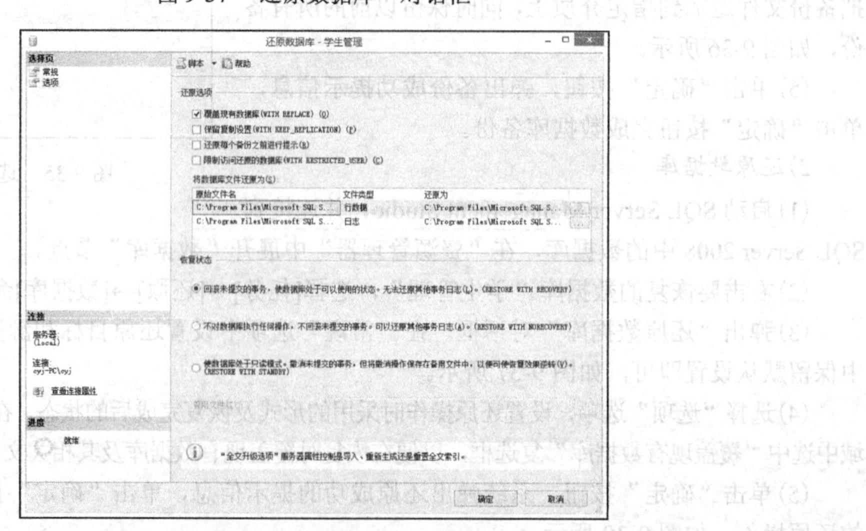

图 9-38 选择“选项”选项

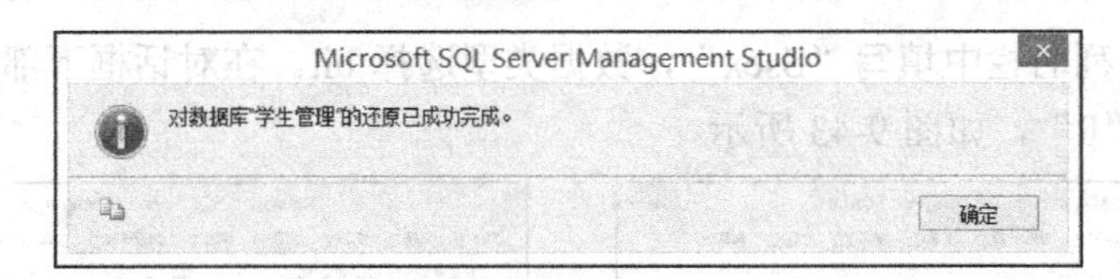

图 9-39　提示信息

9.5　表 的 管 理

在使用数据库的过程中，接触最多的就是数据库中的表。数据表是存储数据的地方，是数据库中最重要的部分。管理好表也就管理好了数据库。本章将介绍如何创建和管理数据库表。

9.5.1　创建数据表

在"学生管理"数据库中，创建一个"学生"数据表，表结构如表 9-4 所示。

表 9-4 "学生"表的结构

列　名	数 据 类 型	说　明
Sno	int	学生编号，主键，标识列
Sname	varchar(50)	学生姓名，不允许为空
Ssex	bit	性别，0 表示男，1 表示女。默认值为 0
Sage	varchar(10)	学生年龄，不允许为空
Sdept	varchar(10)	所属院系，不允许为空

(1) 启动 SQL Server Management Studio，并连接到 SQL Server 2008 中的数据库，在"资源管理器"中展开"数据库"节点。

(2) 展开"学生管理"数据库，右击"表"选项，选择"新建表"命令，如图 9-40 所示。

(3) 在第一行的列名栏中填写"Sno"，数据类型选择 int，单击工具栏中的图标，将此列设置为主键。在对话框下部的列属性窗口中，将"标识"属性设置为"是"，标识种子设置为 1，标识增量设置为 1。这样，在插入数据时，系统可以为该列自动生成列值，初始值为 1，每次值的增量为 1，如图 9-41 所示。

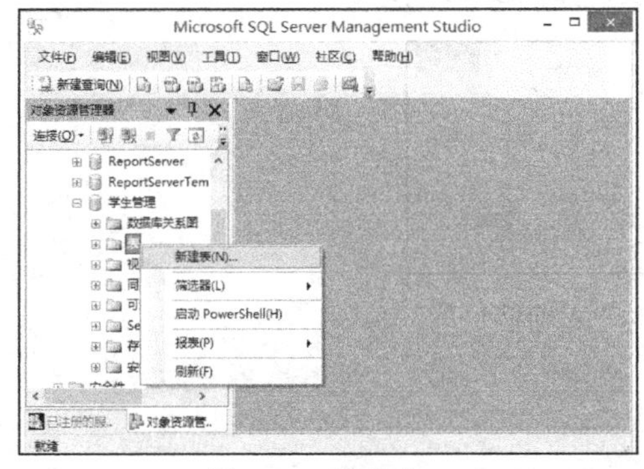

图 9-40　新建表

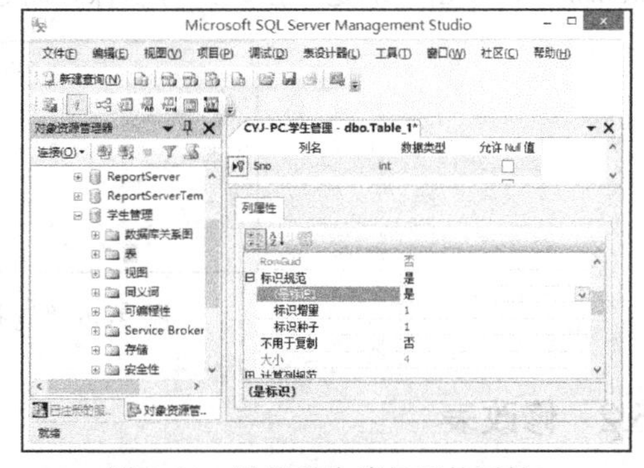

图 9-41　设置学生编号列的属性

(4) 在第 2 行的列名栏中填写"Sname"，数据类型选择 varchar，长度为 50。取消"允许空"栏中的默认选择，如图 9-42 所示。

(5)在第 3 行的列名栏中填写“Ssex”，数据类型选择 bit。在对话框下部的列属性窗格中将“默认值”设置为“0”，如图 9-43 所示。

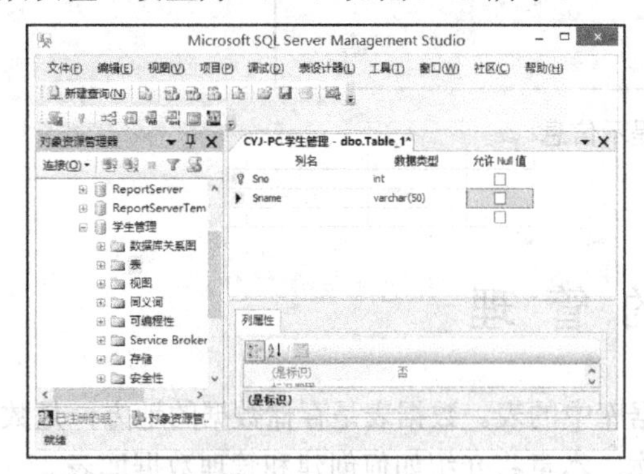

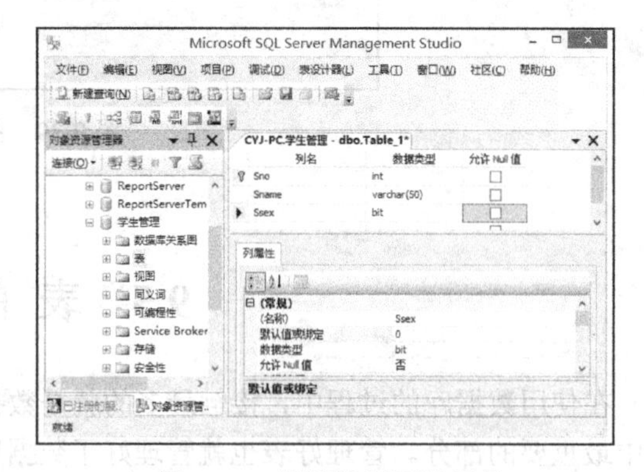

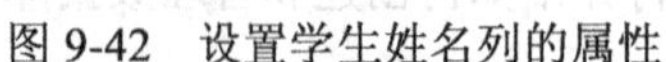
图 9-42　设置学生姓名列的属性　　图 9-43　设置性别列的属性

(6)在第 4 行的列名栏中填写“Sage”，数据类型选择 varchar，长度为 10。取消“允许空”栏中的默认选择，如图 9-44 所示。

(7)在第 5 行的列名栏中填写“Sdept”，数据类型选择 varchar，长度为 10。取消“允许空”栏中的默认选择，如图 9-45 所示。

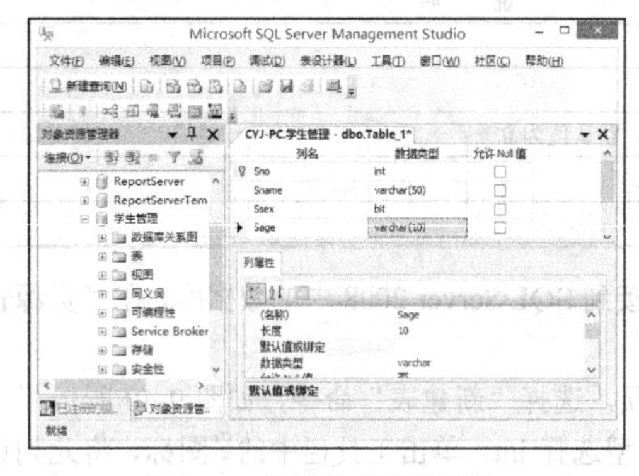

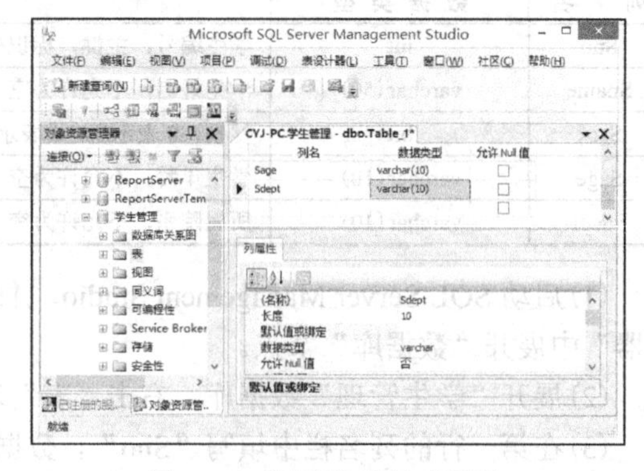

图 9-44　设置性别列的属性　　图 9-45　设置院系号列属性

(8)添加完成后，单击工具栏上的保存按钮，弹出“选择名称”对话框，输入表名为“student”，单击“确定”按钮，可以保存新建的表，如图 9-46 所示。

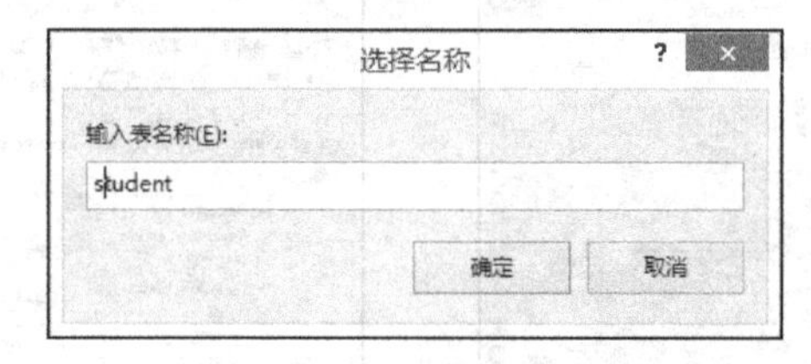

图 9-46 “选择名称”对话框

9.5.2　修改表

1)修改表结构

在企业管理器中用右键单击要修改的表，在弹出菜单中选择“设计”命令，如图 9-47 所示，可以打开表设计器，修改表的结构。

用鼠标右键单击某列，在弹出的快捷菜单中选择“设置主键”命令，可以将当前列设置为主键；选择插入列，可以在当前列的前面插入一个新的空列；选择“删除列”命令，可以删除当前列，如图 9-48 所示。

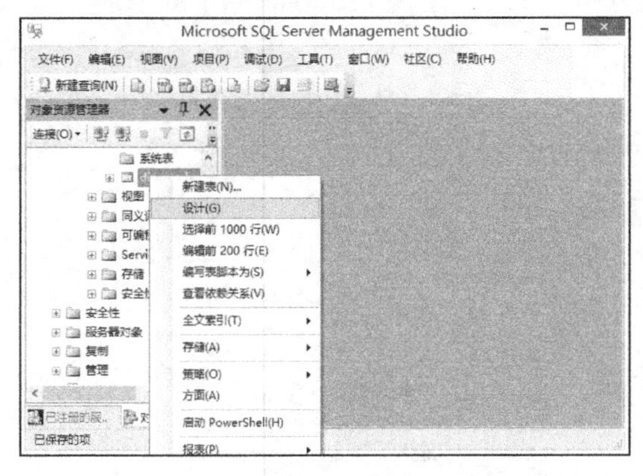

图 9-47 “设计表”选项

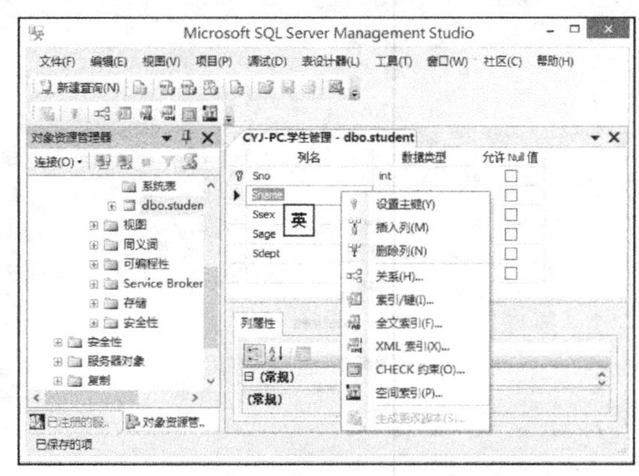

图 9-48　编辑列菜单

2) 修改表名称

在企业管理器中右键单击表，在弹出的菜单中选择“重命名”命令，如图 9-49 所示。可以使表名表现为编辑状态，如图 9-50 所示。

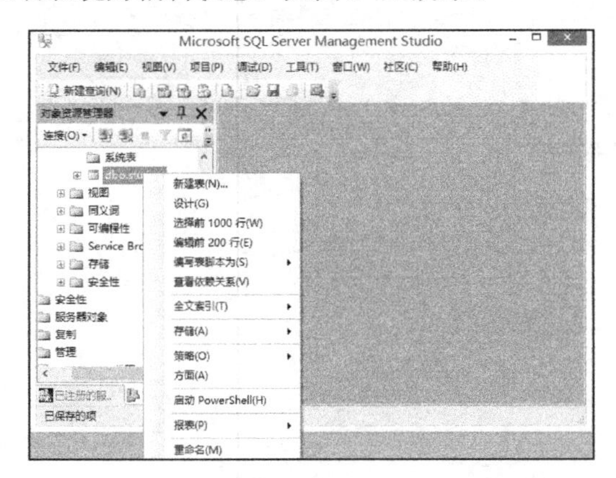

图 9-49 “重命名”选项

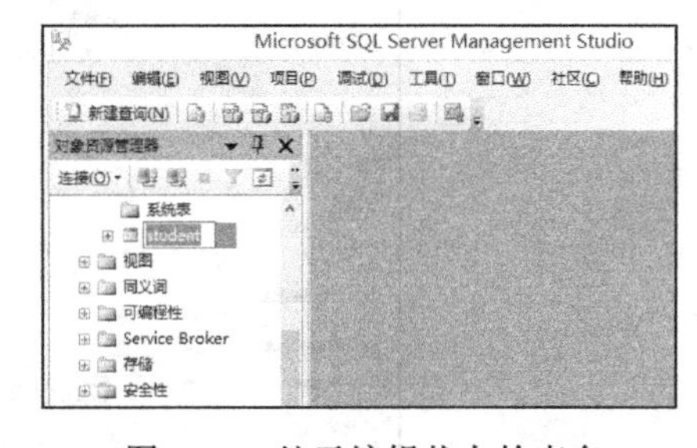

图 9-50　处于编辑状态的表名

修改表名后，按回车键，可以完成表的重命名。

3) 删除表

在删除数据表时，首先在企业管理器的内容窗口中选中要删除的表，然后按“Del”键，或选择[编辑]→[删除]菜单命令，或使用鼠标右键单击要删除的表，在弹出的快捷菜单中选择“删除”命令。此时会打开如图 9-51 所示的“删除对象”对话框。如果在执行删除命令前选中了多个表，则会显示在对话框列表中。单击“全部除去”按钮，即可删除列表中列出的数据表。

4) 查看表属性

在企业管理器中右键单击要查看的表，在弹出的快捷菜单中选择“属性”，如图 9-52 所示。在窗口中可以看到表的大多数属性，包括名称、所有者、创建日期、文件组、记录行数和列结构等。窗口中的信息只可以查看，不能修改。

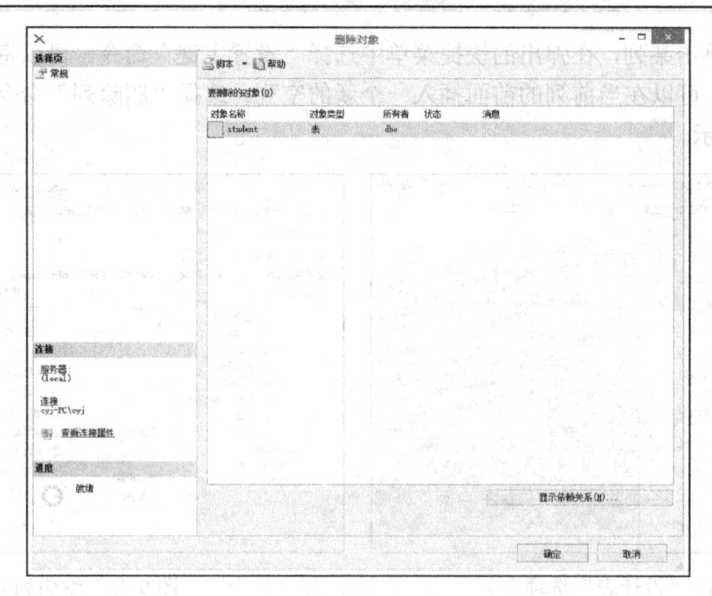

图 9-51 “删除对象”对话框

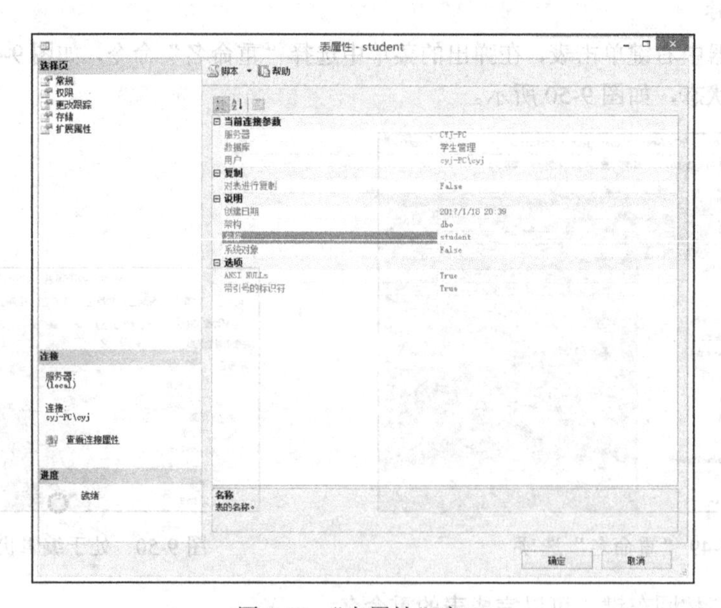

图 9-52 “表属性”窗口

5) 添加数据

在企业管理器中右键单击要添加数据的表，在弹出的快捷菜单中选择[编辑前 200 行]命令，在空白条目处添加一行数据，如图 9-53 所示。

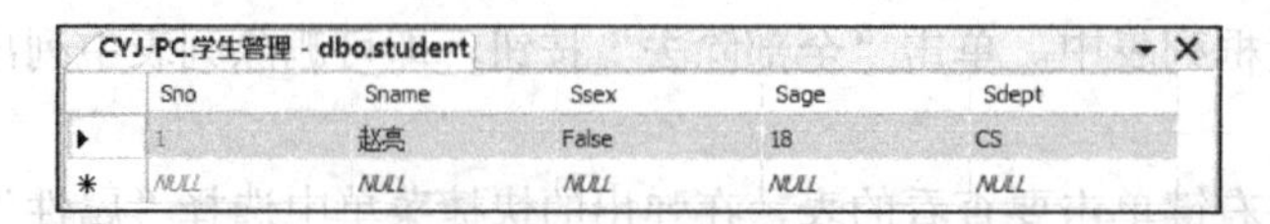
CYJ-PC.学生管理 - dbo.student

	Sno	Sname	Ssex	Sage	Sdept
▶	1	赵亮	False	18	CS
*	NULL	NULL	NULL	NULL	NULL

图 9-53 添加数据

6) 查询数据

新建查询，在查询窗口输入要查询的语句，如“SELECT Sname, Sage FROM Student”，然后单击✓按钮，进行语法检查，如果语法正确，则如图 9-54 所示。然后单击 ! 执行(X) 按钮，执行查询命令，结果如图 9-55 所示。

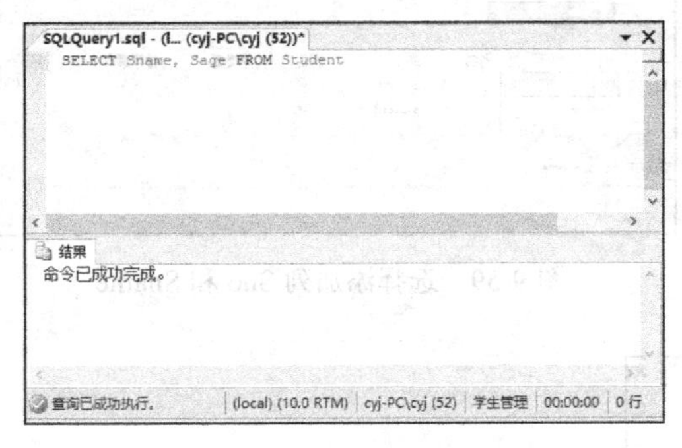

图 9-54　数据查询

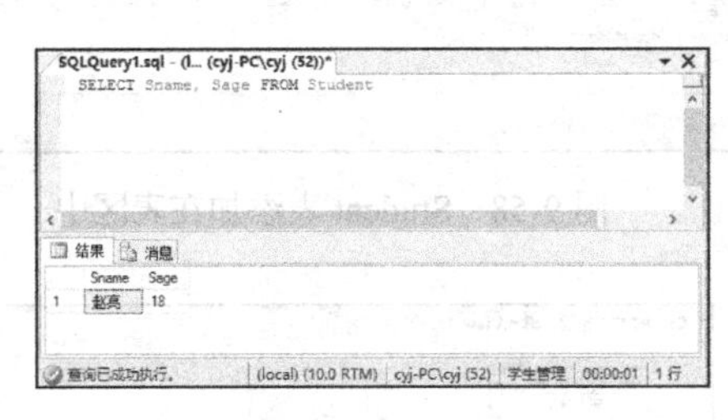

图 9-55　查询结果

9.6　视图的管理

视图是虚拟的表，是由表派生的，来源于一个或多个基表的行或列的子集，也可以是基表的统计汇总，或者是来源于另一个视图或基表与视图的某种组合。

使用视图可以为用户集中数据，简化数据库查询，简化用户权限管理，并且方便数据的导出。

9.6.1　创建视图

(1) 在企业管理器中，打开要创建视图的“学生管理”数据库文件夹，用鼠标右键单击“视图”，在弹出的菜单中选择“新建视图”选项，如图 9-56 所示。

(2) 弹出如图 9-57 所示的“添加表”对话框。选中 student 表，单击“添加”按钮，将基本表 student 添加到表区中，如图 9-58 所示。

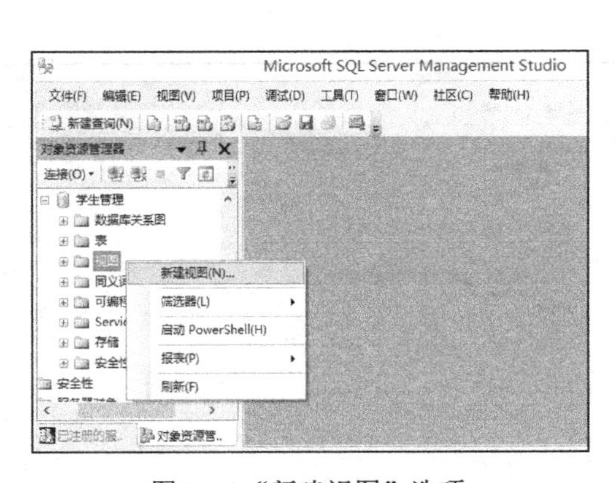

图 9-56 “新建视图”选项

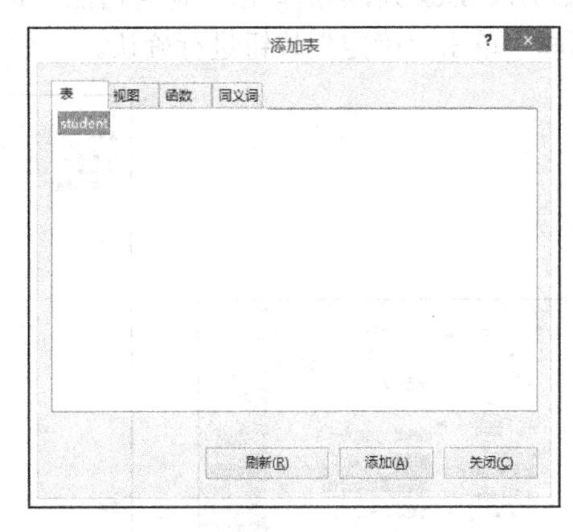

图 9-57 “添加表”对话框

(3) 在列区中选择将包括在视图的数据列，这里选择 Sno 和 Sname 两列，如图 9-59 所示。

(4) 此时相应的 SQL 脚本显示在 SQL script 区，单击 ! 按钮，在数据区中显示了包含在视图中的数据行，如图 9-60 所示。

(5) 保存视图。单击 💾 按钮，在弹出对话框中输入视图名 V_Student，单击“确定”按钮完成视图的创建，如图 9-61 所示。

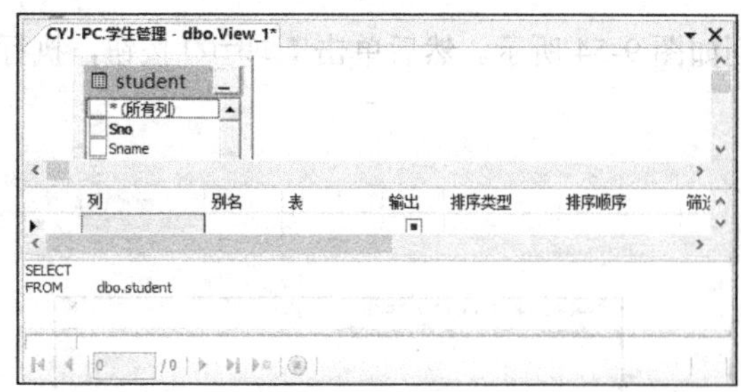

图 9-58 Student 表添加在表区中

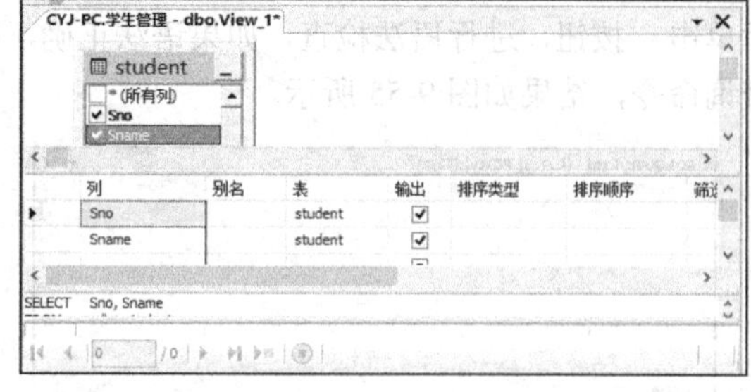

图 9-59 选择添加列 Sno 和 Sname

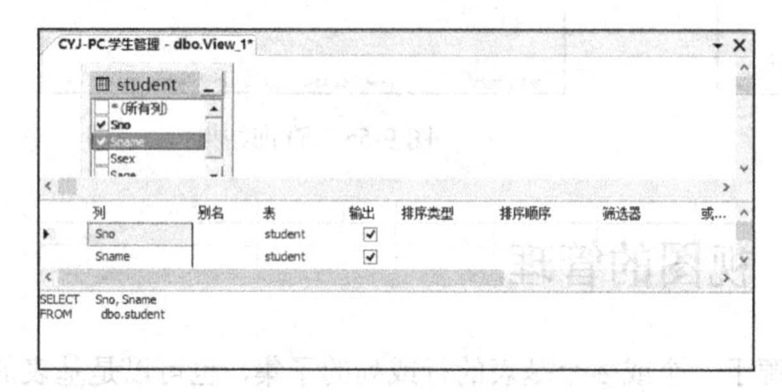

图 9-60 添加视图数据

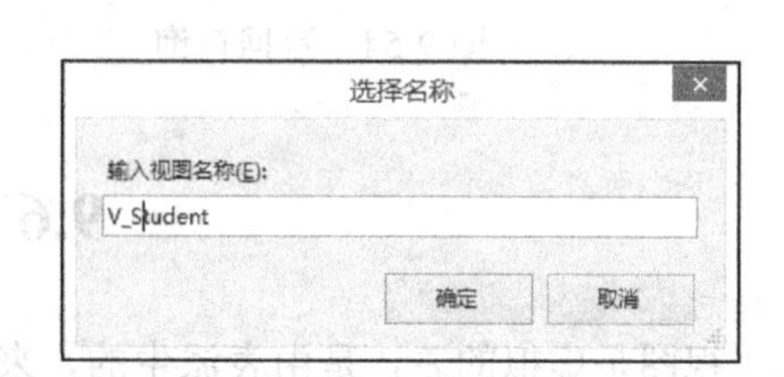

图 9-61 “保存视图”对话框

9.6.2 管理视图

1) 查看视图

(1) 打开要查看视图的“学生管理”数据库文件夹，选中“视图”选项，则展开显示当前数据库的所有视图，单击要查看的视图，在弹出菜单中选择“属性”命令，如图 9-62 所示。

(2) 在图 9-63 所示的“视图属性”对话框中，可以看到该视图的正文，可以对该视图进行修改，如加入 Ssex 列，然后单击“检查语法”按钮来对语句合法性进行检查。在弹出的“语法检查”对话框中单击“确定”按钮进行确认。

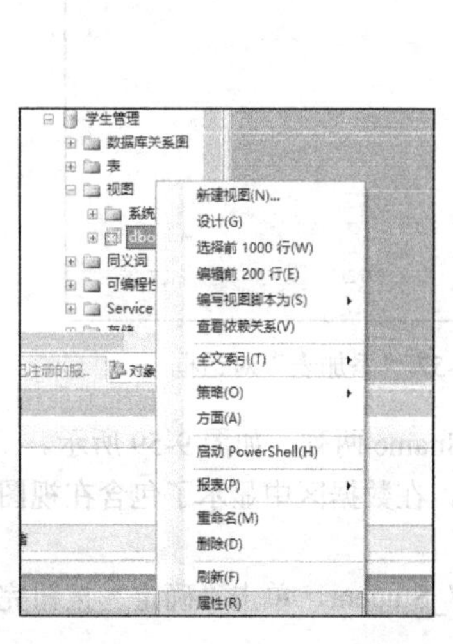

图 9-62 “属性”选项

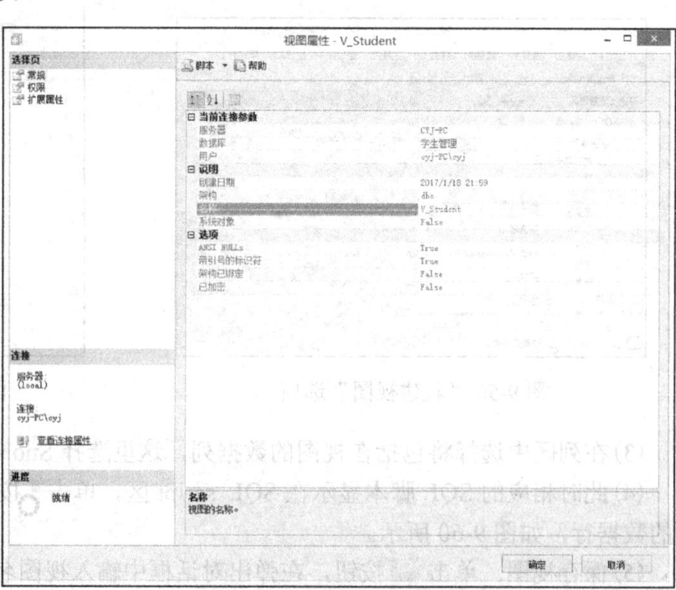

图 9-63 “视图属性”对话框

(3) 如果要查看视图内容，可在图 9-62 所示的菜单中选择“编辑前 200 行”命令，在右侧可以显示视图内容，如图 9-64 所示。

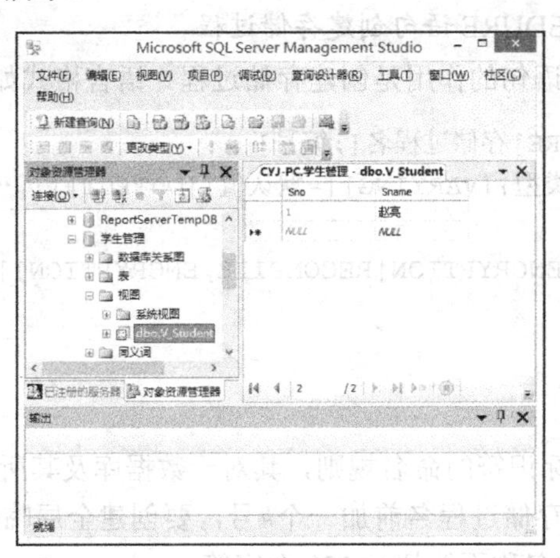

图 9-64　显示视图内容

2) 删除视图

用右键单击要删除的视图，在弹出菜单中选择“删除”命令，弹出如图 9-65 所示的“删除对象”对话框。单击“确定”按钮即删除视图。

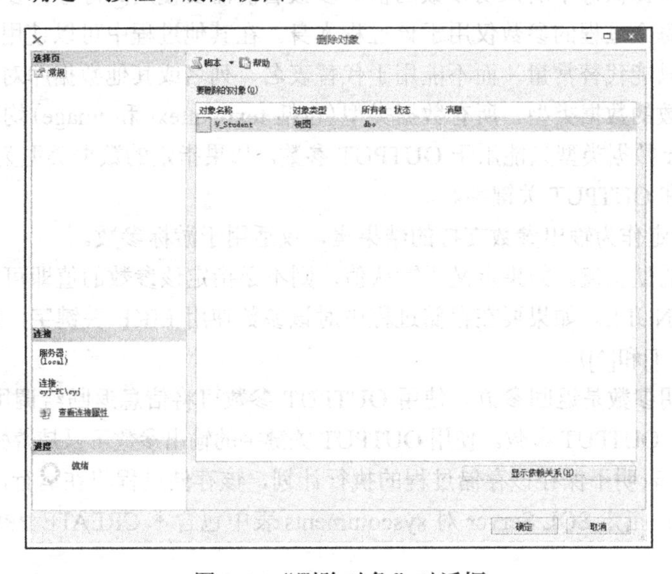

图 9-65　“删除对象”对话框

9.7　存 储 过 程

存储过程 (Stored Procedure) 就是一组为了完成特定功能的 SQL 语句集，经编译后存储在数据库中。用户通过指定存储过程的名字并给出参数来执行它。

存储过程在被创建以后，可以在程序中被多次调用，而不必重新编写该存储过程的 SQL 语句。存储过程能够实现较快的执行速度，并且能够减少网络流量，同时可被作为一种安全机制来充分利用。

9.7.1 创建存储过程

1)使用 CREATE PROCEDURE 语句创建存储过程

CREATE PROCEDURE 语句的作用是创建存储过程。语言格式如下：

```
CREATE PROC[EDURE]存储过程名[;编号]
    [{@参数 数据类型}[VARYING][=默认值][OUTPUT]][,…n]
WITH
    {RECOMPILE|ENCRYPTION|RECOMPILE,ENCRYPTION}]
AS
    SQL语句[…n]
```

各参数的含义如下。

存储过程名：必须符合标识符的命名规则，其对于数据库及其所有者必须是唯一的。要创建局部临时存储过程，可以在存储过程名前加一个#号，要创建全局临时存储过程，可以在存储过程名前面加两个#号。完整的名称不能超过128个字符。

编号：可选整数，用来对同名的存储过程分组，以便用一条 DROP PROCEDURE 语句即可将同组的存储过程一起删除。

@参数：过程中的参数。在 CREATE PROCEDURE 语句中可以声明一个或多个参数。用户必须在执行存储过程时提供每个所声明参数的值。参数名前需要使用@符号。参数名称必须符合标识符的命名规则。每个过程的参数仅用于该过程本身。在其他过程中可以使用相同的参数名称。默认情况下，参数只能代替常量，而不能用于代替表名、列名或其他数据库对象的名称。

数据类型：参数的数据类型。所有数据类型(包括 text、ntext 和 image)均可以用作存储过程的参数。不过 cursor 数据类型只能用于 OUTPUT 参数。如果指定的数据类型为 cursor，也必须同时指定 VARYING 和 OUTPUT 关键字。

VARYING：指定作为输出参数支持的结果集，仅适用于游标参数。

默认值：参数的默认值。如果定义了默认值，则不必指定该参数的值即可执行存储过程。默认值必须是常量或 NULL。如果要在存储过程中对该参数使用 LIKE 关键字，那么默认值中可以包含通配符(%、_、[]和[^])。

OUTPUT：表明参数是返回参数。使用 OUTPUT 参数可将信息返回给调用过程。text、ntext 和 image 参数可用作 OUTPUT 参数。使用 OUTPUT 关键字的输出参数可以是游标占位符。

RECOMPILE：表明不保存该存储过程的执行计划，该存储过程将在运行时重新编译。

ENCRYPTION：指定 SQL Server 对 syscomments 表中包含本 CREATE PROCEDURE 语句文本的条目进行加密。

AS：用于指定该存储过程中要包含的 Transact-SQL 语句。

[例 9-1] 创建存储过程“增加年龄”，它的功能是将 Student 表中所有学生的年龄增加 1 岁。具体语句如下：

```
USE 学生管理
GO
CREATE PROCEDURE 增加年龄
AS
UPDATE Student SET Sage=Sage+1
GO
```

2) 用企业管理器创建存储过程

(1) 在企业管理器中选择要创建存储过程的数据库，在左窗格中用右键单击“存储过程”条目，在弹出的菜单中选择“新建存储过程”命令，如图 9-66 所示。

(2) 在如图 9-67 所示的对话框中，系统给出创建存储过程的模板语句。可以对工具模板格式进行修改来创建新的存储过程，如图 9-68 所示。

(3) 单击 ! 执行(X) 按钮执行命令，完成新建存储过程。

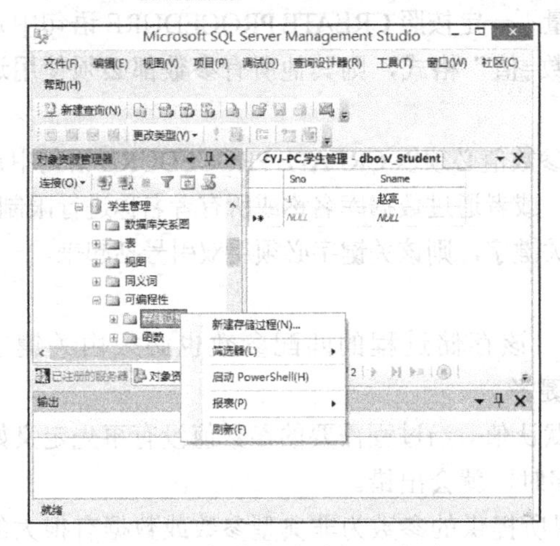

图 9-66 “新建存储过程”选项

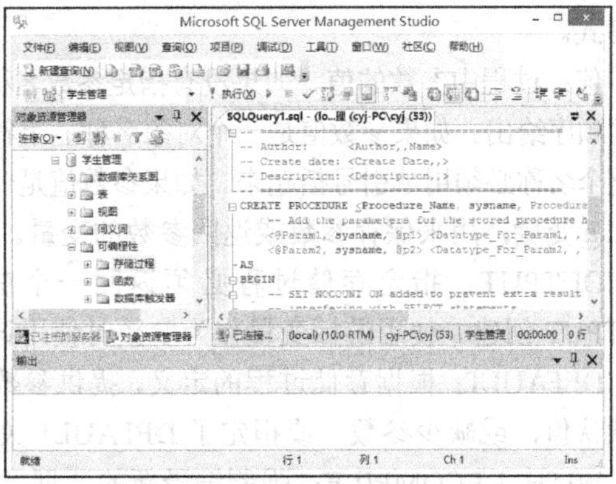

图 9-67 “新建存储过程”对话框

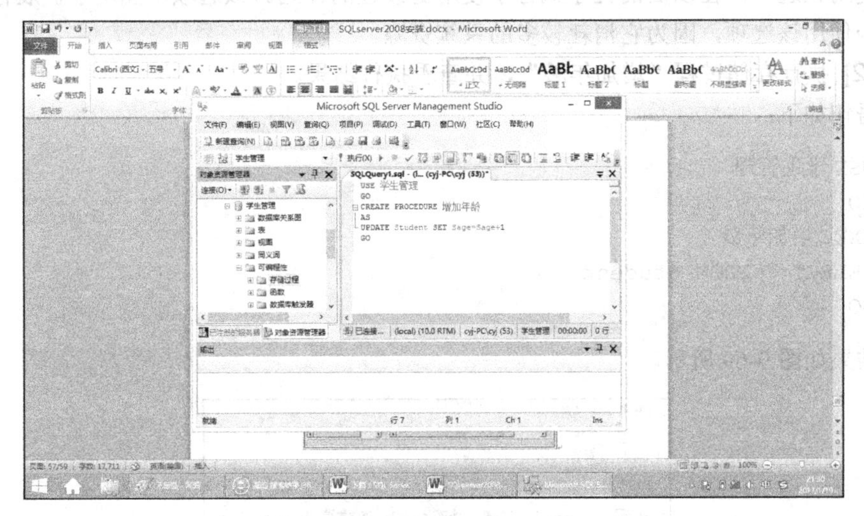

图 9-68 “语法检查”对话框

9.7.2　执行存储过程

使用 EXECUTE 语句执行存储过程的语言格式为：

```
[[EXEC[UTE]]
    {[@返回状态=]{存储过程名|@存储过程名变量}}
    [[@参数名称=]{值|@变量[OUTPUT]|[DEFAULT]}}
    [,…n]
[WITH RECOMPILE]
```

各参数含义如下。

@返回状态：是一个可选的整型变量，保存存储过程的返回状态。这个变量在用于 EXECUTE 语句前，必须在批处理、存储过程或函数中声明过。

存储过程名：要调用的存储过程的名称。存储过程名称必须符合标识符的命名规则。

@存储过程名变量：是局部变量名，代表存储过程的名称。

@参数名称：存储过程的参数，在 CREATE PRODEDURE 语句中定义。参数名称前必须加上符号@。在使用格式“@参数=值”时，参数名称和常量不一定按照 CREATE PROCEDURE 语句中定义的顺序出现。但是，如果有一个参数使用“@参数=值”格式，则其他所有参数都必须使用这种格式。

值：过程中参数的值。如果没有指定参数名称，参数值必须以 CREATE PROCEDURE 语句中定义的顺序给出。如果参数值是一个对象名称、字符串，或者通过数据库名称或所有者名称进行限制，则整个名称必须用单引号括起来。如果参数值是一个关键字，则该关键字必须用双引号括起来。

@变量：用来保存参数或返回参数的变量。

OUTPUT：指定存储过程必须返回一个参数。该存储过程的匹配参数也必须由关键字 OUTPUT 创建。使用游标变量作为参数时使用该关键字。

DEFAULT：根据存储过程的定义，提供参数的默认值。当过程需要的参数值没有事先定义好的默认值，或缺少参数，或指定了 DEFAULT 关键字时，就会出错。

WITH RECOMPILE：强制编译新的计划。如果所提供的参数为非典型参数或数据有很大的改变，则使用该选项。在以后的程序执行中使用更改过的计划。该选项不能用于扩展存储过程。建议尽量少使用该选项，因为它消耗较多的系统资源。

[例 9-2] 执行存储过程“增加年龄”，并查看执行结果。

具体语句如下：

```
USE 学生管理
GO
EXEC 增加年龄
SELECT * FROM Student
GO
```

执行结果如图 9-69 所示。

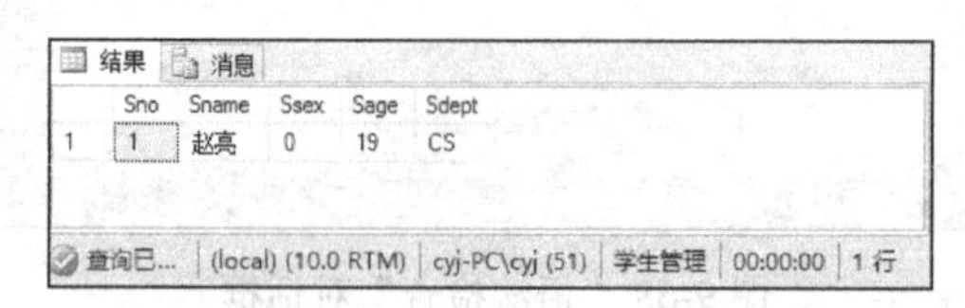

图 9-69　执行存储过程的结果

9.7.3　查看、修改和删除存储过程

1) 使用企业管理器查看和修改存储过程

(1) 选择要查看和修改存储过程的数据库，在左窗格中单击“存储过程”文件夹，此时会在下面展开显示该数据库的所有存储过程，如图 9-70 所示。

(2) 右击指定的存储过程“增加年龄”，选择“修改”命令，可以查看和修改存储过程的定义情况，如图 9-71 所示。

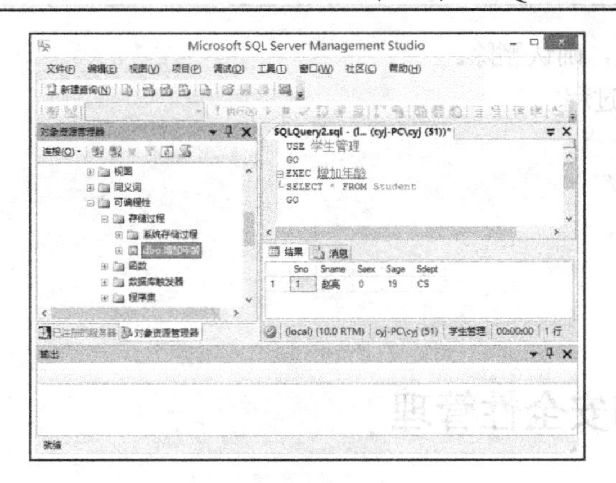

图 9-70　查看存储过程

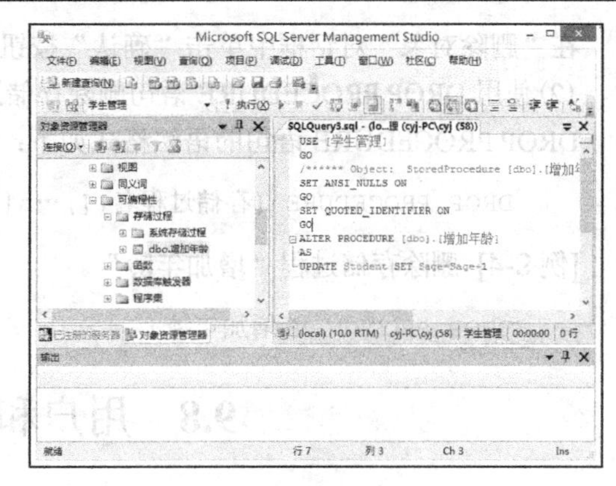

图 9-71 “存储过程属性”对话框

2)使用 ALTER PROCEDURE 语句修改存储过程

ALTER PROCEDURE 语句的语法格式如下：

```
ALTER PROC[EDURE]存储过程名[；编号]
    [{@参数名　数据类型}[VARYING][=默认值][OUTPUT]][,…n]
WITH
    {RECOMPILE|ENCRYPTION|RECOMPILE,ENCRYPTION}]
AS
    SQL 语句[,…n]
```

[例 9-3]　使用 ALTER PROCEDURE 语句修改存储过程“增加年龄”，年龄改为增加 2 岁。

```
USE 学生管理
GO
ALTER PROCEDIRE 增加年龄
AS
UPDATE Student SET Sage=Sage+2
```

3)删除存储过程

(1)在企业管理器中，用右键单击要删除的存储过程，选择“删除”命令，如图 9-72 和图 9-73 所示。

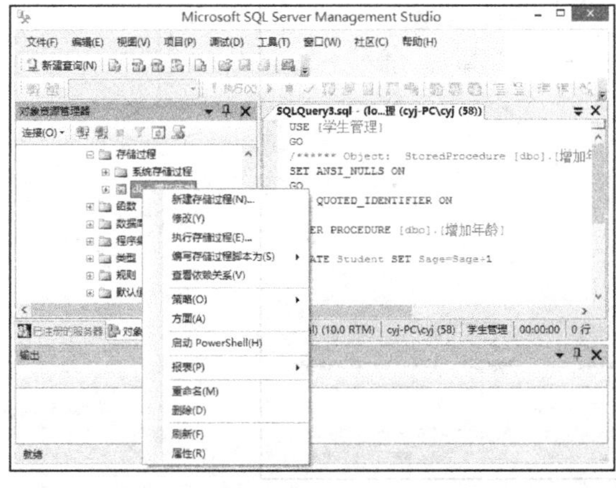

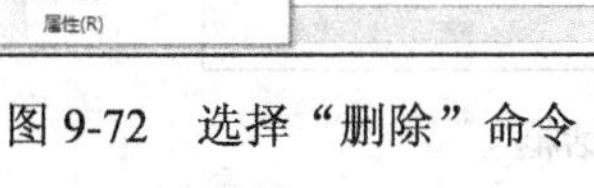

图 9-72　选择“删除”命令

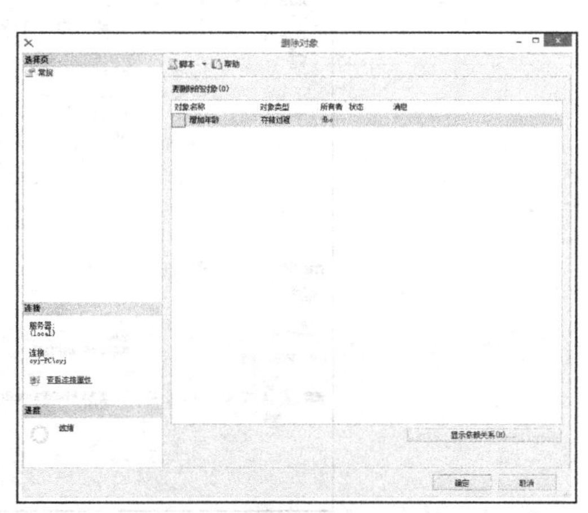

图 9-73 “删除对象”对话框

在“删除对象”对话框中单击“确认”按钮，确认删除。

(2)使用 DROP PROCEDURE 语句删除存储过程

DROP PROCEDURE 语句的语法格式如下：

```
DROP PROCEDURE {存储过程名}[,…n]
```

[例 9-4] 删除存储过程“增加年龄”。

```
DROP PROCEDURE 增加年龄
```

9.8 用户和安全性管理

SQL Server 2008 的安全性管理是建立在认证和访问许可两者的机制上的。认证是指确定登录 SQL Server 的用户的登录账号和密码是否正确。访问许可是指用户只有在获取访问数据库的权限之后才能够对服务器上的数据进行权限许可下的各种操作。

9.8.1 SQL Server 登录认证

登录指用户连接到指定 SQL Server 数据库实例的过程。只有拥有正确的登录账号和密码，才能连接到指定的数据库实例。SQL Server 提供以下两种身份验证模式。

1) Windows 认证模式

SQL Server 数据库系统通常运行在 NT 服务器平台或基于 NT 构架的 Windows 2000 上，而 NT 作为网络操作系统本身具备管理登录、验证用户合法性的能力，Windows 身份验证模式正是利用了这一用户安全性和账户管理的机制，允许 SQL Server 也可以使用 NT 的用户名和口令。

2) 混合模式

在混合认证模式下，Windows 认证和 SQL Server 认证这两种认证模式都是可用的。NT 的用户既可以使用 NT 认证，也可以使用 SQL Server 认证。

在企业管理器中，用鼠标右键单击数据库服务器实例名，在弹出的快捷菜单中选择“属性”命令，如图 9-74 所示。

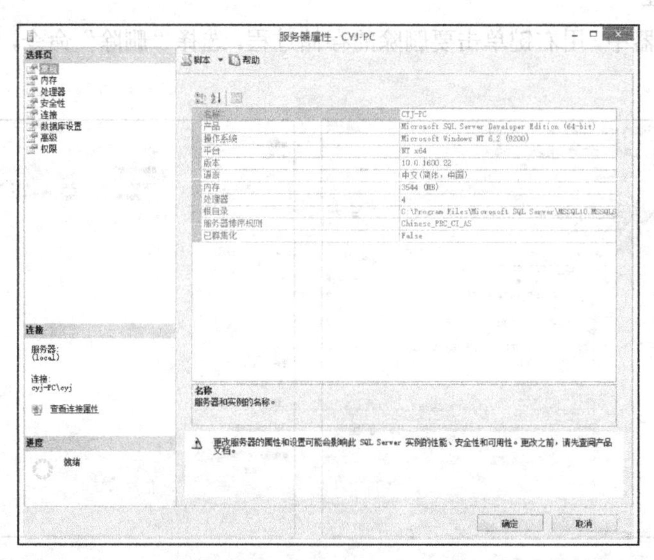

图 9-74 “服务器属性”对话框

如图 9-75 所示，打开“安全性”选项卡，即可设置 SQL Server 的身份认证模式。

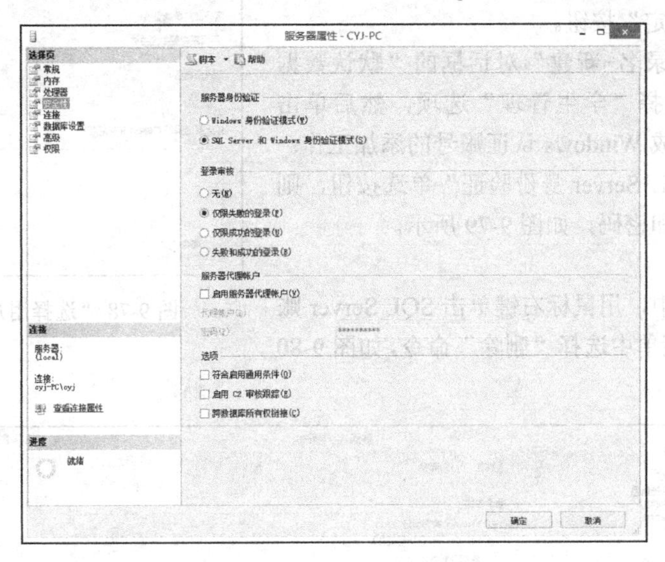

图 9-75 “安全性”选项卡

1) 新建登录账号

在企业管理器中，选择[安全性]→[登录名]→[新建登录名]菜单命令，如图 9-76 所示。

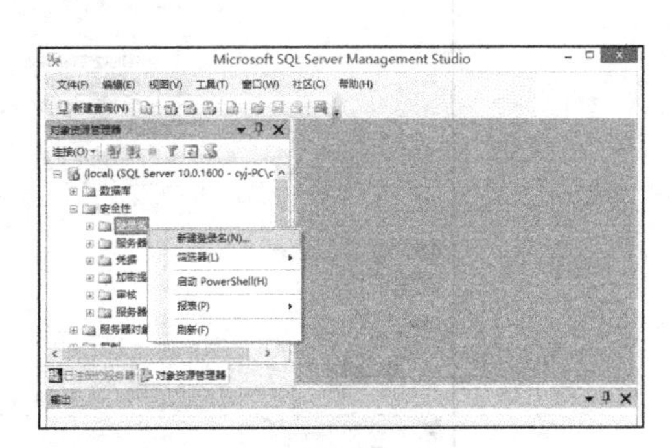

图 9-76　选择“新建登录”命令

在如图 9-77 所示的“登录名-新建”对话框中进行设置。如果选择“Windows 身份验证”选项，登录账号可以从已有的 Windows 账号中选择，单击“登录名”文本框后面的“搜索”按钮，弹出如图 9-78 所示的“选择用户或组”对话框。

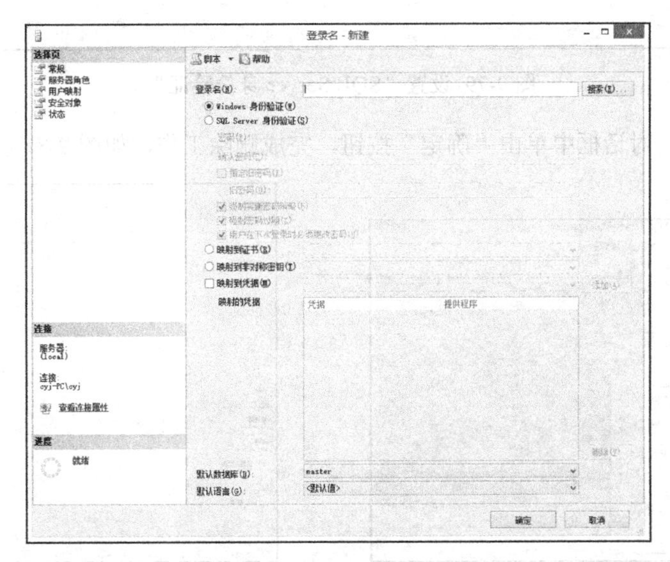

图 9-77 “登录名-新建”对话框

在“输入要选择的对象名称”中输入“Administrator”，单击“确定”按钮。

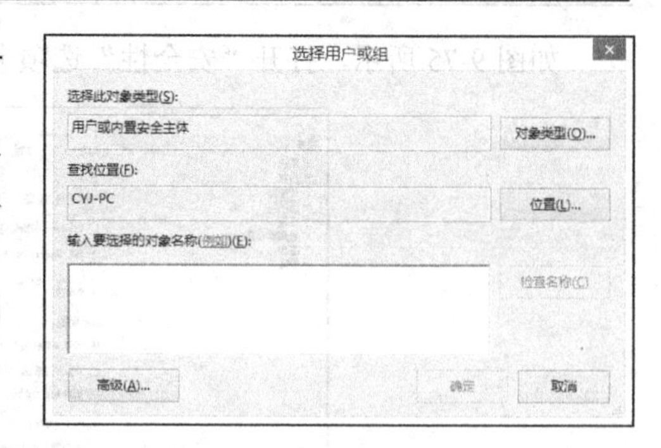

图 9-78 “选择用户或组”对话框

在返回的“登录名-新建”对话框的“默认数据库”下拉列表中选择“学生管理”选项，然后单击“确定”按钮，完成 Windows 认证账号的添加工作。

如果选择“SQL Server 身份验证”单选按钮，则需要手动输入名称和密码，如图 9-79 所示。

2) 删除账号

在企业管理器中，用鼠标右键单击 SQL Server 账号，在弹出的快捷菜单中选择“删除”命令，如图 9-80 所示。

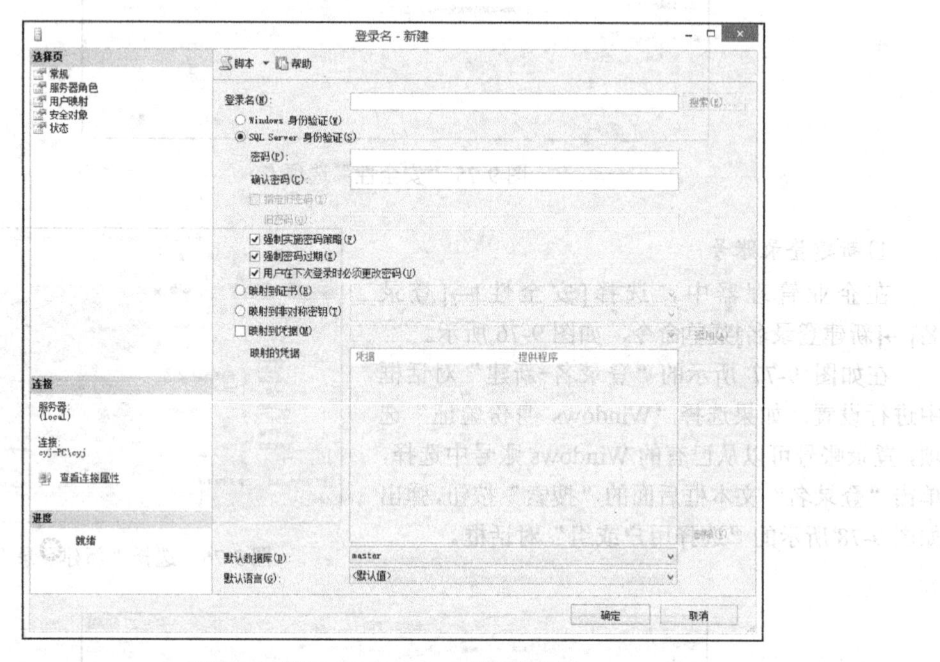

图 9-79 设置“SQL Server 身份验证”

在“删除对象”对话框中单击“确定”按钮，完成删除工作，如图 9-81 所示。

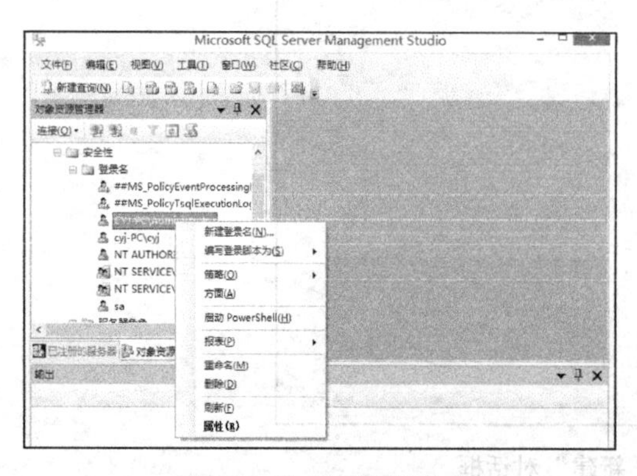

图 9-80 选择“删除”命令

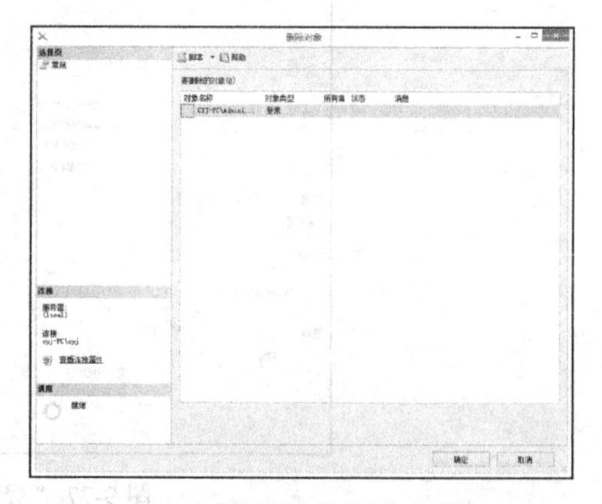

图 9-81 “删除对象”对话框

9.8.2　数据库用户

数据库用户用来指出哪一个人可以访问哪一个数据库。通过 SQL Server 的身份认证并不代表用户就能够访问 SQL Server 中的数据，要访问某个具体的数据库，还必须使登录账号成为数据库的用户。

1)新建数据库用户

在企业管理器中，展开“学生管理”数据库，展开“安全性”，用鼠标右键单击“用户”项，从弹出的菜单中选择“新建用户”命令，如图 9-82 所示。

在“数据库用户-新建”对话框中，输入登录名为“学生管理-SQL”，选择用户名，在“拥有的架构”和“数据库角色成员身份”中选择需要的选项，单击“确定”按钮，完成设置。

2)修改和删除数据库用户

在企业管理器中，用鼠标右键单击数据库用户名“学生管理-SQL”，在弹出的菜单中选择“属性”命令，如图 9-83 和图 9-84 所示。

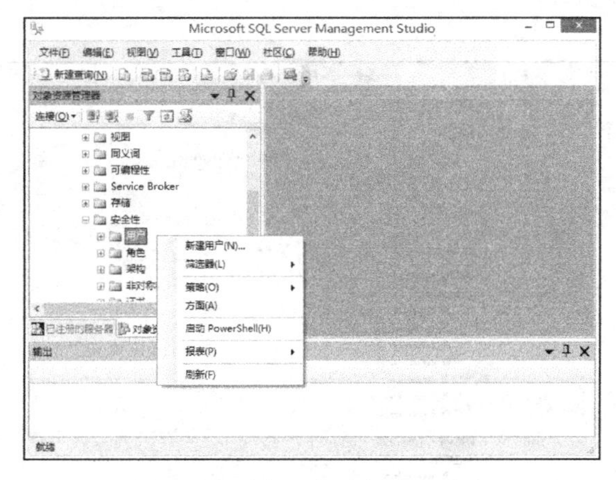

图 9-82　选择“新建用户”命令

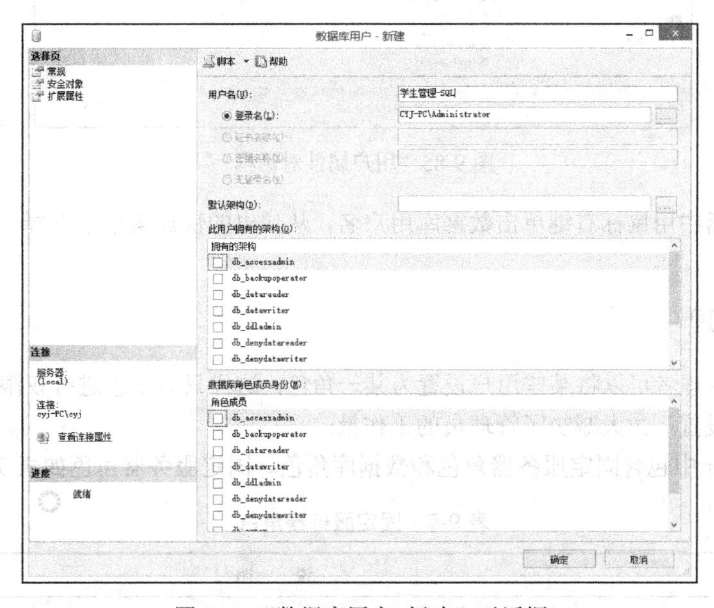

图 9-83 “数据库用户-新建”对话框

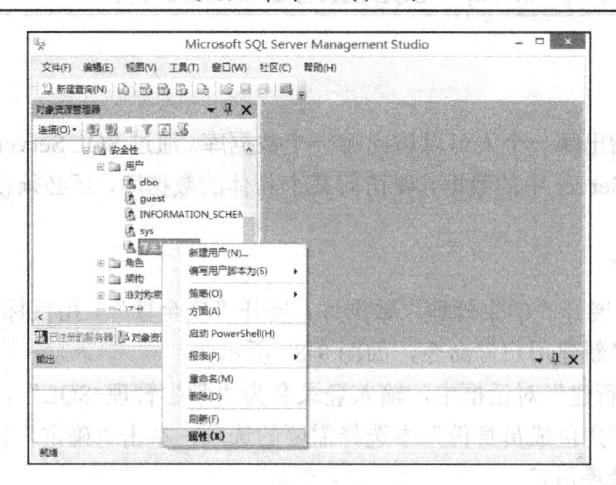

图 9-84 选择“属性”命令

在图 9-85 所示的用户属性对话框中，可以进行用户属性的修改。修改后单击“确定”按钮，完成修改。

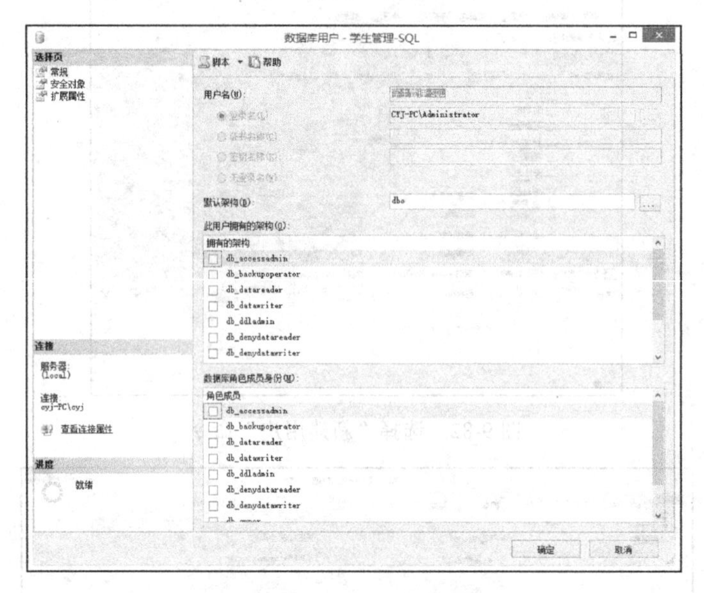

图 9-85 用户属性对话框

在企业管理器中用鼠标右键单击数据库用户名，从弹出的快捷菜单中选择“删除”命令，可以删除数据库用户。

9.8.3 角色管理

SQL Server 管理者可以将某些用户设置为某一角色，这样只对角色进行权限设置便可实现对所有用户权限的设置，大大减少了管理员的工作量。

在 SQL Server 中包含固定服务器角色和数据库角色。固定服务器角色如表 9-5 所示。

表 9-5 固定服务器角色

角 色 名	说 明
sysadmin	在 SQL Server 中执行任何操作

续表

角色名	说明
serveradmin	设置服务器范围的配置选项，关闭服务器
setupadmin	管理连接服务器和启动过程
securityadmin	管理登录和 CREATE DATABASE 权限，还可以读取错误日志和更改密码
processadmin	管理在 SQL Server 中运行的进程
dbcreator	创建、更改和删除数据库
diskadmin	管理磁盘文件
bulkadmin	执行 BULK INSERT(大容量数据插入)语句

固定数据库角色及其描述如表9-6所示。

表 9-6　固定数据库角色及其描述

public	每个数据库用户都属于 public 角色
db_owner	在数据库中有全部权限
db_accessadmin	增加或者删除数据库用户、用户组和角色
db_securityadmin	管理数据库角色的角色和成员，并管理数据库中的语句和对象权限
db_ddladmin	添加、修改或删除数据库中的对象
db_backupoperator	备份和恢复数据库
db_datareader	选择数据库内任何用户表中的所有数据
db_writer	更改数据库内任何用户表中的所有数据
db_denydatareader	不能选择数据库内任何用户表中的任何数据
db_denydatawriter	不能更改数据库内任何用户表中的任何数据

1)新建角色

在企业管理器中，在“学生管理”数据库的展开列表中，用鼠标右键单击“角色”项，在弹出的快捷菜单中选择[新建]→[新建数据库角色]命令，如图9-86所示。

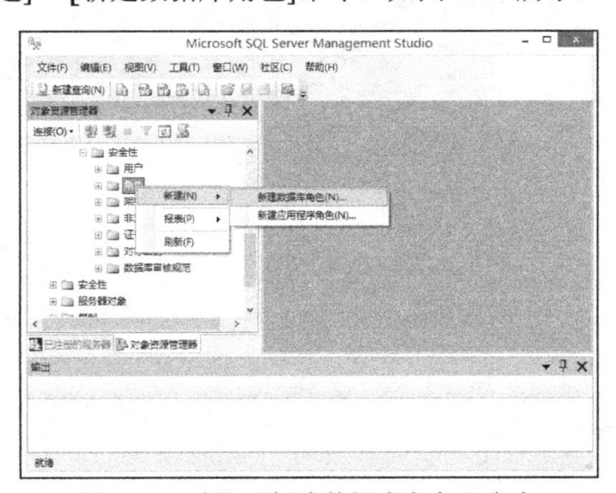

图 9-86　选择“新建数据库角色”命令

在如图9-87所示的“数据库角色-新建”对话框中，在“角色名称”文本框中输入新角色的名称“普通用户”。

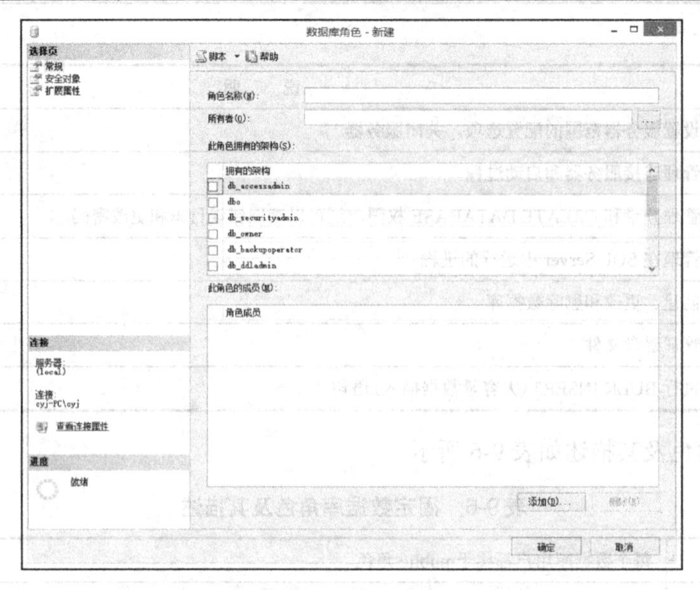

图 9-87 “数据库角色-新建”对话框

单击“添加”按钮，弹出如图 9-88 所示的“选择数据库用户或角色”对话框，单击“浏览”按钮，选中用户“学生管理-SQL”，单击“确定”按钮，将用户添加到“角色成员”列表中，如图 9-89 所示。

如果要添加“应用程序角色”，输入密码即可。

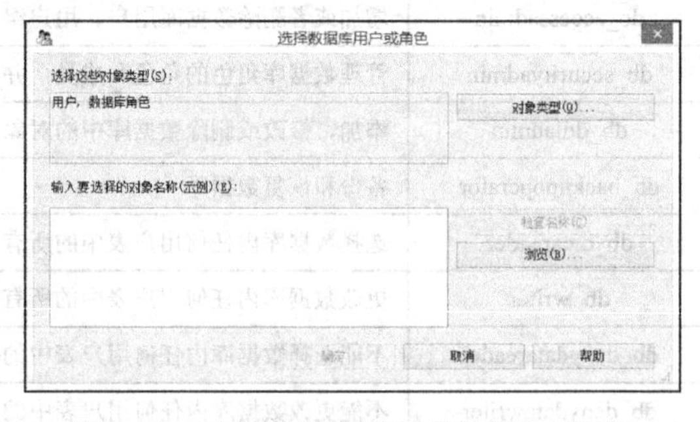

图 9-88 “选择数据库用户或角色”对话框

2) 修改和删除角色

在企业管理器中，用鼠标右键单击角色名“普通用户”，在弹出的快捷菜单中选择“属性”命令，如图 9-90 所示。

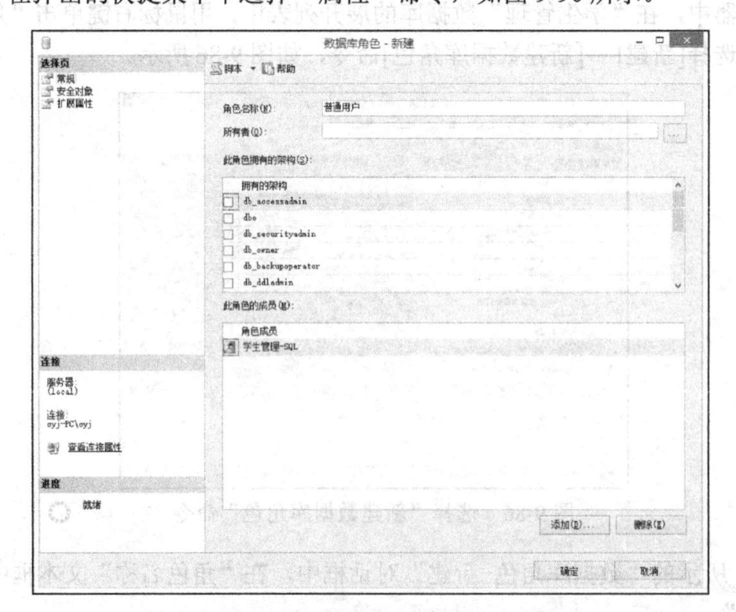

图 9-89　用户添加到“角色成员”列表

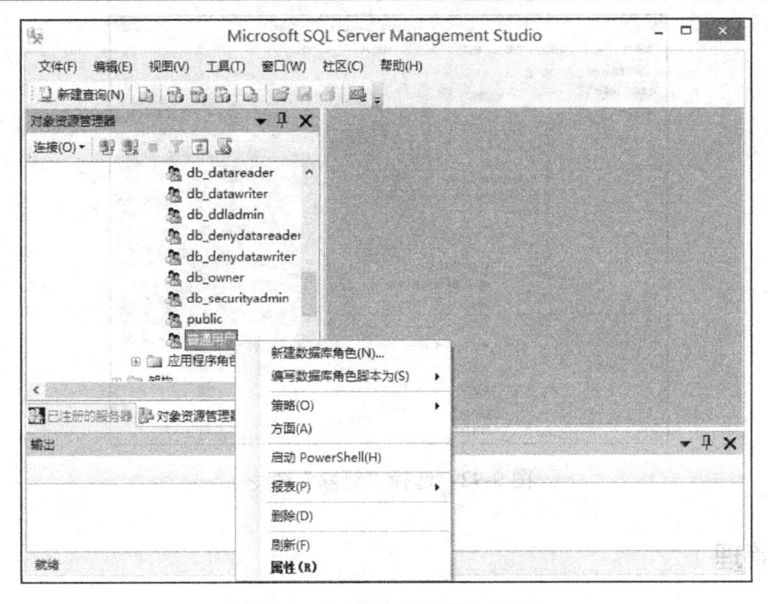

图 9-90　选择“属性”命令

在图 9-91 所示的“数据库角色属性”对话框中对属性信息进行修改。

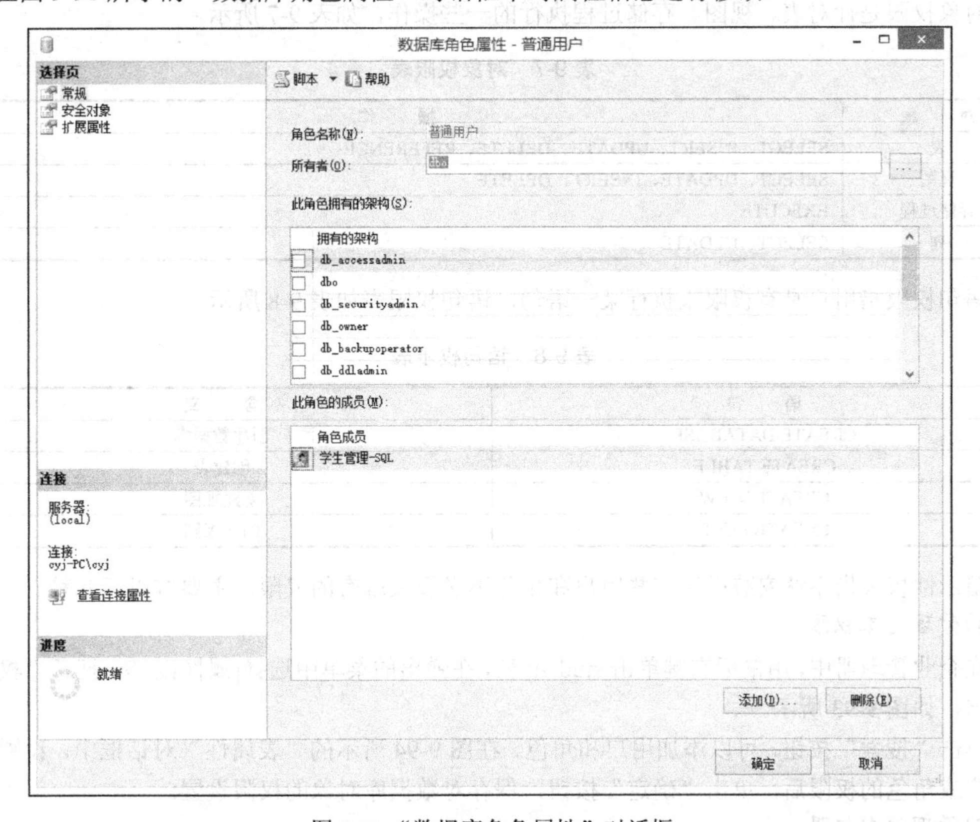

图 9-91 “数据库角色属性”对话框

在企业管理器中，用鼠标右键单击角色名“普通用户”，在弹出菜单中选择“删除”命令，如图 9-92 所示。在弹出的“删除确认”对话框中，单击“确定”按钮，完成删除工作。

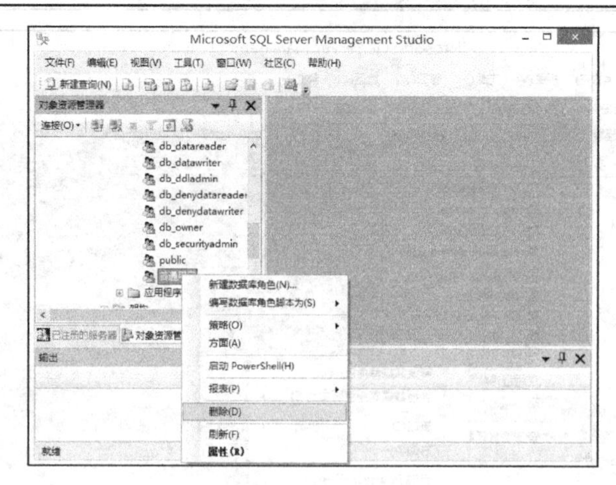

图 9-92 选择“删除”命令

9.8.4 权限管理

权限决定了用户在数据库中可以进行的操作。可以对数据库用户或角色设置权限。SQL Server 有三种类型的权限：对象权限、语句权限和暗示性权限。

对象权限是针对表、视图、存储过程执行的一些操作，如表 9-7 所示。

表 9-7 对象权限表

对 象	操 作
表	SELECT、INSERT、UPDATE、DELETE、REFERENCE
视图	SELECT、UPDATE、INSERT、DELETE
存储过程	EXECUTE
列	SELECT、UPDATE

语句权限指用户具有权限来执行某一语句，语句权限表如表 9-8 所示。

表 9-8 语句权限表

语 句	含 义
CREATE DATABASE	创建数据库
CREATE TABLE	创建表
CREATE VIEW	创建视图
CREATE RULE	创建规则

暗示性权限指系统安装以后有些用户和角色不必授权就有的权限，主要有以下几种。

1) 管理对象权限

在企业管理器中，用鼠标右键单击 student 表，在弹出的菜单中选择[属性]命令，打开“权限”选项卡，如图 9-93 所示。

单击“搜索”按钮，可以添加用户和角色，在图 9-94 所示的“表属性”对话框中，设置完每个用户或角色的权限后，单击“确定”按钮，保存对数据库对象的权限设置。

2) 管理语句权限

在企业管理器中，用鼠标右键单击数据库“学生管理”，在弹出的菜单中选择“属性”命令，弹出“数据库属性”对话框，打开“权限”选项卡，设置完用户的语句权限后，单击“确定”按钮，完成设置，如图 9-95 所示。

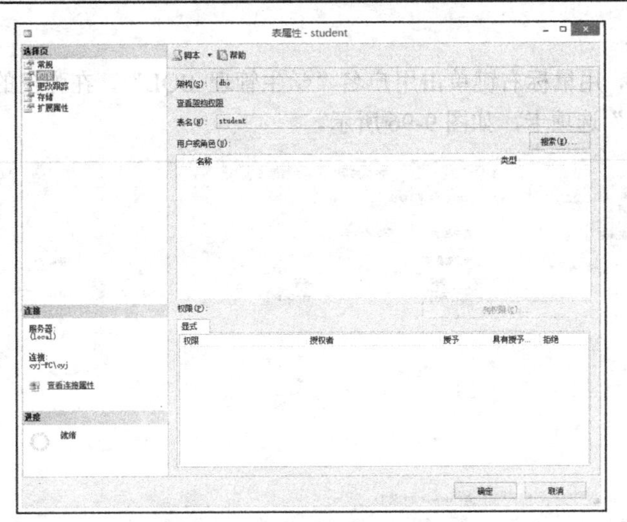

图 9-93　打开“权限”选项卡

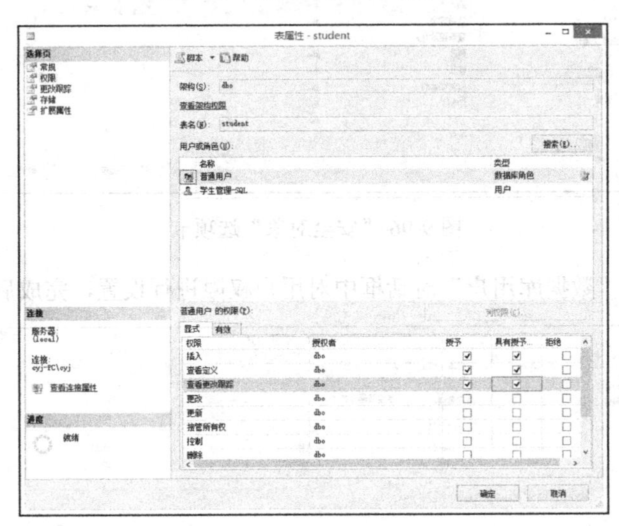

图 9-94 “表属性”对话框

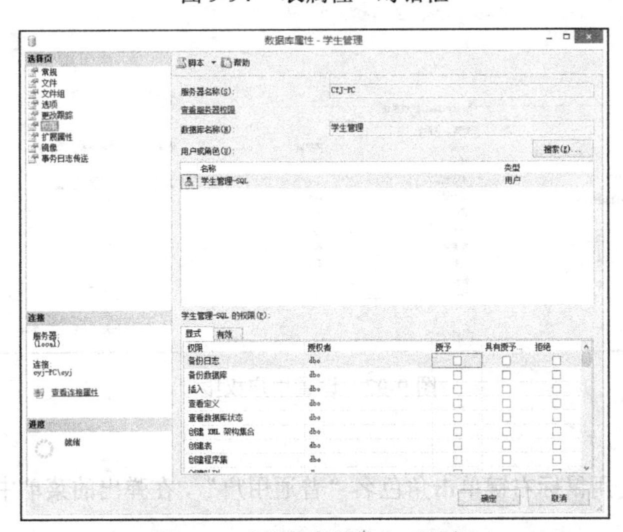

图 9-95 “数据库属性”对话框

3)管理用户权限

在企业管理器中，用鼠标右键单击用户名“学生管理-SQL”，在弹出的菜单中选择[属性]命令，打开“安全对象”选项卡，如图 9-96 所示。

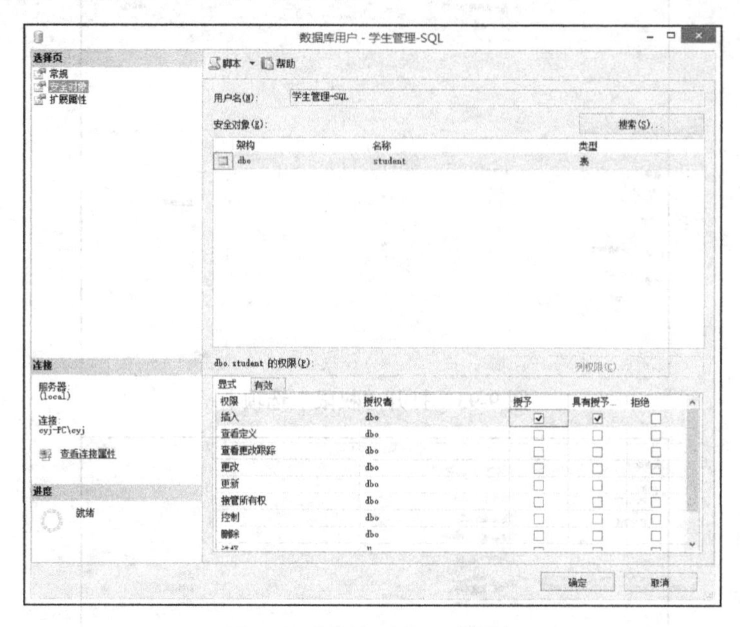

图 9-96 “安全对象”选项卡

在图 9-97 所示的“数据库用户”对话框中对用户权限进行设置，完成后单击“确定”按钮。

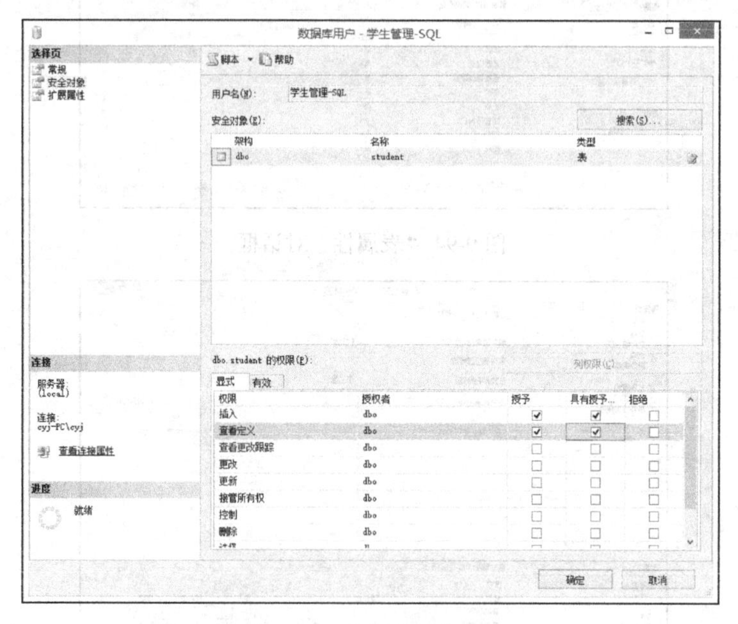

图 9-97 设置用户权限

4)管理角色权限

在企业管理器中，用鼠标右键单击角色名“普通用户”，在弹出的菜单中选择“属性”命令，如图 9-98 所示。

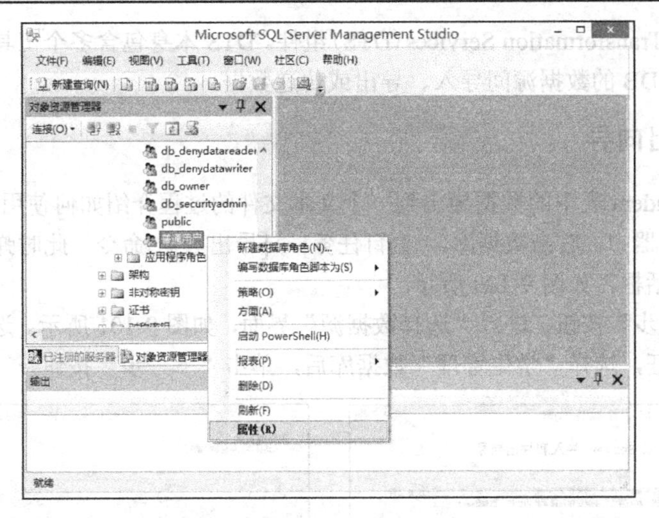

图 9-98　选择“属性”命令

在“数据库角色属性”对话框下方的“数据库的权限”栏中进行权限设置，完成后，单击“确定”按钮，如图 9-99 所示。

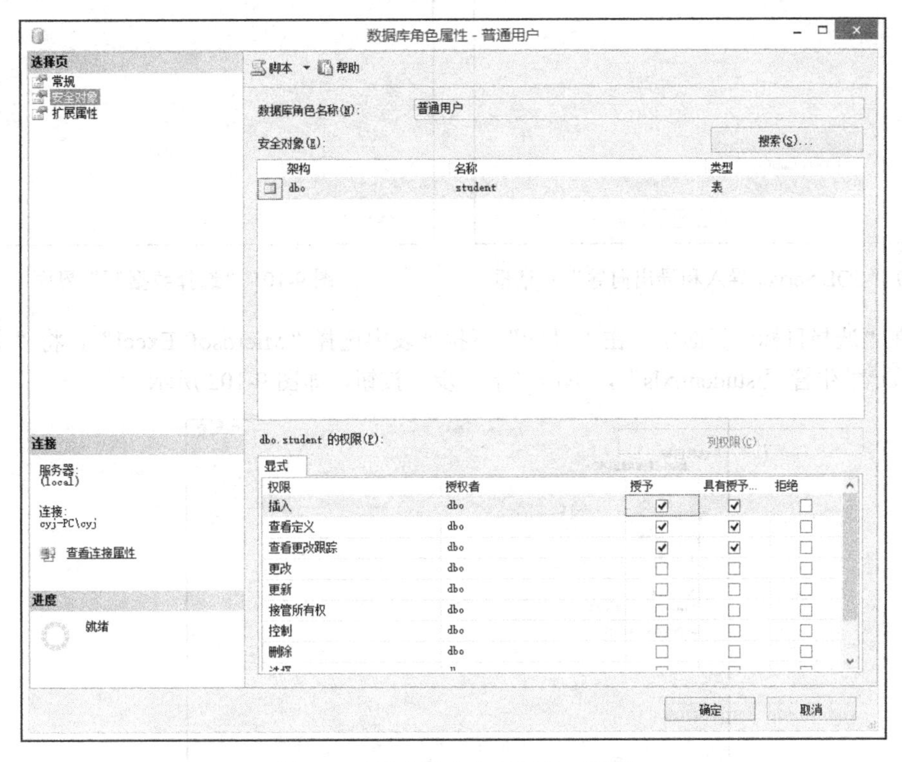

图 9-99“数据库角色属性”对话框

9.9　数据转换服务

在使用 SQL Server 的过程中，会遇到将其他应用程序的数据移植到 SQL Server 2008 数据库中，或者将 SQL Server 2008 数据库中的数据移植到其他类型的数据库或文件中的情况。SQL

Server 提供了 Data Transformation Services(DTS)组件。DTS 本身包含多个工具并提供了接口来实现在任何支持 OLE DB 的数据源间导入、导出或传递数据。

9.9.1 DTS 导出向导

下面通过将 Student 表中的数据导出到一个文本文件的过程介绍如何使用 DTS 导出向导。

(1)在企业管理器中，右击数据库，选择[任务]→[导出数据]命令，此时弹出“SQL Server 导入和导出向导”对话框，如图 9-100 所示。

(2)单击“下一步”按钮，进入“选择数据源”界面，如图 9-101 所示。选择数据源，选择服务器名称和身份验证，选择“学生管理”数据库后，单击“下一步”按钮。

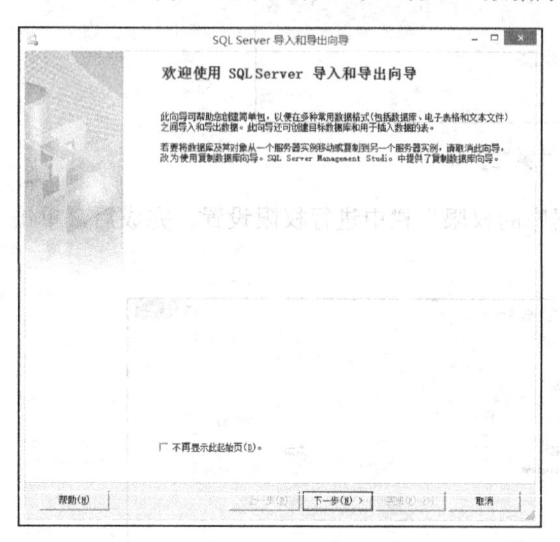

图 9-100 “SQL Server 导入和导出向导”对话框

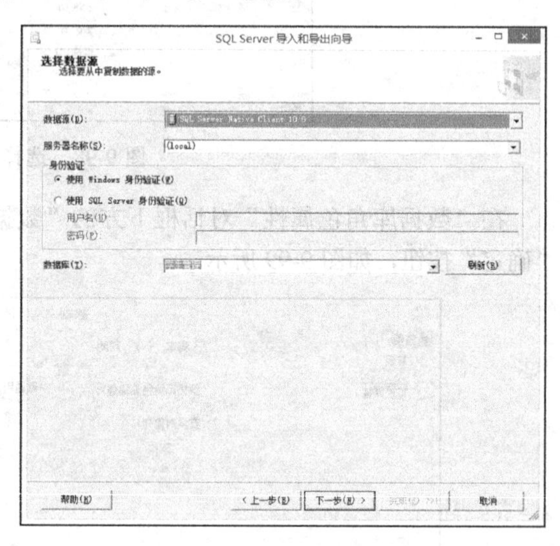

图 9-101 “选择数据源”界面

(3)在“选择目标”界面中，在“目标”下拉列表中选择“Microsoft Excel”，将“文件名”设置为“D:\学生管理\student.xls”，单击“下一步”按钮，如图 9-102 所示。

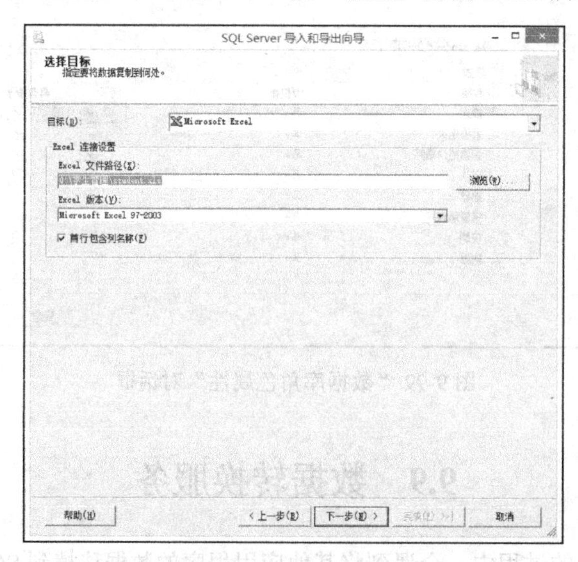

图 9-102 “选择目标”对话框

(4) 在图 9-103 所示的“指定表复制或查询”界面中，选中“复制一个或多个表或视图的数据”单选按钮，单击“下一步”按钮。

(5) 在“选择源表和源视图”界面中，源选择“[dbo].[student]”，如图 9-104 所示，单击“下一步”按钮，打开“查看数据类型映射”界面，单击“下一步”按钮。

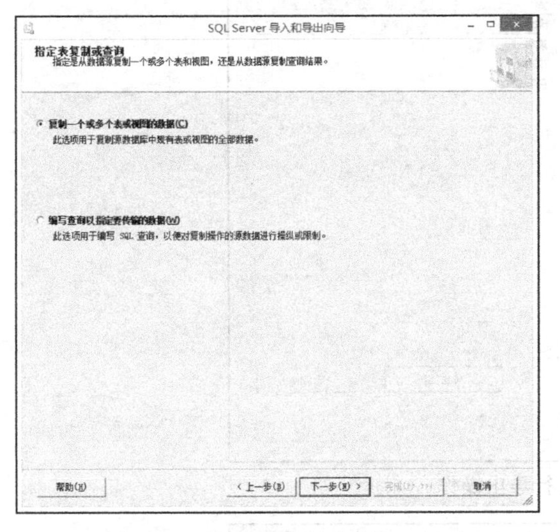

图 9-103 “指定表复制或查询”界面

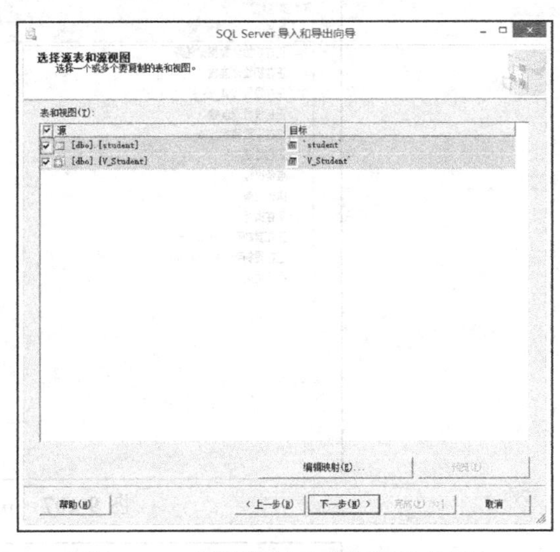

图 9-104 “选择源表和源视图”界面

(6) 在图 9-105 所示的“保存并运行包”界面中，单击“下一步”按钮。

(7) 在图 9-106 所示的“完成该向导”界面中，单击“完成”按钮。

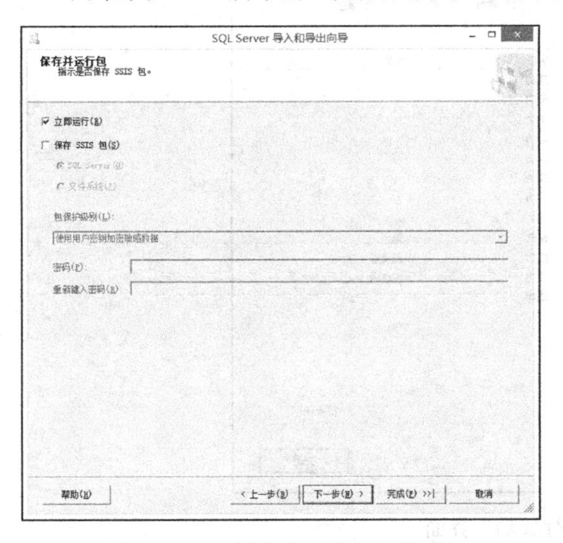

图 9-105 “保存并运行包”界面

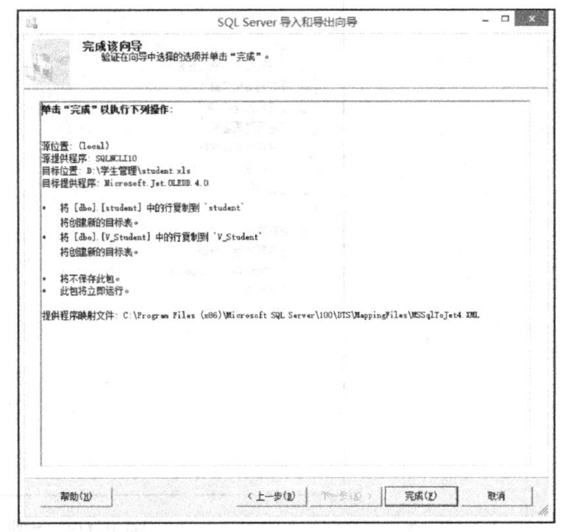

图 9-106 “完成该向导”界面

(8) 图 9-107 显示了正在执行的进度，完成后显示“成功”，如图 9-108 所示，单击“关闭”按钮，完成整个导出数据的工作，如图 9-109 所示。

9.9.2 DTS 导入向导

下面通过将 student.xls 中的数据导入到一个 student 表的过程介绍如何使用 DTS 导入向导。

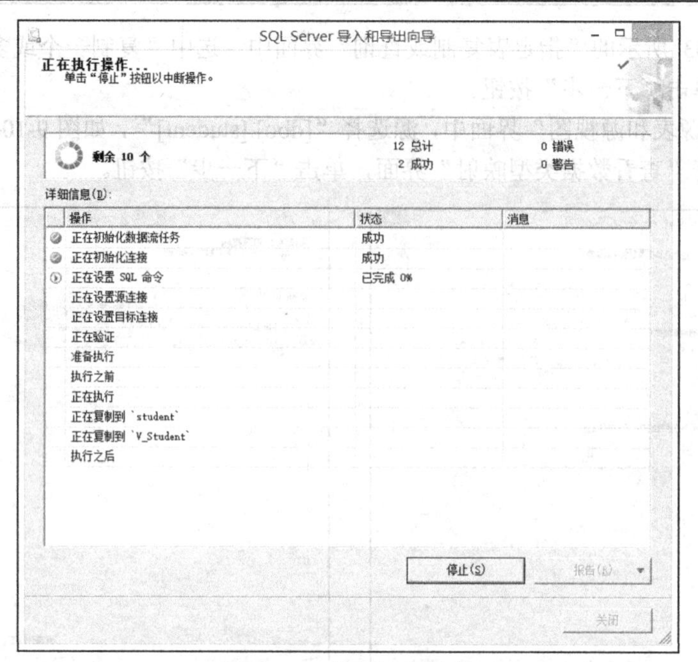

图 9-107 执行导出操作

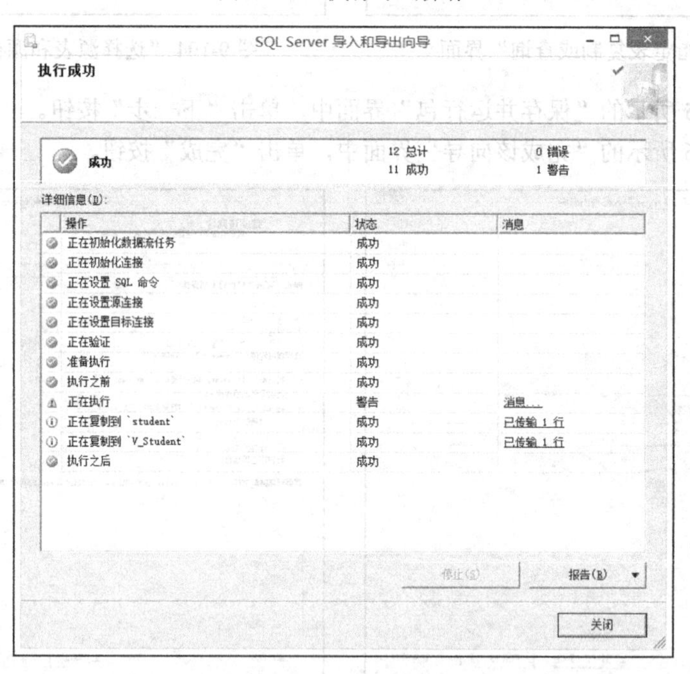

图 9-108 “执行成功”界面

(1)在企业管理器中，选择“学生管理”数据库，右击并选择[任务]→[导入数据]命令，弹出如图 9-109 所示的“SQL Server 导入和导出向导”对话框。选择“数据转换服务”下的“DTS 导入向导”，单击“确定”按钮。

(2)在向导的欢迎窗口中单击“下一步”按钮，进入“选择数据源”界面，如图 9-110 所示。数据源选择“Microsoft Excel”，Excel 文件路径中选择“D:\学生管理\student.xls”，单击“下一步”按钮。

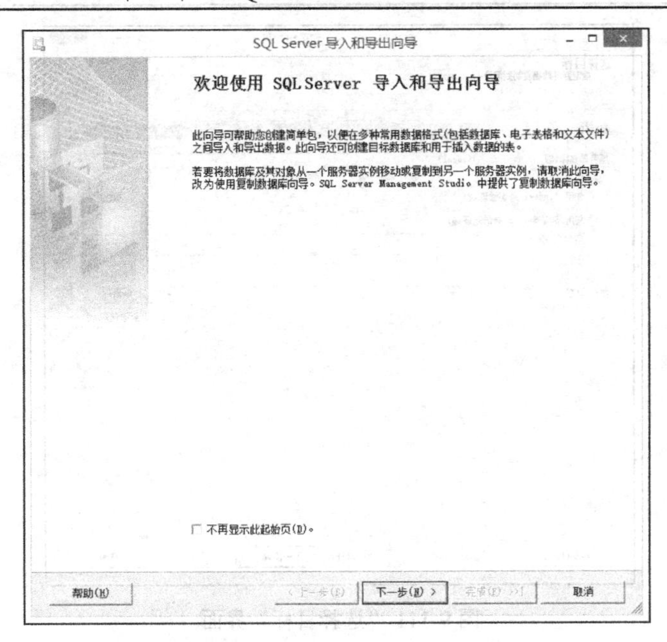

图 9-109 “SQL Server 导入和导出”对话框

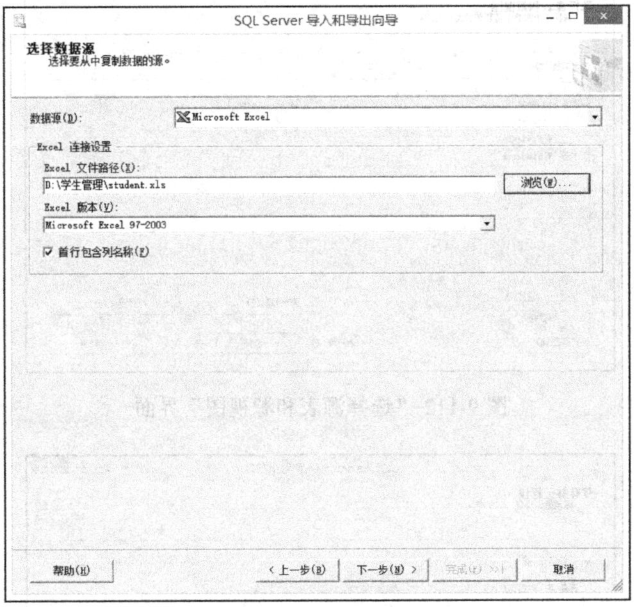

图 9-110 “选择数据源”界面

(3) 单击“下一步”按钮。进入“选择目标”界面，在“目标”下拉列表中选择“SQL Server Native Client 10.0”，数据库选择“学生管理”，单击“下一步”按钮，如图 9-111 所示。

(4) 在“指定表复制或查询”界面中选择“复制一个或多个表或视图的数据”单选按钮，单击“下一步”按钮，进行“选择源表和源视图”界面，选择“student”表，如图 9-112 所示，单击“下一步”按钮。

(5) 在“查看数据类型映射”界面单击“下一步”按钮，在如图 9-113 所示的“保存并运行包”界面中单击“下一步”按钮。

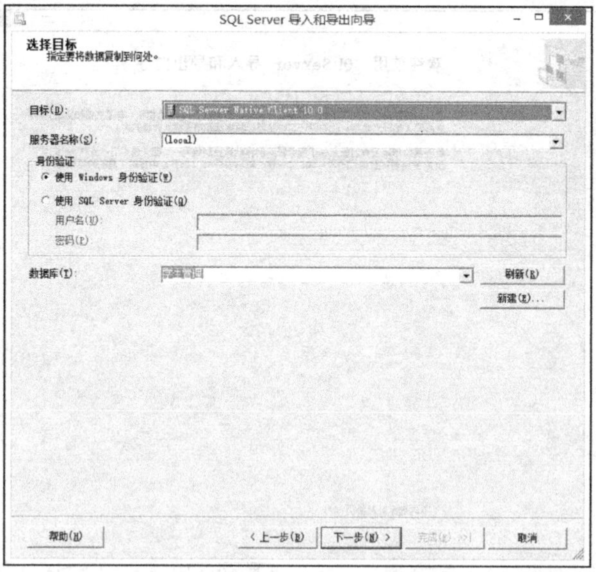

SQL Server 导入和导出向导

选择目标
指定要将数据复制到何处。

目标(D): SQL Server Native Client 10.0
服务器名称(S): (local)
身份验证
使用 Windows 身份验证(W)
使用 SQL Server 身份验证(Q)
用户名(U):
密码(P):
数据库(T): 学生管理
刷新(R)
新建(E)...

帮助(H) < 上一步(B) 下一步(N) > 完成(F) >>| 取消

图 9-111 “选择目标”界面

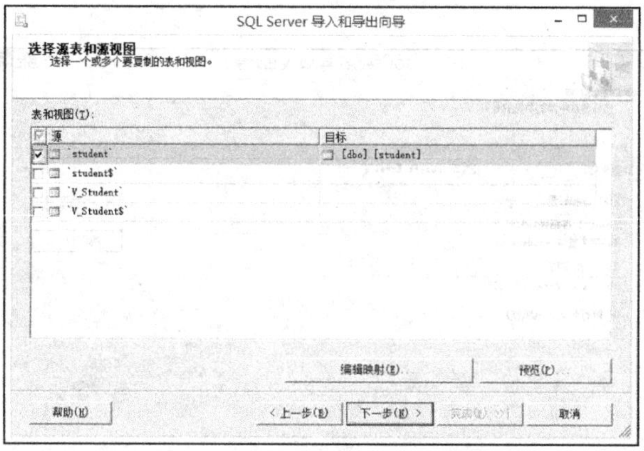

SQL Server 导入和导出向导

选择源表和源视图
选择一个或多个要复制的表和视图。

表和视图(T):

源	目标
`student`	[dbo].[student]
`student$`	
`V_Student`	
`V_Student$`	

编辑映射(E)... 预览(P)...

帮助(H) < 上一步(B) 下一步(N) > 完成(F) >>| 取消

图 9-112 “选择源表和源视图”界面

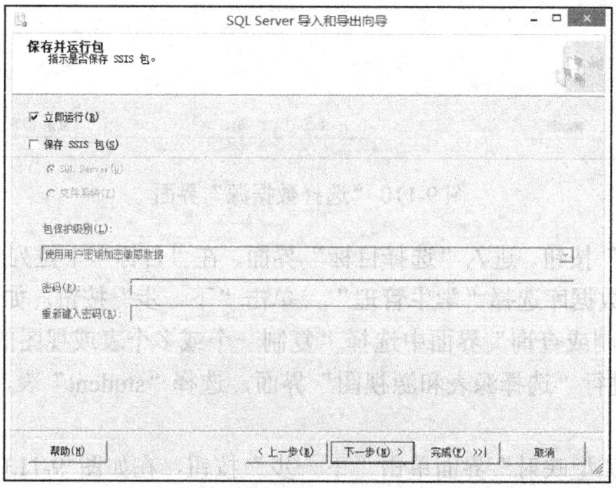

SQL Server 导入和导出向导

保存并运行包
指示是否保存 SSIS 包。

立即运行(R)
保存 SSIS 包(S)
SQL Server(Q)
文件系统(L)
包保护级别(L):
使用用户密钥加密敏感数据
密码(P):
重新键入密码(R):

帮助(H) < 上一步(B) 下一步(N) > 完成(F) >>| 取消

图 9-113 “保存并运行包”界面

(6)在如图9-114所示的对话框中单击“完成”按钮。随后显示成功信息，单击“关闭”按钮，完成整个的导入工作。

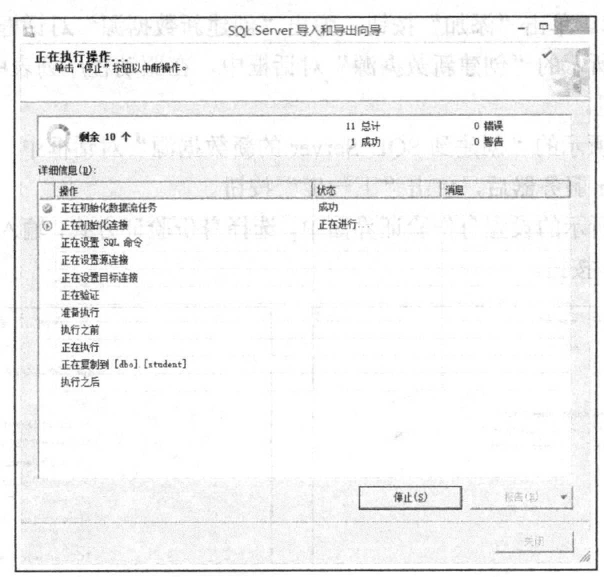

图9-114　完成导入/导出向导对话框

9.10　数据库应用开发实例

Visual Basic作为一种面向对象的可视化编程工具，具有简单、易学、灵活方便和易于扩充的特点。且Microsoft为其提供了与SQL Server通行的API函数集及工具集。

对于开发ADO应用程序，Microsoft Visual Basic是最简单也是最方便的一个开发环境。ADO对象模型完全与Visual Basic开发环境相集成，这使得在编辑时可以利用下拉出来的ADO属性和方法来提高速度和正确性，同时可以在内部对OLE DB的功能进行高层访问。

Visual Basic 6.0提供了对ADO的以下支持。

- ADO数据件和其他可与ADO或OLE DB绑定的控件。
- 数据环境设计器(Data Environment Designer)：这是一个交互式的图形界面工具，使用它可以快速地建好ADO连接和使用ADO命令，并且提供一个可编程的数据对象访问接口。
- 动态数据绑定，允许在运行时设定数据使用者的DataSource属性。

本节利用Visual Basic的ADO插件，通过ODBC建立与SQL Server数据库的连接，完成一个数据库应用实例。

9.10.1　建立数据源

ODBC(Open DataBase Connectivity，开放数据库互连)是Microsoft公司开发的一套开放的数据库系统应用程序接口规范，它为应用程序提供了一套高层调用接口规范和基于动态链接库的运行支撑环境。ODBC已经成为一种业界标准，目前几乎所有关系数据库都提供ODBC驱动程序，为数据库系统的开发提供了方便。使用ODBC开发数据库应用程序时，应用程序使用的是标准的ODBC接口和SQL语句，数据库的底层操作由各个数据库的驱动程序完成。这样就使数据库应用程序具有很好的适应性和一致性，并且具备同时访问多种数据库管理系统的能力。

下面介绍在 Windows 操作系统下建立数据源的方法和步骤。

(1)在“控制面板”中，选择“管理工具”下的“数据源(ODBC)”，启动 ODBC 数据源管理器，如图 9-115 所示。单击“添加”按钮，弹出“创建新数据源”对话框。

(2)在如图 9-116 所示的“创建新数据源”对话框中，在驱动程序列表中，选择 SQL Server，然后单击“完成”按钮。

(3)在如图 9-117 所示的“创建到 SQL Server 的新数据源”对话框中，输入数据源名称、描述和连接的 SQL Server 服务器后，单击“下一步”按钮。

(4)在如图 9-118 所示的设置身份验证界面中，选择身份验证方式，输入“登录(ID)”和“密码”，单击“下一步”按钮。

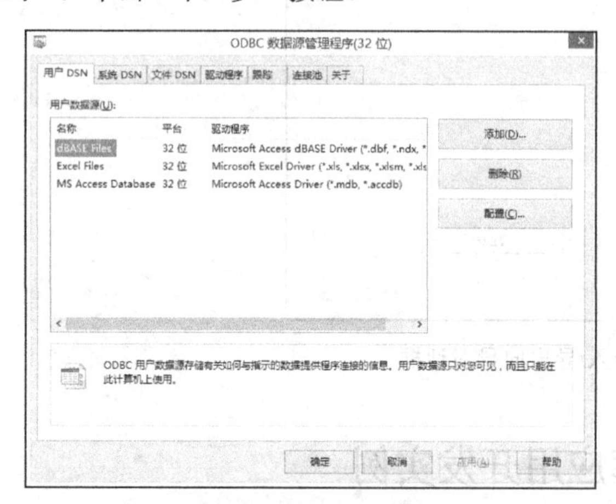

图 9-115 “ODBC 数据源管理程序”对话框

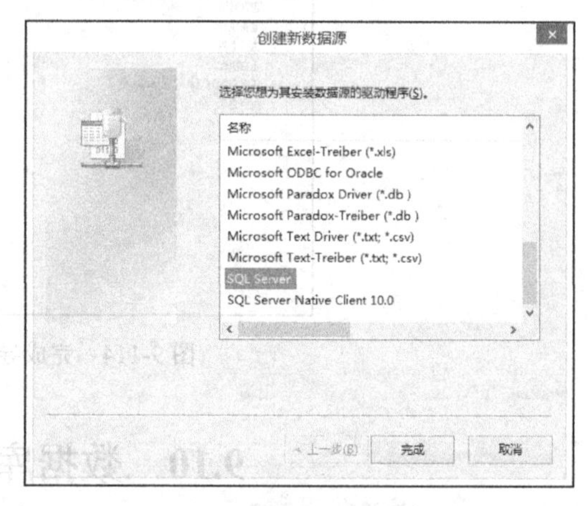

图 9-116 “创建新数据源”对话框

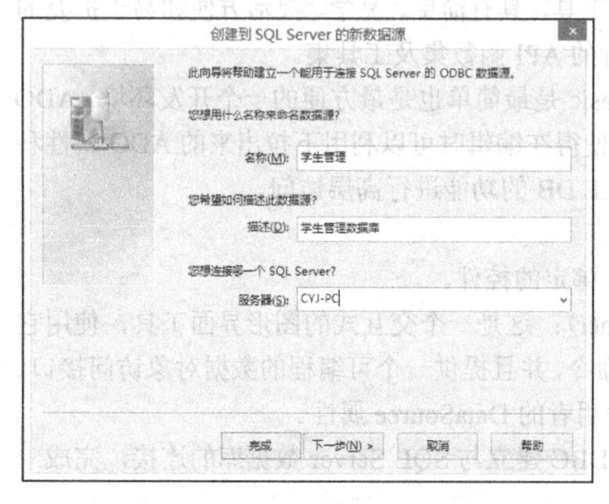

图 9-117 创建新数据源向导

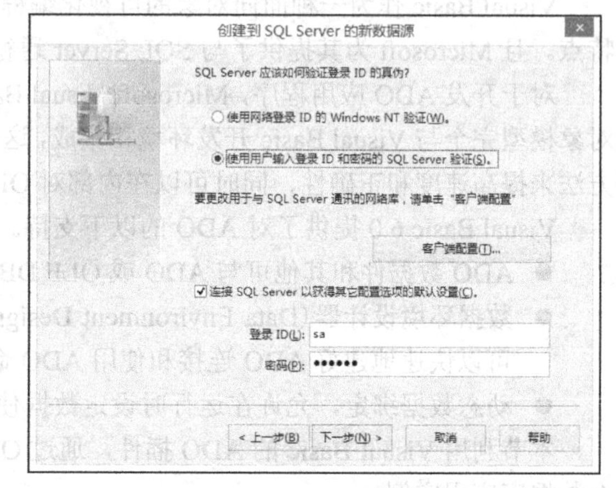

图 9-118 设置身份验证界面

(5)在图 9-119 所示的数据库选项界面中，选择要连接的“学生管理”数据库，单击“下一步”按钮。

(6)在图 9-120 的数据库向导界面中，可以指定用户 SQL Server 消息的语言、字符设置转换和 SQL Server 驱动程序是否应当使用区域设置。还可以控制运行时间较长查询和驱动程序统计设置的记录。设置完后，单击“完成”按钮。

(7)在图 9-121 所示的“ODBC Microsoft SQL Server 安装”对话框中，对前面进行的设置进行了总结。

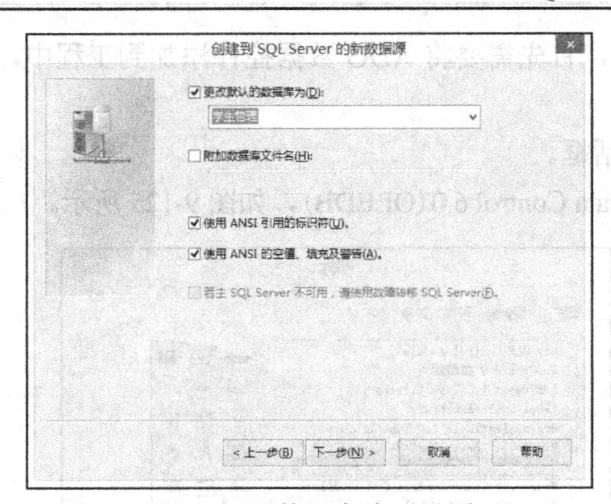

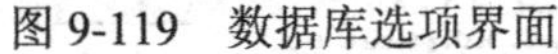
图 9-119　数据库选项界面

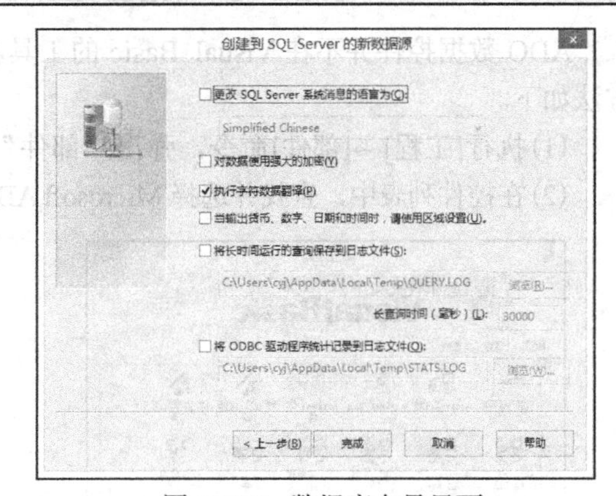

图 9-120　数据库向导界面

(8) 单击“测试数据源”按钮，可以检查数据源配置是否成功。如果配置成功，将看到图 9-122 所示的测试成功对话框。

(9) 在图 9-122 所示的对话框中单击“确定”按钮后，“学生管理”数据源添加到“ODBC 数据源管理器”中，如图 9-123 所示。

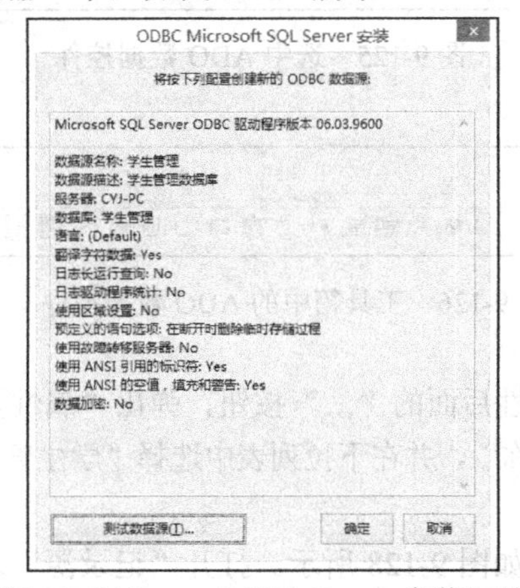

图 9-121 “ODBC Microsoft SQL Server 安装”对话框

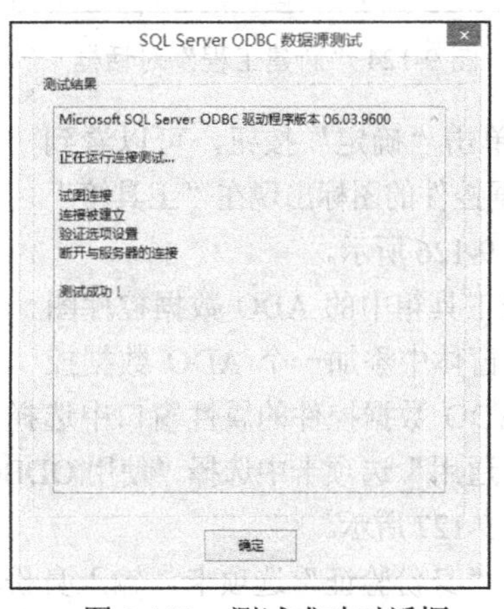

图 9-122　测试成功对话框

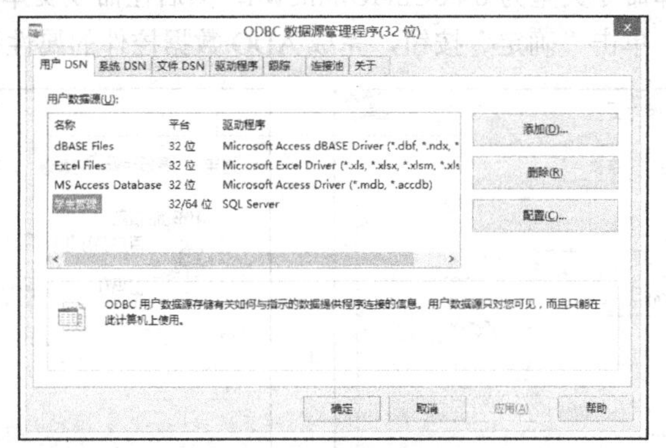

图 9-123 “学生管理”数据源完成界面

9.10.2　创建新的工程

运行 Visual Basic 6.0 主程序，在如图 9-124 所示的“新建工程”对话框中选择“标准 EXE”选项，单击“打开”按钮。

ADO 数据控件并不在 Visual Basic 的工具箱中，首先需要将 ADO 数据控件添加到工程中，方法如下。

(1) 执行[工程]→[部件]命令，弹出“部件”对话框。

(2) 在控件列表中，查找并选择 Microsoft ADO Data Control 6.0(OLEDB)，如图 9-125 所示。

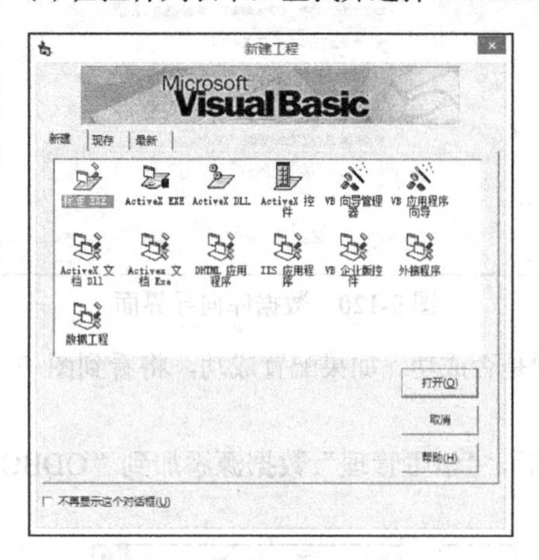

图 9-124 “新建工程”对话框

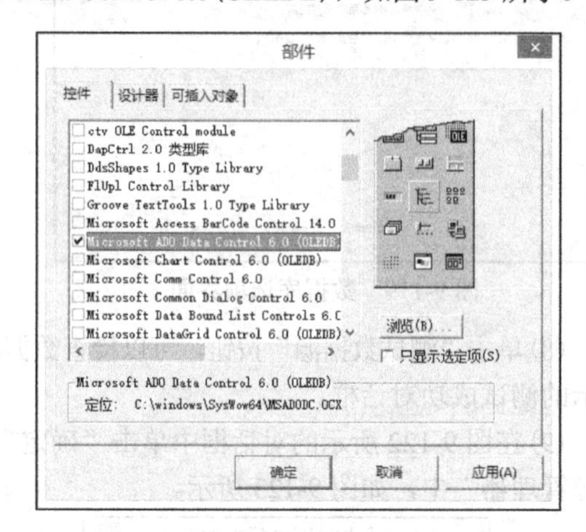

图 9-125 选中 ADO 数据控件

(3) 单击“确定”按钮，可以看到 ADO 数据控件的图标出现在“工具箱”中，如图 9-126 所示。

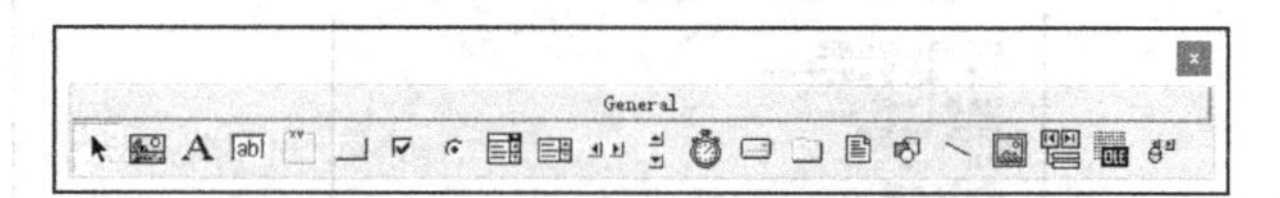

图 9-126 工具箱中的 ADO 数据控件

双击工具箱中的 ADO 数据控件图标，在窗体中添加一个 ADO 数据控件。在 ADO 数据控件的属性窗口中选择(自定义)属性后面的“...”按钮，弹出“属性页”对话框。在“通用”选项卡中选择“使用 ODBC 数据源名称”，并在下拉列表中选择“学生管理”数据源，如图 9-127 所示。

打开“身份验证”选项卡，输入身份验证信息，如图 9-128 所示。打开“记录源”选项卡，如图 9-129 所示，选择命令类型为 8-adCmdUnknown，然后在命令文本中输入语句：select * from Course。设置完成后，单击“确定”按钮，完成 ADO 数据控件的属性设置。

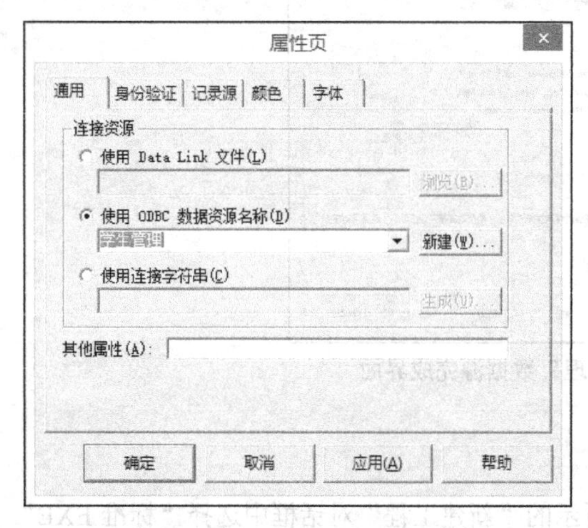

图 9-127 设置“连接资源”

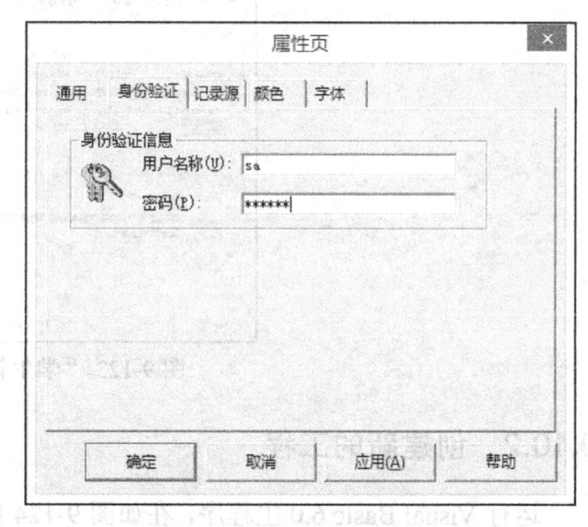

图 9-128 设置“身份验证信息”

在窗体中添加 4 个 Label 控件和 Text 控件，分别将 4 个 Text 对象的数据源 DataSource 属性设置为 Adodc1，DataField 属性设置为相应的列。工程运行界面如图 9-130 所示。

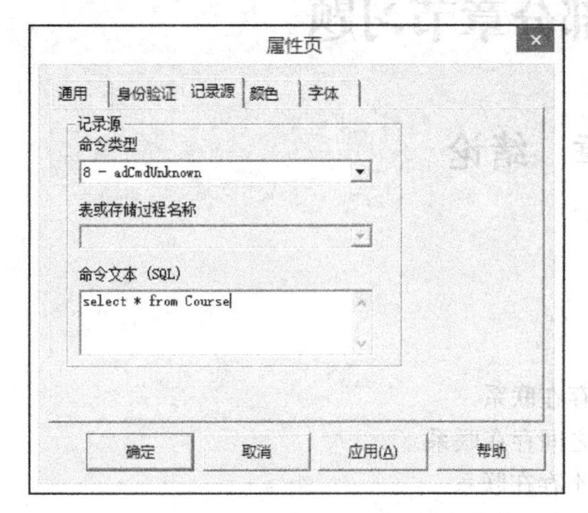

图 9-129　设置“记录源”

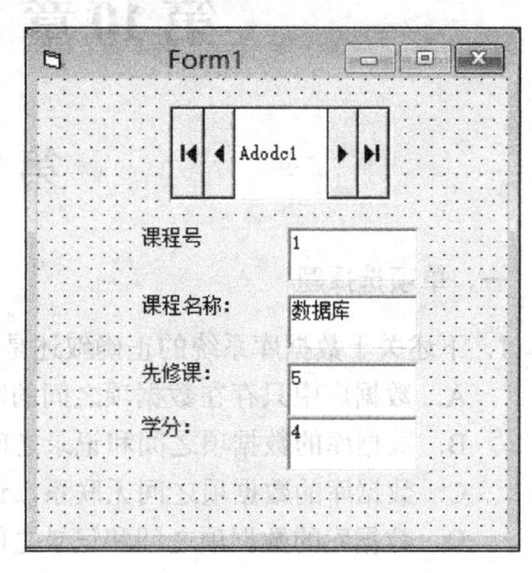

图 9-130　“课程信息查询”运行界面

9.11　小　　结

本章以 SQL Server 2008 为开发环境，对数据库的实际上机操作进行了详细的介绍。本章适合初学者进行自学，亦可以作为上机实验指导书，文中插入了大量的实际操作截图，从最初的软件环境安装到基本的数据库管理操作再到最后的系统集成实例，读者都可以对照相应章节进行操作。

第10章　部分章节习题

第1章　绪论

一、单项选择题

1．下述关于数据库系统的正确叙述是(　　)。

A．数据库中只存在数据项之间的联系

B．数据库的数据项之间和记录之间都存在联系

C．数据库的数据项之间无联系，记录之间存在联系

D．数据库的数据项之间和记录之间都不存在联系

2．在标准 SQL 中，建立数据库结构(模式)的命令为(　　)。

A．Create shema 命令　　B．Create table 命令

C．Create view 命令　　D．Create index 命令

3．在概念模型中的事物称为(　　)。

A．实体　　B．对象　　C．记录　　D．节点

4．数据库系统中，使用宿主语言和DML编写应用程序的人员是(　　)。

A．数据库管理员　　B．专业用户　　C．应用程序员　　D．最终用户

5．在数据管理技术的发展过程中，经历了人工管理阶段、文件系统阶段和数据库系统阶段。在这几个阶段中，数据独立性最高的是（　　)阶段。

A．数据库系统　　B．文件系统　　C．人工管理　　D．数据项管理

6．数据库系统与文件系统的主要区别是(　　)。

A．数据库系统复杂，而文件系统简单

B．文件系统不能解决数据冗余和数据独立性问题，而数据库系统可以解决

C．文件系统只能管理程序文件，而数据库系统能够管理各种类型的文件

D．文件系统管理的数据量较少，而数据库系统可以管理庞大的数据量

7．存储在计算机外部存储介质上的结构化的数据集合，其英文名称是(　　)。

A．Data Dictionary(简写 DD)　　B．Data Base System(简写 DBS)

C．Data Base(简写 DB)　　D．Data Base Management System(简写 DBMS)

8．数据库的概念模型独立于(　　)。

A．具体的机器和 DBMS　　B．ER 图　　C．信息世界　　D．现实世界

9．数据库的基本特点是(　　)。

A．数据可以共享(或数据结构化)；数据独立性；数据冗余大，易移植；统一管理和控制。

B．数据可以共享(或数据结构化)；数据独立性；数据冗余小，易扩充；统一管理和控制。

C．数据可以共享(或数据结构化)；数据互换性；数据冗余小，易扩充；统一管理和控制。

D．数据非结构化；数据独立性；数据冗余小，易扩充；统一管理和控制。

10．在数据库中，下列说法(　　)是不正确的。

A．数据库避免了一切数据的重复

B．若系统是完全可以控制的，则系统可确保更新时的一致性

C．数据库中的数据可以共享

D．数据库减少了数据冗余

11．在数据库中存储的是(　　)。

A．数据　　B．数据模型

C．数据及数据之间的联系　　D．信息

12．数据库中，数据的物理独立性是指(　　)。

A．数据库与数据库管理系统的相互独立

B．用户程序与 DBMS 的相互独立

C．用户的应用程序与存储在磁盘上的数据库中的数据是相互独立的

D．应用程序与数据库中数据的逻辑结构相互独立

13．层次模型只能表示 1∶*m* 联系，表示 *m*∶*n* 联系则很困难，而且层次顺序严格，这是该模型的(　　)。

A．严格性　　B．复杂性　　C．缺点　　D．优点

14．下述关于数据库系统的正确叙述是(　　)。

A．数据库系统减少了数据冗余

B．数据库系统避免了一切冗余

C．数据库系统中数据的一致性是指数据类型一致

D．数据库系统比文件系统能管理更多的数据

15．在关系理论中称为“关系”的概念，在关系数据库中称为(　　)。

A．实体集　　B．文件　　C．表　　D．记录

16．在数据库中，产生数据不一致的根本原因是(　　)。

A．数据存储量太大　　B．没有严格保护数据

C．未对数据进行完整性控制　　D．数据冗余

17．数据库管理系统(DBMS)是 (　　)。

A．一个完整的数据库应用系统　　B．一组硬件

C．一组系统软件　　D．既有硬件，也有软件

18．对于数据库系统，负责定义数据库内容、决定存储结构和存取策略及安全授权等工作的是(　　)。

A．应用程序开发人员　　B．终端用户

C．数据库管理员　　D．数据库管理系统的软件设计人员

19．数据库管理系统的工作不包括 (　　)。

A．定义数据库　　B．对已定义的数据库进行管理

C．为定义的数据库提供操作系统　　D．数据通信

20．数据库管理系统中用于定义和描述数据库逻辑结构的语言称为 (　　)。

A．数据描述语言　　B．数据库子语言

C．数据操纵语言　　D．数据结构语言

21．数据管理方法主要有(　　)。

A．批处理和文件系统　　B．文件系统和分布式系统

C．分布式系统和批处理　　D．数据库系统和文件系统

22．数据库管理系统能实现对数据库中数据的查询、插入、修改和删除，这类功能称为(　　)。

A．数据定义功能　　B．数据管理功能
C．数据操纵功能　　D．数据控制功能

23．一般地，一个数据库系统的外模式(　　)。
A．只能有一个　B．最多只能有一个　C．至少有两个　D．可以有多个

24．数据库系统的数据独立性是指(　　)。
A．不会因为数据的变化而影响应用程序
B．不会因为系统数据存储结构与数据逻辑结构的变化而影响应用程序
C．不会因为存取策略的变化而影响存储结构
D．不会因为某些存储结构的变化而影响其他存储结构

25．DBMS 提供的 DML 有两种使用方式，其中一种是将 DML 嵌入到某一高级语言中，此高级语言称为(　　)。
A．查询语言　B．宿主语言　C．自含语言　D．会话语言

26．数据库的三级模式之间存在的映像关系正确的是(　　)。
A．外模式/内模式　B．外模式/模式　C．外模式/外模式　D．模式/模式

27．在数据库的体系结构中，数据库存储结构的改变会引起内模式的改变。为使数据库的模式保持不变，从而不必修改应用程序，必须改变模式与内模式之间的映像。这样，使数据库具有(　　)。
A．数据独立性　B．逻辑独立性　C．物理独立性　D．操作独立性

28．数据库的特点之一是数据的共享，严格地讲，这里的数据共享是指(　　)。
A．同一个应用中的多个程序共享一个数据集合
B．多个用户、同一种语言共享数据
C．多个用户共享一个数据文件
D．多种应用、多种语言、多个用户相互覆盖地使用数据集合

29．要保证数据库的数据独立性，需要修改的是(　　)。
A．模式与外模式　　B．模式与内模式
C．三级模式之间的两层映射　　D．三层模式

30．(　　)的存取路径对用户透明，从而具有更高的数据独立性、更好的安全保密性，也简化了程序员的工作和数据库开发建立的工作。
A．网状模型　B．关系模型　C．层次模型　D．以上都有

31．在(　　)中一个节点可以有多个双亲，节点之间可以有多种联系。
A．网状模型　B．关系模型　C．层次模型　D．以上都有

32．下面列出的数据库管理技术发展的三个阶段中，没有专门的软件对数据进行管理的是(　　)。I．人工管理阶段；II．文件系统阶段；III．数据库阶段。
A．I 和 II　B．只有 II　C．II 和 III　D．只有 I

33．数据库(DB)、数据库系统(DBS)和数据库管理系统(DBMS)之间的关系是(　　)。
A．DBS 包括 DB 和 DBMS　　B．DBMS 包括 DB 和 DBS
C．DB 包括 DBS 和 DBMS　　D．DBS 就是 DB，也就是 DBMS

34．下列四项中，不属于数据库系统特点的是(　　)。
A．数据共享　B．数据完整性　C．数据冗余度高　D．数据独立性高

35．描述数据库全体数据的全局逻辑结构和特性的是(　　)。
A．模式　B．内模式　C．外模式　D．三层模式

36. 数据库系统是采用了数据库技术的计算机系统，数据库系统由数据库、数据库管理系统、应用系统和(　　)组成。

A. 系统分析员　B. 程序员　C. 数据库管理员　D. 操作员

37. 下述(　　)不是DBA数据库管理员的职责。

A. 完整性约束说明　B. 定义数据库模式

C. 数据库安全　D. 数据库管理系统设计

38. 具有数据冗余度小、数据共享及较高数据独立性等特征的系统是(　　)。

A. 文件系统　B. 数据库系统　C. 管理系统　D. 高级程序

39. 数据库系统的数据独立性体现在(　　)。

A. 不会因为数据的变化而影响到应用程序

B. 不会因为数据存储结构与数据逻辑结构的变化而影响应用程序

C. 不会因为存储策略的变化而影响存储结构

D. 不会因为某些存储结构的变化而影响其他的存储结构

40. 下列语言中，不是宿主语言的是(　　)。

A. C　B. Fortran　C. SQL　D. Cobol

41. 要保证数据库的逻辑数据独立性，需要修改的是(　　)。

A. 模式与外模式之间的映射　B. 模式与内模式之间的映射

C. 模式　D. 三级模式

42. 用户或应用程序看到的那部分局部逻辑结构和特征的描述是(　　)模式。

A. 模式　B. 物理模式　C. 子模式　D. 内模式

43. 在数据库系统中，对数据操作的最小单位是(　　)。

A. 字节　B. 数据项　C. 记录　D. 字符

44. 数据库的三级模式结构中最接近用户的是(　　)。

A. 内模式　B. 外模式　C. 概念模式　D. 模式

45. 用户使用DML语句对数据进行操作，实际上操作的是(　　)。

A. 数据库的记录　B. 内模式的内部记录

C. 外模式的外部记录　D. 数据库的内部记录值

46. 对数据库中数据的操作分成两大类(　　)。

A. 查询和更新　B. 检索和修改　C. 查询和修改　D. 插入和修改

47. 想要成功地运转数据库，就要在数据处理部门配备(　　)。

A. 部门经理　B. 数据库管理员　C. 应用程序员　D. 系统设计员

48. 数据库系统的核心管理软件是(　　)。

A. 防病毒软件　B. 数据库管理系统

C. 操作系统　D. 工具软件

49. 数据库系统由于能减少数据冗余，提高数据独立性，并集中检查(　　)，由此获得了广泛的应用。

A. 数据完整性　B. 数据层次性　C. 数据的操作性　D. 数据兼容性

50. 应用数据库的主要目的是(　　)。

A. 解决保密问题　B. 解决数据传输问题

C. 解决数据完整性、共享问题　D. 解决数据量大问题

二、填空题

1. 数据库数据具有永久存储、有组织和(　　)三个基本特点。

2. 层次数据模型中，只有一个节点无父节点，它被称为(　　)。

3. 用树形结构表示实体类型及实体间联系的数据模型称为(　　)。

4. 数据库具有数据结构化、最小的(　　)、较高的(　　)等特点。

5. 结构数据模型的组成包括：数据结构、(　　)和数据完整性约束。

6. 用树形结构表示实体类型及实体间联系的数据模型称为(　　)模型，上一层的父节点和下一层的子节点之间的联系是 (　　)的联系。

7. DBMS 还提供(　　)保护、(　　)检查、并发控制、数据库恢复等数据控制功能。

8. 模式(Schema)是数据库中全体数据的(　　)和(　　)的描述，它仅涉及型的描述，不涉及具体的值。

9. 三级模式之间的两层映像保证了数据库系统中的数据能够具有较高的(　　)和(　　)。

10. 根据模型应用的不同目的，可以将这些模型划分为两类，它们分别属于两个不同的层次：第一类是(　　)；第二类是(　　)。

11. 数据库管理技术的发展是与计算机技术及其应用的发展联系在一起的，它经历了三个阶段：(　　)阶段、(　　)阶段和(　　)阶段。

12. 经过处理和加工提炼而用于决策或其他应用活动的数据称为(　　)。

13. 数据模型中的(　　)是对数据系统的静态特征描述，包括数据结构和数据间联系的描述；(　　)是对数据库系统的动态特征描述，是一组定义在数据上的操作，包括操作的涵义、操作符、运算规则及其语言等。

14. 用有向图结构表示实体类型及实体间联系的数据模型称为(　　)模型，数据之间的联系通常通过(　　)实现。

15. (　　)是目前最常用也是最重要的一种数据模型。采用该模型作为数据的组织方式的数据库系统称为(　　)。

16. 关系的完整性约束条件包括三大类：(　　)、(　　)和用户定义的完整性。

17. 数据库系统与文件系统的本质区别在于(　　)。

18. 数据库系统是指在计算机系统中引入数据库后的系统，一般由(　　)、(　　)、(　　)和(　　)构成。

19. DBMS 管理的是(　　)的数据。

20. 实际数据库系统中所支持的主要数据模型是(　　)、(　　)、(　　)。

三、简答题

1. 使用数据库系统有什么好处？

2. 数据之间的联系，在各种结构数据类型中，是怎么实现的？

3. 为什么数据库系统具有数据与程序的独立性？

4. 什么是数据独立性？在数据库中有哪两级独立性？

5. 试述关系数据库的特点。

6. 数据库管理系统的主要功能有哪些？

7. 试述网状、层次数据库的优缺点。

8. DBA 的职责是什么？

9. 什么是运行记录优先原则？其作用是什么？

10．系统分析员、数据库设计人员、应用程序员的职责是什么？

四、名词解释题

数据	数据库	数据库系统	数据库管理系统
模式	外模式	内模式	关系
数据管理	实体	关系模型	数据模型

第 2 章　关系数据库

一、单项选择题

1．假设有关系 R 和 S，关系代数表达式 $R-(R-S)$ 表示的是（　　）。

A．$R \cap S$　　B．$R \cup S$　　C．$R-S$　　D．$R \times S$

2．关系运算中花费时间可能最长的运算是　（　　）。

A．投影　　B．选择　　C．笛卡儿积　　D．除

3．两个关系在没有公共属性时，其自然连接操作表现为（　　）。

A．结果为空关系　B．笛卡儿积操作　C．等值连接操作　D．无意义的操作

4．参加差运算的两个关系（　　）。

A．属性个数可以不相同　　B．属性个数必须相同

C．一个关系包含另一个关系的属性　　D．属性名必须相同

5．取出关系中的某些列，并消去重复元组的关系代数运算称为（　　）。

A．取列运算　　B．投影运算　　C．连接运算　　D．选择运算

6．有两个关系 R 和 S，分别包含 15 个和 10 个元组，则在 $R \cup S$，$R-S$，$R \cap S$ 中不可能出现的元组数目情况是（　　）。

A．15，5，10　　B．18，3，7　　C．21，11，4　　D．25，15，0

7．自然连接是构成新关系的有效方法。一般情况下，当对关系 R 和 S 使用自然连接时，要求 R 和 S 含有一个或多个共有的（　　）。

A．元组　　B．行　　C．记录　　D．属性

8．一个关系数据库文件中的各条记录（　　）。

A．前后顺序不能任意颠倒，一定要按照输入的顺序排列

B．前后顺序可以任意颠倒，不影响库中的数据关系

C．前后顺序可以任意颠倒，但排列顺序不同，统计处理的结果就可能不同

D．前后顺序不能任意颠倒，一定要按照码段值的顺序排列

9．根据关系模式的完整性规则，一个关系中的主码（　　）。

A．不能有两个　　B．不能成为另一个关系的外码

C．不允许为空　　D．可以取空值

10．关系数据库中的码是指（　　）。

A．能唯一决定关系的字段　　B．不可改动的专用保留字

C．关键的很重要的字段　　D．能唯一标识元组的属性或属性集合

11．在通常情况下，下面的关系中不可以作为关系数据库的关系是（　　）。

A．R1(学生号，学生名，性别)　　B．R2(学生号，学生名，班级号)

C．R3(学生号，学生名，宿舍号)　D．R4(学生号，学生名，简历)

12．关系数据库管理系统应能实现的专门关系运算包括(　　)。

A．排序、索引、统计　B．选择、投影、连接

C．关联、更新、排序　D．显示、打印、制表

13．两个没有公共属性的关系作自然连接等价于它们作(　　)。

A．并　B．交　C．差　D．乘

14．传统的关系运算从(　　)的角度考察关系，专门的关系运算从(　　)的角度考察关系。

A．行列，列　B．列，行列　C．行列，行　D．行，行列

15．下面的选项中不是关系数据库基本特征的是(　　)。

A．不同的列应有不同的数据类型　B．不同的列应有不同的列名

C．与行的次序无关　D．与列的次序无关

16．一个关系只有一个(　　)。

A．候选码　B．外码　C．超码　D．主码

17．关系模型中，一个码(　　)。

A．可以由多个任意属性组成

B．至多由一个属性组成

C．由一个或多个属性组成，其值能够唯一标识关系中一个元组

D．以上都不是

18．关系模式的任何属性（　　）。

A．不可再分　B．可再分

C．命名在该关系模式中可以不唯一　D．以上都不是

19．关系代数运算是以(　　)为基础的运算。

A．关系运算　B．谓词演算　C．集合运算　D．代数运算

20．对关系模型叙述错误的是(　　)。

A．建立在严格的数学理论、集合论和谓词演算公式基础之上

B．微机 DBMS 绝大部分采取关系数据模型

C．用二维表表示关系模型是其一大特点

D．不具有连接操作的 DBMS 也可以是关系数据库管理系统

21．五种基本关系代数运算是(　　)。

A．$\cup - \times \sigma \pi$　B．$\cup - \sigma \pi$　C．$\cup \cap \times \sigma \pi$　D．$\cup \cap \sigma \pi$

22．关系数据库中的投影操作是指从关系中(　　)。

A．抽出特定的记录　B．抽出特定的字段

C．建立相应的影像　D．建立相应的图形

23．从一个数据库文件中取出满足某个条件的所有记录形成一个新的数据库文件的操作是(　　)操作。

A．投影　B．连接　C．选择　D．复制

24．关系代数中的连接操作是由(　　)操作组合而成的。

A．选择和投影　B．选择和笛卡儿积

C．投影、选择、笛卡儿积　D．投影和笛卡儿积

25．一般情况下，当对关系 R 和 S 进行自然连接时，要求 R 和 S 含有一个或多个共有的(　　)。

A．记录　B．行　C．属性　D．元组

26．同一个关系模型的任意两个元组值(　　)。

A．不能全同　B．可全同　C．必须全同　D．以上都不是

27．现有如下关系：患者(患者编号，患者姓名，性别，出生日期，所在单位)，医疗(患者编号，医生编号，医生姓名，诊断日期，诊断结果)，其中，医疗关系中的外码是(　　)。

A．患者编号　B．患者姓名

C．患者编号和患者姓名　D．医生编号和患者编号

28．关系数据库中表与表之间的联系是通过(　　)表现出来的。

A．指针　B．索引　C．公共属性　D．数据项

29．在关系 *R*(R#，RN，S#)和 *S*(S#，SN，SD)中，*R* 的主码是 R#，*S* 的主码是 S#，则 S# 在 *R* 中称为(　　)。

A．外码　B．候选码　C．主码　D．超码

30．在概念模型中，一个实体相对于关系数据库中一个关系中的一个(　　)。

A．属性　B．元组　C．列　D．字段

31．在关系代数的传统集合运算中，假定有关系 *R* 和 *S*，运算结果为 *W*。如果 *W* 中的元组属于 *R*，或者属于 *S*，则 *W* 为(　　)运算的结果。

A．笛卡儿积　B．并　C．差　D．交

32．在关系代数中，对一个关系作投影操作后，新关系的元组个数(　　)原来关系的元组个数。

A．小于　B．小于或等于　C．等于　D．大于

33．关系数据库中的候选码是指(　　)。

A．能唯一决定关系的字段　B．不可改动的专用保留字

C．关键的很重要的字段　D．能唯一标识元组的属性或属性集合

34．用(　　)形式表示实体类型和实体间的联系是关系模型的主要特征。

A．指针　B．链表　C．关键字　D．二维表

35．在关系代数的专门关系运算中，从表中选择出若干属性列组成新的关系的操作称为(　　)。

A．选择　B．投影　C．连接　D．扫描

36．在关系代数的专门关系运算中，从表中取出满足某种条件的元组的操作称为(　　)。

A．选择　B．投影　C．连接　D．扫描

37．在关系代数的专门关系运算中，将两个关系中具有共同属性值的元组连接到一起构成新表的操作称为(　　)。

A．选择　B．投影　C．连接　D．扫描

38．设有属性 A,B,C,D，以下表示中不是关系的是(　　)。

A．*R*(A)　B．*R*(A,B,C,D)　C．*R*(A×B×C×D)　D．*R*(A,B)

39．设关系 *R*(A,B,C)和 *S*(B,C,D)，下列关系代数表达式不成立的是(　　)。

A．∏A(*R*)∞∏D(*S*)　B．*R*∪*S*　C．∏B(*R*)∩∏B(*S*)　D．*R*∞*S*

40．设有关系 *R*，按条件 *f* 对关系 *R* 进行选择，正确的是(　　)。

A．*R*×*R*　B．*R*∞*f R*　C．6*f* (*R*)　D．∏*f R*

二、填空题

1．*R*∞*S* 表示 *R* 与 *S* 的(　　)。

2．关系数据模型中，二维表的列称为(　　)，二维表的行称为(　　)。

3．用户选作元组标识的一个候选码为(　　)，其属性不能取(　　)。

4．关系代数运算中，传统的集合运算有(　　)，(　　)，(　　)，(　　)，(　　)。

5．关系代数运算中，基本的运算是(　　)，(　　)，(　　)，(　　)，(　　)。

6．关系数据库中基于数学上的两类运算是(　　)和(　　)。

7．关系代数中，从两个关系中找出相同元组的运算称为(　　)运算。

8．已知系(系编号，系名称，系主任，电话，地点)和学生(学号，姓名，性别，入学日期，专业，系编号)两个关系，系关系的主码是(　　)，系关系的外码是(　　)，学生关系的主码是(　　)，学生关系的外码是(　　)。

9．关系模式是关系的(　　)，相当于(　　)。

10．θ 连接运算是由 (　　)和(　　)操作组合而成的。

11．关系操作的特点是 (　　)操作。

12．“学生-选课-课程”数据库中的 3 个关系如下：S(S#，SNAME，SEX，AGE)；SC(S#，C#，GRADE)；C(C#，CNAME，TEACHER)，查找选修“数据库技术”这门课程学生的学生名和成绩，若用关系代数表达式来表示为(　　)。

13．设有学生关系：S(XH，XM，XB，NL，DP)。在这个关系中，XH 表示学号，XM 表示姓名，XB 表示性别，NL 表示年龄，DP 表示系部。查询学生姓名和所在系的投影操作的关系运算式是(　　)。

三、计算题

有如图 10-1 所示的关系 R、W 和 D，计算下列关系代数：

(1) $R1=\Pi_{Y,T}(R)$；

(2) $R2=\sigma_{P>5\cap T=e}(R)$；

(3) $R3=R\infty W$；

(4) $R4=\Pi_{[2],[1],[6]}(\sigma_{[3]=[5]}(R\times D))$；

(5) $R5=R\div D$。

关系R

P	Q	T	Y
2	b	c	d
9	a	e	f
2	b	e	f
9	a	d	e
7	g	e	f
7	g	c	d

关系W

T	Y	B
c	d	m
c	d	n
d	f	n

关系D

T	Y
c	d
e	f

图 10-1　关系

四、名词解释题

笛卡儿积　　候选码　　主码　　外码　　域　　关系代数

五、简答题

设有如下关系：S(S#,SNAME,AGE,SEX)/*学生(学号，姓名，年龄，性别)*/
C(C#,CNAME,TEACHER)/*课程(课程号，课程名，任课教师)*/
SC(S#,C#,GRADE)/*成绩(学号，课程号，成绩)*/
写出完成如下查询的关系代数表达式：
(1)教师"程军"所授课程的课程号和课程名；
(2)"李强"同学不学课程的课程号；
(3)至少选修了课程号为 k1 和 k5 的学生学号；
(4)选修课程包含学号为 2 的学生所修课程的学生学号。

第 3 章　SQL 语言

一、单项选择题

1．SQL 是(　)的缩写。
A．Standard Query Language　　B．Select Query Language
C．Structured Query Language　　D．以上都不是
2．视图是(　　)。
A．基本表　　B．外视图　　C．概念视图　　D．虚拟表
3．SQL 语言的操作对象(　　)。
A．只能是一个集合　　B．可以是一个或多个集合
C．不能是集合　　D．可以是集合或非集合
4．SQL 语言是(　　)的语言，容易学习。
A．过程化　　B．非过程化　　C．格式化　　D．导航式
5．在视图上不能完成的操作是(　　)。
A．更新视图　　B．查询
C．在视图上定义新的表　　D．在视图上定义新的视图
6．SQL 语言集数据查询、数据操纵、数据定义和数据控制功能于一体，其中，CREATE、DROP、ALTER 语句实现(　)功能。
A．数据查询　　B．数据操纵　　C．数据定义　　D．数据控制
7．SQL 语言中的视图 VIEW 是数据库的(　　)。
A．外模式　　B．模式　　C．内模式　　D．存储模式
8．下列的 SQL 语句中，(　　)不是数据定义语句。
A．CREATE TABLE　　B．DROP VIEW
C．CREATE VIEW　　D．GRANT
9．SQL 语言中，删除一个视图的命令是(　　)。
A．DELETE　　B．DROP　　C．CLEAR　　D．REMOVE
10．以下有关视图查询的叙述中正确的是(　　)。
A．首先查询出视图所包含的数据，再对视图进行查询
B．直接对数据库存储的视图数据进行查询
C．将对视图的查询转换为对相关基本表的查询

D．不能对基本表和视图进行连表操作

11．学生关系模式 S（S＃，Sname，Sex，Age），S 的属性分别表示学生的学号、姓名、性别、年龄。要在表 S 中删除一个属性“年龄”，可选用的 SQL 语句是（　　）。

A．DELETE Age from S　　B．ALTER TABLE S DROP Age

C．UPDATE S Age　　D．ALTER TABLE S ‘Age’

12．设关系数据库中一个表 S 的结构为：S(SN，CN，grade)，其中 SN 为学生名，CN 为课程名，二者均为字符型；grade 为成绩，数值型，取值范围 0～100。若要更正王二的化学成绩为 85 分，则可用（　　）。

A．UPDATE S SET grade＝85 WHERE SN＝‘王二’AND CN＝‘化学’

B．UPDATE S SET grade＝‘85’WHERE SN＝‘王二’AND CN＝‘化学’

C．UPDATE grade＝85 WHERE SN＝‘王二’AND CN＝‘化学’

D．UPDATE grade＝‘85’WHERE SN＝‘王二’AND CN＝‘化学’

13．在 SQL 语言中，子查询是（　　）。

A．返回单表中数据子集的查询语言　　B．选取多表中字段子集的查询语句

C．选取单表中字段子集的查询语句　　D．嵌入到另一个查询语句之中的查询语句

14．有关系 S(S＃，SNAME，SEX)，C(C＃，CNAME)，SC(S＃，C＃，GRADE)。其中 S＃是学生号，SNAME 是学生姓名，SEX 是性别，C＃是课程号，CNAME 是课程名称。要查询选修 “数据库”课的全体男生姓名的 SQL 语句是 SELECT SNAME FROM S，C，SC WHERE 子句。这里的 WHERE 子句的内容是（　　）。

A．S．S# = SC．S# and C．C# = SC．C# and SEX=‘男’and CNAME=‘数据库’

B．S．S# = SC．S# and C．C# = SC．C# and SEX in‘男’and CNAME in‘数据库’

C．SEX ‘男’and CNAME ‘ 数据库’

D．S．SEX=‘男’and CNAME=‘ 数据库’

15．若要撤销数据库中已经存在的表 S，可用（　　）。

A．DELETE TABLE S　　B．DELETE S

C．DROP TABLE S　　D．DROP S

16．下列不能表示精确数值的数据类型是（　　）。

A．int　　B．numeric　　C．float　　D．smallint

17．设关系数据库中一个表 S 的结构为 S(SN，CN，grade)，其中 SN 为学生名，CN 为课程名，二者均为字符型；grade 为成绩，数值型，取值范围 0～100。若要把张二的化学成绩 80 分插入 S 中，则可用（　　）。

A．ADD INTO S VALUES(‘张二’，‘化学’，‘80’)

B．INSERT INTO S VALUES(‘张二’，‘化学’，‘80’)

C．ADD INTO S VALUES(‘张二’，‘化学’，80)

D．INSERT INTO S VALUES(‘张二’，‘化学’，80)

18．若要在基本表 S 中增加一列 CN(课程名)，可用（　　）。

A．ADD TABLE S(CN CHAR(8))

B．ADD TABLE S ALTER(CN CHAR(8))

C．ALTER TABLE S ADD(CN CHAR(8))

D．ALTER TABLE S (ADD CN CHAR(8))

19．假设学生关系 S(S＃，SNAME，SEX)，课程关系 C(C＃，CNAME)，学生选课关系 SC(S

#，C#，GRADE）。要查询选修 Computer 课的男生姓名，将涉及关系（ ）。

A．S　　B．S，SC　　C．C，SC　　D．S，C，SC

20．在 MS SQL Server 中一张表的聚簇索引个数为（ ）。

A．至多 1 个　　B．至多 2 个　　C．至多 3 个　　D．没有限制

21．SQL 的主码子句和外码子句属于 DBS 的（ ）。

A．完整性措施　　B．安全性措施　　C．恢复措施　　D．并发控制措施

22．若用如下的 SQL 语句创建了一个表 SC：CREATE TABLE SC（S# CHAR(6) NOT NULL，C# CHAR(3) NOT NULL，SCORE INTEGER，NOTE CHAR(20)）；向 SC 表插入如下行时，（ ）行可以被插入。

A．（'201009'，'111'，60，必修）　　B．（'200823'，'101'，NULL，NULL）

C．（NULL，'103'，80，'选修'）　　D．（'201132'，NULL，86，' '）

23．有关系 S(S#，SNAME，SAGE)，C(C#，CNAME)，SC(S#，C#，GRADE)。其中 S#是学生号，SNAME 是学生姓名，SAGE 是学生年龄，C#是课程号，CNAME 是课程名称。要查询选修"ACCESS"课的年龄不小于 20 的全体学生姓名的 SQL 语句是 SELECT SNAME FROM S，C，SC WHERE 子句。这里的 WHERE 子句的内容是（ ）。

A．S．S# = SC．S# and C．C# = SC．C# and SAGE>=20 and CNAME='ACCESS'

B．S．S# = SC．S# and C．C# = SC．C# and SAGE in>=20 and CNAME in 'ACCESS'

C．SAGE in>=20 and CNAME in 'ACCESS'

D．SAGE>=20 and CNAME=' ACCESS'

24．索引的作用之一是（ ）。

A．节省存储空间　　B．便于管理

C．加快查询速度　　D．建立各数据表之间的联系

25．以下有关索引的叙述中正确的是（ ）。

A．索引越多，更新速度越快　　B．索引不需要维护

C．并置索引中列的个数不受限制　　D．索引可以用来提供多种存取路径

26．以下有关空值的叙述中不正确的是（ ）。

A．用=NULL 查询指定列为空值的记录　　B．包含空值的表达式其计算结果为空值

C．聚集函数通常忽略空值　　D．空值表示未知

27．部分匹配查询中有关通配符"%"的叙述中正确的是（ ）。

A．"%"代表一个字符　　B．"%"代表多个字符

C．"%"可以代表零个或多个字符　　D．"%"不能与"—"一同使用

28．在分组检索中，要去掉不满足条件的分组，应当（ ）。

A．使用 WHERE 子句　　B．使用 HAVING 子句

C．使用 ORDER BY 子句　　D．先使用 HAVING 子句，再使用 WHERE 子句

29．以下有关子查询的叙述中不正确的是（ ）。

A．子查询可以向其外部查询提供检索条件的条件值

B．子查询可以嵌套多层

C．子查询的结果是一个集合

D．子查询总是先于其外部查询执行

30．以下有关 WHERE 子句的叙述中不正确的是（ ）。

A．WHERE 子句中可以包含子查询

B．连接条件和选取条件之间应当使用 OR 逻辑运算符

C．不包括 WHERE 子句的 SELECT 语句进行的是单纯的投影操作

D．如果 FROM 子句中引用了 *n* 个表，则 FROM 子句中至少应当包括 *n*–1 个连接条件

31．以下有关 SELECT 子句的叙述中不正确的是（ ）。

A．SELECT 子句中只能包含表中的列及其构成的表达式

B．SELECT 子句规定了结果集中的列顺序

C．SELECT 子句中可以使用别名

D．如果 FROM 子句引用的两个表中有同名的列，则在 SELECF 子句中引用它们时必须使用表名前缀加以限定

32．已知基本表 SC(S#，C#，GRADE)，则“统计选修了课程的学生人次数”的 SQL 语句为（ ）。

A．SELECT COUNT(DISTINCT S#) FROM SC

B．SELECT COUNT(S#) FROM SC

C．SELECT COUNT(*) / FROM SC

D．SELECT COUNT(DISTINCT *) / FROM SC

33．在 SQL 中，集合成员算术比较操作“元组<>AlL(集合)”中的“<>ALL”的等价操作符是（ ）。

A．NOT IN　　B．IN　　C．<>SOME　　D．=SOME

34．在 SQL SELECT 语句查询中，要去掉查询结果中的重复记录，应该使用（ ）关键字。

A．UNIQUE　　B．INDEX　　C．DISTINCT　　D．SYNONYM

35．聚合函数“count(列名)”的语义是（ ）。

A．求值　　B．求和　　C．计算元组或列值的个数　　D．统计

36．“学生-选课-课程”数据库中的三个关系：S(S#，SNAME，SEX，AGE)，SC(S#，C#，GRADE)，C(C#，CNAME，TEACHER)。为了提高查询速度，对 SC 表(关系)创建唯一索引，应该创建在（ ）属性上。

A．(S#，C#)　　B．S#　　C．C#　　D．GRADE

37．在 SELECT 语句中，以下有关 HAVING 语句的正确叙述是（ ）。

A．HAVING 短语与 GROUP BY 短语同时使用

B．使用 HAVING 短语的同时不能使用 WHERE 短语

C．HAVING 短语可以在任意的一个位置出现

D．HAVING 短语与 WHERE 短语功能相同

38．以下有关 SELECT 语句的叙述中错误的是（ ）。

A．SELECT 语句中可以使用别名

B．SELECT 语句中只能包含表中的列及其构成的表达式

C．SELECT 语句规定了结果集中的顺序

D．如果 FORM 短语引用的两个表有同名的列，则 SELECT 短语引用它们时必须使用表名前缀加以限定

39．对于表 10-1 和表 10-2，语句 SELECT 部门号，MAX(单价*数量) FROM 商品表 GOROUP BY 部门号的查询结果有（ ）条记录。

A．1　　B．4　　C．3　　D．10

40．SELECT 部门表，部门号，部门名称，SUM(单价*数量)

```
FROM 部门表，商品表
WHERE 部门表.部门号=商品表.部门号
GROUP BY 部门表.部门号
```

查询结果是（　　）。

A．各部门商品数量合计

B．各部门商品表金额合计

C．所有商品金额合计

D．各部门商品金额平均值

表 10-1　部门表

部　门　号	部 门 名 称
40	家用电器部
10	电视录摄像机部
20	电话手机部
30	计算机部

表 10-2　商品表

部门号	商品号	商品名称	单价	数量	产地
40	0101	A 牌电风扇	200.00	10	广东
40	0104	A 牌微波炉	350.00	10	广东
40	0105	B 牌微波炉	600.00	20	广东
20	1032	C 牌传真机	1000.00	20	上海
40	0107	D 牌微波炉	420.00	10	北京
20	0110	A 牌电话机	200.00	50	广东
20	0112	B 牌手机	2000.00	10	广东
40	0202	A 牌电冰箱	3000.00	2	广东
30	1041	B 牌计算机	6000.00	10	广东
30	0204	C 牌计算机	10000.00	10	上海

二、填空题

1．设有如下关系 R(BH，XM，XB，DWH)，实现 σ DWH='100'(R)的 SQL 语句是（　　）。

2．SQL 的中文全称是（　　）。

3．关系数据操作语言(DML)的特点是：操作对象与结果均为关系、操作的（　　）、语言一体化并且是建立在数学理论基础之上的。

4．SQL 语言除了具有数据查询和数据操纵功能之外，还具有（　　）和（　　）的功能，它是一个综合性的功能强大的语言。

5．SQL 支持集合的并运算，运算符是（　　）。

6．视图是从（　　）中导出的表，数据库中实际存放的是视图的（　　）。

7．关系 R(A，B，C)和 S(A，D，E，F)，R 和 S 有相同属性 A，若将关系代数表达式：πR.A,R.B,S.D,S.F (R∞S)用 SQL 语言的查询语句表示，则为：SELECT R.A,R.B,S.D,S.F FROM R,S WHERE（　　）。

8．在 SQL 语言的结构中，（　　）有对应的物理存储，而（　　）没有对应的物理存储。

9．SQL 语句中，与 X between 10 and 20 等效的表达式是（　　）。

10．在关系数据库标准语言 SQL 中，实现数据检索的语句命令是（　　）。

三、应用设计题

(一)设有一个 SPJ 数据库，包括 S，P，J，SPJ 四个关系模式：

```
供应商 S(SNO, SNAME, STATUS, CITY)
零件 P(PNO, PNAME, COLOR, WEIGHT)
工程 J(JNO, JNAME, CITY)
SPJ(SNO, PNO, JNO, QTY)
```

1．求供应工程 J1 零件为红色的供应商号码 SNO。
2．求没有使用天津供应商生产的红色零件的工程号 JNO。
3．找出所有供应商的姓名和所在城市。
4．找出所有零件的名称、颜色、重量。
5．找出使用供应商 S1 所供应零件的工程号码。
6．找出使用上海产的零件的工程名称。
7．找出上海厂商供应的所有零件号码。
8．求供应工程 J1 零件 P1 的供应商号码。
9．找出没有使用天津产的零件的工程号码。
10．找出工程项目 J2 使用的各种零件的名称及其数量。
11．请将（S2，J6，P4，200）插入供应情况关系。
12．把所有红色零件的颜色改成蓝色。
13．从供应商关系中删除 S2 的记录，并从供应情况关系中删除相应的记录。
14．由 S5 供给 J4 的零件 P6 改为由 S3 供应，请作必要的修改。
（二）已知电子商务网站购物模式包括了三个表(主码用下画线标出)。

客户表：Client(Cno，Cname，Csex，Cage，Cclass)，Cclass 是客户类别
商品表：Goods(Cno，Gname，Gpno，Gprice)，Gpno 是赠品号
购物表：CG(Cno，Gno，Time，Value)，Value 是客户对这次购物的评分(10 分制)

15．查询缺少客户评分的商品。
16．查询商品名称含有 playboy 的商品号及商品名称。
17．查询购买了商品的姓“许”的客户名单。
18．查询属于学校师生的客户(teacher，student)为商品评分的均值。
19．查询类别为教师的客户名单(teacher)。
20．查询购买了商品的客户号及姓名。
21．查询全部客户的客户号和姓名，并按照客户号降序排列。
22．查询 1980 年出生的客户号及姓名。
23．查询年龄在 20 岁到 25 岁之间的客户号及姓名。
24．查询全部客户的姓名及出生年份。
25．查询购买了三种以上商品的客户号及客户姓名。
26．查询购买长虹彩电的人数。
27．查询所有未购买商品的客户类别。
28．查询购买了所有商品的客户。
29．查询教师不购买的商品(teacher)。
30．将所有商品的价格调整为 95 折。

第 4 章　关系数据理论

一、选择题

1．若模式分解保持函数依赖性，则分离能够达到(　　)，不一定达到(　　)。
A．1NF，2NF　　B．2NF，3NF　　C．3NF，BCNF　　D．BCNF，4NF

2．规范化理论是关系数据库进行逻辑设计的理论依据。根据这个理论，关系数据库中的关系必须满足：其每一属性都是(　　)。

A．互不相关的　B．不可分解的　C．长度可变的　D．互相关联的

3．关系数据库规范化是为解决关系数据库中(　　)问题而引入的。

A．插入异常、删除异常和数据冗余　B．提高查询速度

C．减少数据操作的复杂性　D．保证数据的安全性和完整性

4．范化过程主要为克服数据库逻辑结构中的插入异常、删除异常及(　　)的缺陷。

A．数据的不一致性　B．结构不合理　C．冗余度大　D．数据丢失

5．假设关系模式R(A，B)属于3NF，下列说法中(　　)是正确的。

A．它一定消除了插入和删除异常　B．仍存在一定的插入和删除异常

C．一定属于BCNF　D．A和C都是

6．关系模型中的关系模式至少是(　　)。

A．1NF　B．2NF　C．3NF　D．BCNF

7．在关系DB中，任何二元关系模式的最高范式必定是(　　)。

A．1NF　B．2NF　C．3NF　D．BCNF

8．当B属性函数依赖于A属性时，属性A与B的联系是(　　)。

A．1对多　B．多对1　C．多对多　D．以上都不是

9．在关系模式中，如果属性A和B存在1对1的联系，则说(　　)。

A．A→B　B．B→A　C．A←→B　D．以上都不是

10．候选码中的属性称为(　　)。

A．非主属性　B．主属性　C．复合属性　D．关键属性

11．关系模式R中的属性全部是主属性，则R的最高范式必定是(　　)。

A．2NF　B．3NF　C．BCNF　D．4NF

12．规范化理论是关系数据库进行逻辑设计的理论依据，根据这个理论，关系数据库中的关系必须满足：每一个属性都是(　　)。

A．长度不变的　B．不可分解的　C．互相关联的　D．互不相关的

13．已知关系模式R(A，B，C，D，E)及其上的函数依赖集合$F=\{A\to D, B\to C, E\to A\}$，该关系模式的候选码是(　　)。

A．AB　B．BE　C．CD　D．DE

14．关系模式中，满足2NF的模式(　　)。

A．可能是1NF　B．必定是1NF　C．必定是3NF　D．必定是BCNF

15．设有关系W(工号，姓名，工种，定额)，将其规范化到3NF，正确的答案是(　　)。

A．W1(工号，姓名)W2(工种，定额)

B．W1(工号，工种，定额)W2(工号，姓名)

C．W1(工号，姓名，工种)W2(工种，定额)

D．以上都不对

16．设有关系模式R(A，B，C，D)，其数据依赖集：$F=\{(A, B)\to C, C\to D\}$，则关系模式R的规范化程度最高达到(　　)。

A．1NF　B．2NF　C．3NF　D．BCNF

17．$X\to Y$，当下列哪一条成立时，称为平凡的函数依赖(　　)。

A．$X\in Y$　B．$Y\in X$　C．$X\cap Y=\Phi$　D．$X\cap Y\neq\Phi$

18．学生表(id，name，sex，age，depart_id，depart_name)，存在的函数依赖是 id→{name，sex，age，depart_id}；dept_id→dept_name，其满足(　　)。

A．1NF　　B．2NF　　C．3NF　　D．BCNF

19．候选码中的属性可以有(　　)。

A．0 个　　B．1 个　　C．1 个或多个　　D．多个

20．关系的规范化中，各个范式之间的关系是(　　)。

A．1NF∈2NF∈3NF　　B．3NF∈2NF∈1NF

C．1NF=2NF=3NF　　D．1NF∈2NF∈BCNF∈3NF

21．任何一个满足 2NF 但不满足 3NF 的关系模式都不存在(　　)。

A．主属性对码的部分依赖　　B．非主属性对码的部分依赖

C．主属性对码的传递依赖　　D．非主属性对码的传递依赖

22．关系模式的候选码可以有 1 个或多个，而主码有(　　)。

A．0 个　　B．1 个　　C．1 个或多个　　D．多个

23．消除了部分函数依赖的 1NF 的关系模式必定是(　　)。

A．1NF　　B．2NF　　C．3NF　　D．BCNF

24．设计性能较优的关系模式称为规范化，规范化主要的理论依据是(　　)。

A．关系规范化理论　　B．关系运算理论　　C．关系代数理论　　D．数理逻辑

25．关系数据库规范化是为了解决关系数据库中(　　)的问题而引入的。

A．提高查询速度　　B．插入、删除异常和数据冗余

C．保证数据的安全性和完整性　　D．提高数据独立性

26．有关系模式：学生(学号，课程号，名次)，若每一名学生每门课程有一定的名次，每门课程每一名次只有一名学生，则以下叙述中错误的是(　　)。

A．(学号，课程号)和(课程号，名次)都可以作为候选码

B．只有(学号，课程号)能作为候选码

C．关系模式属于第三范式

D．关系模式属于 BCNF

27．若一个商店有多个柜台，一个柜台有多名销售员，销售多种商品。每个柜台只销售某一品牌的商品，则对于关系模式：销售(柜台，销售员，商品)，有(　　)。

A．主码是销售员　　B．主码是商品　　C．主码是全码　　D．没有主码

28．关系模式 STJ(S#，T，J#)中，存在函数依赖：(S#，J#)→T，(S#，T)→J#，T→J#，则(　　)。

A．关系 STJ 满足 1NF，但不满足 2NF

B．关系 STJ 满足 2NF，但不满足 3NF

C．关系 STJ 满足 3NF，但不满足 BCNF

D．关系 STJ 满足 BCNF，但不满足 4NF

29．设有关系模式 R(S，D，M)，其函数依赖集：F={S→D，D→M}，则关系模式 R 的规范化程度最高达到(　　)。

A．1NF　　B．2NF　　C．3NF　　D．BCNF

30．若有关系选课(学号，课号，教室，成绩)，对于每一门课，教室是固定的。已知有 50 个学生选修了课 X，则当课 X 换教室时，需要修改的元组有(　　)。

A．1 个　　B．2 个　　C．50 个　　D．80 个

31．关系规范化中的删除操作异常是指(　　)。

A．不该删除的数据被删除　　B．不该插入的数据被插入

C．应该删除的数据未被删除　　D．应该插入的数据未被插入

32．设 U 是所有属性的集合，X、Y、Z 都是 U 的子集，且 $Z=U-X-Y$。下面关于多值依赖的叙述中，不正确的是(　　)。

A．若 $X\to\to Y$，则 $X\to\to Z$　　B．若 $X\to Y$，则 $X\to\to Y$

C．若 $X\to\to Y$，且 $Y'\in Y$，则 $X\to\to Y'$　　D．若 $Z=\Phi$，则 $X\to\to Y$

33．若以选课(学号，课号，成绩)表达某学生选修某课程获得了某个成绩，则在(　　)情况下，成绩完全函数依赖于学号。

A．一个学生只能选修一门课　　B．一门课程只能被一个学生选修

C．一个学生可以选修多门课　　D．一门课程可以被多个学生选修

34．有关系模式 A(S，C，M)，其中各属性的含义是：S：学生；C：课程；M：名次，其语义是：每一个学生选修每门课程的成绩有一定的名次，每门课程中每一名次只有一个学生(即没有并列名次)，则关系模式 A 最高达到(　　)。

A．1NF　　B．2NF　　C．3NF　　D．BCNF

35．给定关系模式 SCP(Sno,Cno,P)，其中 Sno 表示学号，Cno 表示课程号，P 表示名次。若每一名学生每门课程有一定的名次，每门课程每一名次只有一名学生，则以下叙述中错误的是(　　)。

A．(Sno,Cno)和(Cno,P)都可以作为候选码　　B．(Sno,Cno)是唯一的候选码

C．关系模式 SCP 既属于 3NF 也属于 BCNF　　D．关系模式 SCP 没有非主属性

36．在 $R(U)$ 中，如果 $X\to Y$，并且对于 X 的任何一个真子集 X'，都有 $X'!\to Y$，则(　　)。

A．Y 函数依赖于 X　　B．Y 对 X 完全函数依赖

C．X 为 U 的候选码　　D．R 属于 2NF

37．下面关于函数依赖的叙述中，不正确的是(　　)。

A．若 $X\to Y$，$X\to Z$，则 $X\to YZ$　　B．若 $XY\to Z$，则 $X\to Z$，$Y\to Z$

C．若 $X\to Y$，$Y\to Z$，则 $X\to Z$　　D．若 $X\to Y$，$Y'\subseteq Y$，则 $X\to Y'$

38．下面哪几个依赖是平凡函数依赖(　　)

A．(Sno,Cname,Grade)→(Cname,Grade)　　B．(Sno,Cname)→(Cname,Grade)

C．(Sno,Cname)→(Sname,Grade)　　D．(Sno,Sname)→Sname

39．现有学生关系 Student，属性包括学号(Sno)，姓名(Sname)，所在系(Sdept)，系主任姓名(Mname)，课程名(Cname)和成绩(Grade)。这些属性之间存在如下联系：一个学号只对应一个学生，一个学生只对应一个系，一个系只对应一个系主任；一个学生的一门课只对应一个成绩；学生名可以重复；系名不重复；课程名不重复。以下不正确的函数依赖是(　　)。

A．Sno→Sdept　　B．Sno→Mname

C．Sname→Sdept　　D．(Sname，Cname)→Grade

40．已知关系 R 具有属性 A，B，C，D，E，F。假设该关系有如下函数依赖 AB→C，BC→AD，D→E，CF→B，则下列依赖蕴涵于给定的这些函数依赖的有(　　)。

A．AB→C　　B．AB→D　　C．AB→E　　D．AB→F

二、填空题

1．在函数依赖中，平凡函数依赖是可以根据 Armstrong 推理规则中的(　　)律推出的。

2．关系模式规范化需要考虑数据间的依赖关系，人们已经提出了多种类型的数据依赖，其中最重要的是(　　)和(　　)。

3．如果关系模式R是第二范式，且每个非主属性都不传递依赖于R的候选码，则称R为(　　)关系模式。

4．设关系R(*U*)，*X*，*Y*∈*U*，*X*→*Y*是R的一个函数依赖，如果存在*X*′∈*X*，使*X*′→*Y*成立，则称函数依赖*X*→*Y*是(　　)函数依赖。

5．如果*X*→*Y*和*X*→*Z*成立，那么*X*→*YZ*也成立，这个推理规则称为(　　)。

6．在一个关系R中，若每个数据项都是不可再分割的，那么R一定属于(　　)。

7．若关系为1NF，且它的每一非主属性都(　　)候选码，则该关系为2NF。

8．在关系模式R(A，B，C，D)中，存在函数依赖关系{A→B，A→C，A→D，(B，C)→A}，则候选码是(　　)，关系模式R(A，B，C，D)属于(　　)。

9．在关系模式R(A，C，D)中，存在函数依赖关系{ A→C，A→D }，则候选码是(　　)，关系模式R(A，C，D)最高可以达到(　　)。

10．在关系A(S，SN，D)和B(D，CN，NM)中，A的主码是S，B的主码是D，则D在A中称为(　　)。

11．在关系模式R(D，E，G)中，存在函数依赖关系{E→D，(D，G)→E}，则候选码是(　　)，关系模式R(D，E，G)属于(　　)。

12．从关系规范化理论的角度讲，一个只满足1NF的关系可能存在的四方面问题是：数据冗余度大、修改异常、插入异常和(　　)。

13．已知关系R(A,B,C,D)和R上的函数依赖集F={A→CD,C→B}，则R的候选码是(　　)，R∈(　　)NF。

14．关系模式R({A，B，C}，{(A，C)→B，(A，B)→C，B→C})最高可达到第(　　)范式。

三、名词解释题

3NF	非平凡的函数依赖	逻辑蕴涵	关系模式的规范化
Armstrong 公理系统	BCNF	2NF	1NF
完全函数依赖	函数依赖	规范化理论	

四、应用设计题

1．设有关系模式R(A，B，C，D，E)，其上的函数依赖集：F={A→BC，CD→E，B→D，E→A}：

(1)计算B+；

(2)求出R的所有候选码。

2．关系模式R(B，C，M，T，A，G)，有如下函数依赖集：F={B→C，(M，T)→B，(M，C)→T，(M，A)→T，(A，B)→G}，关系模式R的候选码是什么？属于第几范式？不属于第几范式？为什么？

3．分析关系模式：STUDENT(学号，姓名，出生日期，系名，班号，宿舍区)，指出其候选码、最小依赖集和存在的传递函数依赖。

4．建立关于系、学生、班级、社团等信息的一个关系数据库，一个系有若干个专业，每个专业每年只招一个班，每个班有若干学生，一个系的学生住在同一宿舍区，每个学生可以参加若干社团，每个社团有若干学生。

描述学生的属性有：学号、姓名、出生年月、系名、班级号、宿舍区。

描述班级的属性有：班级号、专业名、系名、人数、入学年份。

描述系的属性有：系名、系号、办公室地点、人数。

描述社团的属性有：社团名、成立年份、地点、人数、学生参加某社团的年份。

请给出关系模式，写出每个关系模式的最小函数依赖集，指出是否存在传递函数依赖，对于函数依赖左部是多属性的情况，讨论函数依赖是完全函数依赖还是部分函数依赖。

指出各关系的候选码、外码，有没有全码存在？

5．已知：R∈3NF，且具有唯一的候选键，求证：R∈BCNF。

6．设有关系模式 R(U,F)，其中：U={E，F，G，H}，F={E→G，G→E，F→EG，H→EG，FH→E}，求 F 的最小依赖集。

7．现有如下关系模式：R(A，B，C，D，E，H，G)，R 上存在的函数依赖有 F={CB→E，B→A，A→D,B→G，A→H}。

(1) 关系模式 R 的候选码是什么，该关系模式满足 2NF 吗?为什么?

(2) 如果将关系模式 R 分解为：R1(B，C，E)R2(B，A，D，H，G)，指出关系模式 R2 的码，并说明该关系模式最高满足第几范式(在 1NF～BCNF 之内)，为什么？

(3) 将关系模式 R 分解到 BCNF。

8．数据模型分析，关系模型 R(U，F)，U=ABCDEG，F={AD→E，AC→E，CB→G，BCD→AG，BD→A，AB→G,A→C}：

(1) 求此模型的最小函数依赖集；

(2) 求出关系模式的候选码；

(3) 此关系模型最高属于哪级范式；

(4) 将此模型按照模式分解的要求分解为 3NF。

9．现有如下关系模式：供应商(供应商编号，供应商姓名，联系电话，地址，供应零件编号，供应零件名称，供应日期，供应数量)。

(1) 试分析该关系模式的函数依赖，并指明其主码。

(2) 该关系是否存在部分函数依赖，若有，请指出。

(3) 将该关系分解到 2NF，3NF。

10．设有关系模式 R(A，B，C，D，E)，R 的函数依赖集：F={A→D，E→D，D→B，BC→D，CD→A}。

(1) 求 R 的候选码。

(2) 将 R 分解为 3NF。

11．现有如下关系模式：R(A＃，B＃，C，D，E)，其中：A＃B＃组合为码 R 上存在的函数依赖，有 A＃B＃→E，B＃→C，C→D。

(1) 该关系模式满足 2NF 吗？为什么？

(2) 如果将关系模式 R 分解为：R1(A＃，B＃，E)和 R2(B＃，C，D)，指出关系模式 R2 的码，并说明该关系模式最高满足第几范式(在 1NF～BCNF 之内)。

(3) 将关系模式 R 分解到 BCNF。

12．现有如下关系模式：R(Sno，Sdept，Mn，Cno，Grade)，R 上存在的函数依赖有 Sno→Sdept，Sdept→Mn，(Sno, Cno)→Grade。

(1) 该关系模式满足 2NF 吗？为什么？

(2)如果将关系模式R分解为：R1(Sno, Cno，Grade)和R2(Sno，Sdept，Mn)，指出关系模式R2的码，并说明该关系模式最高满足第几范式(在1NF～BCNF之内)。

(3)将关系模式R分解到BCNF。

13. 关系模式R(A，B，C，D，E)，根据语义有如下函数依赖集：F={A→C，BC→D，CD→A，AB→E}。

(1)R的候选码是？

(2)R规范化最高可达到第几范式？

(3)如果将关系模式R分解为两个关系模式R1(A，C，D)，R2(A，B，E)，那么这个分解具有无损连接性且保持函数依赖吗？

14. 设有关系R和函数依赖F： R(A，B，C，D，E)，F={ABC→DE，BC→D，D→E}。试求下列问题：

(1)关系R的候选码是什么？R属于第几范式？说明理由。

(2)如果关系R不属于BCNF，请将关系R逐步分解为BCNF。

15. 现有如下关系模式：借阅(图书编号，书名，作者名，出版社，读者编号，读者姓名，借阅日期，归还日期)，基本函数依赖集F={图书编号→(书名，作者名，出版社)，读者编号→读者姓名，(图书编号，读者编号，借阅日期)→归还日期}。

(1)读者编号是候选码吗？

(2)写出该关系模式的主码。

(3)该关系模式中是否存在非主属性对码的部分函数依赖？如果存在，请写出一个。

(4)该关系模式满足第几范式？并说明理由。

16. 设某商业集团数据库中有一关系模式 R(商店编号，商品编号，数量，部门编号，负责人)，如果规定：

(1)每个商店的每种商品只在一个部门销售；

(2)每个商店的每个部门只有一个负责人；

(3)每个商店的每种商品只有一个库存数量。

试回答下列问题：

(1)根据上述规定，写出关系模式R的基本函数依赖；

(2)找出关系模式R的候选码；

(3)试问关系模式R最高已经达到第几范式？为什么？

(4)如果R不属于3NF，请将R分解成3NF模式集。

17. 设有关系STUDENT(S#,SNAME,SDEPT,MNAME,CNAME,GRADE)，(S#,CNAME)为候选码，设关系中有如下函数依赖：

(S#,CNAME)→SNAME,SDEPT,MNAME;

S#→SNAME,SDEPT,MNAME;

(S#,CNAME)→GRADE;

SDEPT→MNAME。

试求下列问题：

(1)关系STUDENT属于第几范式？说明理由。

(2)如果关系STUDENT不属于BCNF，请将关系STUDENT逐步分解为BCNF。

第 5 章　数据库设计

一、选择题

1．数据流图是在数据库阶段完成的(　　)。

A．逻辑设计　B．物理设计　C．需求分析　D．概念设计

2．如果两个实体之间的联系是 *m*:*n*，则(　　)引入第三个交叉关系。

A．需要　B．不需要　C．可有可无　D．合并两个实体

3．ER 图中的联系可以与(　　)实体有关。

A．0 个　B．1 个　C．1 个或多个　D．多个

4．语义“张三是学生”，表达了(　　)抽象。

A．归纳　B．聚集　C．分类　D．概括

5．数据库需求分析时，数据字典的含义是(　　)。

A．数据库中所涉及的属性和文件的名称集合

B．数据库中所涉及字母、字符及汉字的集合

C．数据库中所有数据的集合

D．数据库中所涉及的数据流、数据项和文件等描述的集合

6．在采用客户机/服务器体系结构的数据库应用系统中，应该将 SQL Server 安装在(　　)。

A．客户机端　B．服务器端　C．终端　D．用户端

7．当局部 ER 图合并成全局 ER 图时可能出现冲突，不属于合并冲突的是(　　)。

A．属性冲突　B．语法冲突　C．结构冲突　D．命名冲突

8．数据库物理设计完成后，进入数据库实施阶段，下列各项中不属于实施阶段的工作是(　　)。

A．建立数据库　B．扩充功能　C．加载数据　D．系统调试

9．下列不属于需求分析阶段工作的是(　　)。

A．分析用户活动　B．建立 ER 图　C．建立数据字典　D．建立数据流图

10．数据库设计的概念设计阶段，表示概念结构常用方法和描述工具是(　　)。

A．层次分析法和层次结构图　B．数据流程分析法和数据流程图

C．实体联系方法　D．结构分析法和模块结构图

11．在数据库设计中，用 ER 图来描述信息结构但不涉及信息在计算机中的表示，它属于数据库设计的(　　)阶段。

A．需求分析　B．概念设计　C．逻辑设计　D．物理设计

12．数据字典中未保存下列(　　)信息。

A．模式和子模式　B．存储模式

C．文件存取权限　D．数据库所用的文字

13．在关系数据库设计中，设计关系模式是(　　)的任务。

A．需求分析阶段　B．概念设计阶段　C．逻辑设计阶段　D．物理设计阶段

14．数据库逻辑结构设计的主要任务是(　　)。

A．建立 ER 图和说明书　B．创建数据库说明

C．建立数据流图　D．把数据送入数据库

15．在数据库的概念设计中，最常用的数据模型是(　　)。

A．形象模型　　B．物理模型　　C．逻辑模型　　D．实体联系模型

16．从 ER 模型向关系模式转换时，一个 $m{:}n$ 联系转换为关系模式时，该关系模式的码是(　　)。

A．m 端实体的码　　B．n 端实体的码

C．m 端实体码与 n 端实体码的组合　　D．重新选取其他属性

17．概念模型是现实世界的第一层抽象，这一类最著名的模型是(　　)。

A．层次模型　　B．关系模型　　C．网状模型　　D．实体关系模型

18．从 ER 图导出关系模式时，如果两实体间的联系是 $m{:}n$，下列说法中正确的是(　　)。

A．将 m 方码和联系的属性纳入 n 方的属性中

B．将 n 方码和联系的属性纳入 m 方的属性中

C．在 m 方属性和 n 方的属性中均增加一个表示级别的属性

D．增加一个关系表示联系，其中纳入 m 方和 n 方的码

19．下面不属于数据库物理设计阶段应考虑的问题是(　　)。

A．存取方法的选择　　B．索引与入口设计

C．与安全性、完整性、一致性有关的问题　　D．用户子模式设计

20．下列属于数据库物理设计工作的是(　　)。

A．将 ER 图转换为关系模式　　B．选择存取路径

C．建立数据流图　　D．收集和分析用户活动

21．下列不属于数据库逻辑设计阶段应考虑的问题是(　　)。

A．概念模式　　B．存取方法　　C．处理要求　　D．DBMS 特性

22．下列不属于概念结构设计时常用的数据抽象方法的是(　　)。

A．合并　　B．聚集　　C．概括　　D．分类

23．下列关于数据库运行和维护的叙述中，正确的是(　　)。

A．只要数据库正式投入运行，就标志着数据库设计工作的结束

B．数据库的维护工作就是维持数据库系统的正常运行

C．数据库的维护工作就是发现错误、修改错误

D．数据库正式投入运行标志着数据库运行和维护工作的开始

24．数据库设计的需求分析阶段主要设计(　　)。

A．程序流程图　　B．程序结构图　　C．框图　　D．数据流程图

25．数据字典中，(　　)反映了数据之间的组合关系。

A．数据流　　B．数据项　　C．数据存储　　D．数据结构

26．下面工具中，专门的数据库设计工具是(　　)。

A．Designer　　B．PowerBuilder　　C．DB2　　D．SQL Plus

27．如何构造出一个合适的数据逻辑结构是(　　)主要解决的问题。

A．物理结构设计　　B．数据字典

C．逻辑结构设计　　D．关系数据库查询

28．概念结构设计是整个数据库设计的关键，它通过对用户需求进行综合、归纳与抽象，形成一个独立于具体 DBMS 的(　　)。

A．数据模型　　B．概念模型　　C．层次模型　　D．关系模型

29．数据库设计中，确定数据库存储结构，即确定关系、索引、聚簇、日志、备份等数据的

存储安排和存储结构，这是数据库设计的(　　)。

A．需求分析阶段　B．逻辑设计阶段　C．概念设计阶段　D．物理设计阶段

30．数据库设计可划分为六个阶段，每个阶段都有自己的设计内容，为哪些关系在哪些属性上建什么样的索引，这一设计内容应该属于(　　)设计阶段。

A．概念设计　B．逻辑设计　C．物理设计　D．全局设计

31．在关系数据库设计中，对关系进行规范化处理，使关系达到一定的范式，如达到3NF，这是(　　)阶段的任务。

A．需求分析阶段　B．概念设计阶段　C．物理设计阶段　D．逻辑设计阶段

32．数据流程图是用于数据库设计中(　　)阶段的工具。

A．概要设计　B．可行性分析　C．程序编码　D．需求分析

33．SA分析方法是(　　)。

A．自顶向下，逐层分解　B．自底向上，然后集成

C．先定义核心，逐步扩充　D．逐层逼近

34．在ER模型中，如果有3个不同的实体型，3个*M*:*N*联系，根据ER模型转换为关系模型的规则，转换为关系的数目是(　　)。

A．4　B．5　C．6　D．7

35．从ER图导出关系模型时，如果实体间的联系是*M*:*N*的，下列说法中正确的是(　　)。

A．将*N*方码和联系的属性纳入*M*方的属性中

B．将*M*方码和联系的属性纳入*N*方的属性中

C．增加一个关系表示联系，其中纳入*M*方和*N*方的码

D．在*M*方属性和*N*方属性中均增加一个表示级别的属性

36．在ER模型向关系模型转换时，*M*:*N*的联系转换为关系模式时，其关键字是(　　)。

A．*M*端实体的关键字　B．*N*端实体的关键字

C．*M*、*N*端实体的关键字组合　D．重新选取其他属性

37．关系数据库的规范化理论主要解决的问题是(　　)。

A．如何构造合适的数据逻辑结构　B．如何构造合适的数据物理结构

C．如何构造合适的应用程序界面　D．如何控制不同用户的数据操作权限

38．在关系数据库设计中，设计关系模式是数据库设计中(　　)的任务。

A．逻辑设计阶段　B．概念设计阶段

C．物理设计阶段　D．需求分析阶段

39．在数据库设计中，将ER图转换成关系数据模型的过程属于(　　)。

A．需求分析阶段　B．逻辑设计阶段

C．概念设计阶段　D．物理设计阶段

40．数据库设计可划分为七个阶段，每个阶段都有自己的设计内容，“为哪些关系在哪些属性上建立什么样的索引”这一设计内容应该属于(　　)阶段。

A．概念设计　B．逻辑设计　C．物理设计　D．全局设计

41．关系数据库中，实体之间的联系是通过关系与关系之间的(　　)实现的。

A．公共索引　B．公共存储　C．公共元组　D．公共属性

42．公司有多个部门和多名职员，每名职员只能属于一个部门，一个部门可以有多名职员，从职员到部门的联系类型是(　　)。

A．多对多　B．一对一　C．一对多　D．多对一

43．区分不同实体的依据是(　　)。

A．名称　　B．属性　　C．对象　　D．概念

44．在概念模型中的客观存在并可相互区别的事物称为(　　)。

A．实体　　B．元组　　C．属性　　D．节点

45．对实体和实体之间的联系采用同样的数据结构表达的数据模型为(　　)。

A．网状模型　　B．关系模型　　C．层次模型　　D．非关系模型

46．子模式 DDL 用来描述(　　)。

A．数据库的总体逻辑结构　　B．数据库的局部逻辑结构

C．数据库的物理存储结构　　D．数据库的概念结构

47．下面关于数据库模式设计的说法中正确的有(　　)。(多选)

A．在模式设计的时候，有时候为了保证性能，不得不牺牲规范化的要求

B．有的情况下，把常用属性和很少使用的属性分成两个关系，可以提高查询速度

C．连接运算开销很大，在数据量相似的情况下，参与连接的关系越多开销越大

D．减小关系的大小可以将关系水平划分，也可以垂直划分

48．下面关于数据库设计的说法中正确的有(　　)。(多选)

A．信息需求表示一个组织所需要的数据及其结构

B．处理需求表示一个组织所需要经常进行的数据处理

C．信息需求表达了对数据库内容及结构的要求，是动态需求

D．处理需求表达了基于数据库的数据处理要求，是静态需求

49．假设设计数据库性能用“开销”(即时间、空间及可能的费用)来衡量，则在数据库应用系统生存期中存在很多开销。其中，对物理设计者来说，主要考虑的是(　　)。

A．规划开销　　B．设计开销　　C．操作开销　　D．维护开销

50．ER 图是数据库设计的工具之一，它一般适用于建立数据库的(　　)。

A．概念模型　　B．结构模型　　C．物理模型　　D．逻辑模型

二、填空题

1．(　　)表达了数据和处理的关系，(　　)则是系统中各类数据描述的集合，是进行详细的数据收集和数据分析所获得的主要成果。

2. 为哪些表在哪些字段上建立什么样的索引，这一设计内容应该属于数据库设计中的(　　)阶段。

3．“三分(　　)，七分(　　)，十二分(　　)”是数据库建设的基本规律。

4．ER 模型是对现实世界的抽象，它的主要成分是(　　)、联系和 (　　)。

5．(　　)是数据库中存放数据的基本单位。

6．数据库的物理设计通常分为两步：首先确定数据库的(　　)，然后对其进行评价，评价的重点是(　　)和(　　)。

7．各分 ER 图之间的冲突主要有三类：(　　)、(　　)和(　　)。

8．关系数据库的规范化理论是数据库(　　)的一个有力工具；ER 模型是数据库的(　　)设计的一个有力工具。

9．如果两个实体之间具有 $M:N$ 联系，则将它们转换为关系模型的结果是(　　)个关系。

10．需求调查和分析的结果最终形成(　　)，提交给应用部门，通过(　　)后作为以后各个设计阶段的依据。

11．ER 图向关系模式转化要解决的问题是如何将实体和实体之间的联系转换成关系模式，如何确定这些关系模式的(　　)。

12．数据库应用系统的设计应该具有对数据进行收集、存储、加工、抽取和传播等功能，即包括数据设计和处理设计，而(　　)是系统设计的基础和核心。

13．数据模型是用来描述数据库的结构和语义的，数据模型有概念数据模型和结构数据模型两类，ER 模型是(　　)。

14．在 ER 模型向关系模型转换时，$M:N$ 的联系转换为关系模式时，其码包括(　　)。

15．唯一标识实体的属性集称为(　　)。

16．客观存在并可相互区别的事物称为(　　)，它可以是具体的人、事、物，也可以是抽象的概念或联系。

17．ER 数据模型一般在数据库设计的(　　)阶段使用。

18．数据库实施阶段包括两项重要的工作：一项是(　　)，另一项是应用程序的(　　)和(　　)。

19．数据库的生命周期可分为两个阶段：一是数据库需求分析和(　　)；二是数据库实现和(　　)。

20．规范设计法从本质上看仍然是手工设计方法，其基本思想是(　　)和(　　)。

21．数据库实施阶段包括两项重要的工作，一项是数据的(　　)，另一项是应用程序的编码和调试。

22．实体之间的联系有(　　)、(　　)、(　　)三种。

三、简答题

1．规范化理论对数据库设计有什么指导意义？

2．数据字典的内容和作用是什么？

3．什么是 $E\text{–}R$ 图？$E\text{–}R$ 图的基本要素有哪些？

4．试述数据库设计过程。

5．试述数据库设计的特点。

6．什么是数据库的概念结构？

7．什么叫数据抽象？

8．什么是数据库的逻辑结构设计？试述其设计步骤。

9．试述数据库设计过程中结构设计部分形成的数据库模式。

10．什么是数据库的再组织和重构造？

11．数据库实施阶段的主要任务是什么？

12．为什么要视图集成？

13．需求分析阶段的设计目标是什么？调查的内容是什么？

四、名词解释题

数据库物理设计	概念模式	数据抽象	数据库镜像
分类	概念结构设计	数据字典	需求分析
数据库设计	数据转储		

五、设计题

1．设有商店和顾客两个实体，“商店”有属性商店编号、商店名、地址、电话，“顾客”

有属性顾客编号、姓名、地址、年龄、性别。假设一个商店有多个顾客购物，一个顾客可以到多个商店购物，顾客每次去商店购物有一个消费金额和日期，而且规定每个顾客在每个商店里每天最多消费一次。试画出 E–R 图，注明属性和联系类型，并将 E–R 模型转换成关系模式，要求关系模式主码加下画线表示。

2．某企业集团有若干工厂，每个工厂生产多种产品，且每一种产品可以在多个工厂生产，每个工厂按照固定的计划数量生产产品；每个工厂聘用多名职工，且每名职工只能在一个工厂工作，工厂聘用职工有聘期和工资。工厂的属性有工厂编号、厂名、地址，产品的属性有产品编号、产品名、规格，职工的属性有职工号、姓名。

(1)根据上述语义画出E–R图；

(2)将该 E–R 模型转换为关系模型(要求按 1:1 和 1:*n* 的联系进行合并)；

(3)指出转换结果中每个关系模式的主码和外码。

3．某医院病房管理系统中，包括如下四个实体型。

科室：科名，科地址，科电话；　　　　病房：病房号，病房地址；

医生：工作证号，姓名，职称，年龄；　病人：病历号，姓名，性别

且存在如下语义约束：

① 一个科室有多个病房、多个医生，一个病房只能属于一个科室，一个医生只属于一个科室；

② 一个医生负责多个病人的诊治，一个病人的主管医生只有一个；

③ 一个病房可入住多个病人，一个病人只能入住在一个病房。注意：不同科室可能有相同的病房号。完成如下设计：

(1)画出该医院病房管理系统的 E–R 图；

(2)将该 E–R 图转换为关系模型(要求按 1:1 和 1:*n* 的联系进行合并)；

(3)指出转换结果中每个关系模式的主码和外码。

4．学生与教师教学模型

(1)有若干班级，每个班级包括：班级号、班级名、专业、人数、教室。

(2)每个班级有若干学生，学生只能属于一个班，学生包括：学号、姓名、性别、年龄。

(3)有若干教师，教师包括：编号、姓名、性别、年龄、职称。

(4)开设若干课程，课程包括：课程号、课程名、课时、学分。

(5)一门课程可由多名教师任教，一名教师可任多门课程。

(6)一门课程有多名学生选修，每名学生可选多门课，但选同一门课时，只能选其中一名教师。

解题要求：

(1)画出每个实体及其属性关系、实体间实体联系的(E–R)图。

(2)根据试题中的处理要求：完成数据库逻辑模型，包括各个表的名称和属性。

5．学生运动会模型：

(1)有若干班级，每个班级包括：班级号，班级名，专业，人数。

(2)每个班级有若干运动员，运动员只能属于一个班，包括：运动员号，姓名，性别，年龄。

(3)有若干比赛项目，包括：项目号，名称，比赛地点。

(4)每名运动员可参加多场比赛每个项目可有多人参加。

(5)要求能够公布每个比赛项目的运动员名次与成绩。

(6)要求能够公布各个班级团体总分的名次和成绩。

解题要求：

(1) 画出每个实体及其属性关系、实体间实体联系的 E–R 图。

(2) 根据试题中的处理要求：完成数据库逻辑模型，包括各个表的名称和属性，并指出每个表的主键和外键。

6．东方货运公司数据库的样本数据如表 10-3～表 10-5 所示。

表 10-3　表名称：卡车

车　号	货运站编号	类　型	总 行 程	购 入 日 期
1001	501	1	59002.7	11/06/90
1002	502	2	54523.8	11/08/90
1003	503	2	32116.6	09/29/91
1004	504	2	3256.9	01/14/92

表 10-4　表名称：货运站

货 运 编 号	地　址	电　话	经　理
501	北京市东城区花市大街 111 号	01067301234	何东海
502	北京市海淀花园路 101 号	01064248892	吴明君

表 10-5　表名称：型号

类型	汽车型号
1	DJS130
2	DLS121

根据数据库的表结构和内容：

(1) 指出每个表的主码和外码。如果没有外码，则写无。

(2) 卡车表存在实体完整性和参照完整性吗？请详细说明。

(3) 具体说明卡车表与运货站表之间存在着什么关系？

(4) 卡车表中包含多少个实体？

7．根据以下语义，作出 E–R 图。

学校中有若干系，每个系有若干班级和教研室，每个教研室有若干教员，每个教员各带若干学生，每个班有若干学生，每个学生选修若干课程，每门课可由若干学生选修。每个教员可带多门课，一门课可有多名教员，其中一名为 PI (指导)。

8．设一个网站有多个论坛，一个论坛有一个管理员，一个论坛可以有多个用户，一个用户可以发布或回复多份帖子，一份帖子可以被多个用户回复，但发帖人只能有一个。论坛的管理员是论坛的某位用户。

相关实体的属性有：

网站 (名称)；

用户 (用户号，姓名，别名，性别，年龄，级别)；

论坛 (论坛号，论坛名，论坛地址，论坛类别)；

帖子 (帖号，标题，作者号，发表时间，访问次数)。

(1) 试做出 E–R 模型。

(2) 将 E–R 模型转换为关系模型，并注明主码和外码。

9．已知 E–R 图如图 10-2 所示。

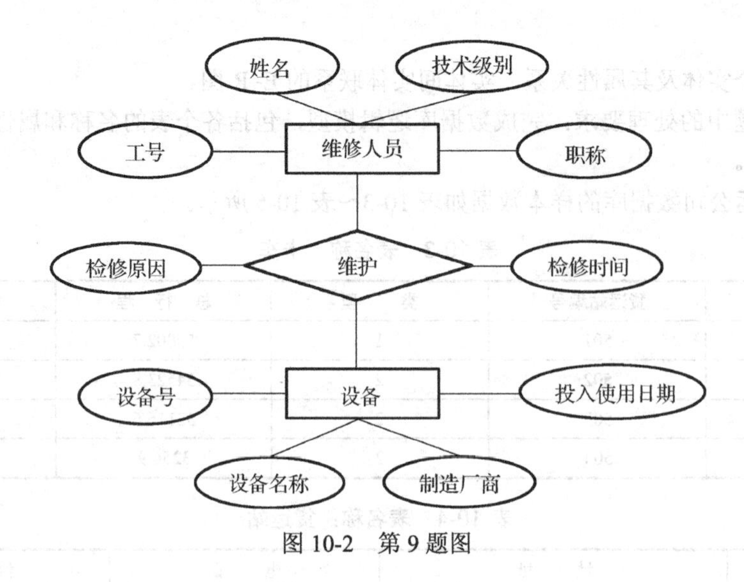

图 10-2 第 9 题图

针对 E–R 图，设计相应的数据库模式。

指出关系中的主码和外码。

第 6 章 数据库保护

一、单项选择题

1．一个事务的执行，要么全部完成，要么全部不做，一个事务中对数据库的所有操作都是一个不可分割的操作序列的属性是(　　)。

A．原子性　　B．一致性　　C．独立性　　D．持久性

2．数据库恢复的基础是利用转储的冗余数据，这些转储的冗余数据包括(　　)。

A．数据字典、应用程序、数据库后备副本

B．数据字典、应用程序、审计档案

C．日志文件、数据库后备副本

D．数据字典、应用程序、日志文件

3．事务日志用于保存(　　)。

A．程序运行过程　　B．程序的执行结果

C．对数据的更新操作　　D．对数据的查询操作

4．后援副本的作用是(　　)。

A．保障安全性　　B．一致性控制

C．故障后的恢复　　D．数据的转储

5．在 DBMS 中实现事务持久性的子系统是(　　)。

A．安全管理子系统　　B．完整性管理子系统

C．并发控制子系统　　D．恢复管理子系统

6．若系统在运行过程中，由于某种硬件故障使存储在外存上的数据部分损失或全部损失，这种情况称为(　　)。

A．介质故障　　B．运行故障　　C．系统故障　　D．事务故障

7．表示两个或多个事务可以同时运行而不互相影响的是(　　)。

A．原子性　　B．一致性　　C．独立性　　D．持久性

8．数据库的并发控制、完整性检查、安全性检查等是对数据库的(　　)。

A．设计　　B．保护　　C．操纵　　D．运行的管理

9．SQL语言中的COMMIT语句的主要作用是(　　)。

A．结束程序　　B．返回系统　　C．提交事务　　D．存储数据

10．事务的持续性是指(　　)。

A．事务中包括的所有操作要么都做要么都不做

B．事务一旦提交，对数据库的改变是永久的

C．一个事务内部的操作对并发的其他事务是隔离的

D．事务必须使数据库从一个一致性状态变到另一个一致性状态

11．事务的隔离性是指(　　)。

A．一个事务内部的操作及使用的数据对并发的其他事务是隔离的

B．事务一旦提交，对数据库的改变是永久的

C．事务中包括的所有操作要么都做要么都不做

D．事务必须使数据库从一个一致性状态变到另一个一致性状态

12．事务是数据库运行的基本单位。如果一个事务执行成功，则全部更新提交；如果一个事务执行失败，则已做过的更新被恢复原状，好像整个事务从未有过这些更新，这样就保持了数据库处于(　　)状态。

A．安全性　　B．一致性　　C．完整性　　D．可靠性

13．若事务T对数据对象A加上S锁，则(　　)。

A．事务T可以读A和修改A，其他事务只能再对A加S锁，而不能加X锁

B．事务T可以读A但不能修改A，其他事务只能再对A加S锁，而不能加X锁

C．事务T可以读A但不能修改A，其他事务能对A加S锁和X锁

D．事务T可以读A和修改A，其他事务能对A加S锁和X锁

14．如果事务T已在数据R上加了X锁，则其他事务在数据R上(　　)。

A．只可加X锁　　B．只可加S锁

C．可加S锁或X锁　　D．不能加任何锁

15．设有两个事务T1、T2，其并发操作如图10-3所示，下面评价正确的是(　　)。

A．该操作不存在问题　　B．该操作丢失修改

C．该操作不能重复读　　D．该操作读“脏”

T1	T2
① 读A=100	
②	读A=100
③ A=A-5写回	
④	A=A-8写回

图10-3　第15题图

16．设有两个事务T1、T2，其并发操作如图10-4所示，下面评价正确的是(　　)。

A．该操作不存在问题　　B．该操作丢失修改

C．该操作不能重复读　　D．该操作读“脏”数据

T1	T2
read(A) read(B) sum=A+B	
	read(A) A=A*2 write(A)
read(A) read(B) sum=A+B write=A+B	

图 10-4 第 16 题图

17．设有两个事务 T1、T2，其并发操作如图 10-5 所示，下面评价正确的是(　　)。

A．该操作不存在问题　　B．该操作丢失修改

C．修改该操作不能重复读　　D．该操作读“脏”数据

T1	T2
① 读 A=100 A=A*2 写回	
②	读 A=200
③ ROLLBACKE 恢复 A=100	

图 10-5 第 17 题图

18．以下(　　)封锁违反两段锁协议。

A．Slock A　Slock B　Xlock C ………　UnlockA…UnlockB…UnlockC

B．SlockA　SlockB　XlockC…………UnlockC…UnlockB…UnlockA

C．SlockA　SlockB　XlockC…………UnlockB…UnlockC…UnlockA

D．SlockA　UnlockA　SlockB…　XlockC…　UnlockB…UnlockC

19．已知事务 T1 的封锁序列为：LOCKS(A) LOCKS(B) LOCKX(C) UNLOCK(B) UNLOCK(A) UNLOCK(C)。事务 T2 的封锁序列为：LOCKS(A) UNLOCK(A) LOCKS(B) LOCKX(C) UNLOCK(C) UNLOCK(B)，则遵守两段封锁协议的事务是(　　)。

A．T1　B．T2　C．T1 和 T2　D．没有

20．把对关系 SC 的属性 GRADE 的修改权授予用户 ZHAO 的 T-SQL 语句是(　　)。

A．GRANT GRADE ON SC TO ZHAO

B．GRANT UPDATE ON SC TO ZHAO

C．GRANT UPDATE(GRADE) ON SC TO ZHAO

D．GRANT UPDATE ON SC(GRADE) TO ZHAO

21．解决并发操作带来的数据不一致问题普遍采用(　　)技术。

A．封锁　B．存取控制　C．恢复　D．协商

22．事务 T 在修改数据 R 之前必须先对其加 X 锁，直到事务结束才释放，这是(　　)。

A．一级封锁协议　B．二级封锁协议　C．三级封锁协议　D．零级封锁协议

23．如果事务 T 获得了数据项 Q 上的排他锁，则 T 对 Q(　　)。

A．只能读不能写　B．只能写不能读　C．既可读又可写　D．不能读也不能写

24. 数据流图(DFD)是用于描述结构化方法中(　　)阶段的工具。
A. 可行性分析　B. 详细设计　C. 需求分析　D. 程序编码

25. 如果有两个事务同时对数据库中同一数据进行操作，不会引起冲突的操作是(　　)。
A. 一个是 DELETE，一个是 SELECT　B. 一个是 SELECT，一个是 DELETE
C. 两个都是 UPDATE　D. 两个都是 SELECT

26. 下面的几种故障中，会破坏正在运行的数据库的是(　　)。
A. 中央处理器故障　B. 操作系统故障
C. 突然停电　D. 瞬时的强磁场干扰

27. DBMS 普遍采用(　　)方法来保证调度的正确性。
A. 索引　B. 授权　C. 封锁　D. 日志

28. 设事务 T1 和 T2，对数据库中的数据 A 进行操作，可能有如下几种情况，请问哪一种不会发生冲突操作(　　)。
A. T1 正在写 A，T2 要读 A　B. T1 正在写 A，T2 也要写 A
C. T1 正在读 A，T2 要写 A　D. T1 正在读 A，T2 也要读 A

29. SQL 语言中用(　　)语句实现事务的回滚。
A. CREATE TABLE　B. ROLLBACK
C. GRANT 和 REVOKE　D. COMMIT

30. 下列不属于并发操作带来的问题是(　　)。
A. 丢失修改　B. 不可重复读　C. 死锁　D. "脏"读

31. 数据完整性保护中的约束条件主要是指(　　)。
A. 用户操作权限的约束　B. 用户口令校对
C. 值的约束和结构的约束　D. 并发控制的约束

32. SQL 中的视图机制提高了数据库系统的(　　)。
A. 完整性　B. 并发控制　C. 隔离性　D. 安全性

33. 下列 SQL 语句中，能够实现实体完整性控制的语句是(　　)。
A. FOREIGN KEY　B. PRIMARY KEY
C. REFERENCES　D. FOREIGN KEY 和 REFERENCES

34. 在数据库的安全性控制中，授权的数据对象的(　　)，授权子系统就越灵活。
A. 范围越小　B. 约束越细致　C. 范围越大　D. 约束范围大

35. SQL 语言的 GRANT 和 REVOKE 语句主要用来维护数据库的(　　)。
A. 完整性　B. 可靠性　C. 安全性　D. 一致性

36. 以下(　　)不属于实现数据库系统安全性的主要技术和方法。
A. 存取控制技术　B. 视图技术
C. 审计技术　D. 出入机房登记和加防盗门

37. 找出下面 SQL 命令中的数据控制命令(　　)。
A. CREATE TABLE　B. CREATE VIEW
C. ALTER TABLE　D. CREATE INDEX

38. 下列哪个不是数据库系统必须提供的数据控制功能(　　)。
A. 安全性　B. 可移植性　C. 完整性　D. 并发控制

39. 数据库的(　　)是指数据的正确性和相容性。
A. 安全性　B. 完整性　C. 并发控制　D. 恢复

40．保护数据库，防止未经授权或不合法的使用造成的数据泄露、非法更改或破坏，这是指数据的(　　)。

A．安全性　　B．完整性　　C．并发控制　　D．恢复

二、填空题

1．事务处理技术主要包括(　　)技术和(　　)技术。

2．(　　)是一系列的数据库操作，是数据库应用程序的基本逻辑单元。

3．在 SQL 语言中，定义事务控制的语句主要有(　　)、(　　)和(　　)。

4．任何 DBMS 都提供多种存取方法。常用的存取方法有(　　)、(　　)、(　　)等。

5．把数据库从错误状态恢复到某一已知的正确状态(也称为一致状态)的功能就是(　　)。

6．事务具有四个特性：它们是(　　)、(　　)、(　　)和(　　)。这个四个特性也简称为 ACID 特性。

7．数据库系统中可能发生各种各样的故障，大致可以分为(　　)、(　　)、(　　)和(　　)等。

8．建立冗余数据最常用的技术是(　　)和(　　)。通常在一个数据库系统中，这两种方法是一起使用的。

9．转储可分为(　　)和(　　)，转储方式可以有(　　)和(　　)。

10．(　　)是用来记录事务对数据库的更新操作的文件。主要有两种格式：以(　　)为单位的日志文件和以(　　)为单位的日志文件。

11．存在一个等待事务集{T0，T1，…，T*n*}，其中 T0 正等待被 T1 锁住的数据项，T1 正等待被 T2 锁住的数据项，T*n*–1 正等待被 T*n* 锁住的数据项，且 T*n* 正等待被 T0 锁住的数据项，这种情形称为(　　)。

12．(　　)是并发事务正确性的准则，并发控制的主要方法是(　　)机制。

13．当数据库被破坏后，如果事先保存了数据库副本和(　　)，就有可能恢复数据库。

三、简答题

1．数据库转储的意义是什么？

2．为什么事务非正常结束时会影响数据库数据的正确性？

3．数据库中为什么要有恢复子系统？它的功能是什么？

4．数据库恢复的基本技术有哪些？

5．什么是日志文件？为什么要设立日志文件？

6．登记日志文件时为什么必须先写日志文件\后写数据库？

7．什么是检查点记录，检查点记录包括哪些内容？

8．什么是数据库镜像？它有什么用途？

9．DBS 中有哪些类型的故障？哪些故障破坏了数据库？哪些故障未破坏数据库，但使其中某些数据变得不正确？

10．数据库运行中可能产生的故障有哪几类？哪些故障影响事务的正常执行？哪些故障破坏数据库中的数据？

11．简述事务的特性。

12．简述系统故障时的数据库恢复策略。

13．简述三级封锁协议的内容及不同级别的封锁协议能解决哪些数据不一致性问题。

第 9 章 SQL Server 2008 及应用实例

1．简述 SQL Server 的发展历史。

2．简述 SQL Server 2008 的基本特点。

3．SQL Server 2008 常用的版本有哪几种？

4．“混合模式”和身份验证模式的区别是什么？

5．SQL Server 的实例名的作用是什么？

6．简述服务管理器的用途。

7．使用服务管理器，练习如何启动、暂停和停止 SQL Server 2008 服务。

8．简述注册服务器的步骤。

9．简述系统数据库 master、tempdb 的作用。

10．简述在注册 SQL Server 的过程中，“身份验证模式选择”对话框中的两种身份验证模式的区别。

11．练习对查询语句和查询结果的保存。

12．说明 CHAR、NCHAR 和 VARCHAR 三种数据类型的区别。

13．说明全局变量和局部变量的区别。

14．写出定义一个变量，然后给变量赋值的语句。

15．计算 ABS(-15)、POWER(3,2)和 SQRT(9)的值。

16．计算下列字符串函数的结果：

(1) ASCII('sscd')；

(2) CHAR(98)；

(3) CHARINDEX('sdf', '1abgtcsdf17823adjc')；

(4) LEFT('aasfrhkul', 3)；

(5) RIGHT('jhtfdekjgde', 3)；

(6) SUBSTRING('a1256bcshgsdjdrde',3,4)；

(7) LEN('a34gsfhgsd　jfgd')。

17．计算下列时间函数的结果：

(1) datename (m,'2009-11-4')；

(2) datepart (d,'2009-11-4')；

(3) year('2009-11-4')。

18．按照下列要求建立“学生管理”数据库：

(1) 数据文件和日志文件的目录为 D:\学生管理\;

(2) 允许数据文件自动增加大小，按百分比增加，每次增加 5%;

(3) 文件增长的最大值为 40MB。

19．(1) 将第 18 题建立的“学生管理”数据库进行如下修改：

(2) 允许数据文件自动增加大小，按百分比增加，每次增加 15%;

(3) 文件增长的最大值为 80MB。

20．利用管理器分离/附加“学生管理”数据库。

21．利用管理器备份/还原“学生管理”数据库。

22．在企业管理器中创建一个名为“学生选课”数据库，然后按表 10-6～表 10-8 在该数据库中创建 3 个数据表。

表 10-6　Student 表的结构

列　名	数据类型	说　明
Sno	int	学生编号，主键，标识列
Sname	varchar(50)	学生姓名，不允许为空
Ssex	bit	性别，0 表示男，1 表示女。默认值为 0
Sage	varchar(10)	学生年龄，不允许为空
Sdept	varchar(10)	所属院系，不允许为空

表 10-7　Course 表的结构

列　名	数据类型	说　明
Cno	int	课程编号，主键，标识列
Cname	varchar(50)	课程名称，不允许为空
Ccredit	decimal(4,2)	学分，不允许为空

表 10-8　SC 表的结构

列　名	数据类型	说　明
Sno	int	学生编号
Cno	varchar(50)	课程编号
Grade	decimal(4,2)	成绩

23．为第 22 题所创建的 3 个数据表添加数据，并使用查询分析器练习查询。

24．什么叫视图？

25．视图有哪些优点？

26. 利用企业管理器在“学生选课”数据库中建立一个“学生_院系”视图，内容如表 10-9 所示。

表 10-9　“学生_院系”表的结构

列　名	数据类型	说　明
Sno	int	学生编号，主键，标识列
Sname	varchar(50)	学生姓名，不允许为空
Sdept	varchar(10)	所属院系，不允许为空

27．对第 26 题建立的“学生_院系”视图进行查询和删除操作。

28．什么是存储过程？

29．存储过程的优点是什么？

30．创建存储过程“增加成绩”，它的功能是将 SC 表中所有学生的成绩增加 10 分。

31．使用 ALTER PROCEDURE 语句修改存储过程“增加成绩”，将 SC 表中所有学生的成绩增加 5 分。

32．什么是认证？

33．什么是访问许可？

34．SQL Server 提供几种身份验证模式？它们的区别是什么？

35．添加一个用户账号 Smanager，密码为 1111。

36．更改 Smanager 的密码为 8888。

37．删除用户 Smanager。

38．什么是角色？

39．练习将“学生选课”数据库中的 Course 表导出到名称为“Course.xlst”的 Excel 中。

40．练习将名称为“Course.xls”Excel 文件中的数据导入到“学生选课”数据库中的 Course 表中。

41．简述 Visual Basic 6.0 对 ADO 支持。

42．在 Visual Basic 中利用 ADO 数据控件与其他数据库控件对数据库“学生管理”中表 student 的数据进行显示、修改。

参 考 文 献

[1] 苏中滨，于啸，等．数据库原理与应用．北京：中国水利水电出版社，2010.

[2] 萨师煊，王珊．数据库系统概论(第四版)．北京：高等教育出版社，2004.

[3] 王英英，张少军，刘增杰．2012 SQL Server 从零开始学．北京：清华大学出版社，2012.

[4] 范立南，等．SQL Server 2000 实用教程．北京：清华大学出版社，2004.

[5] 李香敏，等．SQL Server 2000 编程员指南．北京：北京希望电子出版社，2001.

[6] 刘遵仁，等．中文版 SQL Server 2000 基础培训教程．北京：人民邮电出版社，2002.

[7] 邱李华，等．SQL Server 2000 数据库应用教程．北京：人民邮电出版社，2007.

[8] 周立柱，[美]Don Vilen. 等．SQL SERVER 数据库原理设计与实现(微软新技术教材)．北京：清华大学出版社，2004.

[9] 史嘉权．数据库系统概论——习题、实验与考试辅导．北京：清华大学出版，2006.

[10] RAGHU RAMAKRISHNAN，JOHANNES GEHRKE. 数据库管理系统原理与设计(第 3 版．英文版)．北京：清华大学出版社，2003.

[11] 闪四清．SQL Server 实用简明教程．北京：清华大学出版社，2002.

[12] 张俊玲，等．数据库原理与应用．北京：清华大学出版社，2005.

[13] 王亚平．数据库系统原理辅导．西安：西安电子科技大学出版社，2003.

[14] 本书编写委员会．数据库应用与开发 SQL Server 2000．北京：电子工业出版社，2002.

[15] 施伯乐，顾宁，刘国华．数据库处理——基础、设计与实现．北京：电子工业出版社，2001.

[16] [英]John Carter. 数据库设计与编程实例详解——使用 Access、SQL 与 VB. 张淮野，袁怡，译．北京：电子工业出版社，2001.

[17] 方盈．SQL Server 2000 中文版彻底研究．北京：中国铁道出版社，2001.

[18] 林福泉．SQL Server 2000 中小企业实务应用．北京：中国铁道出版社，2001.

[19] 陈雁．数据库系统原理与设计．北京：中国电力出版社，2003.

[20] 苗雪兰，等．数据库技术及应用．北京：机械工业出版社，2005.

[21] 杨冬青，唐世渭(译)．数据库系统概念(原书第 4 版)．北京：机械工业出版社，2003.

[22] 岳丽华，杨冬青，龚育昌，唐世渭，徐其钧．数据库系统全书．北京：机械工业出版社，2003.

[23] C. J. Date. 数据库系统导论(第 7 版)．孟小峰，等，译．北京：机械工业出版社，2008.

[24] Hector Garcia-Molina Jeffrey D. ULLman Jennifer Widom. 数据库系统实现．杨冬青，徐其钧，唐世渭，等，译．北京：机械工业出版社，2001.

[25] 邹建．中文版 SQL Server 2000 开发与管理应用实例．北京：人民邮电出版社，2005.

[26] 陈志泊，李冬梅，王春玲．数据库原理及应用教程．北京：人民邮电出版社，2002.

[27] 苏俊．数据库基础教程．北京：中国人民大学出版社，2002.

[28] 钱雪忠，黄学光，刘肃平．数据库原理及应用．北京：北京邮电大学出版社，2005.

[29] 钱雪忠，陶向东．数据库原理及应用实验指导．北京：北京邮电大学出版社，2005.

[30] 宁洪．数据库系统原理．北京：北京邮电大学出版社，2005.

[31] 崔巍．数据库系统及应用．北京：高等教育出版社，2003.

[32] 王珊，朱青．数据库系统概论学习指导与习题解答．北京：高等教育出版社，2005.

[33] 赵致格. 数据库系统与应用(SQL Server). 北京：清华大学出版社，2005.
[34] 聂瑞华. 数据库系统概论. 北京：高等教育出版社，2001.
[35] 苗雪兰. 数据库技术及应用实验指导与习题解答. 北京：机械工业出版社，2006.
[36] 施伯乐，丁宝康，汪卫. 数据库系统教程(第二版). 北京：高等教育出版社，2003.
[37] 王珊，李盛恩. 数据库基础与应用. 北京：人民邮电出版社，2002.
[38] 李建中，王珊. 数据库系统原理. 北京：电子工业出版社，2004.
[39] 王珊. 数据库系统概论简明教程. 北京：高等教育出版社，2004.
[40] 冯建华. 数据库系统设计与原理. 北京：清华大学出版社，2005.
[41] 李春葆，曾平. 数据库原理与应用——基于 SQL Server 2000. 北京：清华大学出版社，2005.
[42] 李春葆. 数据库原理与应用——习题解析. 北京：清华大学出版社，2001.

反侵权盗版声明

电子工业出版社依法对本作品享有专有出版权。任何未经权利人书面许可，复制、销售或通过信息网络传播本作品的行为；歪曲、篡改、剽窃本作品的行为，均违反《中华人民共和国著作权法》，其行为人应承担相应的民事责任和行政责任，构成犯罪的，将被依法追究刑事责任。

为了维护市场秩序，保护权利人的合法权益，我社将依法查处和打击侵权盗版的单位和个人。欢迎社会各界人士积极举报侵权盗版行为，本社将奖励举报有功人员，并保证举报人的信息不被泄露。

举报电话：（010）88254396；（010）88258888

传　　真：（010）88254397

E-mail：　dbqq@phei.com.cn

通信地址：北京市海淀区万寿路173信箱

　　　　　电子工业出版社总编办公室

邮　　编：100036